高等学校本科数学“十四五”规划教材

高等数学

主　编　刘　智　李石涛

副主编　姜　雪　于　巍　边　颖　滕　勇

参　编　张　倩　乔　钰　汪　妍　程晓生

　　　　佟玛丽　张博飞

东北大学出版社

·沈　阳·

图书在版编目（CIP）数据

高等数学 / 刘智，李石涛主编. -- 沈阳 : 东北大学出版社，2024. 6. -- ISBN 978-7-5517-3545-2

Ⅰ. O13

中国国家版本馆 CIP 数据核字第 2024KF4700 号

出 版 者：东北大学出版社

地址：沈阳市和平区文化路三号巷 11 号

邮编：110819

电话：024-83683655（总编室）

024-83687331（营销部）

网址：http://press.neu.edu.cn

印 刷 者：辽宁一诺广告印务有限公司

发 行 者：东北大学出版社

幅面尺寸：170 mm×240 mm

印　　张：18.5

字　　数：343 千字

出版时间：2024 年 6 月第 1 版

印刷时间：2024 年 6 月第 1 次印刷

责任编辑：刘宗玉

责任校对：潘佳宁

封面设计：潘正一

责任出版：初 茗

ISBN 978-7-5517-3545-2　　　　定　价：48.00 元

序　言

《高等数学》是一本针对职业本科学生的高等数学教材，旨在使学生具备必要的数学基础和技能，以适应在现代工程和技术领域工作的需求。本书的编写充分考虑了职业本科学生的实际情况，注重实用性、适用性和针对性，以帮助学生更好地掌握高等数学的知识和方法。

本书包括函数与极限、一元微积分和多元微积分等内容，涵盖了职业本科学生需要掌握的高等数学主要知识点。每个章节都配有详细的讲解例题和习题视频，以帮助学生更好地理解和掌握所学内容。同时，本书还注重培养学生的数学思维能力和分析解决问题的能力，通过引入大量的实际问题和案例分析，让学生在学习数学知识的同时，也能够了解其在工程和技术领域的应用。

本书的编写者都是具有丰富教学经验和实践经验的高校教师和工程师，他们非常了解职业本科学生的学习需求和特点，注重理论与实践相结合，使得本书不仅是一本适合职业本科学生的高等数学教材，也可作为工程技术人员工作中的参考书。

我们相信，通过学习和使用本书，职业本科学生可以更好地掌握高等数学的知识和技能，为未来的学习和工作打下坚实的基础。

编　者

2024年3月

目 录

第一章 函数与极限

初等数学的研究对象基本上是不变的量，而高等数学的研究对象则是变动的量。函数关系就是变量之间的依赖关系，用极限方法去研究函数是高等数学的一种基本方法，也是高等数学区别于初等数学的一个显著标志.

本章将介绍映射、函数、极限和函数连续性等基本概念，以及它们的一些性质，重点为极限的计算方法.

第一节 映射与函数

一、集合

1. 集合

集合为具有某种属性的一些对象所组成的总体. 例如，一个班级的全体学生组成了一个集合；数 2、4、6、8、10 组成了一个集合；满足不等式 $a<x<b$ 的 x 组成了一个集合；等等. 集合里的各个对象称为这个集合的元素. 习惯上，我们经常用英文大写字母 A、B、C 等表示集合，而用小写字母 a、b、c 等表示元素. 如果 a 是集合 A 的元素，则记作 $a\in A$，读作 a 属于 A；如果 a 不是集合 A 的元素，则记作 $a\notin A$，读作 a 不属于 A.

不含任何元素的集合为空集，记作$\varnothing$.

集合的表示法通常有列举法和描述法. 例如，全体自然数可表示为 $\mathbf{N}=\{0, 1, 2, \cdots, n, \cdots\}$；而介于 a 和 $b(a<b)$ 之间的数的全体可表示为 $A=\{x \mid a<x<b\}$.

2. 常用数集

习惯上，全体自然数的集合记作 $\mathbf{N}$；全体整数的集合记作 $\mathbf{Z}$；全体有理数

的集合记作 **Q**；全体实数的集合记作 **R**. 有时用 $\mathbf{R}^+$表示全体正实数集合，用 $\mathbf{R}^-$表示全体负实数集合.

常用数集除了自然数集 **N**、整数集 **Z**、有理数集 **Q**、实数集 **R** 外，还有各类区间. 设 a，$b\in\mathbf{R}$ 且 $a<b$，

集合$\{x\mid a<x<b\}$称为开区间，记作(a, b).

集合$\{x\mid a\leqslant x\leqslant b\}$称为闭区间，记作$[a, b]$.

集合$\{x\mid a\leqslant x<b\}$或$\{x\mid a<x\leqslant b\}$称为半开(闭)区间，记作$[a, b)$或$(a, b]$.

上述三种区间又称为有限区间，a 和 b 称为区间端点.

此外，还有无限区间：

集合$\{x\mid x>a\}$用$(a, +\infty)$表示；

集合$\{x\mid x<a\}$用$(-\infty, a)$表示；

集合$\{x\mid x\geqslant a\}$用$[a, +\infty)$表示；

集合$\{x\mid x\leqslant a\}$用$(-\infty, a]$表示；

集合$\{x\mid -\infty<x<+\infty\}$用$(-\infty, +\infty)$表示.

这里，$+\infty$ 和$-\infty$ 是符号，分别读作正无穷大和负无穷大.

3. 邻域

当 $\delta>0$ 时，我们称开区间$(a-\delta, a+\delta)$为点 a 的 δ 邻域，记为 $U(a, \delta)$，即

$$U(a, \delta)=\{x\mid a-\delta<x<a+\delta\},$$

点 a 称为邻域的中心，δ 称为邻域的半径.

由于$-\delta<x-a<\delta$ 相当于$|x-a|<\delta$，因此，$U(a, \delta)=\{x\mid |x-a|<\delta\}$.

因为$|x-a|$表示点 x 与点 a 的距离，所以 $U(a, \delta)$表示与点 a 距离小于 δ 的一切点 x 的全体.

有时利用邻域需要把邻域的中心去掉，点 a 的 δ 邻域去掉中心 a 后，称为点 a 的去心 δ 邻域，如图 1-1 所示. 记为 $\mathring{U}(a, \delta)$，即

$$\mathring{U}(a, \delta)=\{x\mid 0<|x-a|<\delta\}.$$

为了方便，把开区间$(a-\delta, a)$称为点 a 左 δ 邻域，把开区间$(a, a+\delta)$称为点 a 右 δ 邻域.

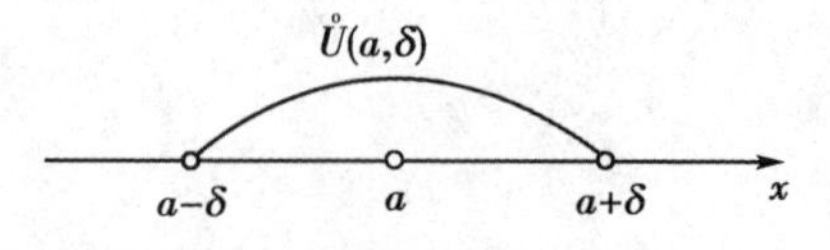

图 1-1

二、映射

1. 映射概念

定义 1　设 X, Y 是两个非空集合，如果按照某一个确定的规则 f，对于集合 X 中每一个元素，在集合 Y 中都有唯一的元素与之对应，则称 f 是由集合 X 到集合 Y 的映射. 记作 $f: X\to Y$.

如果 X 中的元素 x 对应的是 Y 中的元素 y，记作 $y=f(x)$，并称 y 为 x 的像，x 为 y 的一个原像(见图 1-2).

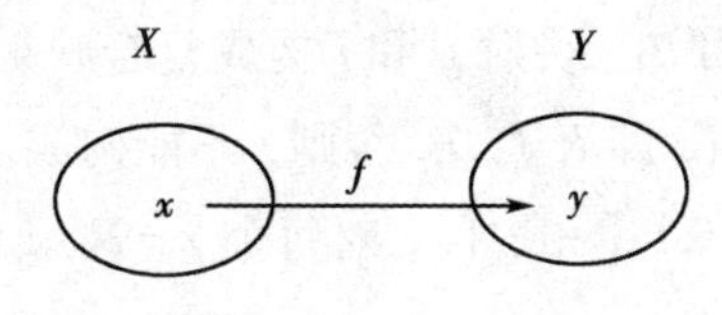

图 1-2

集合 X 称为映射 f 的定义域，记作 D_f，即 $D_f=X$；X 中所有元素的像所组成的集合称为映射 f 的值域，记作 R_f 或 $f(X)$，即 $R_f=f(X)=\{f(x)\mid x\in X\}$.

在上述映射的定义中，需要注意以下几点.

(1)构成的映射必须具备以下三个要素：集合 X，即定义域 $D_f=X$；集合 Y，即值域的范围：$R_f\subset Y$；对应法则 f，使对每个 $x\in X$，有唯一确定的 $y=f(x)$ 与之对应.

(2)对每个 $x\in X$，元素 x 的像 y 是唯一的；而对每个 $y\in R_f$，元素 y 的原像不一定是唯一的；映射 f 的值域 R_f 是 Y 的一个子集，即 $R_f\subset Y$，不一定 $R_f=Y$.

【例 1】　设 f: $\mathbf{R}\to\mathbf{R}$，对每个 $x\in\mathbf{R}$，$f(x)=x^2$. 显然，f 是一个映射，f 的定义域 $D_f=R$，值域 $R_f=\{y\mid y\geqslant 0\}$，它是 $\mathbf{R}$ 的一个真子集. 对于 R_f 中的元素 y，除 $y=0$ 外，其他的原像不是唯一的. 如 $y=4$ 的原像就有 $x=2$ 和 $x=-2$ 两个.

设 f 是从集合 X 到集合 Y 的映射，若 $R_f=Y$，即 Y 中任一元素 y 都是 X 中某元素的像，则称 f 为 X 到 Y 上的映射或满射；若对 X 中任意两个不同元素 $x_1\neq x_2$，它们的像 $f(x_1)\neq f(x_2)$，则称 f 为 X 到 Y 的单射；若映射 f 既是单射，又是满射，则称 f 为一一映射或双射.

2. 逆映射与复合映射

定义 2　设 f 是 X 到 Y 的单射，则由定义，对每个 $y\in R_f$，有唯一的 $x\in X$，适合 $f(x)=y$. 于是，我们可定义一个从 R_f 到 X 的新映射 g，即 g：$R_f\to X$，对每

个 $y\in R_f$，规定 $g(y)=x$，这 x 满足 $f(x)=y$. 这个映射 g 称为 f 的逆映射，记作 f^{-1}. 其定义域为 R_f，值域为 X.

按上述定义，只有单射存在逆映射. 例如，f: $\left[-\dfrac{\pi}{2}, \dfrac{\pi}{2}\right]\to[-1, 1]$，即 $f(x)=\sin x$ 的逆映射为 $f^{-1}(x)=\arcsin x$，$x\in[-1, 1]$.

定义 3 设有两个映射 g: $X\to Y_1$，f: $Y_2\to Z$，其中 $Y_1\subset Y_2$，则由映射 g 和 f 可以定义一个从 X 到 Z 的对应法则，它将每个 $x\in X$ 映成 $f[g(x)]\in Z$. 显然，这个对应法则确定了一个从 X 到 Z 的映射，这个映射称为映射 g 和 f 构成的复合映射，记作 $f\circ g$，即 $f\circ g$: $X\to Z$，$(f\circ g)(x)=f[g(x)]$，$x\in X$.

由复合映射的定义可知，映射 g 和 f 构成复合映射的条件是：g 的值域 R_g 必须包含在 f 的定义域内，即 $R_g\subset D_f$. 否则，不能构成复合映射.

【例 2】 设映射 g: $\mathbf{R}\to[-1, 1]$，对每个 $x\in\mathbf{R}$，$g(x)=\sin x$；映射 f: $[-1, 1]\to[0, 1]$，对每个 $u\in[-1, 1]$，$f(u)=\sqrt{1-u^2}$，则映射 g 和 f 构成的复合映射 $f\circ g$: $\mathbf{R}\to[0, 1]$，对每个 $x\in\mathbf{R}$，有

$$(f\circ g)(x)=f[g(x)]=f(\sin x)=\sqrt{1-\sin^2 x}=|\cos x|.$$

三、函数

1. 函数的概念

定义 4 设数集 $D\subset\mathbf{R}$，则称映射 f: $D\to\mathbf{R}$ 为定义在 D 上的函数. 通常简记为

$$y=f(x),\ x\in D.$$

其中 x 称为自变量，y 称为因变量，D 称为定义域，记作 D_f，即 $D_f=D$.

由函数的定义可知函数是映射的一个特例. 因此，在函数的定义中，D 中的每一个数 x 按照法则 f，总有唯一确定的值 y 与之对应，称这个值为函数 f 在 x 点处的函数值，记为 $f(x)$，即 $y=f(x)$. 因变量 y 与自变量 x 之间的这种依赖关系，通常称为函数关系. 与 x_0 对应的 y 值有时也记为 $f(x)\big|_{x=x_0}$ 或 $f(x_0)$. 习惯上，也称 y 是 x 的函数. 而函数值的全体所组成的数集称为函数 f 的值域，记作 R_f 或 $f(D)$，即 $R_f=\{y\mid y=f(x),\ x\in D\}$.

以后，我们遇到用数学表达式表示的函数，如不说明定义域时，函数的定义域就是使数学表达式有意义的实数全体. 若是由实际问题所确定的函数，其

定义域要由这个问题的实际意义来确定.

对于不同的函数，应该用不同的记号，如$f(x)$、$g(x)$、$F(x)$、$G(x)$等. 有时还直接用因变量的记号来表示函数，即将函数记作$y=y(x)$.

函数是从实数集到实数集的映射，其值域总在$\mathbf{R}$内，因此构成函数的要素是：定义域D和对应法则f. 如果两个函数定义域相同，对应法则也相同，那么这两个函数就是相同的，否则就是不同的.

在函数定义中，对于每一个$x\in D$，都有唯一一个确定的y值与之对应，这样定义的函数称为单值函数. 如果给定一个法则，按照这个法则，对于每一个$x\in D$，都有确定的y值与之对应，但这个y不总是唯一的，我们称这种法则确定了一个多值函数. 对于多值函数通常是限制y的范围而使之成为单值函数，再进行研究. 例如，反三角函数$y=\arcsin x$是多值函数，当y限制在$-\frac{\pi}{2}\leqslant y\leqslant\frac{\pi}{2}$时，就成为单值函数，习惯上记为$y=\arcsin x$. 研究了$y=\arcsin x$以后，对$y=\arcsin x$也就有所了解了.

以后，凡没有特别说明时，函数都是指单值函数.

【例 3】 常量C可以看作一个函数. 显然，对于任意一个实数x，都对应唯一的常数C，这个函数也称为常数函数，其定义域是实数集$\mathbf{R}$.

【例 4】 求函数$f(x)=\arcsin\frac{x-1}{5}+\frac{1}{\sqrt{25-x^2}}$的定义域.

【解】 这个函数的表达式是两项之和，所以当且仅当每一项都有意义时，函数才有定义. 第一项的定义域是$D_1=\{x\mid -4\leqslant x\leqslant 6\}$，第二项的定义域是$D_2=\{x\mid -5<x<5\}$. 所以，函数$f(x)$的定义域是$D=D_1\cap D_2=\{x\mid -4\leqslant x<5\}$或写为区间$[-4, 5)$.

【例 5】 设函数$f(x)=x^2-3x+4$，求$f(0)$、$f(t^2)$、$f\left(\frac{1}{t}\right)$、$[f(t)]^2$、$\frac{1}{f(t)}$.

【解】 $f(0)=0-3\times 0+4=4$，

$$f(t^2)=(t^2)^2-3\times t^2+4=t^4-3t^2+4,$$

$$f\left(\frac{1}{t}\right)=\left(\frac{1}{t}\right)^2-3\,\frac{1}{t}+4=\frac{1-3t+4t^2}{t^2},$$

$$[f(t)]^2=(t^2-3t+4)^2,$$

$$\frac{1}{f(t)}=\frac{1}{t^2-3t+4}.$$

【例 6】 设$f(x+3)=\dfrac{x+1}{x+2}$，求$f(x)$.

【解】 令$x+3=t$，则

$$x=t-3,\ f(t)=\frac{(t-3)+1}{(t-3)+2}=\frac{t-2}{t-1},$$

即

$$f(x)=\frac{x-2}{x-1}.$$

表示函数的主要方法有三种：表格法、图形法和解析法(公式法). 图形表示法和表格表示法比较直观，是工程中常用的方法. 公式表示法通常在分析研究中使用. 通常我们把坐标平面上的点集

$$\{p(x,\ y)\mid y=f(x),\ x\in D\}$$

称为函数$y=f(x)$，$x\in D$的图形.

【例 7】 某地的气象站用自动温度记录仪记载了该地在一昼夜间气温变化的情况. 对[0, 24]内的任意时间t，都对应唯一的一个温度T，这是一个函数. 此函数是用图 1-3 中的曲线表示的，函数的定义域是[0, 24](单位：h).

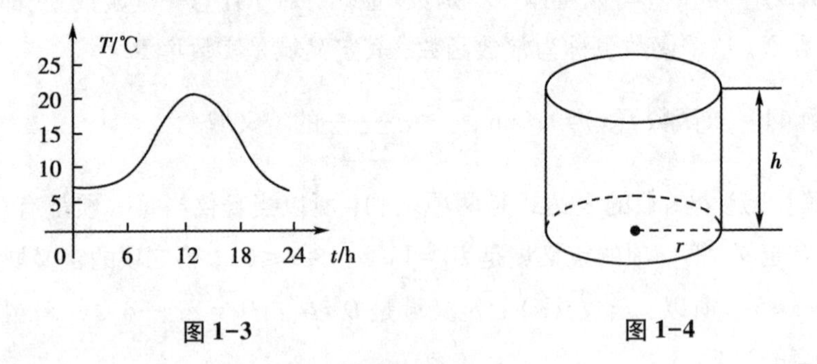

图 1-3

图 1-4

【例 8】 某城市一年里各月毛线的零售量(单位：kg)如表 1-1 所示.

表 1-1

月份 t	1	2	3	4	5	6	7	8	9	10	11	12
零售量 S	81	86	55	45	9	5	6	15	94	181	144	123

表 1-1 表示了某城市毛线零售量S随月份t而变化的情况，S是t的函数，此函数是用表格表示的. 它的定义域是{1, 2, 3, 4, 5, 6, 7, 8, 9, 10, 11, 12}.

【例 9】 炼油厂要建造容积为V_0的圆柱形储油罐(见图 1-4)，试建立它的表面积与底半径之间的函数关系式.

【解】 设圆柱形储油罐的底半径为r、高为h，表面积为S，则$S=2\pi rh+$

$2\pi r^2$. 由于储油罐的容积 V_0 一定，所以 $V_0=\pi r^2 h$，即 $h=\dfrac{V_0}{\pi r^2}$，代入上面表面积公式，就得储油罐的表面积 S 与底半径 r 之间的函数关系式 $S=\dfrac{2V_0}{r}+2\pi r^2$，这个函数的定义域为 $0<r<+\infty$.

有时变量之间的函数关系较为复杂，需要用几个式子来表示. 例如

$$y=\begin{cases} x+1,\ x<0, \\ 0,\ x=0, \\ x-1,\ x>0. \end{cases}$$

这是在定义域$(-\infty,+\infty)$内的不同区间上用不同式子表示的一个函数，这种形式的函数，称为分段函数. 这个分段函数的图形如图 1-5 所示.

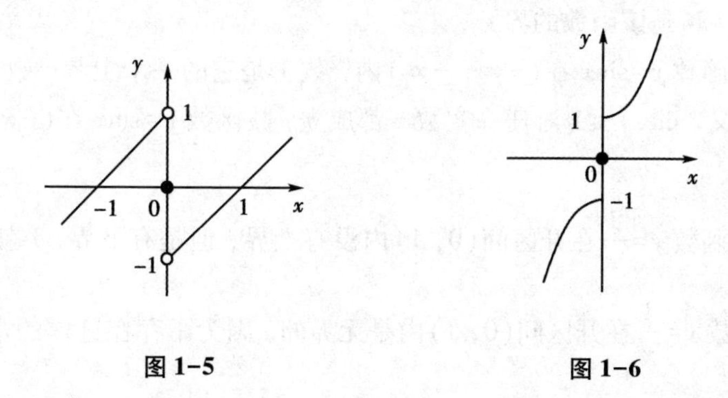

图 1-5　　　　图 1-6

需要注意的是，此分段函数是用三个式子表示的函数，而不是三个函数. 同时，还须注意，在求函数值时，应该把自变量的值代入相应变化范围的式子中去计算.

【例 10】 已知函数 $f(x)=\begin{cases} -1-x^2,\ x<0, \\ 0,\ x=0, \\ 1+x^2,\ x>0. \end{cases}$（见图 1-6）

(1) 求 $f(x)$ 的定义域；

(2) 求 $f(0)$、$f\left(\dfrac{1}{2}\right)$、$f(1)$、$f(-2)$.

【解】 (1) 由函数的表达式可以看出 $f(x)$ 的定义域是$(-\infty,+\infty)$；

(2) $f(0)=0$，　　$f\left(\dfrac{1}{2}\right)=1+\left(\dfrac{1}{2}\right)^2=1\dfrac{1}{4}$，

$f(1)=1+1^2=2$，$f(-2)=-1-(-2)^2=-5$.

函数$f(x)$的图形见图 1-6.

2. 函数的特性

(1)函数的有界性

设函数$y=f(x)$在区间I上有意义，若存在一个正数K_1，使得对于区间I上任意一点x，有$f(x)\leqslant K_1$，则称函数$y=f(x)$在区间I上有上界，而K_1称为函数$f(x)$在I上的一个上界. 若存在一个正数K_2，使得对于区间I上任意一点x，有$f(x)\geqslant K_2$，则称函数$y=f(x)$在区间I上有下界，而K_2称为函数$f(x)$在I上的一个下界. 若存在一个正数M，都有$|f(x)|\leqslant M$，则称函数$y=f(x)$在区间I上有界，或称$f(x)$在区间I上是有界函数. 如果不存在这样的正数M，则称函数$y=f(x)$在区间I上无界，或称$f(x)$在区间I上是无界函数.

显然，区间I上的有界函数$f(x)$的图象位于以两条直线$y=\pm M$为边界的带形区域之内(M是该函数的界).

例如，函数$y=\sin x$在$(-\infty, +\infty)$内，数 1 是它的一个上界，数-1 是它的一个下界. 又$|\sin x|\leqslant 1$对任一实数x都成立，故函数$y=\sin x$在$(-\infty, +\infty)$内是有界的.

又如，函数$y=\dfrac{1}{x}$在开区间$(0, 1)$内没有上界，但是有下界，1 就是它的一个下界. 函数$y=\dfrac{1}{x}$在开区间$(0, 1)$内是无界的，因为不存在这样的常数M，使得$\left|\dfrac{1}{x}\right|\leqslant M$对于$(0, 1)$内的一切$x$都成立. 但是$y=\dfrac{1}{x}$在区间$(1, 2)$内是有界的，例如可取$M=1$而使$\left|\dfrac{1}{x}\right|\leqslant 1$对一切$x\in(1, 2)$都成立.

注意，有这样的情况：函数在其定义域上的某一部分是有界的，而在另一部分是无界的. 因此，一个函数是有界的还是无界的，必须指出相应的范围.

(2)函数的单调性

设函数$f(x)$的定义域为D，区间$I\subset D$，如果对于I上的任意两点x_1及x_2，当$x_1<x_2$时，恒有

$$f(x_1)<f(x_2),$$

则称函数$f(x)$在区间I上是单调增加的(图 1-7)；如果对于I上的任意两点x_1及x_2，当$x_1<x_2$时，恒有

$$f(x_1)>f(x_2),$$

则称函数$f(x)$在区间I上是单调减少的(图 1-8). 单调增加与单调减少的函数

统称为单调函数. 使单调函数成立的区间 I 称为函数的单调区间.

单调增函数的图形在其单调区间内，从左向右是一条上升的曲线；而单调减函数的图形在其单调区间内，从左向右是一条下降的曲线(见图 1-7 和图 1-8).

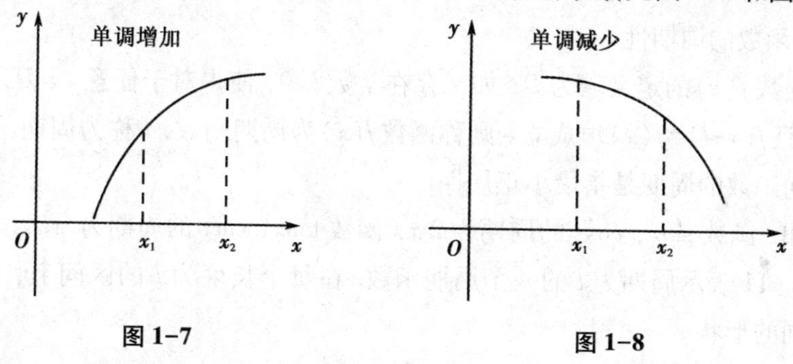

图 1-7　　图 1-8

例如，$y=x^3$ 在$(-\infty, +\infty)$内是单调增函数.

注意，一个函数可能在某一区间内是单调增的，而在另一个区间内是单调减的. 也可能在某个区间内既不单调增，也不单调减，即是一个非单调函数.

例如，$y=x^2$ 在区间$(0, +\infty)$内是单调增的，在区间$(-\infty, 0)$内是单调减的，而在$(-1, +1)$内是非单调函数.

(3)函数的奇偶性

设函数 $f(x)$ 的定义域 D 关于原点对称. 如果对任一 $x\in D$，恒有 $f(-x)=f(x)$ 成立，则称 $f(x)$ 为偶函数；如果对任一 $x\in D$，恒有 $f(-x)=-f(x)$ 成立，则称函数 $f(x)$ 为奇函数.

例如，$y=x^2$，$y=\cos x$ 都是偶函数；$y=x^3$，$y=\sin x$ 都是奇函数；而 $y=x^2+\sin x$ 既不是奇函数，也不是偶函数，即是一个非奇非偶函数.

偶函数的图形关于 y 轴对称，奇函数的图形关于原点对称(见图 1-9 和图 1-10).

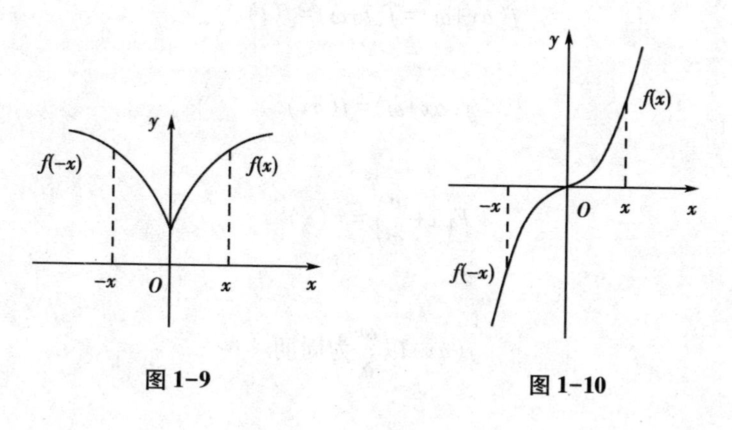

图 1-9　　图 1-10

【例 11】 判断函数 $y=x^4-2x^2$ 的奇偶性.

【解】 定义域$(-\infty,+\infty)$，又因为 $f(-x)=(-x)^4-2(-x)^2=x^4-2x^2=f(x)$，所以 $y=x^4-2x^2$ 是偶函数.

(4) 函数的周期性

设函数 $f(x)$ 的定义域为 D，如果存在常数 $l>0$，使得对于任意 $x\in D$，有$(x\pm l)\in D$，且 $f(x+l)=f(x)$ 恒成立，则称函数 $f(x)$ 为周期函数，l 称为周期. 通常我们说周期函数的周期是指最小正周期.

例如，函数 $\sin x$，$\cos x$ 的周期为 2π，函数 $\tan x$，$\cot x$ 的周期为 π.

图 1-11 表示周期为 l 的一个周期函数. 在每个长度为 l 的区间上，函数图形有相同的形状.

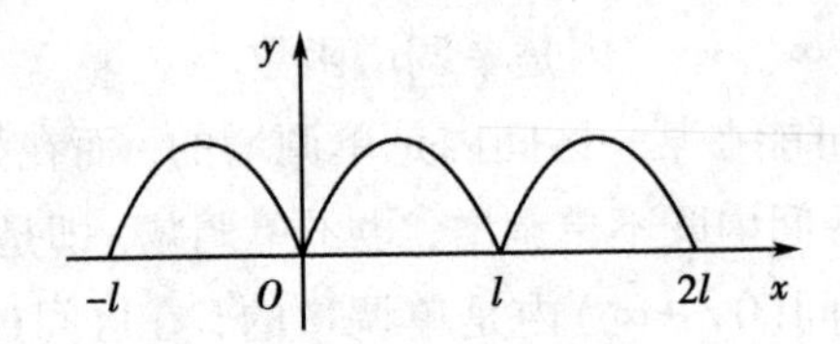

图 1-11

【例 12】 若函数 $f(x)$ 以 ω 为周期，试证函数 $y=f(ax)\,(a>0)$ 以 $\frac{\omega}{a}$ 为周期.

【证】 令 $F(x)=f(ax)$，我们只须证明 $F\left(x+\frac{\omega}{a}\right)=F(x)$ 即可. 因为

$$F\left(x+\frac{\omega}{a}\right)=f\left[a\left(x+\frac{\omega}{a}\right)\right]=f(ax+\omega),$$

令 $t=ax$ 则

$$f(ax+\omega)=f(t+\omega)=f(t),$$

即

$$f(ax+\omega)=f(ax).$$

所以

$$F\left(x+\frac{\omega}{a}\right)=F(x),$$

即

$$f(ax)\text{以}\frac{\omega}{a}\text{为周期}.$$

例如，$\sin 3x$ 的周期是$\frac{2\pi}{3}$，$\cos\frac{1}{2}x$ 的周期是 4π.

3. 反函数与复合函数

(1)反函数

设函数f: $D\to f(D)$是单射，则它存在逆映射f^{-1}: $f(D)\to D$，称此映射f^{-1}为函数f的反函数.

例如，对于函数 $y=2x+8$，由于对于任何 y 值都有唯一的 x 值(即 $x=\frac{1}{2}y-4$)与之对应，因此，存在函数 $y=2x+8$ 的反函数：$x=\frac{1}{2}y-4$. 习惯上，人们总是将自变量用 x 表示，因变量用 y 表示. 因此，$y=f(x)$，$x\in D$ 的反函数记为 $y=f^{-1}(x)$，$x\in f(D)$. 于是 $y=2x+8$ 的反函数通常写作 $y=\frac{1}{2}x-4$.

考察函数 $y=x^2$，定义域 $D=(-\infty,+\infty)$，值域 $B_f=[0,+\infty)$. 对于任意 $y\in(0,+\infty)$有两个不同的 x 值(即$\pm\sqrt{y}$)都以 y 为对应值，因此，对于 $x\in(-\infty,+\infty)$，不存在 $y=x^2$ 的反函数. 但是，如果我们把定义域限制在$[0,+\infty)$，则对任意一个 $y\in[0,+\infty)$，就只有唯一的 $x=\sqrt{y}$ 以 y 为对应值，因此，存在反函数 $x=\sqrt{y}$. 同样，若把 x 的定义域限制在$(-\infty,0]$，则就有反函数 $x=-\sqrt{y}$. 图 1-12 中表示出了函数 $y=x^2$ 在$[0,+\infty)$和$(-\infty,0]$上的两个反函数.

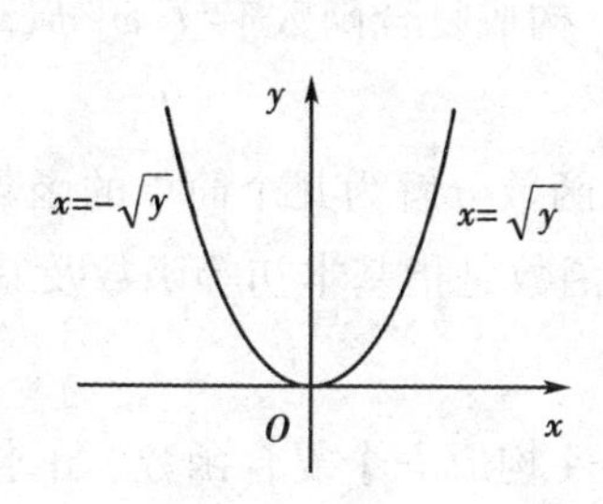

图 1-12

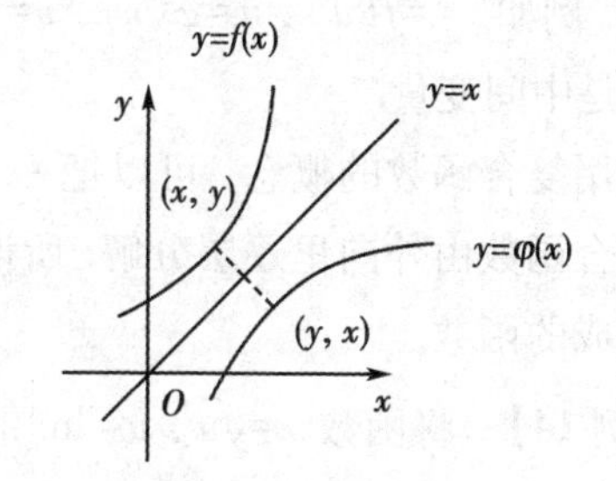

图 1-13

由于 $y=f(x)$与 $y=f^{-1}(x)$的关系是 x 与 y 互换，易见，函数与反函数的图形是对称于直线 $y=x$ 的，见图 1-13.

【例 13】 求 $y=4x+8$ 的反函数.

【解】 由已知函数解出 x，得 $x=\frac{1}{4}y-2$，将 x、y 分别换为 y、x，得 $y=\frac{1}{4}x-$

2，所以 $y=4x+8$ 的反函数为 $y=\frac{1}{4}x-2$.

(2)复合函数

我们先来看一个例子，设 $y=u^2$，$u=3x+2$，则任意 $x\in(-\infty,+\infty)$，有 $u=3x+2\in(-\infty,+\infty)$；又由 $y=u^2$，有 $y=(3x+2)^2\in(-\infty,+\infty)$，即通过中间媒介 u，y 是 x 的函数，称 $y=(3x+2)^2$ 是由 $y=u^2$，$u=3x+2$ 复合而成的复合函数. 一般地，我们有如下定义：

定义 5 设函数 $y=f(u)$的定义域 D_1，函数 $u=\varphi(x)$，$x\in I$，其值域 B_φ，且 $B_\varphi\cap D$ 为非空集合，那么函数 $y=f[\varphi(x)]$称为由函数 $y=f(u)$与函数 $u=\varphi(x)$复合而成的复合函数. 而 u 称为中间变量.

关于复合函数，需要说明两点：

1)要构成复合函数 $y=f[\varphi(x)]$，其关键是要求 $u=\varphi(x)$的值域与 $y=f(u)$的定义域的交集是非空集合. 所以，并不是任意两个函数都能组合在一起构成一个复合函数.

例如，$y=\sqrt{u}$，定义域 $D=[0,+\infty)$；$u=1-x^2$，值域 $B_\varphi=(-\infty,1]$. 由于 $B_\varphi\cap D$ 为非空集合，所以 $y=f[\varphi(x)]=\sqrt{1-x^2}$ 是复合函数.

又如，$y=\sqrt{u}$，定义域 $D=[0,+\infty)$；$u=-5-x^2$，值域 $B_\varphi=(-\infty,-5]$. 由于 $B_\varphi\cap D$ 为空集，所以 $y=f[\varphi(x)]=\sqrt{-5-x^2}$ 不是复合函数.

2)复合函数可以由两个以上的函数构成，所以，它的中间变量可以是多于一个的. 例如，$y=f(u)$，$u=\varphi(v)$，$v=\phi(x)$，构成复合函数 $y=f\{\varphi[\phi(x)]\}$，u 与 v 都是中间变量.

利用复合函数的概念，可以把一个复合函数分解为几个简单的函数，此时应将复合函数由外向里逐层分解. 所谓简单函数是指基本初等函数及其由四则运算构成的函数.

【例 14】 将函数 $y=\sqrt{u}$，$u=\ln v$，$v=5x-4$ 构成一个复合函数，并求出这一复合函数的定义域.

【解】 将 $v=5x-4$，$u=\ln v$ 逐次代入表达式 $y=\sqrt{u}$ 中，得到这三个函数所构成的复合函数 $y=\sqrt{\ln(5x-4)}$. 此复合函数的定义域是$[1,+\infty)$.

【例 15】 把函数 $y=e^{\sqrt{x+1}}$ 分解成几个简单函数.

【解】 函数 $y=e^{\sqrt{x+1}}$ 分解成简单函数 $y=e^u$、$u=\sqrt{v}$、$v=x+1$.

4. 初等函数

(1)基本初等函数

幂函数：$y=x^{\mu}$($\mu\in\mathbf{R}$ 是常数)；

指数函数：$y=a^{x}$($a>0$ 且 $a\neq1$)；

对数函数：$y=\log_a x$($a>0$ 且 $a\neq1$)，特别当 $a=\mathrm{e}$ 时，记为 $y=\ln x$；

三角函数：如 $y=\sin x$，$y=\cos x$，$y=\tan x$ 等；

反三角函数：如 $y=\arcsin x$，$y=\arccos x$，$y=\arctan x$ 等.

以上五类函数统称为基本初等函数.

(2)初等函数

定义 6　由常数及基本初等函数经过有限次四则运算及有限次的函数复合步骤而构成的，并可以用一个式子表示的函数，称为初等函数. 不是初等函数的函数称为非初等函数.

例如，$y=\sqrt{x-2}$、$y=\arctan\dfrac{1-x}{1+x}$、$y=\sqrt{4-x^2}+\sin\dfrac{1}{1+x^2}$等都是初等函数. 显然，分段函数一般不是初等函数.

习题 1-1

1. 用集合符号写出下列集合：

(1)大于 5 的所有实数集合；

(2)小于 5 的所有正整数集合；

(3)圆 $x^2+y^2=1$ 内部一切点的集合.

2. 用区间表示满足下列不等式的所有 x 的集合：

(1) $|x|\leqslant5$；　　(2) $|x-a|<\varepsilon$(a 为常数，$\varepsilon>0$)；

(3) $|x|>5$；　　(4) $|x+2|>3$.

3. 下列各题中，函数 $f(x)$ 与 $g(x)$ 是否相同？为什么？

(1) $f(x)=\dfrac{x^2-1}{x-1}$、$g(x)=x+1$；(2) $f(x)=x$、$g(x)=\sqrt{x^2}$；

(3) $f(x)=\sqrt[3]{x^4-x^3}$、$g(x)=x\sqrt[3]{x-1}$.

4. 确定下列函数的定义域：

(1) $y=\sqrt{x^2-9}$；　　(2) $y=\sqrt{9-x^2}+\dfrac{1}{\sqrt{x^2-1}}$；

(3) $y=\frac{\sqrt{4-x^2}}{x^2-1}$；　　(4) $y=\sqrt{\lg\frac{5x-x^2}{4}}$；

(5) $y=\frac{-5}{x^2+4}$；　　(6) $y=\arccos\frac{x+2}{5}$.

5. (1) 设 $g(t)=t^2+1$，求 $g(t^2)$、$[g(t)]^2$；

(2) 设 $f(x)=e^x$、求 $\phi(x)=\frac{f(x+h)-f(x)}{h}$.

6. 若 $f(x)=\begin{cases}-1, & -1\leqslant x<1,\\ \frac{1}{2}, & x=1,\\ 3, & 1<x\leqslant 5.\end{cases}$ (1) 求函数的定义域.

(2) 求 $f(-1)$、$f(0)$、$f(1)$、$f\left(\frac{6}{5}\right)$.

7. 判断下列函数的奇偶性：

(1) $y=\frac{1}{x^2}$；　　(2) $y=5x-x^3$；　　(3) $y=e^x+1$；

(4) $y=\ln\frac{1-x}{1+x}$；　　(5) $y=a^x+a^{-x}$；　　(6) $y=\ln(x+\sqrt{1+x^2})$.

8. 已知 $f(x)=x^2+2x$、$\varphi(t)=\ln(1+t)$，求 $f[\varphi(t)]$.

9. 指出下列函数是怎样复合而成的：

(1) $y=\sqrt{x^2-1}$；　　(2) $y=(\arcsin\sqrt{3-x^2})^3$；

(3) $y=e^{\cos^3 x}$；　　(4) $y=\log_a \sin e^{x-1}$；

(5) $y=\sqrt[3]{\ln\sqrt{x}}$；　　(6) $y=\ln^3\arccos x^2$.

10. 一弹簧的伸长与所受拉力成正比，每伸长 1cm 需要力 8N，求弹簧伸长与所受拉力的函数关系.

11. 用铁皮做一个容积为 V_0 的圆柱形罐头盒，试将它的全面积表示成底半径的函数，并确定此函数的定义域.

12. 在半径为 r 的球内嵌入一个圆柱，试将圆柱的体积表示为其高的函数，并确定函数的定义域.

13. 旅客乘坐火车时，随身携带物品，不超过 20kg 免费. 超过 20kg 部分，每千克收费 a 元. 超过 50kg 部分，每千克再加收 50%. 试求携带物品应交费用与物品重量的函数关系式.

第二节　数列的极限

一、极限方法

首先，我们研究一个简单的问题——圆的面积. 为了求圆的面积，我们先作圆的内接正三边形、正六边形、正十二边形等一系列正 $3\times 2^{n-1}$ 边形，它们的面积依次为：A_1，A_2，A_3，…，A_n，…，它们构成了一列有序的数(又称为数列). 显而易见，当正多边形的边数不断增大，即 n 越来越大时，其相应的面积 A_n 也就越来越接近于圆的面积 A(见图 1-14). 当 n 无限增大(记为 $n\to\infty$，读作 n 趋向无穷大)，即圆内接正多边形的边数无限增加时，其内接正多边形的面积就无限趋近于圆的面积 A. 这种求解圆面积的方法就是我国古代数学家刘徽所创立的“割圆术”的基本思想. 这种求解圆面积的方法实际上使用了一种分析的方法，即观察分析当 n 无限增大时，变量 A_n 的变化趋向，这种方法称为极限方法. 极限方法是高等数学的基本方法. 我们将反映了 A_n 变化趋向的这一常数 A(圆的面积)称为 A_n 的极限.

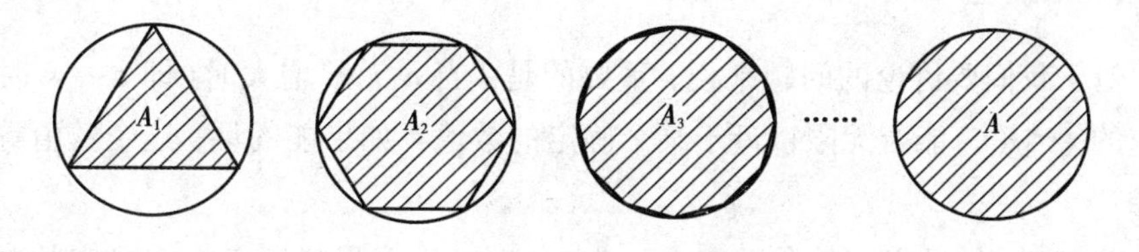

图 1-14

下面，我们将分别引入数列与函数的极限.

二、数列的极限

所谓数列就是按一定次序排列的一列数 x_1，x_2，…，x_n，…，其中每一个数称为数列的项，第 n 项 x_n 称为数列的一般项(或通项). 数列也记作 $\{x_n\}$.

例如　$\{x_n\}=\left\{\dfrac{1}{n}\right\}=1,\ \dfrac{1}{2},\ \dfrac{1}{3},\ \cdots,\ \dfrac{1}{n},\ \cdots$

$\{x_n\}=\{3+(-1)^n\}=2,\ 4,\ 2,\ 4,\ \cdots$

$\{x_n\}=\{n^2\}=1,\ 4,\ 9,\ \cdots,\ n^2,\ \cdots$

都是数列.

由于数列含有无穷多项，所以，数列可以看作以自然数 n 为自变量的函数 $x_n=f(n)$，又称为整标函数，把它按自变量 n 增加的次序一一列出：x_1，x_2，…，x_n，…就是一个数列.

【例 1】 讨论下列数列的变化趋势

(1) $\{x_n\}=\left\{\frac{1}{n}\right\}$；　　(2) $\{x_n\}=\left\{\frac{1+(-1)^n}{n}\right\}$；　　(3) $\{x_n\}=\left\{1-\frac{1}{n}\right\}$.

【解】 (1) $\{x_n\}=\left\{\frac{1}{n}\right\}=1,\frac{1}{2},\frac{1}{3},\cdots,\frac{1}{n},\cdots$当 n 无限增大时数列 $\{x_n\}$ 的一般项 $\frac{1}{n}$ 无限接近于 0；

(2) $\{x_n\}=\left\{\frac{1+(-1)^n}{n}\right\}=0,1,0,\frac{1}{2},0,\frac{1}{3},\cdots$当 n 无限增大时数列 $\{x_n\}$ 的一般项 $\frac{1+(-1)^n}{n}$ 无限接近于 0；

(3) $\{x_n\}=\left\{1-\frac{1}{n}\right\}=0,\frac{1}{2},\frac{2}{3},\frac{3}{4},\cdots$当 n 无限增大时数列 $\{x_n\}$ 的一般项 $1-\frac{1}{n}$ 无限接近于 1.

对于我们要讨论的问题来说，重要的是：当 n 无限增大时(即 $n\to\infty$ 时)，对应的 $x_n=f(n)$ 能否无限接近于某个确定的数值？如果能的话，这个数值等于多少？

定义 7 如果当 n 趋向无穷大($n\to\infty$)时，x_n 无限趋近于一个确定的常数 a，则称 a 是数列 $\{x_n\}$ 在 $n\to\infty$ 时的极限，或称数列 $\{x_n\}$ 收敛于 a，记为

$$\lim_{n\to\infty}x_n=a\text{，或 }x_n\to a(n\to\infty).$$

如果当 $n\to\infty$ 时，x_n 不趋近于一个确定的常数，则称数列 $\{a_n\}$ 没有极限或称数列 $\{a_n\}$ 是发散的.

上述极限定义属于极限的形象描述，不属于严格的极限定义，那么在数学上精确描述如下：设 $\{x_n\}$ 为一数列，如果存在常数 a，对于任意给定的正数 ε (不论它多么小)，总存在正整数 N，使得当 $n>N$ 时，不等式 $|x_n-a|<\varepsilon$ 都成立，那么就称常数 a 是数列 $\{x_n\}$ 的极限，或称数列 $\{x_n\}$ 收敛于 a，记作

$$\lim_{n\to\infty}x_n=a\text{，或 }x_n\to a(n\to\infty).$$

如果不存在这样的常数 a，就说数列 $\{x_n\}$ 没有极限，或说数列 $\{x_n\}$ 是发散

的，习惯上也说$\lim\limits_{n\to\infty}x_n$不存在.

【例 2】 讨论数列$\left\{(-1)^{n+1}\dfrac{1}{n}\right\}$的极限.

【解】 $x_n=(-1)^{n+1}\dfrac{1}{n}$，当$n$的值越大，$x_n$的绝对值就越小，当$n\to\infty$时，$x_n$无限趋近于确定的常数0，所以数列$x_n$的极限是0，即$\lim\limits_{n\to\infty}(-1)^{n+1}\dfrac{1}{n}=0$.

【例 3】 讨论数列$\{n^3\}$的极限.

【解】 $x_n=n^3$，即数列为1，8，27，64，…，1000，…，1000000，…

当$n\to\infty$时，x_n的数值无限增大，而不趋近于一个确定的常数，所以数列$\{n^3\}$没有极限.

【例 4】 讨论数列1，-1，1，-1，…，$(-1)^{n-1}$，…的极限.

【解】 $x_n=(-1)^{n-1}$，当n为奇数时，$x_n=1$；当n为偶数时，$x_n=-1$. 因此，当$n\to\infty$时，x_n始终在1和-1两个数上来回跳动，显然不趋向于一个确定的常数，所以，数列$\{(-1)^{n-1}\}$没有极限.

当数列$\{x_n\}$的一般项x_n用数轴上的点表示时，数列极限$\lim\limits_{n\to\infty}x_n=a$的几何意义是：当$n$无限增大时，数轴上的点$x_n$无限趋近于点$a$. 也就是说，当$n$无限增大时，$x_n$与$a$之差的绝对值$|x_n-a|$越来越趋近于零(见图1-15).

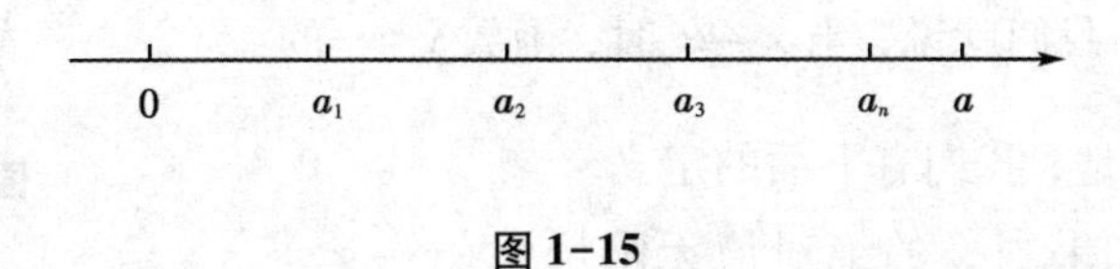

图 1-15

习题 1-2

观察下列数列的变化趋势，如果有极限，写出它们的极限值：

(1) $x_n=\dfrac{1}{n^3}$；　(2) $x_n=(-1)^n\cdot n$；　(3) $x_n=3-\dfrac{1}{n}$；

(4) $x_n=\dfrac{n-1}{n+1}$；　(5) $x_n=\dfrac{1+(-1)^n}{2n}$；　(6) $x_n=n-\dfrac{1}{n}$；

(7) $x_n=\dfrac{2^n-1}{3^n}$；　(8) $x_n=[(-1)^n+1]\dfrac{n+1}{n}$；　(9) $x_n=(-1)^n\dfrac{1}{n}$.

第三节　函数的极限

一、函数极限的定义

由于数列可以看作定义于正整数集合上的函数. 因此，数列的极限可以推广到函数中去. 所不同的是，对于函数 $y=f(x)$，自变量 x 的变化趋势有两种情况：一种是 x 的绝对值无限增大（记为 $x\to\infty$），另一种是 x 无限趋近于某个常数 x_0（记为 $x\to x_0$）.

下面我们对自变量 x 的这两种不同的变化趋势，分别给出函数 $f(x)$ 的极限定义.

1. 当 $x\to\infty$ 时函数 $f(x)$ 的极限

例如，$y=\dfrac{1}{x}$，从函数图象（见图 1-16）中可以看出，当自变量 x 的绝对值 $|x|$ 无限增大（$x\to\infty$）时，函数 $y=\dfrac{1}{x}$ 的图象无限接近于 x 轴，即函数 $y=\dfrac{1}{x}$ 的值无限趋近于零，我们就说，当 $x\to\infty$ 时，函数 $y=\dfrac{1}{x}$ 的极限为 0，一般地，我们有下面的定义.

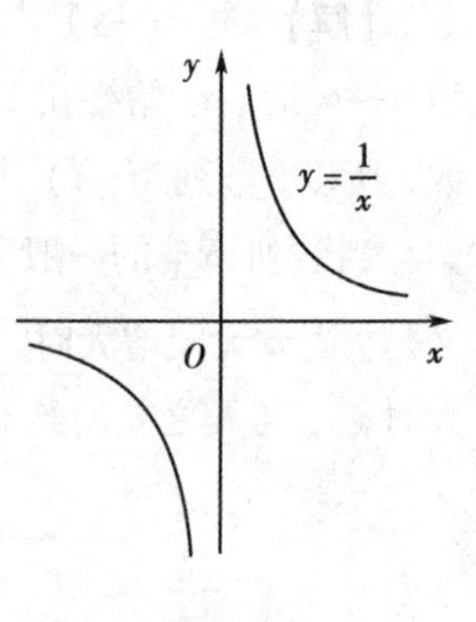

图 1-16

定义 8　如果当 x 的绝对值无限增大（$x\to\infty$）时，函数 $f(x)$ 无限趋近于一个确定的常数 A，则称 A 是函数 $f(x)$ 当 $x\to\infty$ 时的极限，记为

$$\lim_{x\to\infty}f(x)=A \text{ 或 } f(x)\to A\,(x\to\infty).$$

若 x 仅取正值，记为 $x\to+\infty$，即 $\lim\limits_{x\to+\infty}f(x)=A$.

若 x 仅取负值，记为 $x\to-\infty$，即 $\lim\limits_{x\to-\infty}f(x)=A$.

由上面的例子，我们有 $\lim\limits_{x\to\infty}\dfrac{1}{x}=0$.

上述极限定义属于极限的形象描述，不属于严格的极限定义，那么在数学上精确描述如下：设函数 $f(x)$ 当 $|x|$ 大于某一正数时有定义. 如果存在常数 A，对于任意给定的正数 ε（不论它多么小），总存在正数 X，使得当 x 满足不等式

$|x|>X$ 时，对应的函数值 $f(x)$ 都满足不等式 $|f(x)-A|<\varepsilon$，那么常数 A 就叫作函数 $f(x)$ 当 $x\to\infty$ 时的极限，记作

$$\lim_{x\to\infty}f(x)=A \text{ 或 } f(x)\to A(\text{当 } x\to\infty).$$

【例 1】　讨论极限 $\lim\limits_{x\to-\infty}\arctan x$

【解】　由函数 $y=\arctan x$ 的图象(见图 1-17)可以看出，当 $x\to-\infty$ 时，函数值 $\arctan x$ 无限趋近于 $-\dfrac{\pi}{2}$，所以 $\lim\limits_{x\to-\infty}\arctan x=-\dfrac{\pi}{2}$

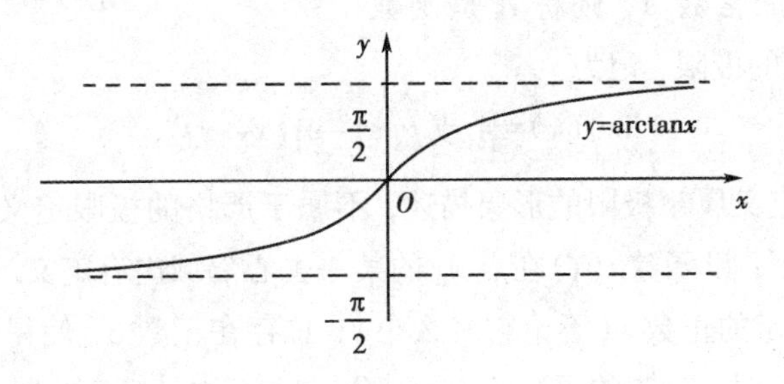

图 1-17

【例 2】　讨论极限 $\lim\limits_{x\to\infty}\sin x$.

【解】　由函数 $y=\sin x$ 的图象(见图 1-18)可以看出，当 $x\to\infty$ 时，函数值 $\sin x$ 在 1 与 −1 之间摆动，而不趋向于一个常数. 所以，当 $x\to\infty$ 时，函数 $y=\sin x$ 没有极限. 即 $\lim\limits_{x\to\infty}\sin x$ 不存在.

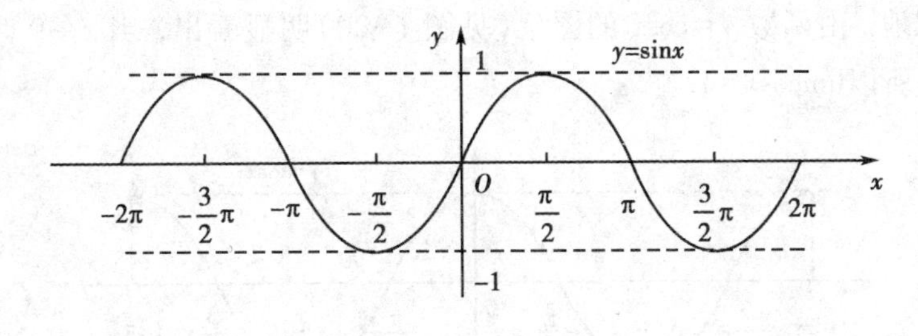

图 1-18

2. 当 $x\to x_0$ 时函数 $f(x)$ 的极限

下面我们研究 x 趋向于某个常数 x_0(记为 $x\to x_0$)时函数 $f(x)$ 的变化趋势.

例如，函数 $f(x)=\dfrac{1}{2}x+1$，我们观察当 x 无限趋近于 1(即 $x\to1$)时，函数 $f(x)$ 的变化趋势. 从函数图象(见图 1-19)中明显看出，当 x 无限趋近于 1 时，

函数$f(x)$无限趋近于$\frac{3}{2}$，我们称$\frac{3}{2}$是函数$f(x)=\frac{1}{2}x+1$当$x\to1$时的极限. 一般地，我们有如下定义.

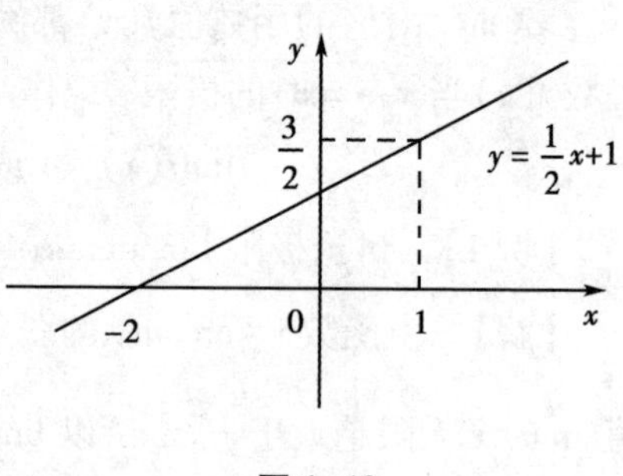

图 1-19

定义 9 如果当x无限趋近于定值x_0，即$x\to x_0(x\neq x_0)$时，函数$f(x)$无限趋近于一个确定的常数A，则称A是函数$f(x)$当$x\to x_0$时的极限，记为

$$\lim_{x\to x_0}f(x)=A \text{ 或 } f(x)\to A(x\to x_0).$$

上述极限定义属于极限的形象描述，不属于严格的极限定义，那么在数学上精确描述如下：设函数$f(x)$在点x_0的某一去心邻域内有定义. 如果存在常数A，对于任意给定的正数ε(不论它多么小)，总存在正数δ，使得当x满足不等式$0<|x-x_0|<\delta$时，对应的函数值$f(x)$都满足不等式$|f(x)-A|<\varepsilon$，那么常数A就叫作函数$f(x)$当$x\to x_0$时的极限，记作

$$\lim_{x\to x_0}f(x)=A \text{ 或 } f(x)\to A(\text{当 } x\to x_0).$$

【例 3】 讨论极限$\lim\limits_{x\to0}\sin x$.

【解】 由函数$y=\sin x$的图象(见图 1-18)明显看出，当$x\to0$时，函数$\sin x\to0$. 所以$\lim\limits_{x\to0}\sin x=0$.

类似地，由函数$y=\cos x$的图象(见图 1-20)明显看出，当$x\to0$时，函数$\cos x\to1$. 所以$\lim\limits_{x\to0}\cos x=1$.

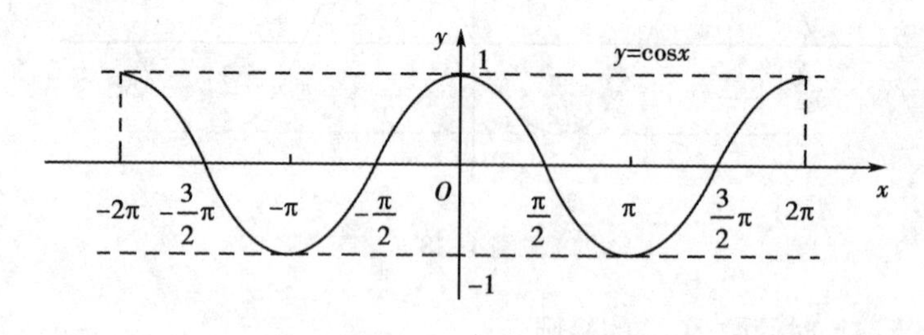

图 1-20

【例 4】 讨论极限$\lim\limits_{x\to x_0}x$.

【解】 由函数$y=x$的图象(见图 1-21)明显看出，当$x\to x_0$时，函数$y\to x_0$，所以$\lim\limits_{x\to x_0}x=x_0$.

从几何图形上看，函数的极限$\lim\limits_{x \to x_0} f(x)=A$ 表示为：当 x 无限趋近于定值 x_0 时，点$(x, f(x))$无限趋近于定点(x_0, A)，如图 1-22 所示.

还需说明一点，极限$\lim\limits_{x \to x_0} f(x)$反映了自变量 x 无限趋近于 x_0时，函数$f(x)$的变化趋势，而与函数$f(x)$在点 x_0处是否有定义无关.

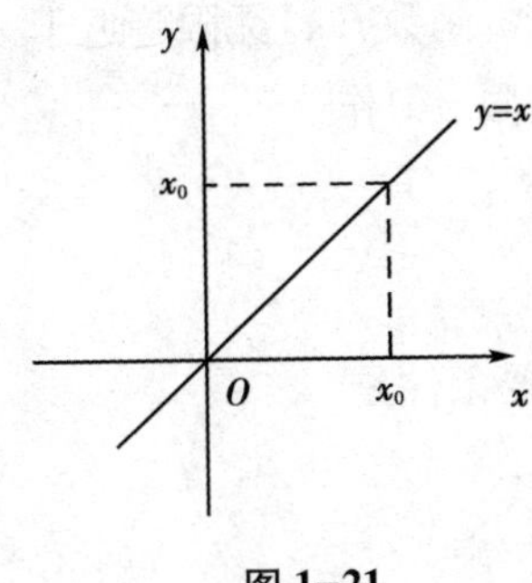

图 1-21

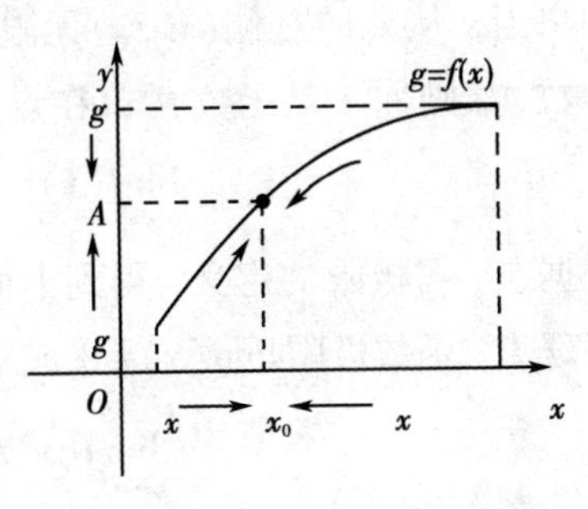

图 1-22

例如，虽然函数 $f(x)=\dfrac{x^2-1}{x-1}$在 $x=1$ 处无定义，但是，当 $x \to 1$ 时，函数$f(x)$无限趋近于2，即 $\lim\limits_{x \to 1} f(x)=\lim\limits_{x \to 1}\dfrac{x^2-1}{x-1}=2$，如图 1-23 所示.

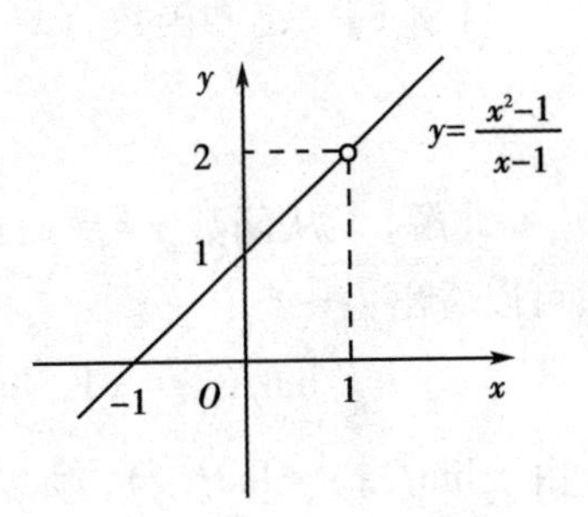

图 1-23

二、函数极限的性质

下面以 $x \to x_0$为例给出函数极限的性质.

性质 1(唯一性)　若$\lim\limits_{x \to x_0} f(x)=A$，$\lim\limits_{x \to x_0} f(x)=B$，则 $A=B$.

性质 2(局部有界性)　若$\lim\limits_{x \to x_0} f(x)=A$，则必存在 x_0的某一个邻域(x_0除外)，在此邻域内函数$f(x)$有界.

性质 3(局部保号性)　若$\lim\limits_{x \to x_0} f(x)=A$，且 $A>0$(或 $A<0$)，则存在 x_0的某一个邻域，在此邻域内，$f(x)>0$(或$f(x)<0$).

推论　如果在 x_0的某一个邻域内$f(x) \geqslant 0$(或$f(x) \leqslant 0$)，且$\lim\limits_{x \to x_0} f(x)=A$，则 $A \geqslant 0$(或 $A \leqslant 0$).

前面讲到的 $x \to x_0$时函数的极限概念中，x 既是从 x_0的左侧($x<x_0$)也是从 x_0的右侧($x>x_0$)趋向于 x_0的. 但是，由于研究问题的需要，只须知道 x 仅从 x_0的左侧($x<x_0$)或仅从 x_0的右侧($x>x_0$)趋于 x_0时，函数$f(x)$的极限，这就是所谓左极限或右极限.

定义 10 如果当 x 从 x_0 的左侧($x<x_0$)无限趋近于 x_0 时，函数 $f(x)$ 无限趋近于一个确定的常数 A，则称 A 是函数 $f(x)$ 在点 x_0 处的左极限，记作

$$\lim_{x\to x_0^-}f(x)=A \text{ 或 } f(x_0^-)=A.$$

如果当 x 从 x_0 的右侧($x>x_0$)无限趋近于 x_0 时，函数 $f(x)$ 无限趋近于一个确定的常数 A，则称 A 是函数 $f(x)$ 在点 x_0 处的右极限，记作

$$\lim_{x\to x_0^+}f(x)=A \text{ 或 } f(x_0^+)=A.$$

根据左、右极限的定义，得到下面定理.

定理 1 函数极限 $\lim\limits_{x\to x_0}f(x)=A$ 成立的充分必要条件是

$$\lim_{x\to x_0^-}f(x)=\lim_{x\to x_0^+}f(x)=A.$$

【例 5】 已知函数 $f(x)=\begin{cases}x-1, & x<0,\\ 0, & x=0,\\ x+1, & x>0.\end{cases}$ 讨论极限 $\lim\limits_{x\to 0}f(x)$ 是否存在.

【解】 从函数 $y=f(x)$ 的图象(见图 1-24)中可以看出：

$$\lim_{x\to 0^-}f(x)=-1,\ \lim_{x\to 0^+}f(x)=1,$$

由于 $\lim\limits_{x\to 0^-}f(x)\neq\lim\limits_{x\to 0^+}f(x)$，所以 $\lim\limits_{x\to 0}f(x)$ 不存在.

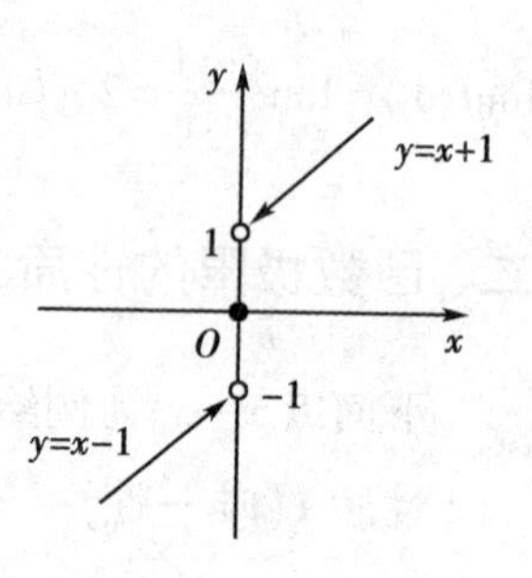

图 1-24

从例 5 中可以看出，当求分段函数在分段点处的极限时，必须考察左、右极限是否相等，再确定极限是否存在.

我们已经知道，常数 C 可以看成一种特殊的函数，即在自变量的某个变化过程中，对于自变量 x 取任何一个数值时，函数 y 的对应值总取 C. 因此，由极限的定义，显然有 $\lim\limits_{x\to x_0}C=C$ 和 $\lim\limits_{x\to\infty}C=C$，即常数的极限就是这个常数本身.

习题 1-3

1. 观察下列函数的变化趋势，如果有极限，写出其极限：

(1) $\lim\limits_{x\to 1}(2x+3)$；　(2) $\lim\limits_{x\to -3}x^2$；　(3) $\lim\limits_{x\to\infty}\dfrac{1}{x^3}$；　(4) $\lim\limits_{x\to\frac{\pi}{4}}\tan x$；

(5) $\lim\limits_{x \to \frac{\pi}{3}} \cos x$； (6) $\lim\limits_{x \to -\infty} e^x$； (7) $\lim\limits_{x \to -2} \frac{x^2-4}{x+2}$； (8) $\lim\limits_{x \to \infty} \frac{x^3+1}{2x^3}$.

2. 设 $f(x)=\begin{cases} x^2+1, & x<1, \\ 1, & x=1, \\ -x, & x>1, \end{cases}$ 画出 $f(x)$ 的图象，并讨论函数在 $x=1$ 处的极限.

3. 讨论极限 $\lim\limits_{x \to \infty} \arctan x$ 是否存在。

4. 设 $f(x)=|x|$，求当 $x \to 0$ 时函数的极限.

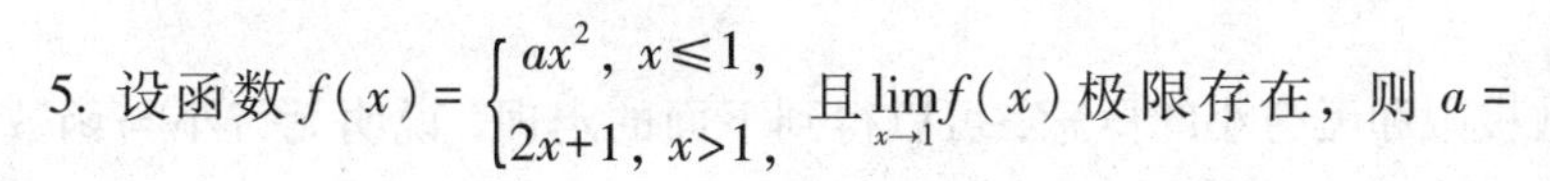

5. 设函数 $f(x)=\begin{cases} ax^2, & x \leqslant 1, \\ 2x+1, & x>1, \end{cases}$ 且 $\lim\limits_{x \to 1} f(x)$ 极限存在，则 $a=$ ________.

第四节 无穷小与无穷大

一、无穷小

定义 11 如果函数 $f(x)$ 当 $x \to x_0$（或 $x \to \infty$）时的极限为零，那么称函数 $f(x)$ 为当 $x \to x_0$（或 $x \to \infty$）时的无穷小.

特别地，以零为极限的数列 $\{x_n\}$ 称为 $n \to \infty$ 时的无穷小.

例如，函数 $f(x)=\sin x$，当 $x \to 0$ 时 $\sin x \to 0$. 所以，当 $x \to 0$ 时，函数 $f(x)=\sin x$ 为无穷小. 又如 $\lim\limits_{x \to \frac{\pi}{2}} \cos x=0$，所以，函数 $f(x)=\cos x$ 是 $x \to \frac{\pi}{2}$ 时的无穷小.

简言之，以零为极限的函数叫作无穷小.

对于无穷小的概念须要注意下面两点：

(1) 无穷小是一个变量，而不是常量. 因此，不能把它与很小的数混淆起来. 但是，只有零这个特殊的数是无穷小，因为它满足无穷小量的定义.

(2) 无穷小反映了一个变量的变化趋势，因此，在谈到某个变量是无穷小时，应指明其自变量的变化过程.

例如，当 $x \to 0$ 时变量 $\sin x$ 是无穷小，但当 $x \to \frac{\pi}{2}$ 时，因为 $\lim\limits_{x \to \frac{\pi}{2}} \sin x=1$，所以当 $x \to \frac{\pi}{2}$ 时 $\sin x$ 不是无穷小.

【例1】 自变量 x 在什么样的变化过程中，下列函数是无穷小.

(1) $y=\frac{1}{3x-2}$；(2) $y=2x-3$；(3) $y=a^x(a>0, a\neq1)$.

【解】 (1)因为 $\lim\limits_{x\to\infty}\frac{1}{3x-2}=0$，所以 $x\to\infty$ 时 $\frac{1}{3x-2}$ 是无穷小；

(2)因为 $\lim\limits_{x\to\frac{3}{2}}(2x-3)=0$，所以 $x\to\frac{3}{2}$ 时 $2x-3$ 是无穷小；

(3) $a>1$ 时，当 $x\to-\infty$ 时，a^x 是无穷小，而 $0<a<1$ 时，当 $x\to+\infty$ 时，a^x 是无穷小.

由函数极限和无穷小的概念，可以得到下面的定理，说明无穷小与函数极限的关系.

定理2 在自变量的同一变化过程 $x\to x_0$(或 $x\to\infty$)中，函数 $f(x)$ 具有极限 A 的充分必要条件是 $f(x)=A+\alpha$，其中 α 是无穷小.

【证】 先证必要性. 设 $\lim\limits_{x\to x_0}f(x)=A$，则 $\forall\varepsilon>0$，$\exists\delta>0$，使当 $0<|x-x_0|<\delta$ 时，有 $|f(x)-A|<\varepsilon$. 令 $\alpha=f(x)-A$，则 α 是当 $x\to x_0$ 时的无穷小，且 $f(x)=A+\alpha$.

再证充分性. 设 $f(x)=A+\alpha$，其中 A 是常数，α 是当 $x\to x_0$ 时的无穷小，于是 $|f(x)-A|=|\alpha|$. 因 α 是当 $x\to x_0$ 时的无穷小，所以 $\forall\varepsilon>0$，$\exists\delta>0$，使当 $0<|x-x_0|<\delta$ 时，有 $|\alpha|<\varepsilon$，即 $|f(x)-A|<\varepsilon$. 这就证明了 A 是 $f(x)$ 当 $x\to x_0$ 时的极限.

类似地可证明当 $x\to\infty$ 时的情况.

无穷小量有下面几个运算性质：

性质1 有限个无穷小的代数和是无穷小.

性质2 无穷小与有界变量的乘积是无穷小.

推论1 无穷小与常量的乘积是无穷小.

推论2 有限个无穷小的乘积是无穷小.

【例2】 求 $\lim\limits_{x\to\infty}\frac{\sin x}{x}$.

【解】 因为当 $x\to\infty$ 时 $\frac{1}{x}$ 是无穷小，而 $\sin x$ 是有界函数：$|\sin x|\leqslant1$. 所以 $\frac{1}{x}\sin x$ 是无穷小，即

$$\lim_{x\to\infty}\frac{\sin x}{x}=\lim_{x\to\infty}\frac{1}{x}\sin x=0.$$

【例 3】 求$\lim\limits_{n\to\infty}\left(\frac{1}{n^2}+\frac{2}{n^2}+\cdots+\frac{n}{n^2}\right)$.

【解】 $\lim\limits_{n\to\infty}\left(\frac{1}{n^2}+\frac{2}{n^2}+\cdots+\frac{n}{n^2}\right)=\lim\limits_{n\to\infty}\frac{n(n+1)}{2n^2}=\frac{1}{2}$.

$n\to\infty$ 时$\frac{1}{n^2}$, $\frac{2}{n^2}$, …, $\frac{n}{n^2}$都是无穷小, 但由例 3 可知, 无穷个无穷小的代数和未必是无穷小.

二、无穷大

无穷大也是一个变量, 它的变化趋势与无穷小正好相反, 对于无穷大我们有如下定义.

定义 12 如果在 x 的某种趋向下, 函数 $f(x)$ 的绝对值 $|f(x)|$ 无限增大, 则称函数 $f(x)$ 是在 x 的这种趋向下的无穷大.

例如, 函数 $f(x)=\frac{1}{x}$, 当 $x\to0$ 时, 绝对值 $|f(x)|=\frac{1}{|x|}$无限增大, 所以 $f(x)=\frac{1}{x}$是当 $x\to0$ 时的无穷大.

按函数极限的定义来说, 当 $x\to x_0$(或 $x\to\infty$)时的无穷大的函数 $f(x)$ 的极限是不存在的. 但为了便于叙述函数的这一性态, 我们也说 "函数的极限是无穷大", 并记作$\lim\limits_{x\to x_0}f(x)=\infty$ (或$\lim\limits_{x\to\infty}f(x)=\infty$).

例如, $\lim\limits_{x\to\infty}2x=\infty$, $\lim\limits_{x\to\frac{\pi}{2}}\tan x=\infty$. 有时也考虑到左、右极限的状态, 如 $\lim\limits_{x\to\frac{\pi}{2}^-}\tan x=+\infty$, $\lim\limits_{x\to\frac{\pi}{2}^+}\tan x=-\infty$.

与无穷小一样, 还须注意, 无穷大也是一个变量, 切不可把它与一个很大的实数相混淆, 任何一个很大的数, 无论它多么大, 都不是无穷大. 同样, 在谈到某量是无穷大时, 也要指明自变量的变化过程.

例如, 对于同一个函数$\frac{1}{x-4}$, 当 $x\to4$ 时, 它是无穷大; 当 $x\to\infty$ 时, 它是无穷小; 当 $x\to0$ 时, 它的极限是$-\frac{1}{4}$, 既不是无穷小, 也不是无穷大.

显然，如果当 $x\to x_0$ 时 $f(x)\to 0$（但 $f(x)\neq 0$），那么当 $x\to x_0$ 时，$\dfrac{1}{f(x)}\to\infty$；反之，如果当 $x\to x_0$ 时 $f(x)\to\infty$，那么当 $x\to x_0$ 时，$\dfrac{1}{f(x)}\to 0$. 从而，无穷小与无穷大有如下关系：

定理 3 在自变量 x 的同一变化过程中，

(1) 如果 $f(x)$ 是无穷大，则 $\dfrac{1}{f(x)}$ 是无穷小；

(2) 如果 $f(x)$ 是无穷小，且 $f(x)\neq 0$，则 $\dfrac{1}{f(x)}$ 是无穷大.

例如，因为 $\lim\limits_{x\to\frac{\pi}{2}}\tan x=\infty$，所以由定理 3 得 $\lim\limits_{x\to\frac{\pi}{2}}\cot x=\lim\limits_{x\to\frac{\pi}{2}}\dfrac{1}{\tan x}=0$.

【例 4】 自变量在什么样的变化过程中，下列函数为无穷大量.

(1) $y=\dfrac{1}{x-1}$；(2) $y=\log_2 x$；(3) $y=\left(\dfrac{1}{2}\right)^x$；(4) $y=\dfrac{1+2x}{x}$.

【解】 (1) 当 $x\to 1$ 时，$x-1\to 0$，$\dfrac{1}{x-1}$ 为无穷大；

(2) 当 $x\to 0^+$ 或 $x\to+\infty$ 时，$\log_2 x$ 为无穷大；

(3) 当 $x\to-\infty$ 时，$\left(\dfrac{1}{2}\right)^x$ 为无穷大；

(4) 当 $x\to 0$ 时，$\dfrac{1+2x}{x}$ 为无穷大.

习题 1-4

1. 两个无穷小的商是否一定是无穷小？举例说明.

2. 在自变量的同一变化过程中，无穷大的倒数为无穷小；反之，无穷小的倒数是否一定为无穷大？

3. 在下列各题中，指出哪些是无穷小，哪些是无穷大.

(1) $\dfrac{x+1}{x^2-9}$，当 $x\to 3$；　　(2) $2^{-x}-1$，当 $x\to 0$；

(3) $\ln|x|$，当 $x\to 0$；　　(4) $e^{\frac{1}{x}}$，当 $x\to 0$；

(5) $\tan x$，当 $x\to\dfrac{\pi}{2}$；　　(6) $y=\dfrac{1}{2x-3}$，当 $x\to\dfrac{3}{2}$.

4. 函数 $y=\frac{1}{(x+1)^2}$在什么变化过程中是无穷小？又在什么变化过程中是无穷大？

5. 求下列极限：

(1) $\lim\limits_{x\to 0} x\sin\frac{1}{x}$；　　(2) $\lim\limits_{n\to\infty}\frac{\sqrt[3]{n^2}\cos n}{n}$.

第五节　极限的运算法则

前面我们已介绍了极限的定义，由极限的定义可以观察出一些简单函数的极限. 但是，对于较复杂的函数就很难观察出极限了. 本节主要是建立极限的四则运算法则和复合函数的极限运算法则，并利用这些法则去求某些函数的极限.

在下面的讨论中，记号“lim”下面没有标明自变量的变化过程，实际上，下面的定理对 $x\to x_0$ 及 $x\to\infty$ 都是成立的.

定理 4　如果 $\lim f(x)=A$，$\lim g(x)=B$，则

(1) $\lim[f(x)\pm g(x)]=\lim f(x)\pm\lim g(x)=A\pm B$；

(2) $\lim[f(x)\cdot g(x)]=\lim f(x)\cdot\lim g(x)=A\cdot B$；

(3) $\lim\frac{f(x)}{g(x)}=\frac{\lim f(x)}{\lim g(x)}=\frac{A}{B}(B\neq 0)$.

对(1)(3)的证明留给读者，下面仅就 $x\to x_0$ 的情况证明(2).

因为$\lim\limits_{x\to x_0}f(x)=A$，$\lim\limits_{x\to x_0}g(x)=B$，则由函数极限与无穷小之间关系，得

$$f(x)=A+\alpha,\ g(x)=B+\beta.$$

其中 α、β 是 $x\to x_0$ 时的无穷小. 所以

$$f(x)\cdot g(x)=(A+\alpha)\cdot(B+\beta)=AB+(A\beta+B\alpha+\alpha\beta).$$

当 $x\to x_0$ 时，由无穷小的运算性质知 $A\beta+B\alpha+\alpha\beta$ 是无穷小量；再由函数极限与无穷小量之间的关系，得

$$\lim_{x\to x_0}[f(x)\cdot g(x)]=AB=\lim_{x\to x_0}f(x)\cdot\lim_{x\to x_0}g(x).$$

显然，定理有下面几个推论：

推论 1　如果 $\lim f_i(x)(i=1,2,\cdots,n)$存在，则

$$\lim[f_1(x)\pm f_2(x)\pm\cdots\pm f_n(x)]=\lim f_1(x)\pm\lim f_2(x)\pm\cdots\pm\lim f_n(x).$$

推论 2　如果 $\lim f_i(x)(i=1,2,\cdots,n)$ 存在，则

$$\lim[f_1(x)\cdot f_2(x)\cdot\cdots\cdot f_n(x)]=\lim f_1(x)\cdot\lim f_2(x)\cdot\cdots\cdot\lim f_n(x).$$

推论 3　如果 $\lim f(x)$ 存在，而 C 为常数，则 $\lim[Cf(x)]=C\lim f(x)$.

就是说，求极限时，常数因子可以提到极限记号外面.

推论 4　如果 $\lim f(x)$ 存在，而 n 为正整数，则

$$\lim[f(x)]^n=[\lim f(x)]^n.$$

定理 5　如果 $\varphi(x)\geqslant\psi(x)$，而 $\lim\varphi(x)=a$，$\lim\psi(x)=b$，那么 $a\geqslant b$.

【证】　令 $f(x)=\varphi(x)-\psi(x)$，则 $f(x)\geqslant 0$. 由定理 4 有

$$\lim f(x)=\lim[\varphi(x)-\psi(x)]=\lim\varphi(x)-\lim\psi(x)=a-b.$$

由函数极限的局部保号性可知，有 $\lim f(x)\geqslant 0$，即 $a-b\geqslant 0$，故 $a\geqslant b$.

【例 1】　求 $\lim\limits_{x\to 1}(3x^2+2x-1)$.

【解】　$\lim\limits_{x\to 1}(3x^2+2x-1)=\lim\limits_{x\to 1}3x^2+\lim\limits_{x\to 1}2x-\lim\limits_{x\to 1}1=3\lim\limits_{x\to 1}x^2+2\lim\limits_{x\to 1}x-1$

$$=3(\lim_{x\to 1}x)^2+2\times 1-1=3\times 1^2+2-1=4.$$

【例 2】　求 $\lim\limits_{x\to 2}\dfrac{x^4+1}{3x-2}$.

【解】　$\lim\limits_{x\to 2}\dfrac{x^4+1}{3x-2}=\dfrac{\lim\limits_{x\to 2}(x^4+1)}{\lim\limits_{x\to 2}(3x-2)}=\dfrac{\lim\limits_{x\to 2}x^4+\lim\limits_{x\to 2}1}{\lim\limits_{x\to 2}3x-\lim\limits_{x\to 2}2}=\dfrac{(\lim\limits_{x\to 2}x)^4+1}{3\lim\limits_{x\to 2}x-2}=\dfrac{2^4+1}{3\times 2-2}=\dfrac{17}{4}$.

由例 1、例 2 很容易看出，在求有理整函数(多项式)或有理分式函数当 $x\to x_0$ 的极限时，只要把 x_0 代入函数中的 x 就行了；但是，代入有理分式函数时，分母不得为零，否则没有意义. 即

若 $f(x)$、$g(x)$ 都是多项式，且 $g(x_0)\neq 0$，则有

$$\lim_{x\to x_0}f(x)=f(x_0),\ \lim_{x\to x_0}\frac{f(x)}{g(x)}=\frac{f(x_0)}{g(x_0)}.$$

应该注意的是：若 $g(x_0)=0$，关于商的极限的运算法则不能应用，可以用其他方法去求极限.

【例 3】　求 $\lim\limits_{x\to 1}\dfrac{2x^2-3}{x-1}$.

【解】　因为 $\lim\limits_{x\to 1}(x-1)=1-1=0$，所以不能利用定理 4 求此分式的极限，但

$$\lim_{x\to 1}(2x^2-3)=-1\neq 0.$$

所以，我们可以先求出

$$\lim_{x\to 1}\frac{x-1}{2x^2-3}=\frac{1-1}{2\times 1^2-3}=0.$$

即当 $x\to1$ 时，$\dfrac{x-1}{2x^2-3}$ 是无穷小，再由无穷大与无穷小的关系，可知 $\dfrac{2x^2-3}{x-1}$ 是无穷大. 所以

$$\lim_{x\to1}\frac{2x^2-3}{x-1}=\infty.$$

【例 4】　求 $\lim\limits_{x\to2}\dfrac{x-2}{x^2-4}$.

【解】　因为 $x\to2$ 时 $x\neq2$，因而可约去分子分母中的公因子 $(x-2)$，所以

$$\lim_{x\to2}\frac{x-2}{x^2-4}=\lim_{x\to2}\frac{x-2}{(x-2)(x+2)}=\lim_{x\to2}\frac{1}{x+2}=\frac{1}{2+2}=\frac{1}{4}.$$

公因子 $(x-2)$ 又称为“零因子”，所以上述求极限的方法又称为消去零因子法. 在计算分子、分母都是无穷小的有理分式函数的极限时，可考虑使用消去零因子法.

【例 5】　求 $\lim\limits_{x\to\infty}\dfrac{3x^2-2x-1}{2x^3-x^2+5}$.

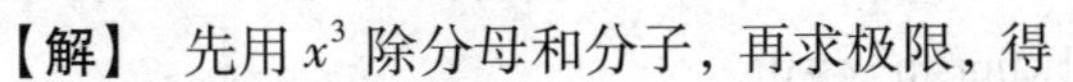

【解】　先用 x^3 除分母和分子，再求极限，得

$$\lim_{x\to\infty}\frac{3x^2-2x-1}{2x^3-x^2+5}=\lim_{x\to\infty}\frac{\frac{3}{x}-\frac{2}{x^2}-\frac{1}{x^3}}{2-\frac{1}{x}+\frac{5}{x^3}}=\frac{0-0-0}{2-0+0}=0.$$

这种把无穷大通过除法转化为无穷小的求极限的方法，常被称为无穷小析出法.

【例 6】　求 $\lim\limits_{x\to\infty}\dfrac{2x^3-x^2+5}{3x^2-2x-1}$.

【解】　由例 5 的结果，再根据无穷小与无穷大的关系，得

$$\lim_{x\to\infty}\frac{2x^3-x^2+5}{3x^2-2x-1}=\infty.$$

【例 7】　求 $\lim\limits_{x\to\infty}\dfrac{2x^2+1}{3x^2-x+4}$.

【解】　先用 x^2 除分母和分子，再求极限，得

$$\lim_{x\to\infty}\frac{2x^2+1}{3x^2-x+4}=\lim_{x\to\infty}\frac{2+\frac{1}{x^2}}{3-\frac{1}{x}+\frac{4}{x^2}}=\frac{2+0}{3-0+0}=\frac{2}{3}.$$

由例 5、例 6、例 7 的结果，我们可得出如下规律：

$$\lim_{x\to\infty}\frac{a_0x^n+a_1x^{n-1}+\cdots+a_n}{b_0x^m+b_1x^{m-1}+\cdots+b_m}=\begin{cases}\frac{a_0}{b_0},\ n=m,\\ 0,\ n<m,\\ \infty,\ n>m.\end{cases}$$

这里 $a_i(i=0,1,2,\cdots,n)$，$b_j(j=0,1,2,\cdots,m)$为常数，$a_0\neq0$，$b_0\neq0$，m，n 均为非负整数.

定理 6 设函数 $y=f[\varphi(x)]$由 $y=f(u)$，$u=\varphi(x)$复合而成，若$\lim\limits_{x\to x_0}\varphi(x)=u_0$且 x_0的一个邻域内(除 x_0外)$\varphi(x)\neq u_0$，又有，$\lim\limits_{u\to u_0}f(u)=A$，则

$$\lim_{x\to x_0}f[\varphi(x)]=\lim_{u\to u_0}f(u)=A.$$

这个定理使我们可以采用变量替换的方法计算函数的极限.

还须指出，以上定理和推论对于数列也是成立的.

【例 8】 计算$\lim\limits_{x\to0}\sin3x$.

【解】 令 $u=3x$，则 $y=\sin3x$ 由 $y=\sin u$，$u=3x$ 复合而成. 当 $x\to0$ 时，$u=3x\to0$，且 $u\to0$ 时，$\sin u\to0$，所以$\lim\limits_{x\to0}\sin3x=0$.

【例 9】 计算$\lim\limits_{x\to\infty}2^{\frac{1}{x}}$.

【解】 令 $u=\frac{1}{x}$，因为$\lim\limits_{x\to\infty}\frac{1}{x}=0$ 且$\lim\limits_{u\to0}2^u=1$，所以$\lim\limits_{x\to\infty}2^{\frac{1}{x}}=1$.

【例 10】 计算$\lim\limits_{x\to0^+}2^{-\frac{1}{x}}$.

【解】 因为$\lim\limits_{x\to0^+}\frac{1}{x}=+\infty$，所以$\lim\limits_{x\to0^+}2^{\frac{1}{x}}=+\infty$；又 $2^{-\frac{1}{x}}=\frac{1}{2^{\frac{1}{x}}}$，所以由无穷大与无穷小的关系可知

$$\lim_{x\to0^+}2^{-\frac{1}{x}}=0.$$

习题 1-5

求下列极限：

1. $\lim\limits_{x\to1}(2x^3-x^2+4x-7)$；

2. $\lim\limits_{x\to3}\frac{2x-7}{x^2-3x+4}$；

3. $\lim\limits_{x\to\sqrt{2}}\frac{x^2-2}{x^2+1}$；

4. $\lim\limits_{x\to3}\frac{x^2-5x+6}{7x^2-22x+3}$；

5. $\lim\limits_{x\to-3}\dfrac{2x^2+1}{x^3-2x-3}$;

6. $\lim\limits_{x\to-1}\dfrac{x-2}{x+1}$;

7. $\lim\limits_{x\to\infty}\dfrac{x+4}{6x-5}$;

8. $\lim\limits_{u\to0}(4-u)(2+u^2)$;

9. $\lim\limits_{h\to0}\dfrac{(x+h)^2-x^2}{h}$;

10. $\lim\limits_{x\to\infty}\left(3-\dfrac{1}{x}+\dfrac{5}{x^2}\right)$;

11. $\lim\limits_{x\to\infty}\dfrac{e^x-e^{-x}}{e^x+e^{-x}}$;

12. $\lim\limits_{x\to\infty}\dfrac{2x^3+3x^2+5}{7x^3+4x^2-1}$;

13. $\lim\limits_{x\to\infty}\dfrac{2x^2+2x+1}{2x^3-x^2+5}$;

14. $\lim\limits_{x\to1}\dfrac{x-1}{\sqrt{x}-1}$;

15. $\lim\limits_{n\to\infty}\dfrac{1+2+3+\cdots+(n-1)}{n^2}$;

16. $\lim\limits_{n\to\infty}\left(1+\dfrac{1}{2}+\dfrac{1}{4}+\cdots+\dfrac{1}{2^n}\right)$;

17. $\lim\limits_{n\to\infty}\left[\dfrac{1+3+\cdots+(2n-1)}{n+3}-n\right]$;

18. $\lim\limits_{x\to1}\left(\dfrac{3}{1-x^3}-\dfrac{1}{1-x}\right)$;

19. $\lim\limits_{x\to1}\left(\dfrac{1}{x-1}-\dfrac{2}{x^2-1}\right)$;

20. $\lim\limits_{x\to\infty}\dfrac{2x-7\cos x}{x}$.

第六节 极限存在准则 两个重要极限

一、极限存在准则(夹逼准则)

准则 如果在 x_0 的某一邻域内(点 x_0 本身可以除外),有 $g(x)\leqslant f(x)\leqslant h(x)$,且 $\lim\limits_{x\to x_0}g(x)=A$、$\lim\limits_{x\to x_0}h(x)=A$,则有 $\lim\limits_{x\to x_0}f(x)=A$.

【例 1】 求 $\lim\limits_{n\to\infty}\sqrt[n]{1+a^n}\ (a>1)$.

【解】 由于 $a<\sqrt[n]{1+a^n}<\sqrt[n]{2}\,a$,

$$\lim_{n\to\infty}a=a,\ \lim_{n\to\infty}\sqrt[n]{2}\,a=a,$$

所以

$$\lim_{n\to\infty}\sqrt[n]{1+a^n}=a.$$

二、重要极限

1. $\lim\limits_{x\to 0}\dfrac{\sin x}{x}=1$

【证】 由于函数$\dfrac{\sin x}{x}$是偶函数，因此我们只证明 $x>0$ 的情况即可. 作单位圆(见图 1-25)，取圆心角 $\angle AOB=x\left(0<x<\dfrac{\pi}{2}\right)$，由图 1-25 可得

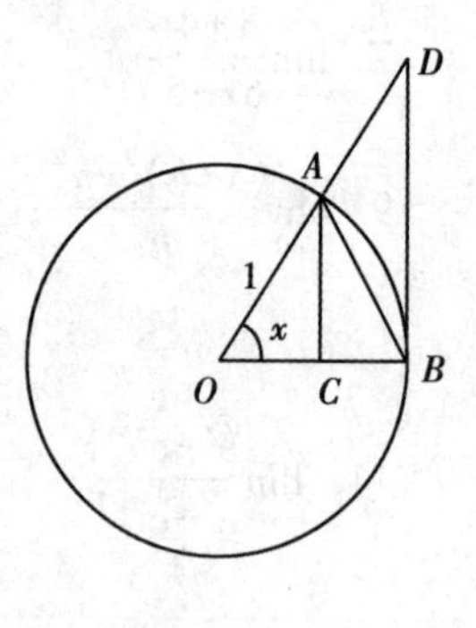

图 1-25

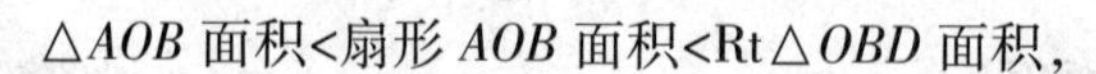

$\triangle AOB$ 面积<扇形 AOB 面积<$\mathrm{Rt}\triangle OBD$ 面积，

即

$$\frac{1}{2}OB\cdot AC<\frac{1}{2}x\cdot OB^2<\frac{1}{2}OB\cdot DB,$$

(x 取弧度制)所以 $\sin x<x<\tan x$. 以 $\sin x>0$ 除之，得 $1<\dfrac{x}{\sin x}<\dfrac{1}{\cos x}$，所以 $\cos x<\dfrac{\sin x}{x}<1$. 由于$\lim\limits_{x\to 0}\cos x=1$，$\lim\limits_{x\to 0}1=1$，由准则可得

$$\lim_{x\to 0}\frac{\sin x}{x}=1. \tag{1}$$

重要极限(1)在极限的计算中有着重要的应用，它在形式上有以下特点：

(1)它是“$\dfrac{0}{0}$”型；

(2)公式(1)中的形式可以写成 $\lim\limits_{\varphi(x)\to 0}\dfrac{\sin\varphi(x)}{\varphi(x)}=1.$

【例 2】 求$\lim\limits_{x\to 0}\dfrac{\sin kx}{x}$($k$ 为非零常数).

【解】 设 $u=kx$，则 $x\to 0$ 时 $u\to 0$，于是有

$$\lim_{x\to 0}\frac{\sin kx}{x}=k\lim_{x\to 0}\frac{\sin kx}{kx}=k\lim_{x\to 0}\frac{\sin u}{u}=k\cdot 1=k.$$

计算时，也可以将字母 u 省去，用下面的计算格式：

$$\lim_{x\to 0}\frac{\sin kx}{x}=k\lim_{x\to 0}\frac{\sin kx}{kx}=k\cdot 1=k.$$

【例 3】 求$\lim\limits_{x\to 0}\dfrac{\sin 2x}{\sin 5x}$.

【解】　$\lim\limits_{x\to 0}\dfrac{\sin 2x}{\sin 5x}=\dfrac{2}{5}\lim\limits_{x\to 0}\dfrac{\dfrac{\sin 2x}{2x}}{\dfrac{\sin 5x}{5x}}=\dfrac{2}{5}\,\dfrac{\lim\limits_{x\to 0}\dfrac{\sin 2x}{2x}}{\lim\limits_{x\to 0}\dfrac{\sin 5x}{5x}}=\dfrac{2}{5}\times\dfrac{1}{1}=\dfrac{2}{5}.$

【例 4】　求$\lim\limits_{x\to 0}\dfrac{\tan x}{x}$.

【解】　$\lim\limits_{x\to 0}\dfrac{\tan x}{x}=\lim\limits_{x\to 0}\dfrac{1}{\cos x}\cdot\dfrac{\sin x}{x}=\lim\limits_{x\to 0}\dfrac{1}{\cos x}\cdot\lim\limits_{x\to 0}\dfrac{\sin x}{x}=\dfrac{1}{1}\times 1=1.$

【例 5】　求$\lim\limits_{x\to 0}\dfrac{1-\cos x}{x^2}$.

【解】　$\lim\limits_{x\to 0}\dfrac{1-\cos x}{x^2}=\lim\limits_{x\to 0}\dfrac{2\sin^2\dfrac{x}{2}}{x^2}=\dfrac{1}{2}\lim\limits_{x\to 0}\left(\dfrac{\sin\dfrac{x}{2}}{\dfrac{x}{2}}\right)^2=\dfrac{1}{2}\times 1^2=\dfrac{1}{2}.$

【例 6】　求$\lim\limits_{x\to\infty}\left(x\sin\dfrac{1}{x}\right)$.

【解】　令 $u=\dfrac{1}{x}$，$x=\dfrac{1}{u}$，且当 $x\to\infty$ 时 $u\to 0$.

$$\lim_{x\to\infty}\left(x\sin\frac{1}{x}\right)=\lim_{u\to 0}\frac{\sin u}{u}=1.$$

计算时可以将字母 u 省去，用下面的计算格式：

$$\lim_{x\to\infty}\left(x\sin\frac{1}{x}\right)=\lim_{x\to\infty}\frac{\sin\dfrac{1}{x}}{\dfrac{1}{x}}=1.$$

2. $\lim\limits_{x\to\infty}\left(1+\dfrac{1}{x}\right)^x=\mathrm{e}$

首先，考察数列$\left\{\left(1+\dfrac{1}{n}\right)^n\right\}$的极限，我们计算数列的一些项，列成表 1-2.

表 1-2

n	1	2	3	4	5	10	100	1000	10000	…
$\left(1+\dfrac{1}{n}\right)^n$	2	2.250	2.370	2.441	2.488	2.594	2.705	2.717	2.718	…

从表 1-2 可以看出，当 n 无限增大时，数列的各项是依次增加的，但增加的速度越来越慢，将无限接近于一个常数，可以证明这个常数就是无理数 e，因

此有

$$\lim_{x\to\infty}\left(1+\frac{1}{n}\right)^{n}=\mathrm{e}. \tag{2}$$

其中，e=2. 718281828459045…

用 e 做底的对数叫作自然对数，x 的自然对数记作 $\ln x$. 在高等数学中经常用到自然对数函数 $y=\ln x$ 和以 e 为底的指数函数 $y=\mathrm{e}^{x}$.

如果将函数 $a_n=\left(1+\frac{1}{n}\right)^{n}$ 的自变量 n 换成实数 x，可以证明，当 $x\to\infty$ 时，函数 $f(x)=\left(1+\frac{1}{x}\right)^{x}$ 的极限等于 e，即

$$\lim_{x\to\infty}\left(1+\frac{1}{x}\right)^{x}=\mathrm{e}. \tag{3}$$

令 $t=\frac{1}{x}$，则当 $x\to\infty$ 时 $t\to 0$，由上式得

$$\lim_{t\to 0}(1+t)^{\frac{1}{t}}=\mathrm{e}. \tag{4}$$

由于 $x\to\infty$ 可以是 $x\to+\infty$，也可以 $x\to-\infty$，从而有

$$\lim_{x\to+\infty}\left(1+\frac{1}{x}\right)^{x}=\mathrm{e},\ \lim_{x\to-\infty}\left(1+\frac{1}{x}\right)^{x}=\mathrm{e}.$$

重要极限(3)、(4)有以下共同特点：

(1)是底的极限为 1，指数为无穷大的变量的极限，这也是一种未定式，通常记为“1^{∞}”；

(2)公式的形式可写成

$$\lim_{\varphi(x)\to\infty}\left(1+\frac{1}{\varphi(x)}\right)^{\varphi(x)}=\mathrm{e}\text{ 或 }\lim_{\varphi(x)\to 0}(1+\varphi(x))^{\frac{1}{\varphi(x)}}=\mathrm{e}.$$

【例 7】 求 $\lim\limits_{x\to\infty}\left(1+\frac{4}{x}\right)^{x}$.

【解】 令 $t=\frac{4}{x}$，$x=\frac{4}{t}$，当 $x\to\infty$ 时 $t\to 0$.

$$\lim_{x\to\infty}\left(1+\frac{4}{x}\right)^{x}=\lim_{t\to 0}(1+t)^{\frac{4}{t}}=\lim_{t\to 0}\left[(1+t)^{\frac{1}{t}}\right]^{4}=\mathrm{e}^{4}.$$

也可以如下计算：

$$\lim_{x\to\infty}\left(1+\frac{4}{x}\right)^{x}=\lim_{x\to\infty}\left[\left(1+\frac{1}{\frac{x}{4}}\right)^{\frac{x}{4}}\right]^{4}=\mathrm{e}^{4}.$$

【例 8】 求$\lim\limits_{x\to\infty}\left(1-\frac{k}{x}\right)^{x}$（$k>0$）.

【解】 $\lim\limits_{x\to\infty}\left(1-\frac{k}{x}\right)^{x}=\lim\limits_{x\to\infty}\left(1+\frac{1}{-\frac{x}{k}}\right)^{x}=\lim\limits_{x\to\infty}\left[\left(1+\frac{1}{-\frac{x}{k}}\right)^{-\frac{x}{k}}\right]^{-k}=\mathrm{e}^{-k}$.

【例 9】 求$\lim\limits_{n\to\infty}\left(1+\frac{5}{n}\right)^{2n-3}$.

【解】 $$\lim_{n\to\infty}\left(1+\frac{5}{n}\right)^{2n-3}=\lim_{n\to\infty}\left[\left(1+\frac{5}{n}\right)^{2n}\cdot\left(1+\frac{5}{n}\right)^{-3}\right]$$
$$=\lim_{n\to\infty}\left[\left(1+\frac{5}{n}\right)^{\frac{n}{5}}\right]^{10}\cdot\lim_{n\to\infty}\left(1+\frac{5}{n}\right)^{-3}$$
$$=\mathrm{e}^{10}\cdot(1+0)^{-3}=\mathrm{e}^{10}.$$

【例 10】 求$\lim\limits_{n\to\infty}\left(1-\frac{1}{n^2}\right)^{n}$.

【解】 $$\lim_{n\to\infty}\left(1-\frac{1}{n^2}\right)^{n}=\lim_{n\to\infty}\left(1+\frac{1}{n}\right)^{n}\left(1-\frac{1}{n}\right)^{n}=\lim_{n\to\infty}\left(1+\frac{1}{n}\right)^{n}\lim_{n\to\infty}\left(1-\frac{1}{n}\right)^{n}$$
$$=\mathrm{e}\cdot\lim_{n\to\infty}\left[\left(1+\frac{-1}{n}\right)^{-n}\right]^{-1}=\mathrm{e}\cdot\mathrm{e}^{-1}=1.$$

【例 11】 求$\lim\limits_{x\to 0}\left(\frac{1+x}{1-x}\right)^{\frac{1}{x}}$.

【解】 $\lim\limits_{x\to 0}\left(\frac{1+x}{1-x}\right)^{\frac{1}{x}}=\lim\limits_{x\to 0}\frac{(1+x)^{\frac{1}{x}}}{(1-x)^{\frac{1}{x}}}=\lim\limits_{x\to 0}\frac{(1+x)^{\frac{1}{x}}}{\left\{[1+(-x)]^{\frac{1}{-x}}\right\}^{-1}}=\frac{\mathrm{e}}{\mathrm{e}^{-1}}=\mathrm{e}^{2}$.

【例 12】 计算$\lim\limits_{x\to 0}(1-x)^{\frac{2}{x}}$.

【解】 $\lim\limits_{x\to 0}(1-x)^{\frac{2}{x}}=\lim\limits_{-x\to 0}\left\{[1+(-x)]^{\frac{1}{-x}}\right\}^{-2}=\left\{\lim\limits_{-x\to 0}[1+(-x)]^{\frac{1}{-x}}\right\}^{-2}=\mathrm{e}^{-2}$.

【例 13】 计算$\lim\limits_{x\to 0}(1+2x)^{\frac{1}{x}}$.

【解】 $\lim\limits_{x\to 0}(1+2x)^{\frac{1}{x}}=\lim\limits_{x\to 0}(1+2x)^{\frac{1}{2x}\cdot 2}=\mathrm{e}^{2}$.

【例 14】 计算$\lim\limits_{x\to 0}\frac{\ln(1+x)}{x}$.

【解】 $\lim\limits_{x\to 0}\frac{\ln(1+x)}{x}=\lim\limits_{x\to 0}\ln(1+x)^{\frac{1}{x}}=\ln\left[\lim\limits_{x\to 0}(1+x)^{\frac{1}{x}}\right]=\ln\mathrm{e}=1$.

【例 15】 计算$\lim\limits_{x\to\infty}\left(\dfrac{3+x}{2+x}\right)^{2x}$.

【解】 原式$=\lim\limits_{x\to\infty}\left[\left(1+\dfrac{1}{x+2}\right)^{x+2}\right]^{2}\left(1+\dfrac{1}{x+2}\right)^{-4}$

$=e^{2}$.

习题 1-6

1. 填空题：

(1) $\lim\limits_{x\to\infty}\dfrac{\sin x}{x}=$________；

(2) $\lim\limits_{x\to\infty}x\sin\dfrac{1}{x}=$________；

(3) $\lim\limits_{x\to 0}x\sin\dfrac{1}{x}=$________；

(4) $\lim\limits_{x\to 0}\dfrac{\sin 3x}{\sin 2x}=$________；

(5) $\lim\limits_{x\to\pi}\dfrac{\sin x}{x-\pi}=$________.

2. 计算下列极限：

(1) $\lim\limits_{x\to 0}\dfrac{\sin 3x}{\tan 7x}$；

(2) $\lim\limits_{x\to 0}x\cdot\cot 2x$；

(3) $\lim\limits_{x\to 0}\dfrac{1-\cos x}{x}$；

(4) $\lim\limits_{x\to 0}\dfrac{\tan kx}{x}$；

(5) $\lim\limits_{x\to 0}\dfrac{x^{2}}{\sin^{2}\left(\dfrac{x}{4}\right)}$；

(6) $\lim\limits_{x\to 0^{+}}\dfrac{x}{\sqrt{1-\cos x}}$；

(7) $\lim\limits_{x\to 0}\dfrac{\tan x-\sin x}{x^{3}}$；

(8) $\lim\limits_{x\to 0}\dfrac{x-\sin 2x}{x+\sin 2x}$；

(9) $\lim\limits_{x\to 0}\dfrac{2\arcsin x}{3x}$.

3. 计算下列极限：

(1) $\lim\limits_{n\to\infty}\left(1+\dfrac{3}{n}\right)^{n}$；

(2) $\lim\limits_{n\to\infty}\left(\dfrac{n}{1+n}\right)^{n}$；

(3) $\lim\limits_{x\to 0}\left(1-\dfrac{x}{2}\right)^{\frac{1}{x}}$；

(4) $\lim\limits_{x\to\infty}\left(\dfrac{x+1}{x-2}\right)^{x}$；

(5) $\lim\limits_{x\to\infty}\left(1+\dfrac{2}{x}\right)^{2x}$；

(6) $\lim\limits_{x\to\infty}\left(1-\dfrac{9}{x^{2}}\right)^{x}$；

(7) $\lim\limits_{x\to 0}(1-3x)^{\frac{2}{x}}$；

(8) $\lim\limits_{x\to 0}(1+\tan x)^{\cot x}$；

(9) $\lim\limits_{x\to 0}\frac{\ln(1-2x)}{x}$；　　(10) $\lim\limits_{x\to 0}\frac{e^x-1}{x}$；

(11) $\lim\limits_{x\to\frac{\pi}{2}}(1+\cos x)^{3\sec x}$；　　(12) $\lim\limits_{x\to+\infty}x[\ln(x+1)-\ln x]$.

第七节　无穷小的比较

无穷小是以零为极限的变量. 在第四节中我们知道，两个无穷小的和、差及乘积仍是无穷小. 但是，在同一变化过程中，各个无穷小趋于零的速度是有差别的. 因此，关于两个无穷小之商的极限会出现不同情况. 例如，当 $x\to 0$ 时，x、x^2、$\sin x$ 都是无穷小，我们有

$$\lim_{x\to 0}\frac{x^2}{x}=0,\ \lim_{x\to 0}\frac{x}{x^2}=\infty,\ \lim_{x\to 0}\frac{\sin x}{x}=1.$$

由此可以看出，在 $x\to 0$ 的过程中，x^2 趋于零的速度要比 x 趋于零的速度快，而 $\sin x$ 趋于零的速度与 x 趋于零的速度是一样的. 因此，可就两个无穷小之比的极限来确定两个无穷小之间的比较(即比较它们趋于零的快慢程度)，为此给出如下定义.

定义 13　设在同一变化过程中，α 与 β 都是无穷小，且 $\beta\neq 0$.

(1) 如果 $\lim\frac{\alpha}{\beta}=0$，则称 α 是比 β 高阶的无穷小(简称高阶无穷小)，记作 $\alpha=o(\beta)$，此时也称 β 是比 α 低阶的无穷小；

(2) 如果 $\lim\frac{\alpha}{\beta}=c\neq 0$，则称 α 与 β 是同阶的无穷小(简称同阶无穷小)；

(3) 如果 $\lim\frac{\alpha}{\beta^k}=c\neq 0$，$k>0$，则称 α 是关于 β 的 k 阶无穷小；

(4) 如果 $\lim\frac{\alpha}{\beta}=1$，则称 α 与 β 是等价无穷小(简称等价无穷小)，记作 $\alpha\sim\beta$.

例如，当 $x\to 1$ 时，$x-1$ 与 $(x-1)^2$ 都是无穷小，又 $\lim\limits_{x\to 1}\frac{(x-1)^2}{x-1}=0$，所以当 $x\to 1$ 时，$(x-1)^2$ 是 $x-1$ 的高阶无穷小，即 $(x-1)^2=o(x-1)\ (x\to 1)$. 又如，当 $x\to 0$ 时，$\frac{x^2}{2}$ 与 $1-\cos x$ 都是无穷小. 因为

$$\lim_{x\to0}\frac{1-\cos x}{\frac{x^2}{2}}=\lim_{x\to0}\frac{2\sin^2\frac{x}{2}}{\frac{x^2}{2}}=\lim_{x\to0}\left(\frac{\sin\frac{x}{2}}{\frac{x}{2}}\right)^2=1,$$

所以当 $x\to0$ 时，$\frac{x^2}{2}$ 与 $1-\cos x$ 是等价无穷小，即 $\frac{x^2}{2}\sim1-\cos x\ (x\to0)$.

容易证明，当 $x\to0$ 时有如下等价无穷小：

$\sin x\sim x$；$\tan x\sim x$；$\arcsin x\sim x$；$\arctan x\sim x$；$e^x-1\sim x$；$\ln(1+x)\sim x$.

【例 1】 证明：当 $x\to0$ 时，$\tan x-\sin x$ 为 x^3 的同阶无穷小.

【证】 因为 $\lim\limits_{x\to0}\frac{\tan x-\sin x}{x^3}=\lim\limits_{x\to0}\left(\frac{1}{\cos x}\cdot\frac{\sin x}{x}\cdot\frac{1-\cos x}{x^2}\right)$

$$=\lim_{x\to0}\frac{1}{\cos x}\cdot\lim_{x\to0}\frac{\sin x}{x}\cdot\lim_{x\to0}\frac{1-\cos x}{x^2}=\frac{1}{2},$$

所以 $\tan x-\sin x$ 为 x^3 的同阶无穷小.

关于等价无穷小还有下面定理.

定理 7 设 $\alpha\sim\alpha'$，$\beta\sim\beta'$，如果 $\lim\frac{\alpha'}{\beta'}$ 存在，则 $\lim\frac{\alpha}{\beta}$ 也存在，且

$$\lim\frac{\alpha}{\beta}=\lim\frac{\alpha'}{\beta'}.$$

【证】 因为 $\alpha\sim\alpha'$，$\beta\sim\beta'$，所以 $\lim\frac{\alpha}{\alpha'}=1$、$\lim\frac{\beta}{\beta'}=1$，从而

$$\lim\frac{\alpha}{\beta}=\lim\left(\frac{\alpha}{\alpha'}\cdot\frac{\beta'}{\beta}\cdot\frac{\alpha'}{\beta'}\right)=\lim\frac{\alpha}{\alpha'}\lim\frac{\beta'}{\beta}\lim\frac{\alpha'}{\beta'}=\lim\frac{\alpha'}{\beta'}.$$

推论 如果 $\alpha\sim\alpha'$，且 $\lim\alpha'f(x)$ 存在，则 $\lim\alpha f(x)=\lim\alpha'f(x)$.

定理以及推论表明，在求极限时，可将分子、分母中的乘积因子，用等价无穷小来代换，以简化极限的计算过程.

【例 2】 求 $\lim\limits_{x\to0}\frac{\sin2x}{\tan3x}$.

【解】 因为当 $x\to0$ 时，$\sin2x\sim2x$，$\tan3x\sim3x$，由定理得

$$\lim_{x\to0}\frac{\sin2x}{\tan3x}=\lim_{x\to0}\frac{2x}{3x}=\frac{2}{3}.$$

【例 3】 求 $\lim\limits_{x\to0}\frac{1-\cos x}{x\cdot\tan x}$.

【解】 因为当 $x\to0$ 时，$1-\cos x\sim\frac{1}{2}x^2$，$\tan x\sim x$，由定理及推论得

$$\lim_{x\to0}\frac{1-\cos x}{x\cdot\tan x}=\lim_{x\to0}\frac{\frac{1}{2}x^2}{x\cdot x}=\frac{1}{2}.$$

【例 4】　求$\lim\limits_{x\to0}\dfrac{1-\sqrt{1+x^2}}{\sin^2x}$.

【解】　因为 $x\to0$ 时，$\sin x\sim x$，所以

$$\lim_{x\to0}\frac{1-\sqrt{1+x^2}}{\sin^2x}=\lim_{x\to0}\frac{(1-\sqrt{1+x^2})(1+\sqrt{1+x^2})}{x^2(1+\sqrt{1+x^2})}$$

$$=\lim_{x\to0}\frac{-x^2}{x^2(1+\sqrt{1+x^2})}=\lim_{x\to0}\frac{-1}{1+\sqrt{1+x^2}}=-\frac{1}{2}.$$

【例 5】　求$\lim\limits_{x\to0}\dfrac{\ln(1+x^2)(e^x-1)}{(1-\cos x)\sin2x}$.

【解】　因为 $x\to0$ 时，$e^x-1\sim x$；$\ln(1+x)\sim x$，$\sin2x\sim2x$，$1-\cos x\sim\frac{1}{2}x^2$，所以

$$\lim_{x\to0}\frac{\ln(1+x^2)(e^x-1)}{(1-\cos x)\sin2x}=\lim_{x\to0}\frac{x^2\cdot x}{\frac{1}{2}x^2\cdot2x}=1.$$

习题 1-7

1. 证明：$\tan x-\sin x=o(x)\,(x\to0)$.
2. 证明：$\arcsin kx\sim kx\,(x\to0)$.
3. 当 $x\to1$ 时，无穷小 $1-x$ 和(1) $1-x^3$，(2) $\frac{1}{2}(1-x^2)$ 是否同阶？是否等价？
4. 当 $x\to0$ 时，$K\sin2x-\sin x$ 与 x 是等价无穷小，求 K.
5. 利用等价无穷小代换计算下列极限：

(1) $\lim\limits_{x\to0}\dfrac{\tan3x}{\sin2x}$；

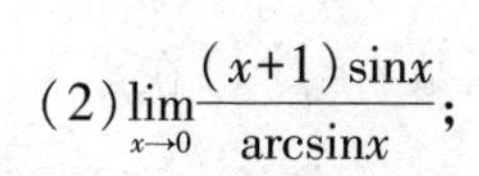

(2) $\lim\limits_{x\to0}\dfrac{(x+1)\sin x}{\arcsin x}$；

(3) $\lim\limits_{x\to0}\dfrac{\tan x-\sin x}{\sin^3x}$；

(4) $\lim\limits_{x\to0}\dfrac{\arcsin x^2}{1-\cos x}$；

(5) $\lim\limits_{x\to0}\dfrac{\cos2x-\cos3x}{\sqrt{1+x^2}-1}$；

(6) $\lim\limits_{x\to0}\dfrac{\sqrt{2}-\sqrt{1+\cos x}}{\sin^2x}$.

第八节 函数的连续性

一、函数连续性的概念

在很多实际问题中，变量是逐渐变化的. 例如，室内温度就是逐渐变化的，即当时间改变很小时，室内温度的变化也很小. 又如，火箭运行路程也是逐渐变化的，当时间改变很小时，其路程的变化也是很小的. 这些现象反映在数学上就是函数的连续性. 下面我们先引入增量的概念，然后来描述连续性，并引出函数连续性的定义.

当自变量由初值 x_0 改变到终值 x 时，相应的函数值由 $f(x_0)$ 改变到 $f(x)$，我们把 $x-x_0$ 称为自变量的增量，

记作

$$\Delta x=x-x_0,$$

而 $f(x)-f(x_0)$ 称为函数的增量，

记作 $\Delta y=f(x)-f(x_0)$.（见图 1-26）

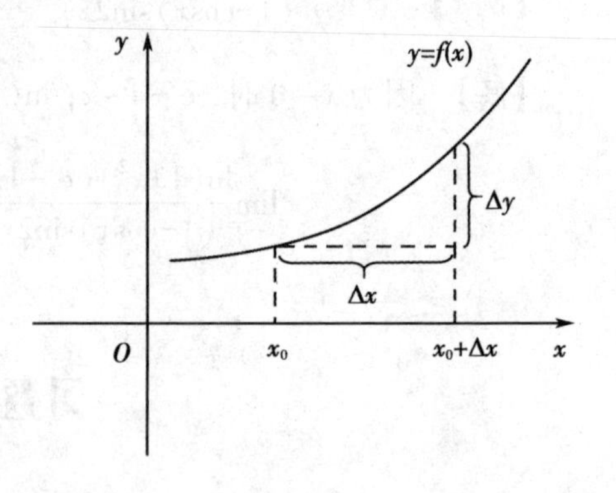

图 1-26

函数的增量又可表示为

$\Delta y=f(x_0+\Delta x)-f(x_0)$.（$x=x_0+\Delta x$）

显然，增量 Δx 与 Δy 都是可正可负的.

定义 14 设函数 $y=f(x)$ 在点 x_0 的某一邻域内有定义，如果 $\lim\limits_{\Delta x\to 0}\Delta y=0$，则称函数 $y=f(x)$ 在点 x_0 处连续.

由于 $\Delta x\to 0$ 就是 $x\to x_0$，而 $\Delta y=f(x)-f(x_0)$，因此 $\lim\limits_{\Delta x\to 0}\Delta y=0$ 就等价于 $\lim\limits_{x\to x_0}f(x)=f(x_0)$，从而函数在一点处的连续定义又可叙述如下.

定义 15 设函数 $y=f(x)$ 在点 x_0 的某一邻域内有定义，如果 $\lim\limits_{x\to x_0}f(x)=f(x_0)$，则称函数 $y=f(x)$ 在点 x_0 处连续.

由定义显而易见，函数 $f(x)$ 在点 x_0 处连续，必须同时满足下列三个条件：

(1) $f(x)$ 在点 x_0 处有定义；

(2) $\lim\limits_{x\to x_0^-}f(x)$ 与 $\lim\limits_{x\to x_0^+}f(x)$ 都存在且相等，即极限 $\lim\limits_{x\to x_0}f(x)$ 存在；

(3)极限值等于 x_0 处的函数值 $f(x_0)$，即 $\lim\limits_{x\to x_0}f(x)=f(x_0)$.

有时为了研究问题的需要，只需考虑单侧连续. 如果 $\lim\limits_{x\to x_0^+}f(x)=f(x_0)$，则称函数 $f(x)$ 在点 x_0 处右连续；如果 $\lim\limits_{x\to x_0^-}f(x)=f(x_0)$，则称函数 $f(x)$ 在点 x_0 处左连续. 显然，函数 $f(x)$ 在 x_0 处连续的充分必要条件是 $f(x)$ 在 x_0 处既左连续，同时又右连续.

在开区间 (a, b) 内每一点都连续的函数称为在区间 (a, b) 内的连续函数，区间 (a, b) 称为函数的连续区间.

如果函数 $f(x)$ 在区间 (a, b) 内连续，且在右端点 $x=b$ 处左连续，在左端点 $x=a$ 处右连续，则称 $f(x)$ 在闭区间 $[a, b]$ 上连续.

从几何图形上看，连续函数是一条连续而不间断的曲线.

【例 1】 证明函数 $y=\sin x$ 在定义域 $(-\infty, +\infty)$ 内是连续的.

【证】 任取 $x_0\in(-\infty, +\infty)$，当 x 在 x_0 处取得改变量 Δx 时，函数 y 取得相应的改变量

$$\Delta y=\sin(x_0+\Delta x)-\sin x_0=2\sin\frac{\Delta x}{2}\cos\left(x_0+\frac{\Delta x}{2}\right).$$

因为 $\sin\dfrac{\Delta x}{2}\sim\dfrac{\Delta x}{2}(\Delta x\to 0)$，$\left|\cos\left(x_0+\dfrac{\Delta x}{2}\right)\right|\leqslant 1$，所以

$$\lim_{\Delta x\to 0}\Delta y=\lim_{\Delta x\to 0}2\sin\frac{\Delta x}{2}\cdot\cos\left(x_0+\frac{\Delta x}{2}\right)=\lim_{\Delta x\to 0}\Delta x\cdot\cos\left(x_0+\frac{\Delta x}{2}\right)=0.$$

即 $y=\sin x$ 在点 x_0 处连续. 又由 x_0 的任意性，故 $y=\sin x$ 在 $(-\infty, +\infty)$ 内连续.

类似地可以证明 $y=\cos x$ 在其定义域 $(-\infty, +\infty)$ 内是连续的.

【例 2】 试证函数 $f(x)=\begin{cases}x\sin\dfrac{1}{x}, & x\neq 0,\\ 0, & x=0\end{cases}$ 在 $x=0$ 处连续.

【证】 因为 $\lim\limits_{x\to 0}x\sin\dfrac{1}{x}=0$，又 $f(0)=0$，从而 $\lim\limits_{x\to 0}f(x)=f(0)$，所以函数 $f(x)$ 在 $x=0$ 处连续.

二、函数的间断点

定义 16 如果函数 $f(x)$ 在 x_0 点不连续，则称 x_0 为函数 $f(x)$ 的间断点或不连续点.

由函数连续性的定义可知，如果函数 $f(x)$ 在点 x_0 处有下列三种情况之一，

则点 x_0 就是函数 $f(x)$ 的间断点：

(1) $f(x)$ 在点 x_0 处没有定义；

(2) $\lim\limits_{x \to x_0} f(x)$ 不存在；

(3) 虽然 $f(x)$ 在 x_0 处有定义，且 $\lim\limits_{x \to x_0} f(x)$ 也存在，但 $\lim\limits_{x \to x_0} f(x) \neq f(x_0)$

函数的间断点通常分成两类：设 x_0 是函数 $f(x)$ 的间断点，如果 $\lim\limits_{x \to x_0^-} f(x)$ 与 $\lim\limits_{x \to x_0^+} f(x)$ 都存在，则称 x_0 为函数 $f(x)$ 的第一类间断点. 不是第一类间断点的任何间断点称为第二类间断点.

【例 3】 设函数 $f(x)=\begin{cases} x+1, & x \geqslant 0; \\ x-2, & x<0, \end{cases}$ 讨论函数在 $x=0$ 处的连续性.

【解】 因为

$$\lim_{x \to 0^-} f(x) = \lim_{x \to 0^-}(x-2) = -2,\ \lim_{x \to 0^+} f(x) = \lim_{x \to 0^+}(x+1) = 1,$$

而 $\lim\limits_{x \to 0^-} f(x) \neq \lim\limits_{x \to 0^+} f(x)$，所以极限 $\lim\limits_{x \to 0} f(x)$ 不存在，故 $x=0$ 是函数 $f(x)$ 的第一类间断点. 由函数的图象（见图 1-27）看出，在 $x=0$ 处产生跳跃现象. 因此，我们又称 $x=0$ 为函数 $f(x)$ 的跳跃间断点.

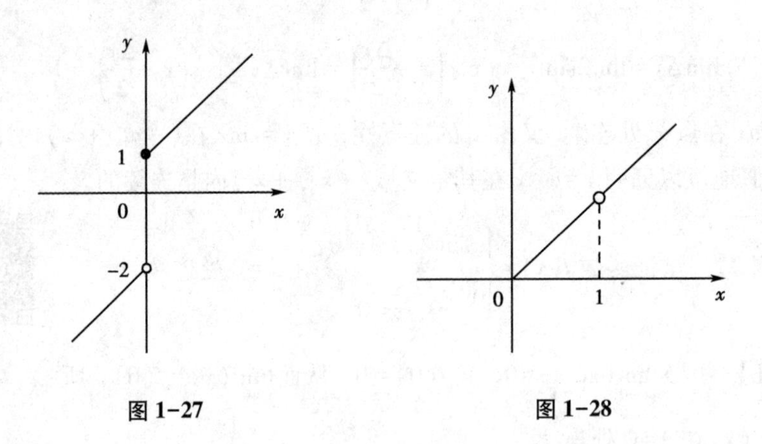

图 1-27　　图 1-28

【例 4】 函数 $f(x)=\begin{cases} x, & x \neq 1, \\ 0, & x=1. \end{cases}$ 讨论函数在 $x=1$ 处的连续性（见图 1-28）.

【解】 虽然函数 $f(x)$ 在 $x=1$ 处有定义，但由于 $f(1)=0$，而 $\lim\limits_{x \to 1} f(x) = \lim\limits_{x \to 1} x = 1$，易见 $\lim\limits_{x \to 1} f(x) \neq f(1)$. 所以 $x=1$ 是函数 $f(x)$ 的间断点，它是第一类间断点，我们又称它为可去间断点.

【例 5】　讨论函数 $y=\frac{1}{x^2}$ 在点 $x=0$ 处的连续性(见图 1-29).

【解】　因为函数 $y=\frac{1}{x^2}$ 在 $x=0$ 处没有定义，所以 $x=0$ 为函数的间断点. 又因为 $\lim\limits_{x\to0}\frac{1}{x^2}=\infty$，所以称 $x=0$ 为函数 $y=\frac{1}{x^2}$ 的无穷间断点，它是第二类间断点.

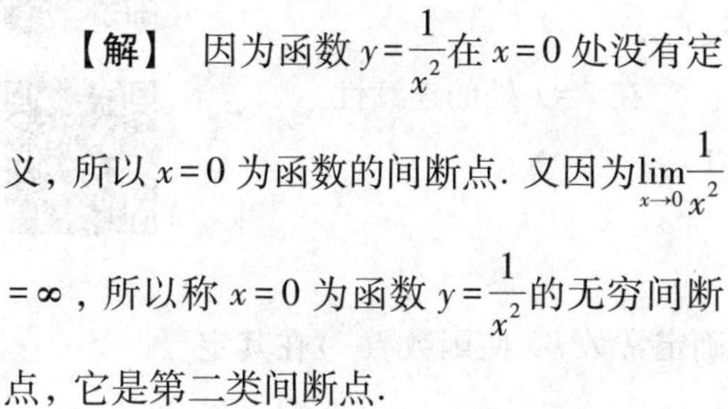
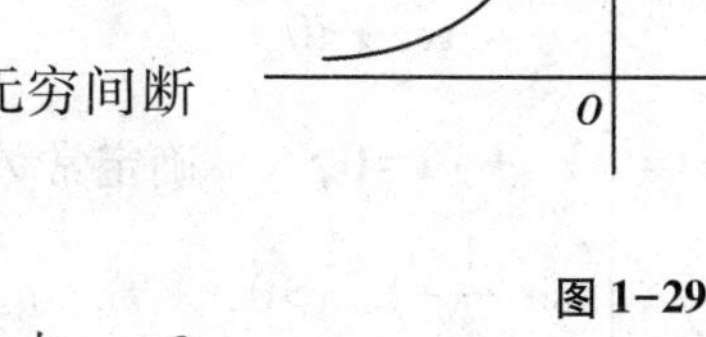

图 1-29

【例 6】　讨论函数 $y=\sin\frac{1}{x}$ 在点 $x=0$ 处的连续性.

【解】　因为函数 $y=\sin\frac{1}{x}$ 在 $x=0$ 处没有定义，所以 $x=0$ 为函数的间断点.

又因为当 $x\to0$ 时，函数值在 -1 与 1 之间变动无限多次，所以点 $x=0$ 称为函数 $y=\sin\frac{1}{x}$ 的振荡间断点，它是第二类间断点.

习题 1-8

1. 用定义证明 $y=\cos x$ 在其定义域内是连续的.

2. 设函数 $f(x)=\begin{cases}x^2-1, & 0\leqslant x\leqslant1,\\ x+3, & x>1.\end{cases}$ 讨论 $f(x)$ 在 $x=0$ 处的连续性，并求函数定义域，画出函数图象.

3. 求下列函数的连续区间，若有间断点，指明其类型：

(1) $f(x)=\frac{x-1}{x^2-3x+2}$；　　(2) $f(x)=\mathrm{e}^{\frac{1}{x}}$；

(3) $f(x)=\frac{x}{\sin x}$；　　(4) $f(x)=\begin{cases}\ln x, & x>0,\\ x^2, & x\leqslant0.\end{cases}$

4. 设 $f(x)=\begin{cases}\frac{\sin 2x}{x}, & x<0,\\ 3x^2-2x+a, & x\geqslant0,\end{cases}$ 确定常数 a，使函数 $f(x)$ 在其定义域内连续.

5. 当 a 取何值时，函数 $f(x)=\begin{cases}\cos x, & x<0,\\ a+x, & x\geqslant 0\end{cases}$ 在 $x=0$ 处连续.

6. 判断函数 $f(x)=\begin{cases}2\sqrt{x}, & 0\leqslant x<1,\\ 1, & x=1,\\ 1+x, & x>1\end{cases}$ 在 $x=1$ 处的连续性.

7. 设 $f(x)=\begin{cases}\dfrac{1}{x}\sin x, & x<0,\\ k, & x=0,\\ x\sin\dfrac{1}{x}+1, & x>0,\end{cases}$ 确定常数 k，使函数 $f(x)$ 在其定义域内连续.

第九节　连续函数的运算与初等函数的连续性

一、连续函数的和、差、积、商的连续性

由函数在某点连续的定义和极限的四则运算法则，可得出下面的定理.

定理 8　如果函数 $f(x)$ 和 $g(x)$ 在 x_0 处连续，则它们的和 $f(x)+g(x)$、差 $f(x)-g(x)$、积 $f(x)\cdot g(x)$、商 $\dfrac{f(x)}{g(x)}$（当 $g(x_0)\neq 0$ 时）在点 x_0 处也连续.

【证】　只证明和 $f(x)+g(x)$ 在点 x_0 处连续，其他情形可类似地证明.

因为 $f(x)$ 与 $g(x)$ 在 x_0 处连续，所以有

$$\lim_{x\to x_0}f(x)=f(x_0),\ \lim_{x\to x_0}g(x)=g(x_0).$$

再根据极限运算法则，有

$$\lim_{x\to x_0}(f(x)+g(x))=\lim_{x\to x_0}f(x)+\lim_{x\to x_0}g(x)=f(x_0)+g(x_0),$$

所以 $f(x)+g(x)$ 在点 x_0 处连续.

【例 1】　因 $\tan x=\dfrac{\sin x}{\cos x}$，$\cot x=\dfrac{\cos x}{\sin x}$，而 $\sin x$ 和 $\cos x$ 都在区间 $(-\infty,+\infty)$ 内连续，故由定理知 $\tan x$ 和 $\cot x$ 在它们的定义域内是连续的.

二、反函数与复合函数的连续性

定理 9（反函数的连续性）　如果函数 $y=f(x)$ 在某区间上单调增加（或单调

减少)且连续, 则其反函数 $x=\varphi(y)$ 在对应的区间上连续且单调增加(或单调减少).

【例 2】 正弦函数 $y=\sin x$ 在区间 $\left[-\frac{\pi}{2}, \frac{\pi}{2}\right]$ 上是单调增加且连续, 由定理知其反正弦函数 $y=\arcsin x$ 在 $[-1, 1]$ 上也是单调增加且连续.

同理, 应用定理可得 $\arccos x$、$\arctan x$、$\operatorname{arccot} x$ 在它们各自的定义域上是单调且连续的.

定理 10(复合函数的连续性)　如果函数 $y=f(u)$ 在 u_0 处连续, 函数 $u=\varphi(x)$ 在点 x_0 处连续, 且 $u_0=\varphi(x_0)$, 则复合函数 $f[\varphi(x)]$ 在点 x_0 处连续.

【证】 因为函数 $u=\varphi(x)$ 在 x_0 处连续, 故当 $x\to x_0$ 时, 有 $\varphi(x)\to\varphi(x_0)$, 即 $u\to u_0$. 又因为 $y=f(u)$ 在 u_0 处连续, 故当 $u\to u_0$ 时, 有 $f(u)\to f(u_0)$, 即 $f[\varphi(x)]\to f[\varphi(x_0)]$, 从而当 $x\to x_0$ 时, 有 $f[\varphi(x)]\to f[\varphi(x_0)]$, 即复合函数 $y=f[\varphi(x)]$ 在 x_0 点处连续.

【例 3】 求 $\lim\limits_{x\to 3}\sqrt{\frac{x-3}{x^2-9}}$.

【解】 $y=\sqrt{\frac{x-3}{x^2-9}}$ 可看作由 $y=\sqrt{u}$ 与 $u=\frac{x-3}{x^2-9}$ 复合而成. 因为 $\lim\limits_{x\to 3}\frac{x-3}{x^2-9}=\frac{1}{6}$. 而函数 $y=\sqrt{u}$ 在点 $u=\frac{1}{6}$ 处连续, 所以

$$\lim_{x\to 3}\sqrt{\frac{x-3}{x^2-9}}=\sqrt{\lim_{x\to 3}\frac{x-3}{x^2-9}}=\sqrt{\frac{1}{6}}=\frac{\sqrt{6}}{6}.$$

【例 4】 讨论函数 $y=\sin\frac{1}{x}$ 的连续性.

【解】 函数 $y=\sin\frac{1}{x}$ 可看作由 $u=\frac{1}{x}$ 及 $y=\sin u$ 复合而成. $\frac{1}{x}$ 当 $-\infty<x<0$ 和 $0<x<+\infty$ 时是连续的, $\sin u$ 当 $-\infty<u<+\infty$ 时是连续的. 根据定理, 函数 $\sin\frac{1}{x}$ 在无限区间 $(-\infty, 0)$ 和 $(0, +\infty)$ 内是连续的.

三、初等函数的连续性

基本初等函数在其定义域内是连续函数, 再由定理 1 及定理 2 可以得到关于初等函数连续性的重要定理.

定理 11 初等函数在其定义区间内是连续的.

注意, 这里的定义区间不可改为定义域, 定义区间就是指包含在定义域内的区间.

由函数在一点 x_0处连续的定义知$\lim\limits_{x\to x_0}f(x)=f(x_0)$, 而$\lim\limits_{x\to x_0}x=x_0$, 所以有

$$\lim_{x\to x_0}f(x)=f(x_0)=f(\lim_{x\to x_0}x).$$

这就是说, 对于连续函数, 极限符号与函数符号是可以交换的, 这给计算初等函数的极限带来了很大的方便.

【例 5】 求$\lim\limits_{x\to 0}\dfrac{\sqrt{1+x^2}-1}{x}$.

【解】 原式$=\lim\limits_{x\to 0}\dfrac{1+x^2-1}{x(\sqrt{1+x^2}+1)}=0$.

【例 6】 求$\lim\limits_{x\to 1}\sin\sqrt{e^x-1}$.

【解】 原式$=\sin\sqrt{e^1-1}=\sin\sqrt{e-1}$.

【例 7】 求$\lim\limits_{x\to 1}\arcsin\dfrac{\sqrt{16x+\ln x}}{4}$.

【解】 因为 $x=1$ 是初等函数$f(x)=\arcsin\dfrac{\sqrt{16x+\ln x}}{4}$定义区间内的点, 从而 $x=1$ 为$f(x)$的连续点, 所以

$$\lim_{x\to 1}\arcsin\frac{\sqrt{16x+\ln x}}{4}=\arcsin\frac{\sqrt{16+0}}{4}=\arcsin 1=\frac{\pi}{2}.$$

【例 8】 求$\lim\limits_{x\to 0}\dfrac{\log_a(1+x)}{x}$.

【解】 $\lim\limits_{x\to 0}\dfrac{\log_a(1+x)}{x}=\lim\limits_{x\to 0}\log_a(1+x)^{\frac{1}{x}}=\log_a\left[\lim\limits_{x\to 0}(1+x)^{\frac{1}{x}}\right]=\log_a e$,

特别地, 当 $a=e$ 时, 有$\lim\limits_{x\to 0}\dfrac{\ln(1+x)}{x}=\ln e=1$, 即当 $x\to 0$ 时,

$$\ln(1+x)\sim x.$$

【例 9】 求$\lim\limits_{x\to 0}\dfrac{a^x-1}{x}$.

【解】 令 $u=a^x-1$, 则 $x=\log_a(1+u)$, 且当 $x\to 0$ 时 $u\to 0$.

$$\lim_{x\to0}\frac{a^x-1}{x}=\lim_{u\to0}\frac{u}{\log_a(1+u)}=\lim_{u\to0}\frac{1}{\log_a(1+u)^{\frac{1}{u}}}=\frac{1}{\log_a[\lim_{u\to0}(1+u)^{\frac{1}{u}}]}=\frac{1}{\log_a e}=\ln a.$$

特别地，当 $a=e$ 时，有 $\lim_{x\to0}\frac{e^x-1}{x}=\ln e=1$，即当 $x\to0$ 时，

$$e^x-1\sim x.$$

习题 1-9

1. 求下列极限：

(1) $\lim_{x\to\frac{\pi}{2}}\ln\sin x$；

(2) $\lim_{x\to4}\sqrt{x^2-x+13}$；

(3) $\lim_{x\to0}\frac{\ln(1+ax)}{x}$；

(4) $\lim_{x\to0}(1+\tan x)^{\cot x}$；

(5) $\lim_{n\to\infty}2^n\sin\frac{x}{2^n}$（$x$ 为非 0 常数）；

(6) $\lim_{x\to a}\frac{e^x-e^a}{x-a}$；

(7) $\lim_{x\to0}\frac{x}{\sqrt{1+x}-1}$；

(8) $\lim_{\Delta x\to0}\frac{\sqrt{x+\Delta x}-\sqrt{x}}{\Delta x}(x>0)$；

(9) $\lim_{u\to-5}\frac{e^u+1}{u}$；

(10) $\lim_{\alpha\to\frac{\pi}{3}}(\cos3\alpha)^2$.

2. 求函数 $f(x)=\frac{x^3+3x^2-x-3}{x^2+x-6}$ 的连续区间，并求极限 $\lim_{x\to0}f(x)$，$\lim_{x\to-3}f(x)$ 及 $\lim_{x\to2}f(x)$.

第十节　闭区间上连续函数的性质

第八节中已说明了函数在区间上连续的概念，如果函数 $f(x)$ 在开区间 (a, b) 内连续，在右端点 b 左连续，在左端点 a 右连续，那么函数 $f(x)$ 就是在闭区间 $[a, b]$ 上连续的. 下面介绍在闭区间上连续函数的性质，我们略去严格的理论证明，而仅从几何直观上加以说明.

一、有界性与最大值最小值定理

我们知道，在闭区间$[a, b]$上的连续函数$f(x)$，其图形是一条有端点的连续曲线（见图 1-30）. 这条曲线一定有最高点（在此处函数取得最大值）和最低点（在此处函数取得最小值），从而得定理.

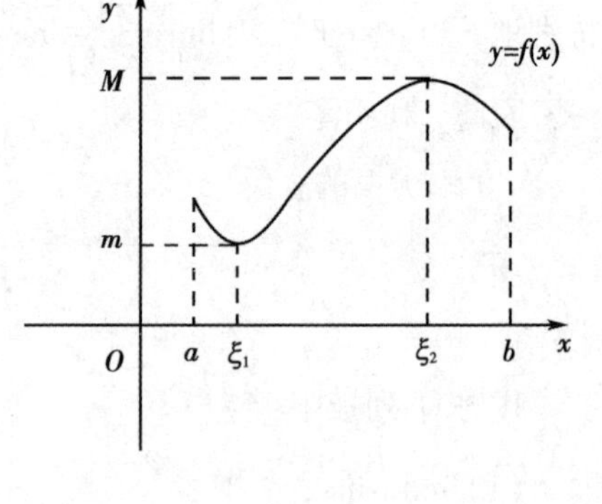

图 1-30

定理 12（最大值和最小值定理） 在闭区间上连续的函数在该区间必有最大值和最小值.

由此定理容易得下面推论.

推论 在闭区间上的连续函数在该区间上必有界.

例如，函数$f(x)=x^2$在$[-1, 3]$上连续，其最大值$f(3)=9$，最小值$f(0)=0$.

二、零点定理与介值定理

定理 13（介值定理） 如果函数$f(x)$在闭区间$[a, b]$上连续，m和M分别是$f(x)$在$[a, b]$上的最小值和最大值，则对于满足条件$m\leqslant\mu\leqslant M$的任何实数μ，在闭区间$[a, b]$上至少存在一点ξ，使$f(\xi)=\mu$.

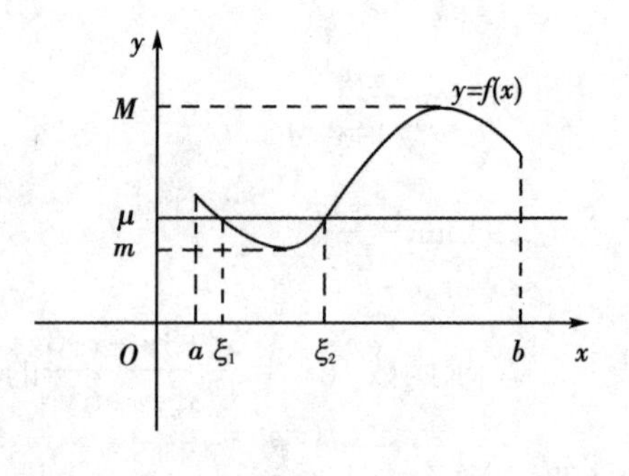

图 1-31

例如，在图 1-31 中，$m<\mu<M$，直线与连续曲线$y=f(x)$相交于二点，其横坐标分别为ξ_1、ξ_2，所以有

$$f(\xi_1)=f(\xi_2)=\mu.$$

由定理容易推得下面定理.

定理 14（零点定理） 如果函数$f(x)$在闭区间$[a, b]$上连续，且$f(a)f(b)<0$，则在开区间(a, b)内至少存在一点ξ，使$f(\xi)=0$.

如图 1-32，因为$f(a)f(b)<0$，从而连续曲线$y=f(x)$的两个端点位于x轴的两侧，那么连续曲线$y=f(x)$与x轴至少有一个交点，其横坐标为ξ，使$f(\xi)$

$=0$.

这个定理说明，若 $f(x)$ 在闭区间 $[a, b]$ 上连续，且 $f(a)f(b)<0$，则方程 $f(x)=0$ 在开区间 (a, b) 内至少有一个实根. 因此，利用零点定理，可以讨论方程 $f(x)=0$ 的实根的存在性.

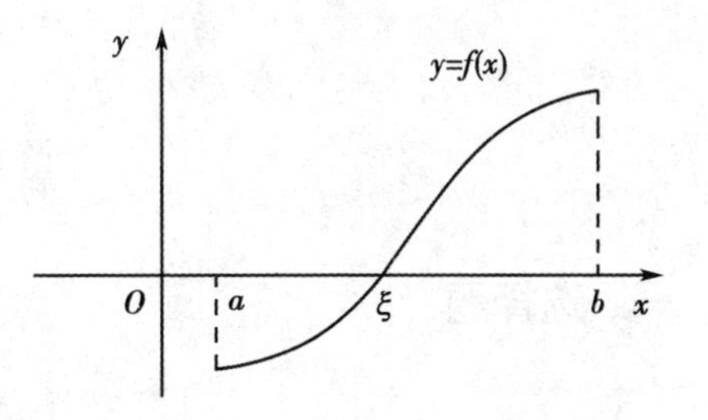

图 1-32

【例 1】 求证方程 $x^3-4x^2+1=0$ 在区间 $(0, 1)$ 内至少有一实根.

【证】 设 $f(x)=x^3-4x^2+1$，则函数 $f(x)$ 在 $[0, 1]$ 上连续. 而 $f(0)=1>0$，$f(1)=-2<0$，故 $f(0)\cdot f(1)<0$. 由零点定理知在 $(0, 1)$ 内至少有一点 ξ，使 $f(\xi)=0$，即方程 $x^3-4x^2+1=0$ 在 $(0, 1)$ 内至少有一实根.

【例 2】 设函数 $f(x)$ 在区间 $[a, b]$ 上连续，且 $f(a)<a$，$f(b)>b$. 证明 $\exists\xi\in(a, b)$，使得 $f(\xi)=\xi$.

【证】 令 $F(x)=f(x)-x$，则 $F(x)$ 在 $[a, b]$ 上连续，而 $F(a)=f(a)-a<0$，$F(b)=f(b)-b>0$. 由零点定理，$\exists\xi\in(a, b)$，使 $F(\xi)=f(\xi)-\xi=0$，即 $f(\xi)=\xi$.

习题 1-10

1. 设函数 $f(x)$ 在 $[a, b]$ 上连续，任取 $p>0$，$q>0$，证明：存在 $\xi\in[a, b]$，使得 $pf(a)+qf(b)=(p+q)f(\xi)$.

2. 证明方程 $x^5-13x=2$ 至少有一个根介于 1 和 2 之间.

3. 证明方程 $x=e^{x-3}+1$ 至少有一个不超过 4 的正根.

总习题一

一、选择题

1. 函数 $y=\frac{1}{x}\ln(2+x)$ 的定义域为(　　).

A. $x\neq0$ 且 $x\neq2$　　B. $x>0$

C. $x>-2$　　D. $x>-2$ 且 $x\neq0$

2. 已知 $f(x)$ 的定义域为 $(-1, 0)$，则下列函数中，(　　)的定义域为 $(0, 1)$.

A. $f(1-x)$　　B. $f(x-1)$　　C. $f(x+1)$　　D. $f(x^2-1)$

3. $\lim\limits_{x\to\infty}x\sin\frac{\pi}{x}=$(　　).

A. 0　　B. 1　　C. π　　D. -1

4. $\lim\limits_{x\to0}\frac{\ln(1-\sin x)}{x}=$(　　).

A. e　　B. $-$e　　C. 1　　D. -1

5. $\lim\limits_{x\to0}\left(x\sin\frac{1}{x}+\frac{1}{x}\sin x\right)=$(　　).

A. 0　　B. 1　　C. 2　　D. 不存在

6. $\lim\limits_{x\to1}\frac{\sin(x-1)}{x^2+x-2}=$(　　).

A. 0　　B. 3　　C. $\frac{1}{3}$　　D. 1

7. 函数 $f(x)=\begin{cases}x-1, & 0<x\leqslant1,\\ 2-x, & 1<x\leqslant3\end{cases}$ 在 $x=1$ 处间断的原因是(　　).

A. $f(x)$ 在 $x=1$ 处无定义　　B. $\lim\limits_{x\to1^-}f(x)$ 不存在

C. $\lim\limits_{x\to1^+}f(x)$ 不存在　　D. $\lim\limits_{x\to1}f(x)$ 不存在

8. 已知 $\lim\limits_{x\to\infty}\left(\frac{x^2}{x+1}-ax-b\right)=0$，其中 a，b 是常数，则(　　).

A. $a=b=1$　　B. $a=-1$，$b=1$　　C. $a=1$，$b=-1$　　D. $a=b=-1$

9. 函数 $f(x)=\frac{\sin x}{x}+\frac{e^{\frac{1}{2x}}}{1-x}$ 的间断点个数为(　　).

A. 0　　B. 1　　C. 2　　D. 3

二、填空题

1. 已知 $f\left(\sin\frac{x}{2}\right)=\cos x+1$，则 $f\left(\cos\frac{x}{2}\right)=$________.

2. 函数 $y=\sin\sqrt{1-x^2}+\ln\frac{1}{1+x}$ 的定义域为________.

3. 已知 $\lim\limits_{x\to 1}\frac{x^2+bx+5}{1-x}=4$，则 $b=$________.

4. 已知 $f(x)=\begin{cases}\frac{1}{x}(e^x-1), & x>0,\\ x+a, & x<0\end{cases}$ 在 $x=0$ 点的极限存在，则 $a=$________.

5. 设 $f(x)=\begin{cases}\frac{\sin x}{x}, & x>0,\\ x^2+a, & x\leqslant 0,\end{cases}$ 当 $a=$________时，$f(x)$ 在 $x=0$ 处连续.

6. $\lim\limits_{x\to 0}\frac{x^2\sin\frac{1}{x}}{\sin x}=$________.

7. 设 $f(x)=\begin{cases}a+bx^2, & x\leqslant 0,\\ \frac{\sin bx}{x}, & x>0\end{cases}$ 在 $x=0$ 处间断，则常数 a 与 b 应满足的关系是________.

8. 函数 $f(x)=\frac{x^2+x-2}{x(x-1)}$ 的间断点为________.

9. 函数 $f(x)=\frac{x^2-4}{x+2}$ 的间断点是________，是第________类间断点.

三、计算题

1. 求下列函数的定义域：

(1) $f(x)=\sqrt{x-1}+\frac{1}{x-2}+\lg(4-x)$；

(2) $f(x)=\sqrt{x^2-x-6}+\arcsin\frac{2x-1}{7}$.

2. 求下列极限：

(1) $\lim\limits_{x\to a}\frac{\sin x-\sin a}{x-a}$；　(2) $\lim\limits_{x\to 0}\frac{\ln(x+a)-\ln a}{x}$；　(3) $\lim\limits_{x\to 0}\frac{\tan x-\sin x}{\tan^3 x}$；

(4) $\lim\limits_{x\to 1}(1-x)\tan\frac{\pi}{2}x$；　(5) $\lim\limits_{x\to\infty}\left(\frac{x+2}{x-3}\right)^x$；　(6) $\lim\limits_{x\to\frac{\pi}{2}}\frac{\cos x}{x-\frac{\pi}{2}}$.

3. 设 $f(x)=\begin{cases}ax^2+bx, & x<1,\\ 3, & x=1,\\ 2a-bx, & x>1,\end{cases}$ 求 a，b，使 $f(x)$ 在 $x=1$ 处连续.

四、证明题

1. 证明方程 $e^x=3x$ 在(0，1)内至少有一个实根.

2. 证明方程 $x^3-2x^2-9x+1=0$ 在(0，1)内有唯一实根.

第二章　导数与微分

17 世纪上半叶，随着力学、天文学等领域的快速发展，微积分应运而生. 这一时期，蓬勃发展的自然科学在迈入综合与突破阶段时所面临的困难是数学问题，从而使微分学的基本问题成为人们关注的焦点，即确定非匀速运动物体的速度与加速度，使有关瞬时变化率问题的研究成为当务之急；望远镜的光程设计需要确定透镜曲面上任一点的法线，这更是使得求任意一点的切线问题变得非常紧迫.

微分学是微积分的重要组成部分，其组成元素是导数与微分：导数反映的是函数相对于自变量的变化快慢程度；而微分则反映出当自变量有微小变化时，函数值大体上发生了多少变化。本章通过实际问题，引出一元函数微分学的两个基本概念——导数与微分，并建立导数与微分的基本公式和运算法则.

第一节　导数的概念

一、引例

我们在解决实际问题时，除了需要了解变量之间的函数关系外，有时还需要研究某个变量相对于另一个变量变化的“快慢程度”，这类问题统称为“变化率”问题.

【例 1】 变速直线运动的瞬时速度：

设有一物体作变速直线运动，用 S 表示物体从某个时刻开始到时刻 t 所经过的路程，则 S 是时刻 t 的函数 $S=S(t)$.

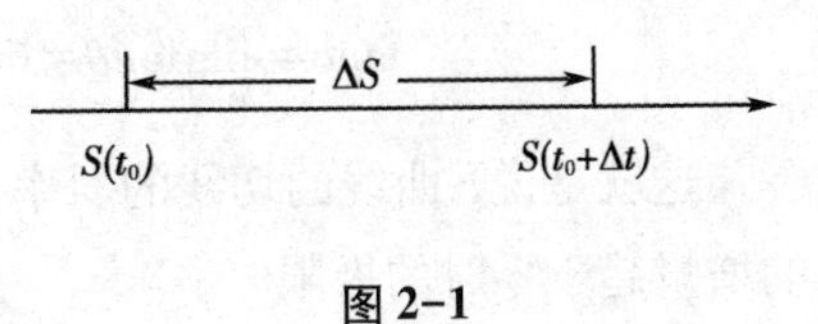

图 2-1

现在，我们研究物体在 $t=t_0$ 时刻的瞬时速度(见图 2-1).

当时间由 t_0 改变到 $t_0+\Delta t$ 时，物体在 Δt 这段时间内所经过的路程为

$$\Delta S=S(t_0+\Delta t)-S(t_0),$$

则物体在 Δt 这段时间内的平均速度为

$$\bar{v}=\frac{\Delta S}{\Delta t}=\frac{S(t_0+\Delta t)-S(t_0)}{\Delta t}$$

由于运动是变速的，平均速度 $\bar{v}$ 只能作为物体在时刻 t_0 的瞬时速度的近似值. 很显然，Δt 越小，这个平均速度 $\bar{v}$ 就越接近于物体在 t_0 时刻的瞬时速度 $v(t_0)$. 因此，我们定义：当 $\Delta t\to 0$ 时，平均速度 $\bar{v}$ 的极限就是物体在 t_0 时刻的瞬时速度，即

$$v(t_0)=\lim_{\Delta t\to 0}\frac{\Delta S}{\Delta t}=\lim_{\Delta t\to 0}\frac{S(t_0+\Delta t)-S(t_0)}{\Delta t}.$$

这就是说，变速直线运动物体的瞬时速度是路程增量与时间增量之比当时间增量趋于零时的极限.

变速直线运动物体的瞬时速度 $v(t_0)$ 也反映了路程 S 对时间 t 变化快慢的程度，因此，瞬时速度 $v(t_0)$ 又称为路程 $S=S(t)$ 在 t_0 时刻的变化率.

【例 2】 曲线的切线：

设 $P(x_0, y_0)$ 为平面曲线 L：$y=f(x)$ 上一定点，在曲线上另取一动点 $M(x_0+\Delta x, y_0+\Delta y)$ 作割线 PM，设其倾角（即割线与 x 轴正向的夹角）为 θ（见图 2-2），则割线 PM 的斜率为

$$\tan\theta=\frac{\Delta y}{\Delta x}=\frac{f(x_0+\Delta x)-f(x_0)}{\Delta x}.$$

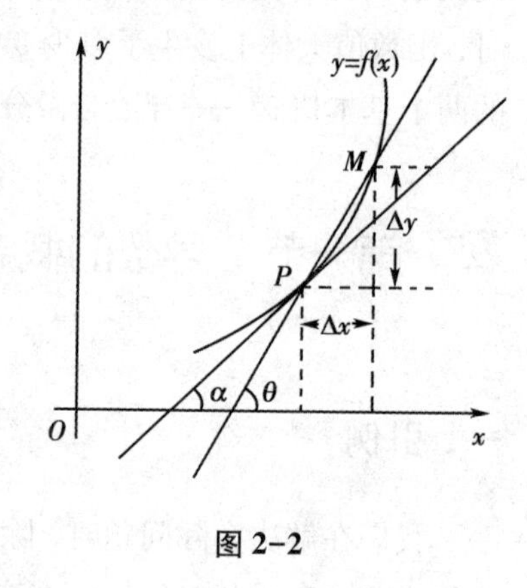

图 2-2

设动点 M 沿曲线趋向于定点 P，即 $\Delta x\to 0$ 时，割线 PM 也随之变化而趋向于其极限位置——直线 PT. 我们称直线 PT 为曲线在点 P 处的切线. 此时倾角 θ 趋向于切线 PT 的倾角 α，因此，切线 PT 的斜率为

$$\tan\alpha=\lim_{\Delta x\to 0}\tan\theta=\lim_{\Delta x\to 0}\frac{\Delta y}{\Delta x}=\lim_{\Delta x\to 0}\frac{f(x_0+\Delta x)-f(x_0)}{\Delta x}.$$

这就是说，曲线的切线的斜率是函数的增量与自变量的增量之比当自变量的增量趋于零时的极限.

曲线 $y=f(x)$ 在点 P 的切线斜率反映了曲线在点 P 处升降的快慢程度，所以，切线的斜率又称为曲线 $y=f(x)$ 在 $x=x_0$ 处的变化率.

【例 3】 平均电流强度与电流强度：

单位时间内通过导体横切面的电量的多少称为电流强度. 对于直流电来说，电流强度$\left(=\dfrac{\text{电量}}{\text{时间}}\right)$是一个常数，但对于交流电而言，电流强度是一个变数. 那么如何求交流电的电流强度呢？

假设通过导体横切面的电量 Q 与时间 t 的关系为 $Q=Q(t)$，$t=t_1$ 时刻取得增量 Δt 时，通过导体的电量的相应增量为：$\Delta Q=Q(t_1+\Delta t)-Q(t_1)$，从而在时间段 Δt 内的平均电流强度为

$$\bar{i}=\frac{\Delta Q}{\Delta t}=\frac{Q(t_1+\Delta t)-Q(t_1)}{\Delta t}.$$

当 $\Delta t\to 0$，$\bar{i}\to i(t_1)$时有

$$i(t_1)=\lim_{\Delta t\to 0}\bar{i}=\lim_{\Delta t\to 0}\frac{\Delta Q}{\Delta t}=\lim_{\Delta t\to 0}\frac{Q(t_1+\Delta t)-Q(t_1)}{\Delta t}.$$

这就是说电流强度是通过导体的电量增量与时间增量之比当时间增量趋于零时的极限.

上面讨论的三个例子，分别属于物理学和几何学问题，但从数量关系看，它们都归结为求同一类型的极限，即

$$\lim_{\Delta x\to 0}\frac{\Delta y}{\Delta x}=\lim_{\Delta x\to 0}\frac{f(x_0+\Delta x)-f(x_0)}{\Delta x}.$$

此极限称为函数在 x_0 处的瞬时变化率，简称为函数的变化率.

由此，我们引入导数的定义.

二、导数的定义

定义 1 设函数 $y=f(x)$ 在 x_0 的某邻域内有定义. 如果极限

$$\lim_{\Delta x\to 0}\frac{\Delta y}{\Delta x}=\lim_{\Delta x\to 0}\frac{f(x_0+\Delta x)-f(x_0)}{\Delta x}$$

存在(其中 $\Delta y=f(x_0+\Delta x)-f(x_0)$，$x_0+\Delta x$ 仍在该邻域内)，则称 $y=f(x)$ 在 x_0 处可导，并称此极限值为函数 $y=f(x)$ 在 x_0 处的导数，记作 $f'(x_0)$，或 $y'\big|_{x=x_0}$，或 $\left.\dfrac{\mathrm{d}y}{\mathrm{d}x}\right|_{x=x_0}$，或 $\left.\dfrac{\mathrm{d}f(x)}{\mathrm{d}x}\right|_{x=x_0}$，即

$$f'(x_0)=\lim_{\Delta x\to 0}\frac{f(x_0+\Delta x)-f(x_0)}{\Delta x}. \tag{1}$$

若极限(1)不存在，则称函数 $y=f(x)$ 在 x_0 处不可导.

设 $x=x_0+\Delta x$，当 $\Delta x\to0$ 时有 $x\to x_0$，故(1)式又可写成

$$f'(x_0)=\lim_{x\to x_0}\frac{f(x)-f(x_0)}{x-x_0}. \tag{2}$$

显然，函数 $y=f(x)$ 在点 x_0 处的导数就是函数 $y=f(x)$ 在点 x_0 处的变化率.

若极限 $\lim\limits_{\Delta x\to0^-}\frac{\Delta y}{\Delta x}=\lim\limits_{\Delta x\to0^-}\frac{f(x_0+\Delta x)-f(x_0)}{\Delta x}$ 存在，称极限为函数 $f(x)$ 在点 x_0 处的左导数，记作 $f'_-(x_0)$，即 $f'_-(x_0)=\lim\limits_{\Delta x\to0^-}\frac{\Delta y}{\Delta x}$；类似地可以定义函数 $f(x)$ 在点 x_0 处的右导数，$f'_+(x_0)=\lim\limits_{\Delta x\to0^+}\frac{\Delta y}{\Delta x}$.

显然，由极限存在的充要条件可以得出：函数在点 x_0 处可导的充要条件是左、右导数存在且相等.

如果函数 $f(x)$ 在开区间 (a,b) 内每一点都可导，则称函数 $f(x)$ 在开区间 (a,b) 内可导. 如果函数 $f(x)$ 在开区间 (a,b) 内可导，且右导数 $f'_+(a)$ 与左导数 $f'_-(b)$ 都存在，则称函数 $f(x)$ 在闭区间 $[a,b]$ 上可导.

设 $f(x)$ 在区间 (a,b) 内可导，则对于区间 (a,b) 内每一点 x 都有一个导数值 $f'(x)$ 与之对应，这就定义了一个新函数，称为函数 $y=f(x)$ 在区间 (a,b) 上的导函数，简称为导数，记为 $f'(x)$、y'、$\frac{dy}{dx}$ 或 $\frac{df(x)}{dx}$，即

$$f'(x)=\lim_{\Delta x\to0}\frac{f(x+\Delta x)-f(x)}{\Delta x}.$$

根据导数的定义，上述三个例题可以叙述为：

变速直线运动的速度 $v(t)$ 是路程函数 $S(t)$ 对时间 t 的导数，即 $v(t)=\frac{dS}{dt}$；曲线 $y=f(x)$ 在点 x 处的切线的斜率是曲线的纵坐标对横坐标的导数，即 $\tan\alpha=\frac{dy}{dx}=f'(x)$；电流强度是电量 $Q(t)$ 对时间的导数，即 $i=\frac{dQ(t)}{dt}$.

由导数的定义，求函数 $y=f(x)$ 在 x 处的导数可概括为以下三个步骤：

(1)求函数的增量：$\Delta y=f(x+\Delta x)-f(x)$；

(2)计算比值：$\frac{\Delta y}{\Delta x}=\frac{f(x+\Delta x)-f(x)}{\Delta x}$；

(3)取极限：$y'=\lim\limits_{\Delta x\to0}\frac{\Delta y}{\Delta x}=\lim\limits_{\Delta x\to0}\frac{f(x+\Delta x)-f(x)}{\Delta x}$.

【例 4】 求函数 $y=C$（C 为常数）的导数.

【解】 $\Delta y=f(x+\Delta x)-f(x)=C-C=0$，$\dfrac{\Delta y}{\Delta x}=0$，$y'=\lim\limits_{\Delta x\to 0}\dfrac{\Delta y}{\Delta x}=0$，即

$$\boxed{(C)'=0}$$

【例 5】 求函数 $y=x^n$（n 为正整数）的导数.

【解】
$$\begin{aligned}\Delta y&=f(x+\Delta x)-f(x)=(x+\Delta x)^n-x^n\\&=x^n+nx^{n-1}\Delta x+C_n^2x^{n-2}(\Delta x)^2+\cdots+(\Delta x)^n-x^n,\end{aligned}$$

$$y'=\lim_{\Delta x\to 0}\frac{\Delta y}{\Delta x}=\lim_{\Delta x\to 0}[nx^{n-1}+C_n^2x^{n-2}\Delta x+\cdots+(\Delta x)^{n-1}]=nx^{n-1}.$$

即

$$\boxed{(x^n)'=nx^{n-1}}$$

以后将证明，当 n 为任意实数时，这个公式仍然成立，有

$$\boxed{(x^{\mu})'=\mu x^{\mu-1}(\mu\text{ 为实数})}$$

特别地，有

$$(\sqrt{x})'=(x^{\frac{1}{2}})'=\frac{1}{2}x^{\frac{1}{2}-1}=\frac{1}{2\sqrt{x}},$$

$$\left(\frac{1}{x}\right)'=(x^{-1})'=-x^{-2}=-\frac{1}{x^2}.$$

【例 6】 求对数函数 $y=\log_a x$ 的导数.

【解】 $\Delta y=\log_a(x+\Delta x)-\log_a x=\log_a\left(1+\dfrac{\Delta x}{x}\right)$，

$$\frac{\Delta y}{\Delta x}=\frac{\log_a\left(1+\dfrac{\Delta x}{x}\right)}{\Delta x}=\frac{1}{x}\log_a\left(1+\frac{\Delta x}{x}\right)^{\frac{x}{\Delta x}}.$$

$$y'=\lim_{\Delta x\to 0}\frac{\Delta y}{\Delta x}=\lim_{\Delta x\to 0}\frac{1}{x}\log_a\left(1+\frac{\Delta x}{x}\right)^{\frac{x}{\Delta x}}=\frac{1}{x}\log_a\left[\lim_{\Delta x\to 0}\left(1+\frac{\Delta x}{x}\right)^{\frac{x}{\Delta x}}\right]=\frac{1}{x}\log_a\mathrm{e}=\frac{1}{x\ln a}.$$

即

$$\boxed{(\log_a x)'=\frac{1}{x\ln a}}$$

当 $a=\mathrm{e}$ 时，有

$$\boxed{(\ln x)'=\frac{1}{x}}$$

【例7】 求正弦函数 $y=\sin x$ 的导数.

【解】 $y'=\lim\limits_{\Delta x\to 0}\dfrac{f(x+\Delta x)-f(x)}{\Delta x}=\lim\limits_{\Delta x\to 0}\dfrac{\sin(x+\Delta x)-\sin x}{\Delta x}$

$$=\lim_{\Delta x\to 0}\frac{2\cos\left(x+\frac{\Delta x}{2}\right)\sin\frac{\Delta x}{2}}{\Delta x}=\lim_{\Delta x\to 0}\cos\left(x+\frac{\Delta x}{2}\right)\frac{\sin\frac{\Delta x}{2}}{\frac{\Delta x}{2}}=\cos x.$$

即

$$\boxed{(\sin x)'=\cos x}$$

同理可得

$$\boxed{(\cos x)'=-\sin x}$$

三、导数的几何意义

由导数的定义及例2可知：函数 $f(x)$ 在点 x_0 处的导数 $f'(x_0)$ 在几何图形上表示曲线 $y=f(x)$ 在点 $P(x_0, y_0)$ 处的切线的斜率，即 $f'(x_0)=\tan\alpha$，其中 α 是切线的倾角(见图2-2).

由导数的几何意义，可分别求曲线 $y=f(x)$ 在点 $P(x_0, y_0)$ 处的切线方程：

$$y-y_0=f'(x_0)(x-x_0), \tag{3}$$

法线方程：

$$y-y_0=-\frac{1}{f'(x_0)}(x-x_0). \tag{4}$$

【例8】 求曲线 $y=x^2$ 在点(1, 1)处的切线方程和法线方程.

【解】 因为 $y'=(x^2)'=2x$，所以，$y'(1)=2x\big|_{x=1}=2\times 1=2$.

由公式(3)得切线方程为 $y-1=2(x-1)$，即

$$y-2x+1=0.$$

由公式(4)得法线方程为 $y-1=-\dfrac{1}{2}(x-1)$，即

$$2y+x-3=0.$$

【例9】 问曲线 $y=\ln x$ 上哪一点的切线平行于直线 $y=\dfrac{1}{3}x-1$.

【解】 因为 $y'=(\ln x)'=\dfrac{1}{x}$，而所求切线与直线 $y=\dfrac{1}{3}x-1$ 平行，此直线斜

率为$\frac{1}{3}$，所以$\frac{1}{x}=\frac{1}{3}$. 解得 $x=3$. 当 $x=3$ 时，$y=\ln 3$，故所求点为$(3, \ln 3)$.

四、可导与连续的关系

定理 1　如果函数$f(x)$在点 x_0 处可导，则函数$f(x)$在 x_0 处一定连续.

【证】　因为 $y=f(x)$在 x_0 处可导，即$\lim\limits_{\Delta x \to 0}\frac{\Delta y}{\Delta x}=f'(x_0)$，而 $\Delta y=\frac{\Delta y}{\Delta x}\Delta x$，可得

$$\lim_{\Delta x \to 0}\Delta y=\lim_{\Delta x \to 0}\frac{\Delta y}{\Delta x}\cdot\Delta x=\lim_{\Delta x \to 0}\frac{\Delta y}{\Delta x}\lim_{\Delta x \to 0}\Delta x=f'(x_0)\cdot 0=0,$$

所以函数 $y=f(x)$在点 x_0 处连续.

定理 1 的逆命题不成立，即函数 $y=f(x)$在点 x_0 处连续，但在 x_0 处不一定可导.

【例 10】　讨论函数 $y=|x|$在 $x=0$ 处的连续性和可导性.

【解】　因为

$$\Delta y=f(0+\Delta x)-f(0)=|0+\Delta x|-|0|=|\Delta x|,$$

可得

$$\lim_{\Delta x \to 0}\Delta y=\lim_{\Delta x \to 0}|\Delta x|=0,$$

所以，函数 $y=|x|$在 $x=0$ 处连续.

左导数

$$f'_-(0)=\lim_{\Delta x \to 0^-}\frac{\Delta y}{\Delta x}=\lim_{\Delta x \to 0^-}\frac{|\Delta x|}{\Delta x}=\lim_{\Delta x \to 0^-}\frac{-\Delta x}{\Delta x}=-1;$$

右导数

$$f'_+(0)=\lim_{\Delta x \to 0^+}\frac{\Delta y}{\Delta x}=\lim_{\Delta x \to 0^+}\frac{|\Delta x|}{\Delta x}=\lim_{\Delta x \to 0^+}\frac{\Delta x}{\Delta x}=1.$$

由于$f'_-(0)\neq f'_+(0)$，根据函数可导的充要条件知$f(x)$在 $x=0$ 处不可导(见图 2-3). 可见，函数连续是可导的必要条件，但不是充分条件. 即可导必定连续，但连续不一定可导.

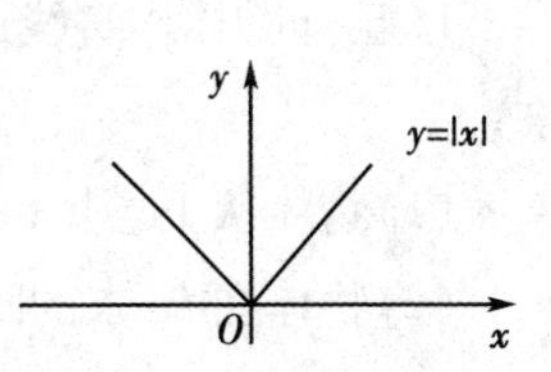

图 2-3

五、与导数有关的一些实际问题

(1)变速直线运动的速度是路程 $S(t)$ 对时间 t

的导数：$v(t)=\frac{\mathrm{d}S}{\mathrm{d}t}=S'(t)$.

(2)经济管理中，收益函数 $R(x)$ 对销售量 x 的导数$\frac{\mathrm{d}R}{\mathrm{d}x}$称为边际收益.

(3)经济管理中，利润函数 $L(x)$ 对产量 x 的导数$\frac{\mathrm{d}L}{\mathrm{d}x}$称为边际利润.

(4)热学中，热量函数 Q 对温度 T 的导数$\frac{\mathrm{d}Q}{\mathrm{d}T}$称为比热容.

(5)电工学中，电量 $Q(t)$ 对时间 t 的导数$\frac{\mathrm{d}Q}{\mathrm{d}t}$称为电流强度.

(6)化学反应中，物质 A 的浓度 $N_A(t)$ 对时间 t 的导数$\frac{\mathrm{d}N_A(t)}{\mathrm{d}t}$称为反应速率. 一般为了使反应速度为正值，如果物质 A 是反应物，则$\frac{\mathrm{d}N_A(t)}{\mathrm{d}t}$前加负号，$-\frac{\mathrm{d}N_A(t)}{\mathrm{d}t}$；如果物质 A 是产物，则速率就是$\frac{\mathrm{d}N_A(t)}{\mathrm{d}t}$.

(7)在干燥物体的时候，单位干燥面积上汽化水分量 $W(t)$ 对时间 t 的导数称为干燥速率.

(8)某种传染病传播人的数量 $N(t)$ 对时间 t 的导数$\frac{\mathrm{d}N(t)}{\mathrm{d}t}$称为传染病的传播速度.

习题 2-1

1. 已知物体作直线运动，其运动方程(路程或位置函数)为 $S=4t^3-2t+1$，求：

(1)物体从 1s 到$(1+\Delta t)$s 这段时间的平均速度；

(2)物体在 1s 末的瞬时速度；

(3)物体从 ts 到$(t+\Delta t)$s 这段时间的平均速度；

(4)物体在 ts 末的瞬时速度.

2. 当物体从高温不断冷却时，若由开始到时刻 τ 物体的温度为 $T=T(\tau)$，试求在 τ_0 时刻的物体温度对时间 τ 的变化率.

3. 设有一质量非均匀分布的细棒，取一端为原点，分布在$[0, x]$上的质量

m 是 x 的函数 $m=m(x)$，求细棒在 x_0点处的线密度(对于均匀细棒来说，单位长度细棒的质量叫作该细棒的线密度).

4. 设非恒定电流于导线中流动，若从开始到时刻 t 这段时间里流过导线横截面的电量为 $Q=Q(t)$，试求 t_0时刻的电流强度(对于恒定电流来说，单位时间内通过导线横截面的电量叫作电流强度).

5. 已知函数$f(x)$在 $x=x_0$处可导，根据导数的定义求出下列极限值：

(1) $\lim\limits_{\Delta x\to 0}\dfrac{f(x_0+\Delta x)-f(x_0)}{\Delta x}$；　　(2) $\lim\limits_{\Delta x\to 0}\dfrac{f(x_0-\Delta x)-f(x_0)}{\Delta x}$；

(3) $\lim\limits_{h\to 0}\dfrac{f(x_0+h)-f(x_0-h)}{h}$.

6. 求下列函数的导数：

(1) $y=4x$；　(2) $y=\dfrac{5}{x}$；　(3) $y=\sqrt{x}$；

(4) $y=x^5$；　(5) $y=\dfrac{1}{x^2}$.

7. 求下列函数在指定点的导数值：

(1) $y=\cos x$，$y'\big|_{x=\frac{4\pi}{3}}$；　(2) $y=\ln x$，$y'\big|_{x=5}$；

(3) $y=e^x$，$y'\big|_{x=1}$；　(4) $y=\sqrt[3]{x^2}$，$y'\big|_{x=1}$.

8. 求曲线 $y=\sin x$ 在 $x=\dfrac{\pi}{3}$处的切线方程和法线方程.

9. 求双曲线 $y=\dfrac{1}{x}$在点$\left(\dfrac{1}{2},2\right)$处的切线的斜率，并写出在该点处的切线方程和法线方程.

第二节　函数的求导法则

导数的定义不仅阐明了导数概念的实质，而且给出了求导数的方法. 但是，直接按定义求导数比较麻烦，特别是对于比较复杂的函数用定义求导就更复杂、更困难了. 为此，我们建立求导法则和基本初等函数的导数公式，以便掌握求函数导数的方法.

一、函数四则运算的求导法则

定理 2 若函数 $u(x)$ 及 $v(x)$ 在点 x 可导，则它们的和、差、积、商在点 x 也可导，且有

(1) $[u(x)\pm v(x)]'=u'(x)\pm v'(x)$；

(2) $[u(x)\cdot v(x)]'=u'(x)v(x)+u(x)v'(x)$，

当 $v(x)=c$（常数）时，有 $[cu(x)]'=cu'(x)$；

(3) $\left[\dfrac{u(x)}{v(x)}\right]'=\dfrac{u'(x)v(x)-u(x)v'(x)}{[v(x)]^2}$，$(v(x)\neq 0)$，

当 $u(x)=1$ 时，有 $\left[\dfrac{1}{v(x)}\right]'=-\dfrac{v'(x)}{v^2(x)}$.

【证】 只证(2)，其余留给读者自证.

设 $y=u(x)v(x)$，当 x 取得增量 Δx 时，相应的函数 u、v 分别取得增量 Δu、Δv，于是函数 y 取得增量 $\Delta y=(u+\Delta u)(v+\Delta v)-uv=u\Delta v+v\Delta u+\Delta u\Delta v$，从而

$$\frac{\Delta y}{\Delta x}=u\cdot\frac{\Delta v}{\Delta x}+v\cdot\frac{\Delta u}{\Delta x}+\frac{\Delta u}{\Delta x}\cdot\Delta v.$$

当 $\Delta x\to 0$ 时，u、v 的值不变（因为 u、v 只依赖于 x 而不依赖于 Δx）；又由于函数 v 可导，因而必连续，所以 $\lim\limits_{\Delta x\to 0}\Delta v=0$；且有 $\lim\limits_{\Delta x\to 0}\dfrac{\Delta u}{\Delta x}=u'$，$\lim\limits_{\Delta x\to 0}\dfrac{\Delta v}{\Delta x}=v'$，于是

$$\begin{aligned}y'&=\lim_{\Delta x\to 0}\frac{\Delta y}{\Delta x}=u\lim_{\Delta x\to 0}\frac{\Delta v}{\Delta x}+v\lim_{\Delta x\to 0}\frac{\Delta u}{\Delta x}+\lim_{\Delta x\to 0}\frac{\Delta u}{\Delta x}\lim_{\Delta x\to 0}\Delta v\\&=uv'+vu'+u'\cdot 0=u'v+uv'.\end{aligned}$$

上述结论(1)、(2)都可推广到有限个函数的情况. 例如：

$$(u+v+w)'=u'+v'+w',$$

$$(uvw)'=u'vw+uv'w+uvw'.$$

【例 1】 求 $y=\sqrt{x}+\ln x+\cos x$ 的导数.

【解】 $y'=(\sqrt{x})'+(\ln x)'+(\cos x)'=\dfrac{1}{2\sqrt{x}}+\dfrac{1}{x}-\sin x$.

【例 2】 设函数 $y=x^3\ln x$，求 $y'|_{x=2}$.

【解】 $y'=(x^3)'\ln x+x^3(\ln x)'=3x^2\ln x+x^3\cdot\dfrac{1}{x}=x^2(3\ln x+1)$，

$y'|_{x=2}=2^2(3\ln 2+1)=12\ln 2+4$.

【例 3】 求 $y=\tan x$ 的导数.

【解】 $y'=(\tan x)'=\left(\dfrac{\sin x}{\cos x}\right)'=\dfrac{(\sin x)'\cos x-\sin x(\cos x)'}{\cos^2 x}$

$$=\frac{\cos^2 x+\sin^2 x}{\cos^2 x}=\frac{1}{\cos^2 x}=\sec^2 x,$$

即

$$\boxed{(\tan x)'=\sec^2 x}$$

同理可得

$$\boxed{(\cot x)'=-\csc^2 x}$$

【例 4】 已知 $f(x)=\dfrac{\sin x+\cos x}{x+1}$，求 $f'(x)$.

【解】 $f'(x)=\dfrac{(\sin x+\cos x)'(x+1)-(\sin x+\cos x)(x+1)'}{(x+1)^2}$

$$=\frac{(\cos x-\sin x)(x+1)-(\sin x+\cos x)}{(x+1)^2}$$

$$=\frac{x(\cos x-\sin x)-2\sin x}{(x+1)^2}.$$

【例 5】 已知 $f(x)=\sec x$，求 $f'(x)$.

【解】 $f'(x)=\left(\dfrac{1}{\cos x}\right)'=\dfrac{-(\cos x)'}{\cos^2 x}=\dfrac{\sin x}{\cos^2 x}=\tan x\sec x,$

即

$$\boxed{(\sec x)'=\sec x\cdot\tan x}$$

同理可得

$$\boxed{(\csc x)'=-\csc x\cdot\cot x}$$

【例 6】 设 $y=\tan x(1+\cos x)-\dfrac{2}{\sin x}$，求 y'.

【解】 $y'=[\tan x(1+\cos x)]'-\left(\dfrac{2}{\sin x}\right)'=(\tan x)'+(\sin x)'-2(\csc x)'$

$$=\sec^2 x+\cos x+2\csc x\cdot\cot x.$$

二、复合函数求导法则

定理3(复合函数求导法则) 若函数 $u=\phi(x)$ 在点 x 处可导，$y=f(u)$ 在对应点 $u=\phi(x)$ 处可导，则复合函数 $y=f[\phi(x)]$ 在点 x 处可导，且

$$\frac{dy}{dx}=\frac{dy}{du}\frac{du}{dx}，\text{或 } y'_x=y'_u\cdot u'_x=f'_u\cdot\phi'_x.$$

【证】 当自变量 x 取得增量 Δx 时，u 取得相应的增量 Δu，从而 y 取得相应的增量 Δy. 于是，当 $\Delta u\neq 0$ 时，有 $\frac{\Delta y}{\Delta x}=\frac{\Delta y}{\Delta u}\frac{\Delta u}{\Delta x}$. 因为 $u=\phi(x)$ 在点 x 处可导，则必连续. 即当 $\Delta x\to 0$ 时 $\Delta u\to 0$，又由已知有

$$\lim_{\Delta x\to 0}\frac{\Delta u}{\Delta x}=\frac{du}{dx}，\lim_{\Delta u\to 0}\frac{\Delta y}{\Delta u}=\frac{dy}{du}.$$

因此

$$\lim_{\Delta x\to 0}\frac{\Delta y}{\Delta x}=\lim_{\Delta x\to 0}\left(\frac{\Delta y}{\Delta u}\frac{\Delta u}{\Delta x}\right)=\lim_{\Delta u\to 0}\frac{\Delta y}{\Delta u}\cdot\lim_{\Delta x\to 0}\frac{\Delta u}{\Delta x}$$

$$=\lim_{\Delta u\to 0}\frac{\Delta y}{\Delta u}\cdot\lim_{\Delta x\to 0}\frac{\Delta u}{\Delta x}=\frac{dy}{du}\cdot\frac{du}{dx}.$$

即

$$\frac{dy}{dx}=\frac{dy}{du}\frac{du}{dx}.$$

当 $\Delta u=0$ 时，也可以证明上述结论仍然成立.

上式称为复合函数求导的链式法则，即复合函数的导数等于复合函数对中间变量的导数乘以中间变量对自变量的导数.

该法则可以推广到多个中间变量的情况. 例如，若 $y=f(u)$，$u=\phi(v)$，$v=\varphi(x)$，则

$$\frac{dy}{dx}=\frac{dy}{du}\cdot\frac{du}{dv}\cdot\frac{dv}{dx}=y'_u u'_v v'_x=f'_u\phi'_v\varphi'_x.$$

【例7】 已知 $y=\cos(5x-4)$，求 y'.

【解】 函数由 $y=\cos u$，$u=5x-4$ 复合而成，所以

$$y'=y'_u\cdot u'_x=(\cos u)'_u\cdot(5x-4)'_x=(-\sin u)\cdot 5=-5\sin(5x-4).$$

【例8】 已知 $y=\tan x^2$，求 $\frac{dy}{dx}$.

【解】 函数由 $y=\tan u$，$u=x^2$ 复合而成，所以

$$\frac{\mathrm{d}y}{\mathrm{d}x}=\frac{\mathrm{d}y}{\mathrm{d}u}\cdot\frac{\mathrm{d}u}{\mathrm{d}x}=(\tan u)'_u\cdot(x^2)'_x=\sec^2u\cdot 2x=2x\sec^2x^2.$$

【例 9】 已知 $y=\ln\sqrt{x^2+2}$，求 y'.

【解】 函数由 $y=\ln u$，$u=\sqrt{v}$，$v=x^2+2$ 复合而成，所以

$$y'=y'_u\cdot u'_v\cdot v'_x=(\ln u)'_u\cdot(\sqrt{v})'_v\cdot(x^2+2)'_x=\frac{1}{u}\frac{1}{2\sqrt{v}}\cdot 2x$$

$$=\frac{x}{\sqrt{x^2+2}\sqrt{x^2+2}}=\frac{x}{x^2+2}.$$

从上面例子可以看出，运用复合函数求导法则的关键是正确选择中间变量，将所给的函数进行拆分. 熟练掌握法则以后，可以不必写出中间变量.

【例 10】 设 $y=\mathrm{e}^{\sin^2(3x)}$，求 y'.

【解】 对于较复杂函数的求导，可以一步一步地求，先把$\sin^2(3x)$看成中间变量 u，对 u 求导乘 u'_x得，$y'=\mathrm{e}^{\sin^2(3x)}[\sin^2(3x)]'$，再把 $\sin 3x$ 看成新的中间变量 u，对 u 求导乘 u'_x得 $y'=\mathrm{e}^{\sin^2(3x)}2\sin 3x(\sin 3x)'$，再把 $3x$ 看成新的中间变量 u，对 u 求导乘 u'_x得

$$y'=\mathrm{e}^{\sin^2(3x)}(\sin^2 3x)'=2\mathrm{e}^{\sin^2(3x)}\cdot\sin 3x(\sin 3x)'$$

$$=2\mathrm{e}^{\sin^2(3x)}\cdot\sin 3x\cdot\cos 3x(3x)'=3\sin 6x\cdot\mathrm{e}^{\sin^2(3x)}.$$

熟练后，可以很快写出结果.

【例 11】 求函数 $y=(x^2+1)^{10}$的导数.

【解】 $\frac{\mathrm{d}y}{\mathrm{d}x}=10(x^2+1)^9\cdot(x^2+1)'=10(x^2+1)^9\cdot 2x$

$$=20x(x^2+1)^9.$$

【例 12】 求 $y=x^\mu$ 的导数.

【解】 因为 $y=x^\mu=\mathrm{e}^{\mu\ln x}$，

$$y'=(x^\mu)'=(\mathrm{e}^{\mu\ln x})'=\mathrm{e}^{\mu\ln x}(\mu\ln x)'=x^\mu\cdot\mu\cdot\frac{1}{x}=\mu x^{\mu-1},$$

即

$$\boxed{(x^\mu)'=\mu x^{\mu-1}}$$

【例 13】 求 $y=\ln\cos\mathrm{e}^x$ 的导数.

【解】 $y'=(\ln\cos\mathrm{e}^x)'=\frac{1}{\cos\mathrm{e}^x}(\cos\mathrm{e}^x)'=\frac{-\sin\mathrm{e}^x}{\cos\mathrm{e}^x}(\mathrm{e}^x)'=-\mathrm{e}^x\tan\mathrm{e}^x.$

当复合步骤熟练后，复合函数各中间变量的求导可以同时进行，以简化复合函数的求导步骤，上例可这样解：

$$y'=(\ln\cos e^x)'=\frac{1}{\cos e^x}(-\sin e^x)e^x=-e^x\tan e^x.$$

在求函数的导数时，经常遇到既有复合运算，又有四则运算，这时要求会综合运用这些求导法则.

【例 14】 已知 $y=\ln\sqrt{\frac{1+\sin x}{1-\sin x}}$，求 y'.

【解】 由对数的运算法则知 $y=\frac{1}{2}[\ln(1+\sin x)-\ln(1-\sin x)]$，所以

$$y'=\frac{1}{2}\{[\ln(1+\sin x)]'-[\ln(1-\sin x)]'\}$$

$$=\frac{1}{2}\left(\frac{\cos x}{1+\sin x}-\frac{-\cos x}{1-\sin x}\right)=\frac{\cos x}{1-\sin^2 x}=\frac{1}{\cos x}.$$

【例 15】 $y=\sqrt{2x-e^{-x}}$，求 y'.

【解】 $y'=\frac{1}{2}(2x-e^{-x})^{-\frac{1}{2}}\cdot(2x-e^{-x})'=\frac{1}{2}(2x-e^{-x})^{-\frac{1}{2}}[(2x)'-(e^{-x})']$

$$=\frac{1}{2}(2x-e^{-x})^{-\frac{1}{2}}[2-e^{-x}(-x)']=\frac{1}{2}(2x-e^{-x})^{-\frac{1}{2}}(2+e^{-x}).$$

【例 16】 $y=\frac{x}{\sqrt{1+x^2}}$，求 y'.

【解】 $y'=\frac{(x)'\sqrt{1+x^2}-(\sqrt{1+x^2})'x}{(\sqrt{1+x^2})^2}=\frac{\sqrt{1+x^2}-\frac{2x}{2\sqrt{1+x^2}}x}{1+x^2}$

$$=\frac{1+x^2-x^2}{\sqrt{1+x^2}(1+x^2)}=\frac{1}{(1+x^2)^{\frac{3}{2}}}.$$

三、反函数的求导法则

由复合函数的求导法则可以推出反函数的求导法则.

设 $y=f(x)$ 与 $x=\phi(y)$ 互为反函数，将 $y=f(x)$ 代入 $x=\phi(y)$，得等式 $x=\phi[f(x)]$. 等式右端是 x 的复合函数，等式两边对 x 求导，可得

$$1=\phi'[f(x)]f'(x)=\phi'(y)f'(x).$$

当 $\phi'(y)\neq 0$ 时，有 $f'(x)=\dfrac{1}{\phi'(y)}$. 从而有如下定理.

定理 4(反函数的求导法则)　如果函数 $x=\phi(y)$ 在某区间内单调、可导且 $\phi'(y)\neq 0$，则它的反函数 $y=f(x)$ 在相应区间内也可导，且

$$f'(x)=\frac{1}{\phi'(y)} \text{或} \frac{dy}{dx}=\frac{1}{\frac{dx}{dy}}.$$

定理 4 表明：互为反函数的两个函数，其导数互为倒数.

【例 17】　求函数 $y=\arcsin x$ 的导数.

【解】　设函数 $x=\sin y$，则它的反函数为 $y=\arcsin x$，函数 $x=\sin y$ 在区间 $\left(-\dfrac{\pi}{2},\dfrac{\pi}{2}\right)$ 内单调、可导，且 $(\sin y)'=\cos y>0$，因此在区间 $(-1,1)$ 上由定理 4 得

$$(\arcsin x)'=\frac{dy}{dx}=\frac{1}{\frac{dx}{dy}}=\frac{1}{(\sin y)'}=\frac{1}{\cos y}=\frac{1}{\sqrt{1-\sin^2 y}}=\frac{1}{\sqrt{1-x^2}},$$

即

$$\boxed{(\arcsin x)'=\frac{1}{\sqrt{1-x^2}}}$$

同理可得

$$\boxed{(\arccos x)'=-\frac{1}{\sqrt{1-x^2}}(-1<x<1)}$$

$$\boxed{(\operatorname{arccot} x)'=-\frac{1}{1+x^2}(-\infty<x<+\infty)}$$

$$\boxed{(\arctan x)'=\frac{1}{1+x^2}(-\infty<x<+\infty)}$$

【例 18】　已知 $y=a^x(a>0, a\neq 1)$，求 $\dfrac{dy}{dx}$.

【解】　函数 $x=\log_a y$ 在区间 $(0,+\infty)$ 内单调、可导，且 $(\log_a y)'=\dfrac{1}{y\ln a}\neq 0$，由定理 4 知函数 $x=\log_a y$ 的反函数 $y=a^x$ 在对应区间 $(-\infty,+\infty)$ 内可导，且有

$$(a^x)'=y'_x=\frac{1}{x'_y}=\frac{1}{(\log_a y)'}=\frac{1}{\frac{1}{y\ln a}}=a^x\ln a,$$

即

$$\boxed{(a^x)'=a^x\ln a}$$

当 $a=\mathrm{e}$ 时，有

$$\boxed{(\mathrm{e}^x)'=\mathrm{e}^x}$$

【例 19】 已知 $y=\arctan\dfrac{1}{x}$，求 y'.

【解】 $y'=\left(\arctan\dfrac{1}{x}\right)'=\dfrac{1}{1+\left(\dfrac{1}{x}\right)^2}\left(-\dfrac{1}{x^2}\right)=-\dfrac{1}{1+x^2}.$

我们已推导了基本初等函数的导数公式，而且证明了函数的求导法则. 因此，我们解决了一切初等函数的求导问题，并且初等函数的导数仍是初等函数. 由此可见，基本初等函数的导数公式和函数的求导法则是求初等函数的导数的基础，必须熟练掌握. 为了便于查阅，现将它们归纳如下.

1. 导数的基本公式

(1) $(C)'=0$（C 是常数）； (2) $(x^\mu)'=\mu x^{\mu-1}$（μ 为常数）；

(3) $(a^x)'=a^x\ln a$（$a>0$，$a\neq1$）； (4) $(\mathrm{e}^x)'=\mathrm{e}^x$；

(5) $(\log_a x)'=\dfrac{1}{x\ln a}$（$a>0$，$a\neq1$）； (6) $(\ln x)'=\dfrac{1}{x}$；

(7) $(\sin x)'=\cos x$； (8) $(\cos x)'=-\sin x$；

(9) $(\tan x)'=\sec^2 x$； (10) $(\cot x)'=-\csc^2 x$；

(11) $(\sec x)'=\sec x\cdot\tan x$； (12) $(\csc x)'=-\csc x\cdot\cot x$；

(13) $(\arcsin x)'=\dfrac{1}{\sqrt{1-x^2}}$； (14) $(\arccos x)'=-\dfrac{1}{\sqrt{1-x^2}}$；

(15) $(\arctan x)'=\dfrac{1}{1+x^2}$； (16) $(\operatorname{arccot} x)'=-\dfrac{1}{1+x^2}$.

2. 求导法则

(1) $(u\pm v)'=u'\pm v'$； (2) $(uv)'=u'v+uv'$；

(3) $(cu)'=cu'$（c 为常数）； (4) $\left(\dfrac{u}{v}\right)'=\dfrac{u'v-uv'}{v^2}$（$v\neq0$）；

(5) $\left(\dfrac{1}{v}\right)'=-\dfrac{v'}{v^2}$（$v\neq0$）； (6) $\dfrac{\mathrm{d}y}{\mathrm{d}x}=\dfrac{\mathrm{d}y}{\mathrm{d}u}\cdot\dfrac{\mathrm{d}u}{\mathrm{d}x}$（复合函数求导法则）；

(7) $\frac{dy}{dx}=\frac{1}{\frac{dx}{dy}}$（反函数求导法则）.

习题 2-2

1. 求下列函数的导数：

(1) $y=3x^2-\frac{2}{x^2}+\ln x-1$；　(2) $y=\frac{x^2-3x+2}{\sqrt{x}}$；

(3) $y=3a^x-\frac{2}{x}$；　(4) $y=\sec x\cdot\ln x$；

(5) $y=2e^x\cos x$；　(6) $y=\frac{x-1}{x+1}$.

2. 求下列函数在给定点处的导数：

(1) $y=\sin x\cdot\cos x$，求 $y'\big|_{x=\frac{\pi}{6}}$，$y'\big|_{x=\frac{\pi}{4}}$；

(2) $x=\frac{1-\sqrt{t}}{1+\sqrt{t}}$，求 $\frac{dx}{dt}\bigg|_{t=4}$；

(3) $f(x)=\frac{3}{5-x}+\frac{x^2}{5}$，求 $f'(0)$、$f'(2)$.

3. 求下列函数的导数：

(1) $y=(2x+1)^5$；　(2) $y=\sin^3(kx+b)$；

(3) $y=\sec 2^x$；　(4) $y=e^{x^3}$；

(5) $y=\frac{1}{\sqrt{1+x^2}}$；　(6) $y=\frac{1}{\tan^2 2x}$；

(7) $S=\ln\cos\frac{1}{t}$；　(8) $y=a^x\cos(3x-2)$；

(9) $y=e^{\sin x^2}$；　(10) $y=\ln\sin\sqrt{1+x^2}$；

(11) $y=\ln[\ln(\ln x)]$；　(12) $y=e^{\arctan\sqrt{x}}$；

(13) $y=\arccos(\ln x)$；　(14) $y=\arcsin\frac{x+1}{\sqrt{2}}$；

(15) $y=\frac{x}{2}\sqrt{a^2+x^2}+\frac{a^2}{2}\ln(x+\sqrt{x^2+a^2})$；

(16) $y=\frac{e^x-e^{-x}}{e^x+e^{-x}}$；　(17) $y=e^{x\ln x}$；

(18) $y=e^{ax}\sin bx$；　　　　(19) $y=x\arcsin\dfrac{x}{2}+\sqrt{4-x^2}$.

4. 当物体温度高于周围介质温度时，就要不断冷却，经过时间 t 后，其温度 T 与时间 t 的关系式为 $T=(T_0-T_1)e^{-kt}-T_1$（$k>0$ 为实数），其中 T_0为物体在开始时的温度，T_1为介质温度，试求物体的冷却速度.

5. 质量为 m_0的物质在化学分解中，经过时间 t 以后，所剩的质量 m 与 t 的关系是 $m=m_0e^{-kt}$，其中常数 $k>0$，求此函数的变化率.

6. 经过点 $A\left(\dfrac{1}{2},0\right)$ 作抛物线 $y=\dfrac{1}{2}x^2+1$ 的切线，求切线方程.

7. 求函数 $y=\ln\sin x$ 的导数.

第三节　高阶导数

我们知道变速直线运动物体的速度 v 就是路程函数 $S(t)$ 对时间 t 的导数，即

$$v=\frac{dS}{dt}\text{或 }v=S'.$$

一般地说，速度 v 仍然是时间 t 的函数，我们记为速度函数 $v(t)$. 在运动学的研究中，人们还往往要了解物体运动速度变化的快慢，即速度函数关于时间的变化率，也就是速度 v 对时间 t 的导数，运动学上称之为加速度，用 a 表示，即

$$a=\frac{dv}{dt}\text{或 }a=v',$$

从而有

$$a=\frac{d}{dt}\left(\frac{dS}{dt}\right)\text{或 }a=(S')'.$$

这种导数的导数 $\dfrac{d}{dt}\left(\dfrac{dS}{dt}\right)$ 或 $(S')'$，我们称其为函数 $S(t)$ 二阶导数，记作 $\dfrac{d^2S}{dt^2}$ 或 $S''(t)$，所以，变速直线运动物体的加速度就是路程函数 $S(t)$ 对时间 t 的二阶导数.

定义 2　如果函数 $y=f(x)$ 的导数 $y'=f'(x)$ 可导，则称 $f'(x)$ 的导数为函数 $y=f(x)$ 的二阶导数，记作

$$y'', f''(x), \frac{d^2y}{dx^2}或\frac{d^2f(x)}{dx^2}.$$

类似地，称函数二阶导数的导数为函数的三阶导数，函数的三阶导数的导数为函数的四阶导数，函数的 $n-1$ 阶导数的导数为函数的 n 阶导数，分别记为

$$y^{(3)}, y^{(4)}, \cdots, y^{(n)}或\frac{d^3y}{dx^3}, \frac{d^4y}{dx^4}, \cdots, \frac{d^ny}{dx^n}.$$

二阶与二阶以上的导数称为函数 $y=f(x)$ 的高阶导数.

根据高阶导数的定义可知，求函数的高阶导数就是对函数多次接连地求导数，直到所需的阶数. 因此，在求高阶导数时，前面学过的求导方法仍然适用.

函数 $y=f(x)$ 的 n 阶导数在 $x=x_0$ 处的数值记为

$$f^{(n)}(x_0), y^{(n)}\mid_{x=x_0}或\left.\frac{d^ny}{dx^n}\right|_{x=x_0}.$$

【例 1】 设 $y=x^4+2x^2+3$，求 $y'''(1)$.

【解】 $y'=4x^3+4x$，$y''=12x^2+4$；$y'''=24x$，所以，$y'''(1)=24$.

【例 2】 求 $y=e^x+\ln x+2$ 的二阶导数.

【解】 $y'=e^x+\frac{1}{x}$，$y''=e^x-\frac{1}{x^2}$.

【例 3】 设 $y=xe^x$，求 y''.

【解】 $y'=e^x+xe^x$，$y''=(e^x)'+(xe^x)'=e^x+e^x+xe^x=(2+x)e^x$.

【例 4】 设 $y=2x^2+\ln x$，求 y''.

【解】 $y'=4x+\frac{1}{x}$，$y''=4-\frac{1}{x^2}$.

【例 5】 求 $y=\sin x$ 的 n 阶导数.

【解】 $y'=(\sin x)'=\cos x=\sin\left(x+\frac{\pi}{2}\right)$，

$$y''=\left[\sin\left(x+\frac{\pi}{2}\right)\right]'=\cos\left(x+\frac{\pi}{2}\right)=\sin\left(x+2\cdot\frac{\pi}{2}\right),$$

$$y'''=\left[\sin\left(x+2\cdot\frac{\pi}{2}\right)\right]'=\cos\left(x+2\cdot\frac{\pi}{2}\right)=\sin\left(x+3\cdot\frac{\pi}{2}\right), \cdots,$$

一般地，有

$$y^{(n)}=(\sin x)^{(n)}=\sin\left(x+n\cdot\frac{\pi}{2}\right),$$

即

$$\boxed{(\sin x)^{(n)}=\sin\left(x+n\cdot\frac{\pi}{2}\right)}$$

同理可得

$$\boxed{(\cos x)^{(n)}=\cos\left(x+n\cdot\frac{\pi}{2}\right)}$$

【例 6】 求 $y=a^x$ 的 n 阶导数.

【解】 $y'=a^x\ln a$, $y''=a^x\ln^2 a$, $\cdots$, $y^{(n)}=a^x\ln^n a$,
即

$$\boxed{(a^x)^{(n)}=a^x\ln^n a}$$

特别地，有

$$\boxed{(\mathrm{e}^x)^{(n)}=\mathrm{e}^x}$$

【例 7】 求 $y=\ln\sin x$ 的二阶导数.

【解】 $y'=\dfrac{1}{\sin x}(\sin x)'=\dfrac{\cos x}{\sin x}=\cot x$, $y''=(\cot x)'=-\csc^2 x$.

习题 2-3

1. 求下列函数的二阶导数：

(1) $y=\sqrt{a^2-x^2}$；　(2) $y=2x^2+\ln x$；

(3) $y=x^2\sin 3x$；　(4) $y=\dfrac{1}{x^2-3x+2}$；

(5) $y=\ln(1-x^2)$；　(6) $y=\dfrac{\mathrm{e}^x}{x^2}$；

(7) $y=x\mathrm{e}^{x^2}$.

2. 验证：$y=\mathrm{e}^x\sin x$ 满足关系式 $y''-2y'+2y=0$.

3. 求下列函数的 n 阶导数：

(1) $y=\ln(1+x)$；　(2) $y=x\mathrm{e}^x$；

(3) $y=\sin^2 x$；　(4) $y=\dfrac{1}{x^2-a^2}$；

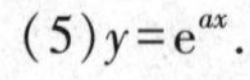

(5) $y=\mathrm{e}^{ax}$.

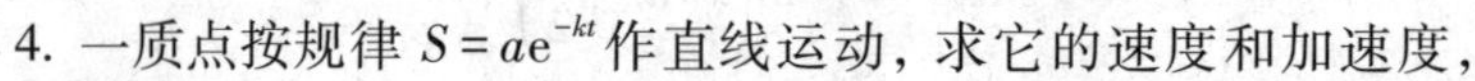

4. 一质点按规律 $S=a\mathrm{e}^{-kt}$ 作直线运动，求它的速度和加速度，

以及初始速度和初始加速度（初始时间 $t=0$）.

第四节　隐函数及由参数方程所确定的函数的导数

一、隐函数的导数

函数 $y=f(x)$ 表示两个变量 y 与 x 之间的对应关系，这种对应关系可以用各种不同方式表达. 前面我们遇到的函数，例如 $y=\sin x$，$y=2x+1$ 等，这种函数表达方式的特点是：等号左端是因变量的符号，而右端是含有自变量的式子，当自变量取定义域内任一值时，由式子能确定对应的函数值. 由这种方式表达的函数叫作显函数. 有些函数的表达方式却不是这样，例如，方程 $x+y^3-1=0$ 表示一个函数，因为当变量 x 在 $(-\infty, +\infty)$ 内取值时，变量 y 有确定的值与之对应. 例如，当 $x=0$ 时，$y=1$；当 $x=1$ 时，$y=0$，等等. 这样的函数称为隐函数.

定义 3　如果变量 x，y 之间的函数关系由一个方程 $F(x, y)=0$ 所确定，那么这种函数叫作由 $F(x, y)=0$ 确定的隐函数.

把一个隐函数化成显函数，叫作隐函数的显化. 例如，从方程 $x+y^3-1=0$ 解出 $y=\sqrt[3]{1-x}$，就把隐函数化成了显函数. 隐函数的显化有时是困难的，甚至是不可能的. 但在实际问题中，有时需要计算隐函数的导数，因此我们希望有一种方法，不管隐函数能否显化，都能直接由方程算出它所确定的隐函数的导数.

例如，方程 $x^2+y^2=1$，确定了 y 是 x 的隐函数，当然也确定了 x 是 y 的隐函数. 我们可以利用复合函数的求导法则求出隐函数的导数. 例如，$x^2+y^2=1$ 确定了 y 是 x 的隐函数，为了求 y 对 x 的导数 y'，可将方程两边逐项对 x 求导：

$$(x^2)'-(y^2)'=(1)'$$

注意，y^2 是 y 的函数，而 y 又是 x 的函数，因此 y^2 是 x 的复合函数，对 y^2 求导时要用复合函数的求导法则.于是得 $2x-2yy'=0$，解方程得 $y'=\frac{x}{y}$.

隐函数的求导方法：方程两边逐项对自变量求导，即可得到一个包含函数的导数（例如 y'）的方程，解方程得 y'，从而可得隐函数的导数.

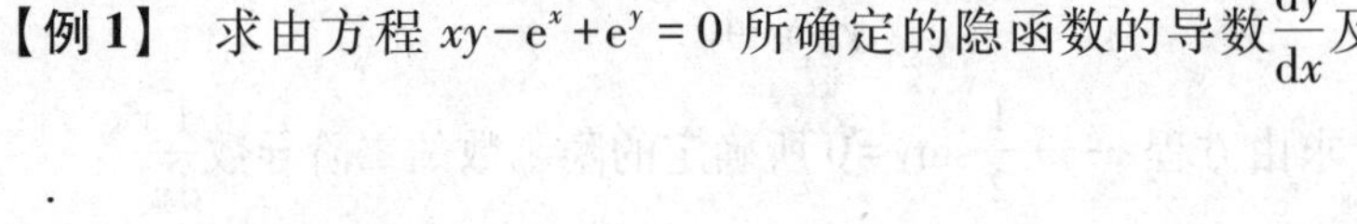

【例 1】　求由方程 $xy-e^x+e^y=0$ 所确定的隐函数的导数 $\frac{dy}{dx}$ 及 $\left.\frac{dy}{dx}\right|_{x=0}$.

【解】 方程两边对 x 求导得

$$y+x\frac{dy}{dx}-e^x+e^y\frac{dy}{dx}=0,$$

解得

$$\frac{dy}{dx}=\frac{e^x-y}{x+e^y}.$$

当 $x=0$ 时，代入方程得 $y=0$，所以

$$\left.\frac{dy}{dx}\right|_{\substack{x=0\\y=0}}=\left.\frac{e^x-y}{x+e^y}\right|_{\substack{x=0\\y=0}}=1.$$

【例 2】 求由方程 $e^y+xy-e=0$ 所确定的隐函数的导数$\frac{dy}{dx}$及$\left.\frac{dy}{dx}\right|_{x=0}$.

【解】 方程两边对 x 求导得

$$e^y y'+y+xy'=0$$

解得

$$\frac{dy}{dx}=y'=-\frac{y}{x+e^y}.$$

当 $x=0$ 时，代入方程得 $y=1$，所以

$$\left.\frac{dy}{dx}\right|_{\substack{x=0\\y=1}}=\left.-\frac{y}{x+e^x}\right|_{\substack{x=0\\y=1}}=-1.$$

【例 3】 求曲线 $x^2+xy+y^2=4$ 在点$(2,-2)$处的切线方程.

【解】 由导数的几何意义可知，所求切线斜率为 $k=y'|_{x=2}$.

方程 $x^2+xy+y^2=4$ 两边对 x 求导，得

$$2x+y+xy'+2yy'=0,$$

解得

$$y'=-\frac{2x+y}{x+2y},$$

从而

$$y'|_{\substack{x=2\\y=-2}}=1,$$

于是在点$(2,-2)$处的切线方程为 $y-(-2)=1\cdot(x-2)$，即

$$y=x-4.$$

【例 4】 求由方程 $x-y+\frac{1}{2}\sin y=0$ 所确定的隐函数的二阶导数$\frac{d^2y}{dx^2}$.

【解】 由隐函数的求导方法，得

$$1-\frac{dy}{dx}+\frac{1}{2}\cos y\cdot\frac{dy}{dx}=0,$$

于是

$$\frac{dy}{dx}=\frac{2}{2-\cos y}.$$

上式两边再对 x 求导，得

$$\frac{d^2y}{dx^2}=\frac{-2\sin y\cdot\frac{dy}{dx}}{(2-\cos y)^2}=\frac{-4\sin y}{(2-\cos y)^3}.$$

二、对数求导法

函数 $y=u(x)^{v(x)}$ 称为幂指函数. 显然，幂函数的导数公式与指数函数的导数公式对它都不适用. 如何求幂指函数的导数呢？我们可以先在等式两边取自然对数，然后化成隐函数再求函数的导数. 这种先对函数取对数再求导的方法，通常称为对数求导法. 对数求导法适用于幂指函数和多因式乘积的函数的求导.

【例 5】 设 $y=x^{\sin x}$，求 y'.

【解】 等式两边取自然对数 $\ln y=\sin x\ln x$，由隐函数的求导法得

$$\frac{1}{y}y'=\cos x\ln x+\frac{\sin x}{x},$$

即

$$y'=x^{\sin x}\left(\cos x\ln x+\frac{\sin x}{x}\right).$$

【例 6】 求 $y=\sqrt{\frac{(x-1)(x-2)}{(x-3)(x-4)}}$ 的导数($x>4$).

【解】 等式两边取自然对数

$$\ln y=\frac{1}{2}[\ln(x-1)+\ln(x-2)-\ln(x-3)-\ln(x-4)].$$

由隐函数的求导法得

$$\frac{1}{y}y'=\frac{1}{2}\left(\frac{1}{x-1}+\frac{1}{x-2}-\frac{1}{x-3}-\frac{1}{x-4}\right),$$

即

$$y'=\frac{1}{2}\sqrt{\frac{(x-1)(x-2)}{(x-3)(x-4)}}\left(\frac{1}{x-1}+\frac{1}{x-2}-\frac{1}{x-3}-\frac{1}{x-4}\right).$$

三、由参数方程所确定的函数的导数

1. 参数方程的导数

平面曲线方程：$\begin{cases} x = \varphi(t), \\ y = \psi(t), \end{cases}$ 其上某一点处的切线的斜率可直接由参数方程得出.

定理 5 设参数方程

$$\begin{cases} x = \varphi(t), \\ y = \psi(t), \end{cases} \quad \alpha \leqslant t \leqslant \beta,$$

$\varphi(t)$，$\psi(t)$ 均可导，且 $x = \varphi(t)$ 严格单调，$\varphi'(t) \neq 0$，则有

$$\frac{\mathrm{d}y}{\mathrm{d}x} = \frac{\psi'(t)}{\varphi'(t)}，\text{或者} \frac{\mathrm{d}y}{\mathrm{d}x} = \frac{\frac{\mathrm{d}y}{\mathrm{d}t}}{\frac{\mathrm{d}x}{\mathrm{d}t}}.$$

因 $x = \varphi(t)$ 单调，则反函数 $t = t(x)$ 存在；又因为 $x = \varphi(t)$ 可导及 $\varphi'(t) \neq 0$，故 $t = t(x)$ 也可导，且有 $\frac{\mathrm{d}t}{\mathrm{d}x} = \frac{1}{\varphi'(t)}$；对于复合函数 $y = \psi(t) = \psi[t(x)]$，有

$$\frac{\mathrm{d}y}{\mathrm{d}x} = \frac{\mathrm{d}y}{\mathrm{d}t} \cdot \frac{\mathrm{d}t}{\mathrm{d}x} = \frac{\frac{\mathrm{d}y}{\mathrm{d}t}}{\frac{\mathrm{d}x}{\mathrm{d}t}} = \frac{\psi'(t)}{\varphi'(t)}.$$

【例 7】 设 $\begin{cases} x = \ln(1 + t^2), \\ y = t - \arctan t, \end{cases}$ 求 $\frac{\mathrm{d}y}{\mathrm{d}x}$.

【解】 因为

$$\frac{\mathrm{d}y}{\mathrm{d}t} = 1 - \frac{1}{1 + t^2} = \frac{t^2}{1 + t^2}, \frac{\mathrm{d}x}{\mathrm{d}t} = \frac{2t}{1 + t^2},$$

所以

$$\frac{\mathrm{d}y}{\mathrm{d}x} = \frac{\frac{\mathrm{d}y}{\mathrm{d}t}}{\frac{\mathrm{d}x}{\mathrm{d}t}} = \frac{t^2}{2t} = \frac{t}{2}.$$

【例 8】 设 $\begin{cases} x = 2(1 - \cos\theta), \\ y = 4\sin\theta, \end{cases}$ 求 $\frac{\mathrm{d}y}{\mathrm{d}x}$ 及 $\left.\frac{\mathrm{d}y}{\mathrm{d}x}\right|_{\theta = \frac{\pi}{4}}$，并写出曲线在 $\theta = \frac{\pi}{4}$ 处的切线方程.

【解】 因为

$$\frac{dy}{d\theta}=4\cos\theta,\ \frac{dx}{d\theta}=2\sin\theta,$$

所以

$$\frac{dy}{dx}=\frac{4\cos\theta}{2\sin\theta}=2\cot\theta,\ \left.\frac{dy}{dx}\right|_{\theta=\frac{\pi}{4}}=2\cot\frac{\pi}{4}=2.$$

$\theta=\frac{\pi}{4}$ 对应切点 $(2-\sqrt{2},2\sqrt{2})$，切线的斜率为 $k=\left.\frac{dy}{dx}\right|_{\theta=\frac{\pi}{4}}=2$，故切线方程为

$$y-2\sqrt{2}=2(x-2+\sqrt{2})\text{ 或 }y=2x-4+4\sqrt{2}.$$

2. 参数方程的高阶导数

已知参数方程为 $\begin{cases}x=\varphi(t),\\y=\psi(t),\end{cases}$ 在 $\varphi(t)$、$\psi(t)$ 二阶可导，$\varphi'(t)\neq 0$，则已有 $\frac{dy}{dx}=\frac{\psi'(t)}{\varphi'(t)}$，求 $\frac{d^2y}{dx^2}$.

$$\frac{d^2y}{dx^2}=\frac{d}{dx}\left(\frac{dy}{dx}\right)=\frac{d}{dx}\left(\frac{\psi'(t)}{\varphi'(t)}\right)=\frac{d}{dt}\left(\frac{\psi'(t)}{\varphi'(t)}\right)\cdot\frac{dt}{dx}=\frac{\psi''(t)\varphi'(t)-\psi'(t)\varphi''(t)}{[\varphi'(t)]^2}\cdot\frac{1}{\varphi'(t)},$$

$$\frac{d^2y}{dx^2}=\frac{\psi''(t)\varphi'(t)-\psi'(t)\varphi''(t)}{[\varphi'(t)]^3}$$

或

$$\frac{d^2y}{dx^2}=\left(\frac{\psi'(t)}{\varphi'(t)}\right)'\cdot\frac{1}{\varphi'(t)}$$

【例 9】 设 $\begin{cases}x=\ln(1+t^2),\\y=t-\arctan t,\end{cases}$ 求 $\frac{d^2y}{dx^2}$.

【解】 由例 7，$\frac{dy}{dx}=\frac{t}{2}$，$\frac{dy'}{dt}=\frac{1}{2}$，$\frac{dx}{dt}=\frac{2t}{1+t^2}$，

$$\frac{d^2y}{dx^2}=\frac{\frac{dy'}{dt}}{\frac{dx}{dt}}=\frac{1+t^2}{4t}=\frac{1}{4}\left(t+\frac{1}{t}\right).$$

【例 10】 $\begin{cases}x=2(1-\cos\theta),\\y=4\sin\theta,\end{cases}$ 求 $\frac{d^2y}{dx^2}$.

【解】 由例 8，已有 $\frac{dy}{dx}=2\cot\theta$，$\frac{dy'}{d\theta}=-2\csc^2\theta$，$\frac{dx}{d\theta}=2\sin\theta$，所以

$$\frac{d^2y}{dx^2}=\frac{\frac{dy'}{dt}}{\frac{dx}{dt}}=\frac{-2\csc^2\theta}{2\sin\theta}=-\csc^3\theta.$$

此参数方程可以改写为 $4(x-2)^2+y^2=16$，此为隐函数方程，则

$$8(x-2)+2yy'=0,$$

$$y'=-4\frac{x-2}{y},$$

两边再关于 x 求导，得

$$y''=-4\frac{y-y'(x-2)}{y^2}=-4\frac{y+4\frac{x-2}{y}\cdot(x-2)}{y^2}=-4\frac{y^2+4(x-2)^2}{y^3}=-\frac{64}{y^3}.$$

习题 2-4

1. 设 $x^4-xy+y^4=1$，求 y' 在点 $(0, 1)$ 处的值.

2. 求由方程 $\begin{cases}x=a\cos^3 t,\\ y=a\sin^3 t\end{cases}$ 表示的函数的导数.

3. 求由下列方程所确定的隐函数 $y=y(x)$ 的导数 $\frac{dy}{dx}$：

(1) $x^2-xy+y^2=6$；　　(2) $y=1-xe^y$；

(3) $e^{x+y}+\cos(xy)=0$；　　(4) $\arctan\frac{y}{x}=\ln\sqrt{x^2+y^2}$.

4. 求曲线 $ye^x+\ln y=1$ 在点 $(0, 1)$ 处的切线方程.

5. 求由下列方程所确定的隐函数 $y=y(x)$ 的导数 $\frac{d^2y}{dx^2}$：

(1) $y=x+\arctan y$；　　(2) $x^2-y^2=1$.

6. 设函数 $y=y(x)$ 由方程 $e^y+xy=e$ 所确定，求 $y''(0)$.

7. 用对数求导法求下列函数的导数：

(1) $y=\frac{\sqrt{x+2}(3-x)^4}{(x+1)^5}$；　　(2) $y=x^x$；

(3) $y=\left(\frac{x}{1+x}\right)^x$；　　(4) $y=(x-1)\sqrt[3]{(3x+1)^2(x-2)}$.

8. 求由方程 $x^y=y^x$ 所确定的隐函数 $y=y(x)$ 的导数$\frac{dy}{dx}$.

9. 求下列参数方程的二阶导数$\frac{d^2y}{dx^2}$：

（1）$\begin{cases}x=t-\ln(1+t),\\y=t^3+t^2;\end{cases}$　　（2）$\begin{cases}x=\frac{t^2}{2},\\y=1-t.\end{cases}$

第五节　函数的微分

一、微分的概念

在实际问题中，有时需要计算当自变量取得较小增量时函数的增量是多少，而对于简单的函数来说，计算也会比较复杂，所以经常考虑求其近似值来代替函数增量的精确值.

【引例】　一块正方形金属薄片受温度变化的影响，其边长由 x_0 增加到 $x_0+\Delta x$，问此薄片面积改变了多少？

薄片边长为 x_0 时的面积为 $A=x_0^2$，当边长由 x_0 变化到 $x_0+\Delta x$，面积的改变量为

$$\Delta A=(x_0+\Delta x)^2-x_0^2=2x_0\Delta x+(\Delta x)^2.$$

其中 ΔA 由两部分构成，第一部分 $2x_0\Delta x$ 对应于图 2-4 中的两个长方形面积，对于面积的改变量起到了主要作用，称之为线性主部. 而第二部分$(\Delta x)^2$ 对应于图中右上角的小正方形面积，当 $\Delta x\to 0$ 时，是比 Δx 更高阶的无穷小，对于面积的改变量影响很小，可以忽略不计. 因此可以认为 $\Delta A\approx 2x_0\Delta x$.

定义 4　设函数 $y=f(x)$ 在某区间内有定义，点 x_0 及 $x_0+\Delta x$ 在这区间内，若函数在点 x_0 处的增量

$$\Delta y=f(x_0+\Delta x)-f(x_0)=A\Delta x+o(\Delta x),$$

其中 A 是不依赖于 Δx 的常数，则称函数在点 x_0 处可微. 而 $A\Delta x$ 叫作函数在 x_0 处相应于自变量增量 Δx 的微分，记作 dy，即

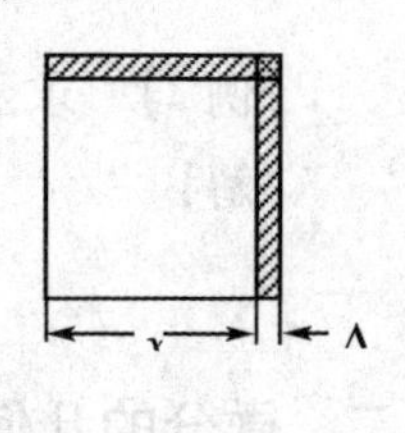

图 2-4

$$dy=A\Delta x.$$

定理 6 函数$f(x)$在x_0处可微的充要条件是函数$f(x)$在x_0处可导，且$A=f'(x_0)$.

【证】 若函数$y=f(x)$在x_0处可微，则

$$\Delta y=f(x_0+\Delta x)-f(x_0)=A\Delta x+o(\Delta x),$$

上式两端同除以Δx，取$\Delta x\to 0$的极限，得

$$\lim_{\Delta x\to 0}\frac{\Delta y}{\Delta x}=\lim_{\Delta x\to 0}\left(A+\frac{o(\Delta x)}{\Delta x}\right)=A,$$

因此，函数$f(x)$在x_0处可导，且$A=f'(x_0)$.

反之，若函数$f(x)$在点x_0处可导，则$\lim\limits_{\Delta x\to 0}\dfrac{\Delta y}{\Delta x}=f'(x_0)$存在，根据极限与无穷小的关系可得

$$\frac{\Delta y}{\Delta x}=f'(x_0)+\alpha,$$

其中α为$\Delta x\to 0$时的无穷小，从而

$$\Delta y=f'(x_0)\Delta x+\alpha\Delta x=f'(x_0)\Delta x+o(\Delta x),$$

所以，函数$y=f(x)$在x_0处可微.

如果函数在区间内的任一点处都可微，则称函数在该区间内是可微函数. 通常把自变量x的增量Δx称为自变量的微分，记作dx，即$dx=\Delta x$，所以函数的微分可表示为

$$dy=f'(x)dx.$$

由上式可得$\dfrac{dy}{dx}=f'(x)$，这表明导数是函数的微分dy与自变量的微分dx的商，因此，导数又称为微商.

【例 1】 求函数$y=x^2$在$x=1$，$\Delta x=0.01$时的微分.

【解】 函数的微分为$dy=(x^2)'dx=2xdx$，当$x=1$，$\Delta x=0.01$时

$$dy=2\times1\times0.01=0.02.$$

【例 2】 求函数$y=e^x$在$x=2$处的微分.

【解】

$$dy=f'(x)dx=e^x dx,$$

$$dy\big|_{x=2}=e^2dx.$$

二、微分的几何意义

在直角坐标系中，函数$y=f(x)$的图形是一条曲线，如图 2-5. 在曲线上取一定点$P(x_0, y_0)$，过P点作曲线的切线PT，设切线的倾角为α，此切线的斜率

为$f'(x_0)=\tan\alpha$. 当自变量x从x_0增加到$x_0+\Delta x$时，得到曲线上另一点$M(x_0+\Delta x, y_0+\Delta y)$. 从图2-5可知$PN=\Delta x$，$NM=\Delta y$，且$NT=PN\cdot\tan\alpha=f'(x_0)\Delta x$，即$dy=NT$.

因此，函数$y=f(x)$在点x_0处的微分dy就是曲线$y=f(x)$在点$P(x_0, y_0)$的切线上的纵坐标的相应增量. 从图中也可看出，当$|\Delta x|$很小时，有$\Delta y\approx dy$成立，这也是微分在近似计算中应用的基础.

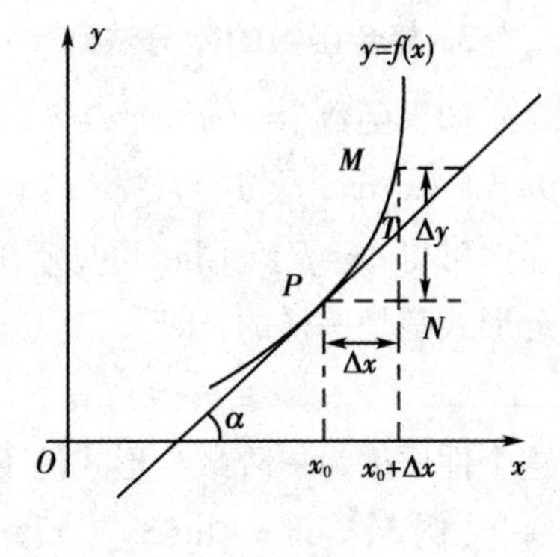

图 2-5

三、微分基本公式与微分运算法则

由函数的微分公式$dy=f'(x)dx$可知，求微分dy，只需求出导数$f'(x)$，再乘上自变量的微分dx即可. 根据导数的基本公式与求导法则，可得如下微分基本公式和微分运算法则：

1. 微分基本公式

(1) $d(C)=0$　（C是常数）；　(2) $d(x^{\mu})=\mu x^{\mu-1}dx$；

(3) $d(a^x)=a^x\ln a dx$　($a>0, a\neq 1$)；　(4) $d(e^x)=e^x dx$；

(5) $d(\log_a x)=\frac{1}{x\ln a}dx$　($a>0, a\neq 1$)；　(6) $d(\ln x)=\frac{1}{x}dx$；

(7) $d(\sin x)=\cos x dx$；　(8) $d(\cos x)=-\sin x dx$；

(9) $d(\tan x)=\sec^2 x dx$；　(10) $d(\cot x)=-\csc^2 x dx$；

(11) $d(\sec x)=\sec x\cdot\tan x dx$；　(12) $d(\csc x)=-\csc x\cdot\cot x dx$；

(13) $d(\arcsin x)=\frac{1}{\sqrt{1-x^2}}dx$；　(14) $d(\arccos x)=-\frac{1}{\sqrt{1-x^2}}dx$；

(15) $d(\arctan x)=\frac{1}{1+x^2}dx$；　(16) $d(\text{arccot} x)=-\frac{1}{1+x^2}dx$.

2. 函数的四则运算微分法则

(1) $d(u\pm v)=du\pm dv$；

(2) $d(uv)=vdu+udv$；$d(Cu)=Cdu$　（C为常数）；

(3) $d\left(\frac{u}{v}\right)=\frac{vdu-udv}{v^2}$.

3. 复合函数的微分法则

如果函数 $y=f(u)$ 和 $u=\phi(x)$ 都可微，则复合函数 $y=f[\phi(x)]$ 可微. 由于 $du=\phi'(x)dx$，故 $dy=f'[\phi(x)]\phi'(x)dx=f'(u)du$. 当 u 是自变量时，由 $y=f(u)$ 显然可得 $dy=f'(u)du$. 可见不论 u 是自变量还是中间变量，函数 $y=f(u)$ 的微分形式都是一样的，即

$$dy=f'(u)du.$$

这个性质称为一阶微分形式的不变性.

【例 3】 设 $y=\ln(3x-2)$，求 dy.

【解】 把 $3x-2$ 看成中间变量 u，则

$$dy=d(\ln u)=\frac{1}{u}du=\frac{1}{3x-2}d(3x-2)=\frac{1}{3x-2}d(3x)=\frac{3}{3x-2}dx.$$

【例 4】 设 $y=\tan(1+2x^2)$，求 dy.

【解】 $dy=d[\tan(1+2x^2)]=\sec^2(1+2x^2)d(1+2x^2)$
$=\sec^2(1+2x^2)d(2x^2)=4x\sec^2(1+2x^2)dx.$

【例 5】 设 $y=\sin(2x+1)$，求 dy.

【解】 $dy=\cos(2x+1)d(2x+1)=\cos(2x+1)\cdot 2dx$
$=2\cos(2x+1)dx.$

【例 6】 在下列等式左端的括号中填入适当的函数，使等式成立.

(1) $d(\quad)=e^{2x}dx$；　　(2) $d(\quad)=\sin 3x dx$.

【解】 (1) 因为 $d(e^{2x})=2e^{2x}dx$，所以 $e^{2x}dx=\frac{1}{2}d(e^{2x})=d\left(\frac{1}{2}e^{2x}\right)$，即

$$d\left(\frac{1}{2}e^{2x}\right)=e^{2x}dx.$$

一般地，有

$$d\left(\frac{1}{2}e^{2x}+C\right)=e^{2x}dx \quad (C\text{ 为任意常数}).$$

(2) 同理可得

$$d\left(-\frac{1}{3}\cos 3x+C\right)=\sin 3x dx \quad (C\text{ 为任意常数}).$$

四、微分在数值计算上的应用

若可导函数 $y=f(x)$ 需要计算改变量 $\Delta y=f(x_0+\Delta x)-f(x_0)$，因为当 $|\Delta x|$ 很小时，有近似式：$\Delta y\approx dy$，即

$$f(x_0+\Delta x)-f(x_0)\approx f'(x_0)\Delta x$$

或

$$f(x_0+\Delta x)\approx f(x_0)+f'(x_0)\Delta x. \tag{1}$$

(1)式中，若记 $x=x_0+\Delta x$，则 $\Delta x=x-x_0$，(1)式可变为

$$f(x)\approx f(x_0)+f'(x_0)(x-x_0). \tag{2}$$

特殊地，若在(2)式中令 $x_0=0$，则(2)式变为

$$f(x)\approx f(0)+f'(0)\cdot x\quad (|x|\text{较小}). \tag{3}$$

【例 7】 求 cos31°的近似值(精确到第 4 位小数).

【解】 $31°=\frac{31\pi}{180}$，因为$\frac{30\pi}{180}=\frac{\pi}{6}$是一个特殊角，取 $x_0=\frac{\pi}{6}$.

$$\frac{31\pi}{180}=\frac{\pi}{6}+\frac{\pi}{180}，所以\ \Delta x=\frac{\pi}{180}.$$

由(1)式得

$$\cos\left(\frac{31\pi}{180}\right)\approx\cos\frac{\pi}{6}-\sin\frac{\pi}{6}\cdot\frac{\pi}{180}=\frac{\sqrt{3}}{2}-\frac{1}{2}\times\frac{\pi}{180}\approx 0.8573.$$

【例 8】 有一批半径为 1cm 的球，为了降低球面的粗糙度，要镀上一层铜，厚度定为 0.01cm. 估计一下镀每只球需用多少铜(铜的密度是 8.9g/cm^3).

【解】 先求出镀层的体积，再乘密度就可以得到镀每只球需用铜的质量.

其中镀层的体积就是镀铜前后两个球体体积之差，球的体积为 $V=\frac{4}{3}\pi R^3$，当半径 R 从 R_0 取得增量 ΔR 时，体积的增量

$$\Delta V\approx \mathrm{d}V=\left(\frac{4}{3}\pi R^3\right)'\bigg|_{R=R_0}\cdot\Delta R=4\pi R_0^2\Delta R.$$

将 $R_0=1$，$\Delta R=0.01$ 代入上式得

$$\Delta V\approx 4\times 3.14\times 1^2\times 0.01\approx 0.13(\text{cm}^3),$$

于是镀每只球需用的铜约为

$$0.13\times 8.9\approx 1.16(\text{g}).$$

应用(3)式可得到工程上常用的一些近似公式. 当 $|x|$ 较小时，

(1) $\sqrt[n]{1+x}\approx 1+\frac{x}{n}$；

(2) $\sin x\approx x$，(x 以弧度为单位)；

(3) $\mathrm{e}^x\approx 1+x$；

(4) $\tan x\approx x$，(x 以弧度为单位)；

(5) $\ln(1+x)\approx x$.

【例 9】 计算$\sqrt{1.02}$的近似值.

【解】
$$\sqrt{1.02}=\sqrt{1+0.02}.$$

根据近似公式可知 $n=2$, $x=0.02$, 符合 $|x|$ 较小, 所以

$$\sqrt{1.02}\approx 1+\frac{1}{2}\times 0.02\approx 1.01.$$

习题 2-5

1. 求下列函数的微分:

(1) $y=x^3-\frac{1}{x}$;　(2) $y=x\sin x$;　(3) $y=\frac{2x}{x^2-1}$;

(4) $y=\ln^2(1-x)$;　(5) $y=\arcsin(1-2x)$;　(6) $y=\mathrm{e}^x\cos^2 x$;

(7) $y=\sin^2(4x+2)$;　(8) $y=\ln\sqrt{1+x^2}$;

(9) $y=e^{-ax}\sin bx$.

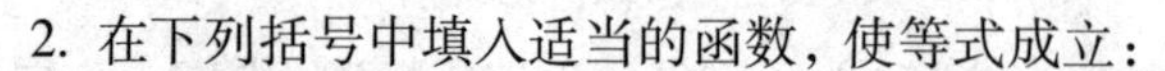

2. 在下列括号中填入适当的函数, 使等式成立:

(1) $\mathrm{d}(\qquad)=\frac{\mathrm{d}x}{\sqrt{x}}$;　(2) $\mathrm{d}(\qquad)=\cos x\mathrm{d}x$;

(3) $\mathrm{d}(\qquad)=x^2\mathrm{d}x$;　(4) $\mathrm{d}(\qquad)=\frac{\mathrm{d}x}{1+x}$;

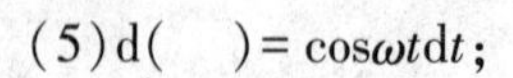

(5) $\mathrm{d}(\quad)=\cos\omega t\mathrm{d}t$;　(6) $\mathrm{d}(\sin x^2)=(\quad)\mathrm{d}(\sqrt{x})$.

3. 设钟摆的周期是 1s, 在冬季时摆长至多缩短 0.01cm, 试问此钟每天至多快几秒?

总习题二

一、选择题

1. 设 $f'(x_0)=2$, 则 $\lim\limits_{\Delta x\to 0}\frac{f(x_0+3\Delta x)-f(x_0)}{\Delta x}=(\qquad)$.

A. 2　B. −6　C. −2　D. 6

2. 若函数 $f(x)=\begin{cases}1+kx, & x\leqslant 0,\\ \mathrm{e}^{2x}, & x>0\end{cases}$ 在 $x=0$ 可导, 则 $k=(\qquad)$.

A. 2　　B. −1　　C. 0　　D. 1

3. 函数 $f(x)=|x|$ 在点 $x=0$ 处(　　).

A. 不连续　　B. 可微　　C. 连续但不可导　　D. $\left.\frac{dy}{dx}\right|_{x=0}=0$

4. 设 $y=\arctan e^x$, 则 $dy=($　　$)dx$.

A. $\frac{1}{1+e^{2x}}$　　B. $\frac{e^x}{1+e^{2x}}$　　C. $\frac{e^x}{\sqrt{1+e^{2x}}}$　　D. $\frac{1}{\sqrt{1+e^{2x}}}$

5. 曲线 $y=\ln x$ 上某点的切线平行于直线 $y=x-5$, 则该点的坐标为(　　).

A. $\left(2, \ln\frac{1}{2}\right)$　　B. $(2, \ln 2)$　　C. $(0, 1)$　　D. $(1, 0)$

二、填空题

1. 设函数 $f(x)=2^x$, 则极限 $\lim\limits_{x\to 0}\frac{f(x)-f(0)}{x}=$________.

2. 设函数 $f(x)=x|x|$, 则 $f'(0)=$________.

3. 已知 $y=\ln(1-x)$, 则二阶导数 $y''=$________.

4. 设 $y=\ln x^2$, 则微分 $dy=$________.

5. 设函数 $y=e^{2x}$, 求 $y^{(n)}=$________.

三、计算题

1. 求下列函数的导数 y':

(1) $y=\ln\cos\sqrt{x}$;　(2) $y=e^{-x}\cos(3-x^2)$;　(3) $f(x)=\ln(1+x^3)+e^2$;

(4) $y=\ln(x+\sqrt{1+x^2})$;　(5) $y=\ln(\sin e^x)$;　(6) $y=e^{\sin^2 x}$.

2. 求下列函数的微分 dy:

(1) $y=x\cos 2x$;　(2) $y=\frac{\sin x}{1+\cos x}$;

(3) $y=x^2e^{-x^2}$;　(4) $y=\ln(1+e^{\sin x})$.

3. 求下列方程所确定的隐函数的导数:

(1) $xy=e^{x+y}$;　(2) $x^3+y^3-\sin 3x+6y=0$;

(3) $\tan y=x+y$;　(4) $\ln xy=x+y^2$.

4. 求下列参数方程确定的函数的导数.

(1) 设参数方程 $\begin{cases}x=t^3+\pi,\\ y=t\sin t,\end{cases}$ 求 $\frac{dy}{dx}$;

(2)设参数方程$\begin{cases}x=\cos t,\\ y=\sin t\end{cases}$所确定的函数$y=y(x)$，求$\frac{dy}{dx}$及$\left.\frac{dy}{dx}\right|_{t=\frac{\pi}{4}}$；

(3)设参数方程$\begin{cases}x=t-\ln(1+t),\\ y=t^3+t^2,\end{cases}$求$\frac{dy}{dx}$及$\left.\frac{d^2y}{dx^2}\right|_{t=1}$；

(4)设参数方程$\begin{cases}x=e^t,\\ y=\frac{1}{3}t^3+t^2\end{cases}$确定了一个函数$y=y(x)$，求$\frac{dy}{dx}$及$\frac{d^2y}{dx^2}$.

第三章　微分中值定理及导数的应用

本章我们将介绍导数应用的理论基础——微分中值定理，微分中值定理是探究函数在区间上的整体性质的有力工具. 在此基础之上，利用导数研究函数的数值变化和曲线性态方面更深刻的性质，并解决一些有关的实际问题.

第一节　微分中值定理

一、罗尔定理

先介绍费马(Fermat)引理.

费马引理　设函数$f(x)$在点x_0的某邻域$U(x_0)$内有定义，并且在x_0处可导，如果对任意的$x\in U(x_0)$，有$f(x)\leqslant f(x_0)$(或$f(x)\geqslant f(x_0)$)，则

$$f'(x_0)=0.$$

通常称导数等于零的点为函数的驻点(或稳定点，临界点).

定理1(罗尔定理)　如果$f(x)$满足：

(1)在闭区间$[a, b]$上连续；

(2)在开区间(a, b)内可导；

(3)$f(a)=f(b)$，

则在(a, b)内至少存在一点ξ，使

$$f'(\xi)=0.$$

【证】　由于$f(x)$在闭区间$[a, b]$上连续，根据闭区间上连续函数的最大值最小值定理，$f(x)$在闭区间上必定取得最大值M和最小值m. 于是有两种可能情形：

(1)$M=m$. 这时$f(x)$在闭区间$[a, b]$上必然取相同的数值，结论显然成立.

(2)$M>m$. 因为$f(a)=f(b)$，所以M和m中至少有一个不等于$f(x)$在区间

$[a, b]$的端点处的函数值. 不妨设 $M \neq f(a)$（如果设 $m \neq f(a)$，证法完全类似），那么必定在开区间(a, b)内有一点 ξ 使 $f(\xi)=M$. 因此，$\forall x \in [a, b]$，有$f(x) \leqslant f(\xi)$，从而由费马引理可知$f'(\xi)=0$. 定理证毕.

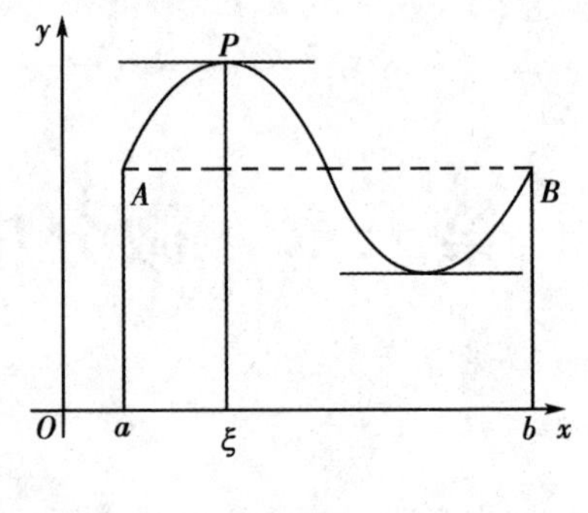

图 3-1

罗尔定理的几何意义是：如果每一点都有切线的连续曲线 $y=f(x)$，在端点 A、B 处有相同的纵坐标，则在 A、B 之间至少有一点 P，曲线在点 P 有水平切线（图 3-1）.

注意，如果将罗尔定理的三个条件任意去掉一个，则定理的结论不一定成立.

【例 1】 判断$f(x)=2x^2-4x+1$ 在区间$[-1, 3]$上是否满足罗尔定理的条件，如果满足，求出满足定理条件的ξ.

【解】 显然$f(x)$在区间$[-1, 3]$上连续，$f'(x)=4x-4$ 在$(-1, 3)$内有意义（即存在），又$f(-1)=7$，$f(3)=7$，故$f(x)$在区间$[-1, 3]$上满足罗尔定理的条件. 令$f'(x)=0$，即 $4x-4=0$，得 $x=1$，即 $\xi=1$.

【例 2】 证明方程 $x^5-5x+1=0$ 有且仅有一个小于 1 的正实根.

【证】 设$f(x)=x^5-5x+1$，则$f(x)$在$[0, 1]$上连续，且$f(0)=1$，$f(1)=-3$.

由零点定理知，存在 $x_0 \in (0, 1)$，使$f(x_0)=0$，即为方程的小于 1 的正实根.

设另有 $x_1 \in (0, 1)$，$x_1 \neq x_0$，使$f(x_1)=0$.

因为$f(x)$在以 x_0，x_1 为端点的闭区间上满足罗尔定理的条件，所以至少存在一个ξ（在 x_0，x_1 之间），使得$f'(\xi)=0$.

但$f'(x)=5(x^4-1)<0$，$x \in (0, 1)$，产生矛盾.

综上，方程 $x^5-5x+1=0$ 有且仅有一个小于 1 的正实根.

二、拉格朗日中值定理

如果取消罗尔定理中$f(a)=f(b)$这一条件，仍保留其余两个条件，就会得到微分学中十分重要的拉格朗日（Lagrange）中值定理. 拉格朗日中值定理也称为微分中值定理，它在微分学的研究中具有重要作用.

定理 2（拉格朗日中值定理） 如果函数$f(x)$在闭区间$[a, b]$上连续，在开

区间(a, b)内可导，那么在(a, b)内至少存在一点ξ，使等式

$$f(b)-f(a)=f'(\xi)(b-a) \qquad (1)$$

成立.

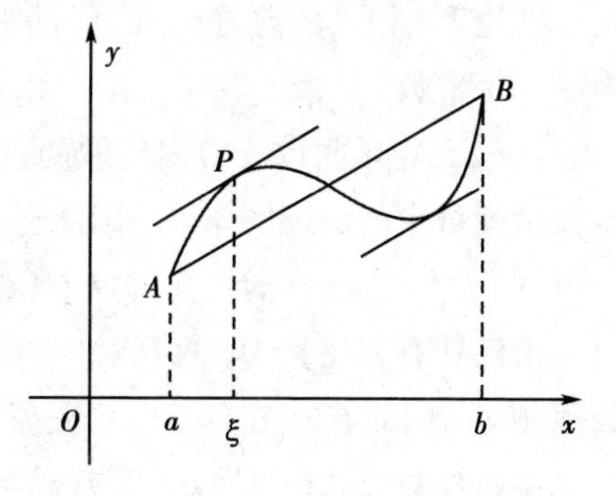

图 3-2

从几何意义上看，在闭区间$[a, b]$上的一个连续函数$f(x)$，其图形是一条连续曲线. 若在开区间(a, b)内的每一点都存在切线，那么在曲线上至少存在一点$P(\xi, f(\xi))$，使该点的切线平行于割线AB（图 3-2），即

$$f'(\xi)=\frac{f(b)-f(a)}{b-a} \quad (a<\xi<b),$$

或

$$f(b)-f(a)=f'(\xi)(b-a) \quad (a<\xi<b).$$

从图形上看，如果能把图形随割线AB放置到水平位置，它就表现出罗尔定理的几何意义. 为此，我们构造函数$F(x)$，使

$$F(x)=f(x)-f(a)-\frac{f(b)-f(a)}{b-a}(x-a).$$

【证】 令$F(x)=f(x)-f(a)-\frac{f(b)-f(a)}{b-a}(x-a)$，显然$F(x)$在$[a, b]$上连续，在$(a, b)$内可导，且

$$F(a)=F(b),$$

从而知$F(x)$满足罗尔定理. 所以至少存在一点$\xi\in(a, b)$，使$F'(\xi)=0$. 即

$$f'(\xi)-\frac{f(b)-f(a)}{b-a}=0.$$

定理得证.

若令$a=x$，$b=x+\Delta x$，则公式(1)可写成

$$f(x+\Delta x)-f(x)=f'(\xi)\Delta x \quad (\xi\text{ 介于 } x \text{ 与 } x+\Delta x \text{ 之间}),$$

亦可写成

$$f(x+\Delta x)-f(x)=f'(x+\theta\Delta x)\Delta x \quad (0<\theta<1), \qquad (2)$$

即

$$\Delta y=f'(x+\theta\Delta x)\Delta x \quad (0<\theta<1). \qquad (3)$$

由此可见，拉格朗日中值定理建立了函数增量与导数之间的关系，为我们用导数研究函数特性提供了理论依据. 拉格朗日中值定理又称为有限增量定理.

拉格朗日中值定理有两个重要的推论.

推论1 如果函数$f(x)$在开区间(a, b)内的导数恒为零，则$f(x)$在(a, b)内是一个常数.

【证】 在区间(a, b)内任取两点x_1, x_2，且$x_1<x_2$，则$f(x)$在$[x_1, x_2]$上满足拉格朗日中值定理的条件，因此有

$$f(x_2)-f(x_1)=f'(\xi)(x_2-x_1) \quad (x_1<\xi<x_2).$$

由已知有$f'(\xi)=0$，故$f(x_2)=f(x_1)$. 即函数$f(x)$在(a, b)内任意两点的函数值相等，因此$f(x)$在(a, b)内是常数.

又由导数公式$(C)'=0$，即$f(x)=C$时，有$f'(x)=0$，结合推论1得：

函数$f(x)$在区间(a, b)上的导数恒为零的充要条件是$f(x)=C(x\in(a, b))$.

推论2 如果函数$f(x)$和$g(x)$在开区间(a, b)内可导，且$f'(x)=g'(x)$，则在(a, b)内有恒等式$f(x)\equiv g(x)+C$（C为常数）.

【证】 令$F(x)=f(x)-g(x)$，则$F'(x)=f'(x)-g'(x)=0$. 由推论1知$F(x)=C$，即$f(x)-g(x)\equiv C$，所以$f(x)\equiv g(x)+C$.

推论2表明，若两个函数的导数相等，则这两个函数仅相差一个常数.

【例3】 设a、b为任意两个常数，求证：

$$|\sin b-\sin a|\leqslant|b-a|.$$

【证】 当$a=b$时，显然等式成立.

当$a\neq b$时，不妨设$a<b$，取函数$f(x)=\sin x$，则$f'(x)=\cos x$，显然$f(x)=\sin x$在$[a, b]$上满足拉格朗日定理的条件，则至少存在一点$\xi(a<\xi<b)$，使得

$$\sin b-\sin a=\cos\xi(b-a).$$

上式两端取绝对值，则有

$$|\sin b-\sin a|=|\cos\xi||b-a|\leqslant|b-a|.$$

【例4】 证明$\arctan x+\operatorname{arccot} x=\dfrac{\pi}{2}\quad(-\infty<x<+\infty)$.

【证】 因为

$$(\arctan x+\operatorname{arccot} x)'=\frac{1}{1+x^2}+\frac{-1}{1+x^2}=0 \quad (-\infty<x<+\infty),$$

所以

$$\arctan x+\operatorname{arccot} x=C(C\text{ 为常数}) \quad (-\infty<x<+\infty).$$

令$x=0$，则$C=\arctan 0+\operatorname{arccot} 0=\dfrac{\pi}{2}$，即

$$\arctan x+\operatorname{arccot} x=\frac{\pi}{2}\quad(-\infty<x<+\infty).$$

三、柯西中值定理

我们还可以将拉格朗日中值定理进行推广. 在图 3-2 中，曲线用参数方程

$$\begin{cases}x=F(t),\\ y=\Phi(t)\end{cases}\quad(t_1\leqslant t\leqslant t_2)$$

表示，这里，$t=t_1$ 对应于点 A，$t=t_2$ 对应于点 B，则有 $A(F(t_1), \Phi(t_1))$、$B(F(t_2), \Phi(t_2))$，从而弦 AB 的斜率为 $\frac{\Phi(t_2)-\Phi(t_1)}{F(t_2)-F(t_1)}$. P 点对应的参数 $t=\xi$，而 $\frac{\mathrm{d}y}{\mathrm{d}x}=\frac{\Phi'(t)}{F'(t)}\quad(F'(t)\neq 0)$，有 $\frac{\mathrm{d}y}{\mathrm{d}x}\Big|_P=\frac{\Phi'(\xi)}{F'(\xi)}$，则由拉格朗日中值定理可得 $\frac{\Phi(t_2)-\Phi(t_1)}{F(t_2)-F(t_1)}=\frac{\Phi'(\xi)}{F'(\xi)}$，这就是柯西(Cauchy)定理.

定理 3(柯西中值定理)　如果函数 $\Phi(x)$、$F(x)$ 在闭区间 $[a, b]$ 上连续，在开区间 (a, b) 内可导，且 $F'(x)\neq 0$，则在 (a, b) 内至少存在一点 ξ，使得

$$\frac{\Phi(b)-\Phi(a)}{F(b)-F(a)}=\frac{\Phi'(\xi)}{F'(\xi)}.$$

显然，如果取 $F(x)=x$，那么 $F(b)-F(a)=b-a$，$F'(x)=1$，因而上式就可以写成

$$\phi(b)-\phi(a)=\phi'(\xi)(b-a)\quad(a<\xi<b),$$

这样就变成拉格朗日中值定理公式了.

习题 3-1

1. 验证拉格朗日中值定理对下列函数在指定区间上的正确性：

(1) $y=x^2$，$[0, 1]$；　　(2) $y=\ln x$，$[1, \mathrm{e}]$.

2. 证明 $\arcsin x+\arccos x=\frac{\pi}{2}\quad(-1\leqslant x\leqslant 1)$.

3. 证明下列不等式：

(1) 当 $x\neq 0$ 时，$\mathrm{e}^x>1+x$；(2) 当 $x>0$ 时，$\frac{x}{1+x}<\ln(1+x)<x$.

4. 不用求出函数 $f(x)=(x-1)(x-2)(x-3)(x-4)$ 的导数，说明方程 $f'(x)=0$ 有几个实根，并指出它们所在的区间.

第二节 洛必达法则

在计算商的极限时，经常遇到分子、分母都趋近于零或都趋近于无穷大的情况，这种类型的极限称为未定式，分别记为 $\frac{0}{0}$ 型或 $\frac{\infty}{\infty}$ 型. 对于这类未定式，我们将给出一种确定其值的简便且重要的方法.

一、$\frac{0}{0}$ 型、$\frac{\infty}{\infty}$ 型未定式的极限

定理 4(洛必达法则) 设

(1) $\lim\limits_{x\to a}f(x)=0$, $\lim\limits_{x\to a}F(x)=0$;

(2) $f(x)$ 与 $F(x)$ 在 a 的某邻域内(点 a 可除外)可导，且 $F'(x)\neq 0$;

(3) $\lim\limits_{x\to a}\dfrac{f'(x)}{F'(x)}$ 存在或为 ∞.

则

$$\lim_{x\to a}\frac{f(x)}{F(x)}=\lim_{x\to a}\frac{f'(x)}{F'(x)}.$$

【证】 由 $\lim\limits_{x\to a}f(x)=0$, $\lim\limits_{x\to a}F(x)=0$, 所以，我们总可以认为 $f(x)$、$F(x)$ 在 $x=a$ 连续，否则，可修改定义，使 $f(a)=F(a)=0$.

在 a 的邻域内任取一点 x, 由条件(2)知在以 x 与 a 为端点的区间内满足柯西定理的条件，因此有

$$\frac{f(x)}{F(x)}=\frac{f(x)-f(a)}{F(x)-F(a)}=\frac{f'(\xi)}{F'(\xi)}\quad(\xi \text{ 在 } x \text{ 与 } a \text{ 之间}).$$

对上式令 $x\to a$ 取极限，注意到 $x\to a$ 时 $\xi\to a$, 再由条件(3)得

$$\lim_{x\to a}\frac{f(x)}{F(x)}=\lim_{\xi\to a}\frac{f'(\xi)}{F'(\xi)}=\lim_{x\to a}\frac{f'(x)}{F'(x)}.$$

对于定理 4, 我们给出两点说明:

(1) 对于 $\lim\limits_{x\to\infty}f(x)=0$, $\lim\limits_{x\to\infty}F(x)=0$ 的情况，在满足相应的条件下，结论仍成立;

(2)对于 $\lim\limits_{\substack{x\to a\\(x\to\infty)}} f(x)=\infty$，$\lim\limits_{\substack{x\to a\\(x\to\infty)}} F(x)=\infty$ 的情况，在满足相应的条件下，结论仍成立.

注意：只要是$\frac{0}{0}$型或$\frac{\infty}{\infty}$型，不论自变量趋向 a 或∞，在满足相应的条件下，结论均成立. 这种通过分子与分母分别求导再求极限来确定未定式的值的方法称为洛必达法则.

【例 1】　求$\lim\limits_{x\to 0}\frac{\sin ax}{\sin bx}$　$(b\neq 0)$.

【解】　极限为$\frac{0}{0}$型，使用洛必达法则得

$$\lim_{x\to 0}\frac{\sin ax}{\sin bx}=\lim_{x\to 0}\frac{a\cos ax}{b\cos bx}=\frac{a}{b}.$$

【例 2】　求$\lim\limits_{x\to 0}\frac{\ln(1+x)}{x^2}$.

【解】　极限为$\frac{0}{0}$型，使用洛必达法则得

$$\lim_{x\to 0}\frac{\ln(1+x)}{x^2}=\lim_{x\to 0}\frac{\frac{1}{1+x}}{2x}=\lim_{x\to 0}\frac{1}{2x(1+x)}=\infty.$$

【例 3】　求$\lim\limits_{x\to+\infty}\frac{\log_a x}{x^a}$　$(a>0,\ a\neq 1)$.

【解】　极限为$\frac{\infty}{\infty}$型，使用洛必达法则得

$$\lim_{x\to+\infty}\frac{\log_a x}{x^a}=\lim_{x\to+\infty}\frac{\frac{1}{x\ln a}}{ax^{a-1}}=\lim_{x\to+\infty}\frac{1}{ax^a\ln a}=0.$$

用洛必达法则求极限时，如果$\frac{f'(x)}{F'(x)}$当 $x\to a$(或 $x\to\infty$)时仍为$\frac{0}{0}$型或$\frac{\infty}{\infty}$型，且 $f'(x)$，$F'(x)$满足定理中的条件，则可以继续使用洛必达法则，即有

$$\lim_{\substack{x\to a\\(x\to\infty)}}\frac{f(x)}{F(x)}=\lim_{\substack{x\to a\\(x\to\infty)}}\frac{f'(x)}{F'(x)}=\lim_{\substack{x\to a\\(x\to\infty)}}\frac{f''(x)}{F''(x)},$$

且可以此类推，直至求出极限值.

【例 4】 求$\lim\limits_{x\to 0}\dfrac{x-\sin x}{x^3}$.

【解】 极限是$\dfrac{0}{0}$型，使用洛必达法则得

$$\lim_{x\to 0}\frac{x-\sin x}{x^3}=\lim_{x\to 0}\frac{1-\cos x}{3x^2}\quad（仍为\frac{0}{0}型，继续使用洛必达法则）$$

$$=\lim_{x\to 0}\frac{\sin x}{6x}\quad（仍为\frac{0}{0}型，继续使用洛必达法则）$$

$$=\lim_{x\to 0}\frac{\cos x}{6}=\frac{1}{6}.$$

【例 5】 $\lim\limits_{x\to+\infty}\dfrac{\ln^n x}{x}$ （n 为正整数）.

【解】 极限是$\dfrac{\infty}{\infty}$型，连续使用 n 次洛必达法则得

$$\lim_{x\to+\infty}\frac{\ln^n x}{x}\overset{\frac{\infty}{\infty}}{=}\lim_{x\to+\infty}\frac{n(\ln x)^{n-1}\frac{1}{x}}{1}\overset{\frac{\infty}{\infty}}{=}\lim_{x\to+\infty}\frac{n(\ln x)^{n-1}}{x}$$

$$\overset{\frac{\infty}{\infty}}{=}\lim_{x\to+\infty}\frac{n(n-1)(\ln x)^{n-2}\frac{1}{x}}{1}\overset{\frac{\infty}{\infty}}{=}\lim_{x\to+\infty}\frac{n(n-1)(\ln x)^{n-2}}{x}$$

$$\overset{\frac{\infty}{\infty}}{=}\cdots\overset{\frac{\infty}{\infty}}{=}\lim_{x\to+\infty}\frac{n(n-1)(n-2)\cdots 2\ln x}{x}\overset{\frac{\infty}{\infty}}{=}\lim_{x\to+\infty}\frac{n!}{x}=0$$

洛必达法则是求未定式值的一种非常方便且有效的方法，但它并不是万能的. 必须注意，在使用洛必达法则时，若出现无法断定$\dfrac{f'(x)}{F'(x)}$的极限状态，或能断定$\dfrac{f'(x)}{F'(x)}$是振荡而无极限的，或多次使用洛必达法则又回到原来形式时，洛必达法则失效，此时并不能说明$\dfrac{f(x)}{F(x)}$的极限不存在，可用其他方法确定极限.

【例 6】 求$\lim\limits_{x\to 0}\dfrac{x^2\sin\frac{1}{x}}{\sin x}$.

【解】 $\lim\limits_{x\to 0}\dfrac{x^2\sin\frac{1}{x}}{\sin x}=\lim\limits_{x\to 0}\dfrac{2x\sin\frac{1}{x}-\cos\frac{1}{x}}{\cos x}$.

上式右端的极限不存在，洛必达法则失效. 事实上，上面的等式是不成立

的. 改用下面方法：

$$\lim_{x\to0}\frac{x^2\sin\frac{1}{x}}{\sin x}=\lim_{x\to0}\frac{x}{\sin x}\cdot x\sin\frac{1}{x}=\lim_{x\to0}\frac{x}{\sin x}\cdot\lim_{x\to0}x\sin\frac{1}{x}=1\times0=0.$$

【例 7】 求 $\lim\limits_{x\to+\infty}\frac{e^x-e^{-x}}{e^x+e^{-x}}$.

【解】 所求极限为$\frac{\infty}{\infty}$型，若不断地运用洛必达法则则有

$$\lim_{x\to+\infty}\frac{e^x-e^{-x}}{e^x+e^{-x}}=\lim_{x\to+\infty}\frac{e^x+e^{-x}}{e^x-e^{-x}}=\lim_{x\to+\infty}\frac{e^x-e^{-x}}{e^x+e^{-x}}=\cdots=\lim_{x\to+\infty}\frac{e^x-e^{-x}}{e^x+e^{-x}}.$$

虽然等式成立，但周而复始，求不出极限，但不难看出本题的极限值为 1.

在利用洛必达法则求极限时，可结合其他求极限的方法，这样可能会使运算更简捷.

【例 8】 求$\lim\limits_{x\to0}\frac{1-\frac{\sin x}{x}}{1-\cos x}$.

【解】 因为 $x\to0$ 时，$1-\cos x\sim\frac{1}{2}x^2$，所以

$$\lim_{x\to0}\frac{1-\frac{\sin x}{x}}{1-\cos x}=\lim_{x\to0}\frac{x-\sin x}{x(1-\cos x)}=\lim_{x\to0}\frac{x-\sin x}{x\cdot\frac{1}{2}x^2}\overset{\frac{0}{0}}{=}2\lim_{x\to0}\frac{1-\cos x}{3x^2}\overset{\frac{0}{0}}{=}2\lim_{x\to0}\frac{\sin x}{6x}=\frac{1}{3}.$$

此题我们先整理化简，再用等价无穷小代换（$x\to0$ 时，$1-\cos x\sim\frac{1}{2}x^2$），最后用洛必达法则. 如果一开始就用洛必达法则，计算是较麻烦的.

【例 9】 求$\lim\limits_{x\to0}\frac{e^{\sin^3x}-1}{x(1-\cos x)}$.

【解】 因为当 $x\to0$ 时，$\sin x\sim x$，$1-\cos x\sim\frac{1}{2}x^2$，$e^x-1\sim x$，所以

$$e^{\sin^3x}-1\sim\sin^3x,\ \sin^3x\sim x^3,$$

所以

$$\lim_{x\to0}\frac{e^{\sin^3x}-1}{x(1-\cos x)}=\lim_{x\to0}\frac{\sin^3x}{x\cdot\frac{1}{2}x^2}=\lim_{x\to0}\frac{2x^3}{x^3}=2.$$

二、其他类型未定式

其他类型的未定式是指：$\infty-\infty$，$\infty\cdot0$，1^∞，0^0，∞^0 型，它们都可以经过

适当的变换而转化为$\frac{0}{0}$型或$\frac{\infty}{\infty}$型这两种基本未定式.

【例 10】 求$\lim\limits_{x\to+\infty}x\left(\frac{\pi}{2}-\arctan x\right)$.

【解】 这是$\infty\cdot 0$型.

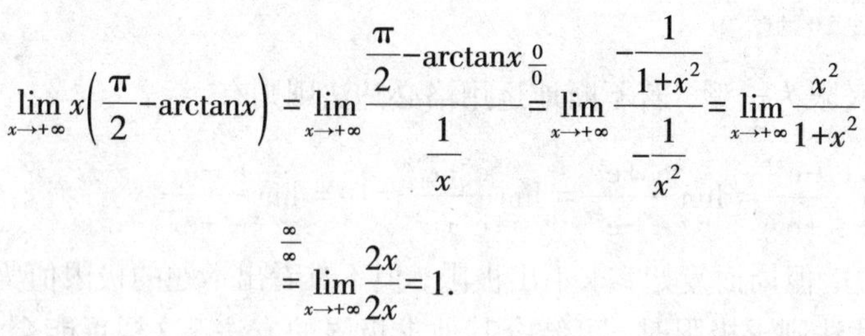

$$\lim_{x\to+\infty}x\left(\frac{\pi}{2}-\arctan x\right)=\lim_{x\to+\infty}\frac{\frac{\pi}{2}-\arctan x}{\frac{1}{x}}\overset{\frac{0}{0}}{=}\lim_{x\to+\infty}\frac{-\frac{1}{1+x^2}}{-\frac{1}{x^2}}=\lim_{x\to+\infty}\frac{x^2}{1+x^2}$$

$$\overset{\frac{\infty}{\infty}}{=}\lim_{x\to+\infty}\frac{2x}{2x}=1.$$

【例 11】 求$\lim\limits_{x\to\frac{\pi}{2}}(\sec x-\tan x)$.

【解】 这是$\infty-\infty$型.

$$\lim_{x\to\frac{\pi}{2}}(\sec x-\tan x)=\lim_{x\to\frac{\pi}{2}}\left(\frac{1}{\cos x}-\frac{\sin x}{\cos x}\right)\overset{\frac{0}{0}}{=}\lim_{x\to\frac{\pi}{2}}\frac{1-\sin x}{\cos x}=\lim_{x\to\frac{\pi}{2}}\frac{-\cos x}{-\sin x}=0.$$

【例 12】 求$\lim\limits_{x\to 0}(\cos x)^{\frac{1}{x^2}}$.

【解】 这是1^{∞}型, 利用对数恒等式进行变形:

$$\lim_{x\to 0}(\cos x)^{\frac{1}{x^2}}=\lim_{x\to 0}\mathrm{e}^{\frac{1}{x^2}\ln\cos x}=\mathrm{e}^{\lim\limits_{x\to 0}\frac{1}{x^2}\ln\cos x},$$

而

$$\lim_{x\to 0}\frac{1}{x^2}\ln\cos x\overset{\frac{0}{0}}{=}\lim_{x\to 0}\frac{\frac{-\sin x}{\cos x}}{2x}=-\frac{1}{2}\lim_{x\to 0}\frac{\sin x}{x}\cdot\lim_{x\to 0}\frac{1}{\cos x}=-\frac{1}{2},$$

所以

$$\lim_{x\to 0}(\cos x)^{\frac{1}{x^2}}=\mathrm{e}^{-\frac{1}{2}}.$$

【例 13】 求$\lim\limits_{x\to 0^+}x^{\sin x}$.

【解】 这是0^0型, 利用对数恒等式进行变形:

$$\lim_{x\to 0^+}x^{\sin x}=\lim_{x\to 0^+}\mathrm{e}^{\sin x\ln x}=\mathrm{e}^{\lim\limits_{x\to 0^+}\sin x\ln x},$$

而

$$\lim_{x\to 0^+}\sin x\ln x=\lim_{x\to 0^+}x\ln x=\lim_{x\to 0^+}\frac{\ln x}{\frac{1}{x}}=\lim_{x\to 0^+}\frac{\frac{1}{x}}{-\frac{1}{x^2}}=-\lim_{x\to 0^+}x=0,$$

所以

$$\lim_{x\to0^+}x^{\sin x}=1.$$

【例 14】 求$\lim\limits_{x\to0^+}(\cot x)^{\frac{1}{\ln x}}$.

【解】 这是∞^0型，利用对数恒等式进行变形：

$$\lim_{x\to0^+}(\cot x)^{\frac{1}{\ln x}}=\lim_{x\to0^+}e^{\frac{1}{\ln x}\ln\cot x}=e^{\lim\limits_{x\to0^+}\frac{\ln\cot x}{\ln x}},$$

而

$$\lim_{x\to0^+}\frac{\ln\cot x}{\ln x}=\lim_{x\to0^+}\frac{\frac{-\csc^2x}{\cot x}}{\frac{1}{x}}=\lim_{x\to0^+}\frac{-x}{\sin x\cos x}=-1,$$

所以

$$\lim_{x\to0^+}(\cot x)^{\frac{1}{\ln x}}=e^{-1}.$$

习题 3-2

1. 用洛必达法则求以下极限：

(1) $\lim\limits_{x\to\pi}\dfrac{\sin3x}{\tan5x}$；　(2) $\lim\limits_{x\to0}\dfrac{\arctan x}{\ln(1+\sin x)}$；　(3) $\lim\limits_{x\to a}\dfrac{\cos x-\cos a}{x-a}$；

(4) $\lim\limits_{x\to\frac{\pi}{2}}\dfrac{\ln\sin x}{(\pi-2x)^2}$；　(5) $\lim\limits_{x\to0^+}\dfrac{\ln\cot x}{\ln x}$；　(6) $\lim\limits_{x\to0^+}\dfrac{\ln x}{1+2\ln\sin x}$；

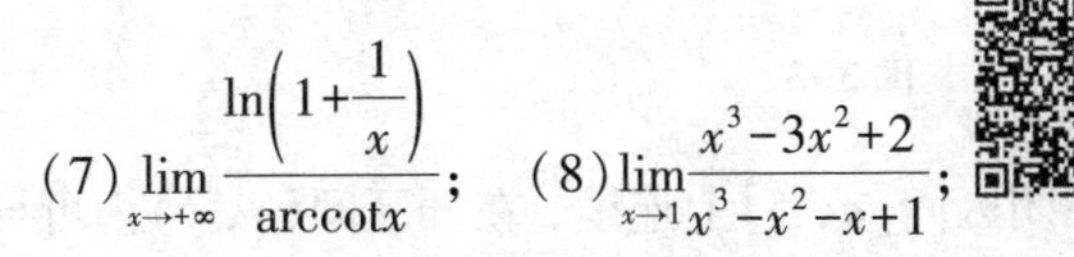
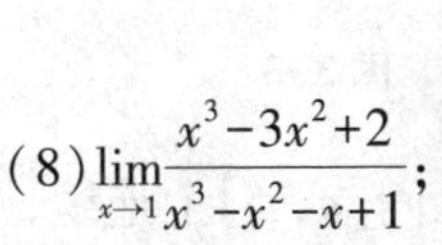

(7) $\lim\limits_{x\to+\infty}\dfrac{\ln\left(1+\frac{1}{x}\right)}{\operatorname{arccot}x}$；　(8) $\lim\limits_{x\to1}\dfrac{x^3-3x^2+2}{x^3-x^2-x+1}$；

(9) $\lim\limits_{x\to0}\dfrac{x-x\cos x}{x-\sin x}$；　(10) $\lim\limits_{x\to0}\left(\cot x-\dfrac{1}{x}\right)$；　(11) $\lim\limits_{x\to1}\left(\dfrac{x}{x-1}-\dfrac{1}{\ln x}\right)$；

(12) $\lim\limits_{x\to0}\dfrac{x-\sin x}{x(e^{x^2}-1)}$；　(13) $\lim\limits_{x\to0^+}\ln x\ln(1+x)$；　(14) $\lim\limits_{x\to0}x^2e^{\frac{1}{x^2}}$；

(15) $\lim\limits_{x\to0^+}\left(\dfrac{1}{x}\right)^{\tan x}$；　(16) $\lim\limits_{x\to1}x^{\frac{1}{1-x}}$；　(17) $\lim\limits_{x\to0^+}(\sin x)^x$.

2. 验证极限$\lim\limits_{x\to\infty}\frac{x-\sin x}{x+\sin x}$存在，但不能用洛必达法则得出.

第三节　函数的单调性与曲线的凹凸性

一、函数单调性的判定法

下面利用导数来对函数的单调性进行研究.

从几何直观分析(见图3-3)，若在区间(a, b)内，曲线$y=f(x)$上每一点的切线的倾角都是锐角，即切线斜率$\tan\alpha=f'(x)>0$，则曲线是上升的，即函数$f(x)$是单调增加的；同样，若切线的倾角都是钝角，即切线斜率$\tan\alpha=f'(x)<0$，则曲线是下降的，即函数$f(x)$是单调减少的. 事实上，有如下判定法.

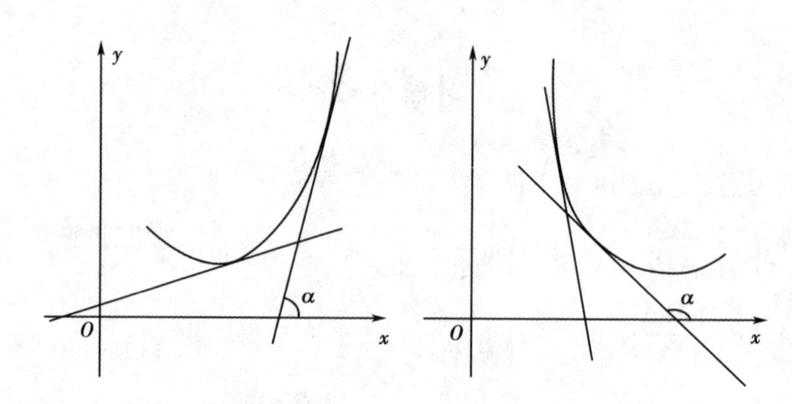

图3-3

定理5　设函数$y=f(x)$在闭区间$[a, b]$上连续，在开区间(a, b)内可导.

(1)如果在(a, b)内$f'(x)>0$，则函数$y=f(x)$在$[a, b]$上单调增加；

(2)如果在(a, b)内$f'(x)<0$，则函数$y=f(x)$在$[a, b]$上单调减少.

【证】　在$[a, b]$上任取两点x_1，x_2，且$x_1<x_2$，则由拉格朗日中值定理，得

$$f(x_2)-f(x_1)=f'(\xi)(x_2-x_1)\quad(x_1<\xi<x_2).$$

(1)如果$f'(x)>0$，必有$f'(\xi)>0$，又$x_2-x_1>0$，所以$f(x_1)<f(x_2)$. 由x_1，x_2的任意性，故函数$y=f(x)$在$[a, b]$上单调增加.

同理可证(2).

需要说明的是：

1) 如果把定理中的闭区间换成其他各种区间(包括无穷区间)，定理仍然成立；

2) 如果 $f(x)$ 在 (a, b) 内个别的点处 $f'(x)=0$，在其余的点上都有 $f'(x)>0$ 或 $f'(x)<0$，由于 $f(x)$ 的连续性，定理仍然成立.

【例 1】 讨论函数 $y=x-\sin x$ 在 $[0, 2\pi]$ 上的单调性.

【解】 因为在 $(0, 2\pi)$ 内

$$y'=1-\cos x>0,$$

所以函数 $y=x-\sin x$ 在 $[0, 2\pi]$ 上单调增加.

有些初等函数在其定义区间上并不具有单调性. 但是，我们用导数等于零的点或导数不存在的点把定义区间划分为若干个子区间，就可以使函数在各个子区间上具有单调性，这样的子区间称为函数的单调区间.

【例 2】 确定函数 $f(x)=x^3-3x$ 的单调区间.

【解】 函数的定义域 $(-\infty, +\infty)$.

$$f'(x)=3x^2-3=3(x-1)(x+1),$$

令 $f'(x)=0$，解得 $x=\pm 1$.

$x=\pm 1$ 把定义域分为三个子区间：$(-\infty, -1)$，$(-1, 1)$，$(1, +\infty)$. 列表考察 $f'(x)$ 在各个子区间的符号(见表 3-1)，并确定函数的单调性.

表 3-1

x	$(-\infty, -1)$	$(-1, 1)$	$(1, +\infty)$
$f'(x)$	+	−	+
$f(x)$	↗	↘	↗

由表 3-1 可见，函数的单调增加区间为 $(-\infty, -1)$、$(1, +\infty)$；单调减少区间为 $(-1, 1)$.

【例 3】 讨论函数 $y=\sqrt[3]{x^2}$ 的单调区间.

【解】 函数的定义域是 $(-\infty, +\infty)$，$y'=\dfrac{2}{3\sqrt[3]{x}}$，$x=0$ 时导数不存在. 故函数的单调增加区间为 $(0, +\infty)$，单调减少区间为 $(-\infty, 0)$. 函数的图形见图 3-4.

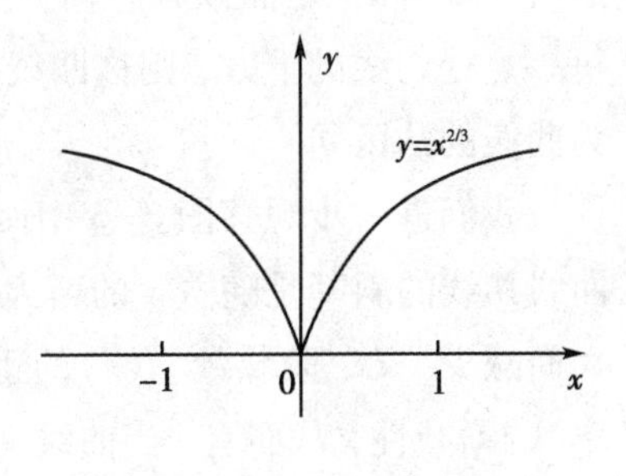

图 3-4

【例 4】 讨论函数 $y=x^3$ 的单调性.

【解】 函数的定义域为 $(-\infty, +\infty)$. $y'=3x^2$，显然，除了点 $x=0$ 使 $y'(0)=0$ 外，在

其余各点处均有 $y'>0$. 故函数 $y=x^3$ 在定义域$(-\infty, +\infty)$内是单调增加的.

利用函数的单调性还可以证明不等式.

【例 5】 证明 $e^x>ex(x>1)$.

【证】 令 $F(x)=e^x-ex$, 则 $F(x)$在$(1, +\infty)$上连续, 在$(1, +\infty)$内可导, 且 $F(1)=0$, 又

$$F'(x)=e^x-e=e(e^{x-1}-1),$$

所以当 $x>1$ 时, 有 $F'(x)>0$, 即 $F(x)$在 $x>1$ 时是单调增加函数. 因此

$$F(x)>F(1)=0.$$

即当 $x>1$ 时, 有

$$e^x-ex>0.$$

亦即

$$e^x>ex \quad (x>1).$$

二、曲线的凹凸性与拐点

为了更准确地描绘函数的图形, 除了研究函数的单调性外, 还需要研究曲线的弯曲方向. 例如, 在图 3-5 中, 区间$[a, b]$上的两条弧都是单调上升的, 但是, 它们上升的方式不同. $\overset{\frown}{AMB}$弧是向下弯曲呈凸形. $\overset{\frown}{ANB}$弧是向上弯曲呈凹形, 曲线的这种特性称为曲线的凹凸性. 下面给出曲线凹凸性的定义.

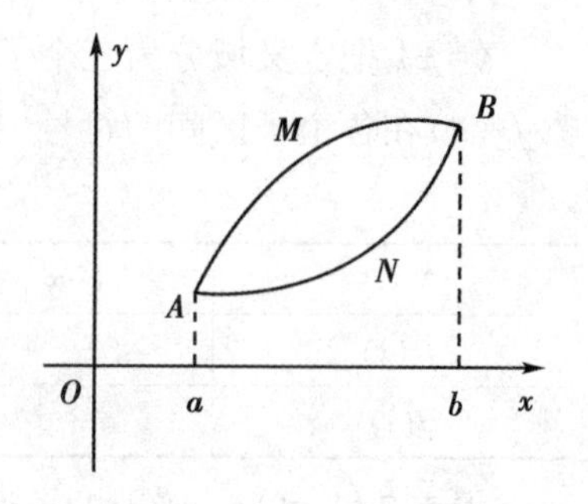

图 3-5

定义 1 若某区间上的曲线弧位于其上每一点处切线的上方, 则称曲线在该区间上是凹的[图 3-6(a)], 而该区间称为曲线的凹区间; 若某区间上的曲线弧位于其上每一点处切线的下方, 则称曲线在该区间上是凸的[图 3-6(b)], 而该区间称为曲线的凸区间.

我们进一步观察图 3-6 中两种曲线切线斜率的变化规律, 能够发现: 凹的曲线切线的斜率是随着 x 的增大而增大, 而凸的曲线切线的斜率是随着 x 的增大而减少. 又二阶导数$f''(x)$的正负可以判别一阶导数$f'(x)$(即曲线切线的斜率)的增减性, 从而有, 当曲线 $y=f(x)$是凹的时, $f'(x)$是单调增函数, 因此$f''(x)>0$; 当曲线$y=f(x)$是凸的时, $f'(x)$是单调减函数, 因此$f''(x)<0$. 这样, 我们可以用二阶导数的正负去判定曲线的凹凸, 有下面定理.

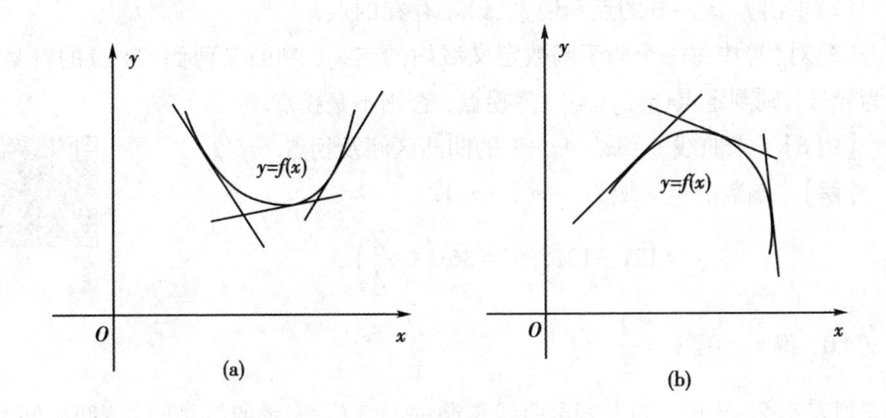

图 3-6

定理 6(曲线凹凸性的充分条件) 设函数$f(x)$在$[a, b]$上连续，在(a, b)内具有二阶导数，那么

(1)若在(a, b)内$f''(x)>0$，则$y=f(x)$在$[a, b]$上的图形是凹的；

(2)若在(a, b)内$f''(x)<0$，则$y=f(x)$在$[a, b]$上的图形是凸的.

【例 6】 判定曲线$y=\mathrm{e}^x$的凹凸性.

【解】 函数$y=\mathrm{e}^x$的定义域是$(-\infty, +\infty)$. $y''=\mathrm{e}^x>0 \quad x\in(-\infty, +\infty)$，由定理 6 知曲线$y=\mathrm{e}^x$在定义域内是凹的.

【例 7】 判定曲线$y=x^3$的凹凸性.

【解】 函数$y=x^3$的定义域$(-\infty, +\infty)$，

$$y'=3x^2, \ y''=6x.$$

当$x<0$时，$y''<0$，所以曲线$y=x^3$在$(-\infty, 0)$内是凸的；

当$x>0$时，$y''>0$，所以曲线$y=x^3$在$(0, +\infty)$内是凹的(见图 3-7).

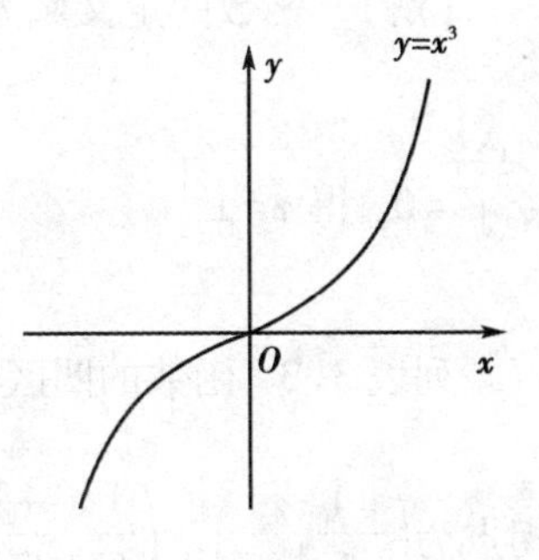

图 3-7

定义 2 连续曲线的凹凸分界点称为曲线的拐点.

如何求曲线$y=f(x)$的拐点呢？由拐点的定义及定理 6 可知，在拐点的左右两侧曲线的凹凸性改变，即二阶导数$f''(x)$异号，从而在拐点处$f''(x)=0$或$f''(x)$不存在.

因此，求曲线$y=f(x)$的拐点的步骤如下：

(1)求$f''(x)$；

(2)求出 $f''(x)=0$ 的点和使 $f''(x)$ 不存在的点；

(3)对(2)中每一个属于函数定义域内的点 x_i，判断其两侧 $f''(x)$ 的符号，若为异号，则判定点 $(x_i, f(x_i))$ 为拐点，否则不是拐点.

【例 8】 求曲线 $y=3x^4-4x^3+1$ 的凹凸区间及拐点.

【解】 函数的定义域为 $(-\infty, +\infty)$.

$$y'=12x^3-12x^2,\ y''=36x\left(x-\frac{2}{3}\right),$$

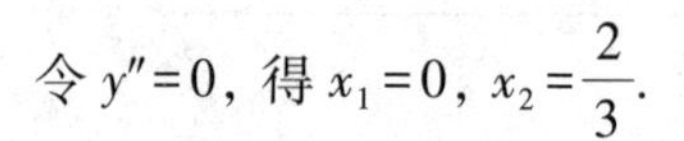

令 $y''=0$，得 $x_1=0$，$x_2=\frac{2}{3}$.

列表 3-2，表中“∩”表示曲线是凸的，“∪”表示曲线是凹的. 凹区间为

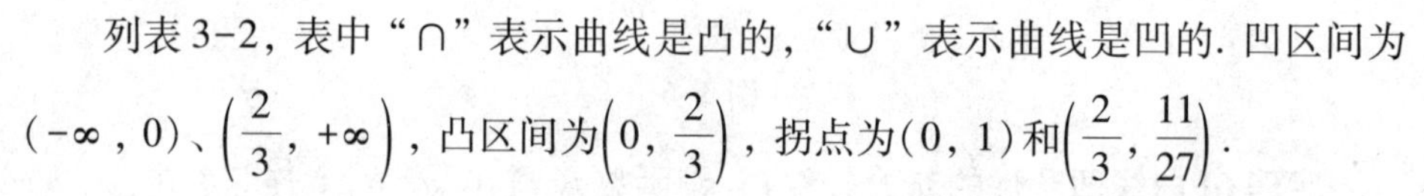

$(-\infty, 0)$、$\left(\frac{2}{3}, +\infty\right)$，凸区间为 $\left(0, \frac{2}{3}\right)$，拐点为 $(0, 1)$ 和 $\left(\frac{2}{3}, \frac{11}{27}\right)$.

表 3-2

x	$(-\infty, 0)$	0	$\left(0, \frac{2}{3}\right)$	$\frac{2}{3}$	$\left(\frac{2}{3}, +\infty\right)$
y''	+	0	−	0	+
y	∪	(拐点)	∩	(拐点)	∪

【例 9】 求曲线 $y=e^{-x^2}$ 的凹凸区间及拐点.

【解】 函数的定义域为 $(-\infty, +\infty)$.

$$y'=-2xe^{-x^2},\ y''=2(2x^2-1)e^{-x^2},$$

令 $y''=0$，得 $x=\pm\frac{1}{\sqrt{2}}$.

列表 3-3，函数的凹区间为 $\left(-\infty, -\frac{1}{\sqrt{2}}\right)$，$\left(\frac{1}{\sqrt{2}}, +\infty\right)$，凸区间为 $\left(-\frac{1}{\sqrt{2}}, \frac{1}{\sqrt{2}}\right)$，拐点为 $\left(-\frac{1}{\sqrt{2}}, \frac{1}{\sqrt{e}}\right)$，$\left(\frac{1}{\sqrt{2}}, \frac{1}{\sqrt{e}}\right)$.

表 3-3

x	$\left(-\infty, -\frac{1}{\sqrt{2}}\right)$	$-\frac{1}{\sqrt{2}}$	$\left(-\frac{1}{\sqrt{2}}, \frac{1}{\sqrt{2}}\right)$	$\frac{1}{\sqrt{2}}$	$\left(\frac{1}{\sqrt{2}}, +\infty\right)$
y''	+	0	−	0	+
y	∪	$\frac{1}{\sqrt{e}}$(拐点)	∩	$\frac{1}{\sqrt{e}}$(拐点)	∪

【例 10】　求曲线 $y=\sqrt[3]{x}$ 的拐点.

【解】　函数定义域为$(-\infty, +\infty)$.

$$y'=\frac{1}{3}x^{-\frac{2}{3}},\ y''=-\frac{2}{9}x^{-\frac{5}{3}}=-\frac{2}{9x\sqrt[3]{x^2}}.$$

当 $x=0$ 时，y''不存在.

因为当 $x<0$ 时，$y''>0$，当 $x>0$ 时，$y''<0$，又 $y(0)=0$，所以，曲线 $y=\sqrt[3]{x}$ 的拐点是$(0, 0)$.

习题 3-3

1. 确定下列函数的增减区间：

(1) $y=1+x-x^2$；　　(2) $y=3x^3-9x^2+12x-3$；

(3) $y=2x^2-\ln x$；.　　(4) $y=2x+\dfrac{8}{x}$　$(x>0)$.

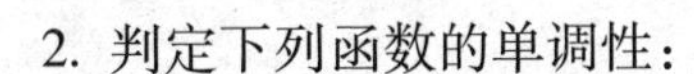

2. 判定下列函数的单调性：

(1) $f(x)=\arctan x-x$；　　(2) $f(x)=x-\ln(1+x^2)$；

(3) $f(x)=\sqrt{2x-x^2}$；　　(4) $f(x)=\mathrm{e}^x-x-1$.

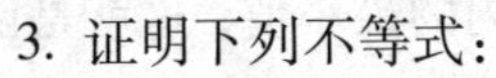

3. 证明下列不等式：

(1) $\ln(1+x)>x-\dfrac{x^2}{2}$　$(x>0)$；　　(2) $2\sqrt{x}>3-\dfrac{1}{x}$　$(x>1)$；

(3) $2x\arctan x\geqslant\ln(1+x^2)$；　　(4) $e^x>1+x$　$(x\neq0)$.

4. 求下列曲线的凹凸区间和拐点：

(1) $y=x^3-5x^2+3x-5$；　　(2) $y=\ln(1+x^2)$；

(3) $y=x\mathrm{e}^x$；.　　(4) $y=\dfrac{x^2+1}{x}$.

5. 问 a、b 为何值时，点$(1, 3)$是曲线 $y=ax^3+\mathrm{b}x^2$ 的拐点.

第四节　函数的极值与最大值最小值

一、函数的极值及其求法

现在，我们研究函数的一个局部性质. 由图 3-8 可以看出：在点 x_1，x_3 处的函数值各自是它们局部范围内的最大值，这就是函数的极大值.

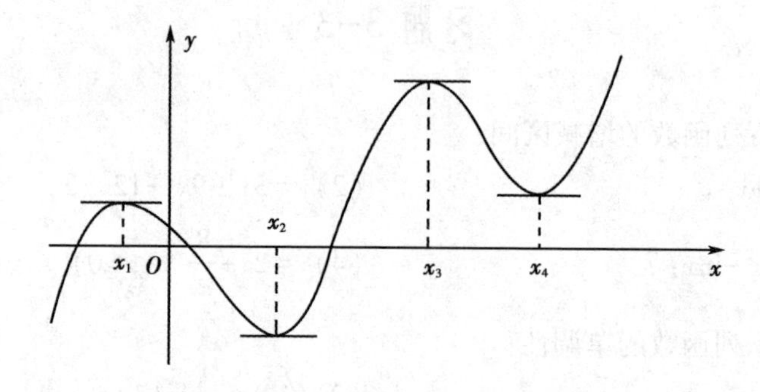

图 3-8

同样在点 x_2，x_4 处的函数值各自是它们局部范围内的最小值，这就是函数的极小值.

定义 3　设函数 $f(x)$ 在 x_0 的某邻域内有定义，对于该邻域内任意点 $x(x\neq x_0)$，若有 $f(x)<f(x_0)$，则称 $f(x_0)$ 为函数 $f(x)$ 的极大值，x_0 为极大值点；若有 $f(x)>f(x_0)$，则称 $f(x_0)$ 为函数 $f(x)$ 的极小值，x_0 为极小值点.

极大值和极小值统称为极值，极大值点和极小值点统称为极值点.

由定义 3 可知，函数的极值反映了函数的局部性质，函数取得极值，只须比较函数在极值点的函数值和邻近点的函数值. 因此，一个函数在定义域内可能有多个极大值或极小值，而且可能某个极小值要大于某个极大值. 例如，在图 3-8 中，极小值 $f(x_4)$ 就大于极大值 $f(x_1)$.

由图 3-8 可看出，可导函数 $f(x)$ 的图形在极值点 x_i 处的切线平行于 x 轴，即 $f'(x_i)=0(i=1, 2, 3, 4)$. 从而有下面定理.

定理 7(极值存在的必要条件)　如果函数 $f(x)$ 在点 x_0 处可导，且在点 x_0 处有极值，则必有 $f'(x_0)=0$.

满足方程 $f'(x)=0$ 的点是函数的驻点. 定理 7 表明可导函数的极值点必为

驻点，但反之未必成立. 例如，$f(x)=x^3$，$f'(x)=3x^2=0$. 只有一个驻点 $x=0$，显然函数 $f(x)=x^3$ 在点 $x=0$ 处不取得极值.

那么，可导函数在哪些驻点处能取得极值呢？从图 3-9 可以看出，可导函数 $f(x)$ 在 x_0 处取得极大值时，在 x_0 左侧邻域内其曲线上各点的切线与 x 轴正向夹角为锐角，即 $f'(x)>0$；而在 x_0 右侧邻域内其曲线上各点的切线与 x 轴正向夹角为钝角，即 $f'(x)<0$. 同样可以看出，当可导函数 $f(x)$ 在 x_0 处取得极小值时，在 x_0 左侧邻域内有 $f'(x)<0$，在其右侧邻域内有 $f'(x)>0$.

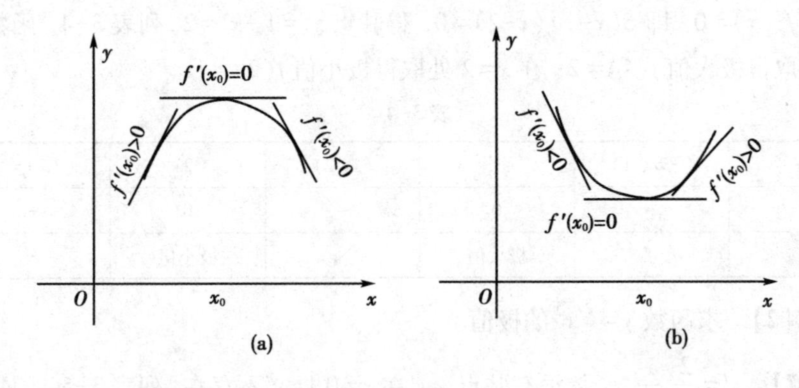

图 3-9

我们还可以把函数 $f(x)$ 在 x_0 处可导的条件放宽，只需 $f(x)$ 在 x_0 处连续即可（见图 3-10），从而得下面定理.

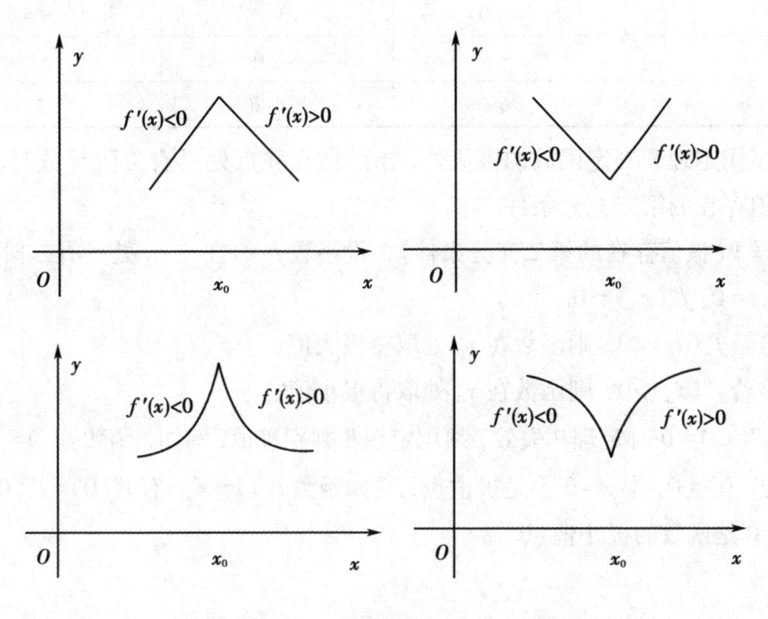

图 3-10

定理 8(极值存在的第一充分条件) 设函数$f(x)$在x_0处连续，且在x_0的某去心邻域内可导.

(1)如果当$x<x_0$时$f'(x)>0$，当$x>x_0$时$f'(x)<0$，则$f(x_0)$是极大值;

(2)如果当$x<x_0$时$f'(x)<0$，当$x>x_0$时$f'(x)>0$，则$f(x_0)$是极小值;

(3)如果在x_0的去心邻域内$f'(x)$不变号，则$f(x_0)$不是极值.

【例 1】 求函数$f(x)=2x^3-9x^2+12x-3$的极值.

【解】 $f'(x)=6x^2-18x+12=6(x-1)(x-2)$.

令$f'(x)=0$，即$6(x-1)(x-2)=0$，得驻点$x_1=1$，$x_2=2$. 列表 3-4，函数在$x=1$处取得极大值$f(1)=2$；在$x=2$处取得极小值$f(2)=1$.

表 3-4

x	$(-\infty, 1)$	1	$(1, 2)$	2	$(2, +\infty)$
y'	+	0	−	0	+
y	↗	极大值	↘	极小值	↗

【例 2】 求函数$y=\sqrt[3]{x^2}$的极值.

【解】 $y'=\frac{2}{3}\frac{1}{\sqrt[3]{x}}$. 函数没有驻点，但在$x=0$处$y'$不存在. 列表 3-5，函数在$x=0$处取得极小值$f(0)=0$.

表 3-5

x	$(-\infty, 0)$	0	$(0, +\infty)$
y'	−	不存在	+
y	↘	极小值	↗

除了用定理 8 判定函数的极值外，当函数在驻点处具有二阶导数时，还有函数极值存在的第二充分条件.

定理 9(极值存在的第二充分条件) 设函数$f(x)$在点x_0处具有二阶导数，且$f'(x_0)=0$，$f''(x_0)\neq 0$.

(1)若$f''(x_0)<0$，则函数在x_0处取得极大值;

(2)若$f''(x_0)>0$，则函数在x_0处取得极小值;

当$f''(x_0)=0$时定理 9 失效，须用定理 8 判别极值. 例如，函数$f(x)=x^3$，有$f'(0)=f''(0)=0$，但$x=0$不是极值点；又如函数$f(x)=x^4$，有$f'(0)=f''(0)=0$，而点$x=0$是函数的极小值点.

【例 3】　求函数 $f(x)=x^3+3x^2-24x-20$ 的极值.

【解】　$f'(x)=3x^2+6x-24=3(x+4)(x-2)$.

令 $f'(0)=0$，得驻点 $x_1=-4$，$x_2=2$. 由于

$$f''(x)=6x+6,\ f''(-4)=-18<0,$$

故极大值 $f(-4)=60$；

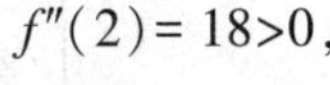

$$f''(2)=18>0,$$

故极小值 $f(2)=-48$.

二、最大值最小值问题

在生产实践和科学试验中，经常遇到在一定条件下，解决如何使“产量最多”“成本最低”“用料最省”等问题，在数学上就是求函数的最大值和最小值问题.

我们知道：在闭区间上的连续函数有最大值和最小值. 函数的最大值与最小值可以在区间的内部点取得，那么就是函数的极值点，也可以在区间端点取得. 因此可以用下述方法求出函数 $f(x)$ 在闭区间 $[a,b]$ 上的最大值和最小值：

(1) 求出 $f(x)$ 在 (a,b) 内的所有驻点及导数不存在的点的函数值；

(2) 求出区间端点的函数值 $f(a)$ 和 $f(b)$；

(3) 比较上述诸值的大小，其中最大者为函数 $f(x)$ 的最大值，最小者为函数 $f(x)$ 的最小值.

【例 4】　求 $f(x)=x^3-3x^2-9x+5$ 在闭区间 $[-4,4]$ 上的最大值和最小值.

【解】　$f'(x)=3x^2-6x-9=3(x+1)(x-3)$.

令 $f'(x)=0$，得驻点 $x_1=-1$，$x_2=3$. 因为

$$f(-1)=10,\ f(3)=-22,\ f(-4)=-71,\ f(4)=-15,$$

比较这些值的大小知函数的最大值为 $f(-1)=10$，最小值为 $f(-4)=-71$.

在特殊情况下，求函数的最大值或最小值的方法是很简便的. 例如，如果函数 $f(x)$ 在闭区间 $[a,b]$ 上连续，且在开区间 (a,b) 内只有一个极值点 x_0，那么就可以断定：当点 x_0 是极大值点时，$f(x_0)$ 就是函数的最大值；当点 x_0 是极小值点时，$f(x_0)$ 就是函数的最小值(见图 3-11).

上述情况，对于开区间或无限区间也是成立的.

在实际问题中，若函数 $f(x)$ 在定义区间内部仅有一个驻点 x_0，根据实际问题的性质知道最大值和最小值一定存在，那么就可以断定 $f(x_0)$ 是实际问题的最大值或最小值.

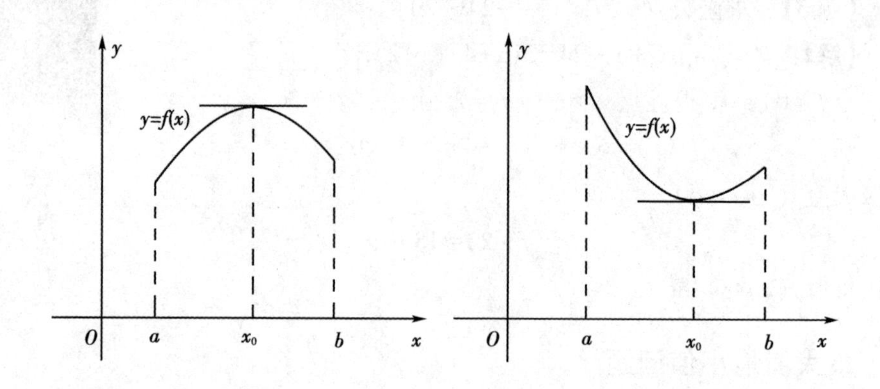

图 3-11

【例 5】 将边长为 a 的一块正方形铁皮，四角各截去一个大小相同的小正方形，然后将四边折起做成一个无盖的盒子. 问截掉的小正方形的边长为多大时，所得方盒的容积最大?

【解】 设小正方形的边长为 x，则盒底的边长为 $a-2x$(见图 3-12)，盒子的容积为

$$V=x\,(a-2x)^2 \quad \left(0<x<\frac{a}{2}\right).$$

$$V'=(a-2x)^2-4x(a-2x)=(a-2x)(a-6x),$$

令 $V'=0$，得 $x_1=\frac{a}{6}$，$x_2=\frac{a}{2}$(舍去).

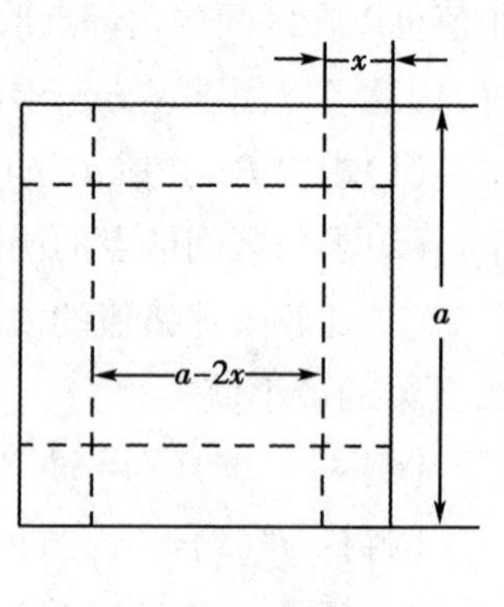

图 3-12

因为在$\left(0,\ \frac{a}{2}\right)$内的可导函数 V 只有唯一驻点，而该实际问题容积 V 又确实存在最大值. 所以，当截去的小正方形的边长 $x=\frac{a}{6}$时，盒子的容积 V 最大.

【例 6】 铁路线上 AB 段的距离为 100km. 工厂 C 距 A 处 20km，AC 垂直于 AB(见图 3-13). 为了运输需要，要在 AB 线上选定一点 D 向工厂修筑一条公路. 已知铁路每公里货运的运费与公路每公里

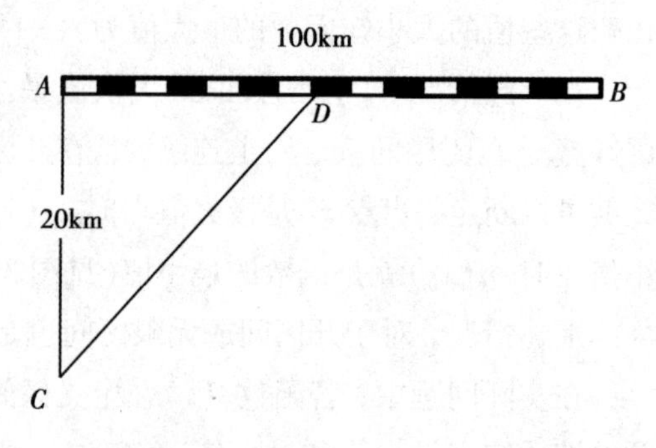

图 3-13

货运的运费之比为 3∶5. 为了使货物从供应站 B 运到工厂 C 的运费最省，问 D 点应选在何处?

【解】 设 $AD=x$，则

$$DB=100-x,\ CD=\sqrt{20^2+x^2}=\sqrt{400+x^2}.$$

由于铁路每公里货运的运费与公路每公里货运的运费之比为 3∶5，因此我们不妨设铁路每公里的运费为 $3k$，公路每公里的运费为 $5k$(k 为正数). 并设从 B 点到 C 点需要的总运费为 y，则

$$y=5k\sqrt{400+x^2}+3k(100-x).\ (0\leqslant x\leqslant 100),$$

$$y'=k\left(\frac{5x}{\sqrt{400+x^2}}-3\right),$$

令 $y'=0$，得 $x=15$(km).

因为在[0, 100]内的可导函数 y 只有唯一驻点，而该实际问题总运费又确实有最小值. 所以，当 $AD=15$km 时，总运费最省.

【例 7】 重量为 50kg 的物体置于水平地面上，受一拉力 $\boldsymbol{F}$ 的作用而开始移动. 已知物体的摩擦系数为 0.25，问作用力 $\boldsymbol{F}$ 对地面取什么角度时，才能使拉力 $\boldsymbol{F}$ 的大小为最小.

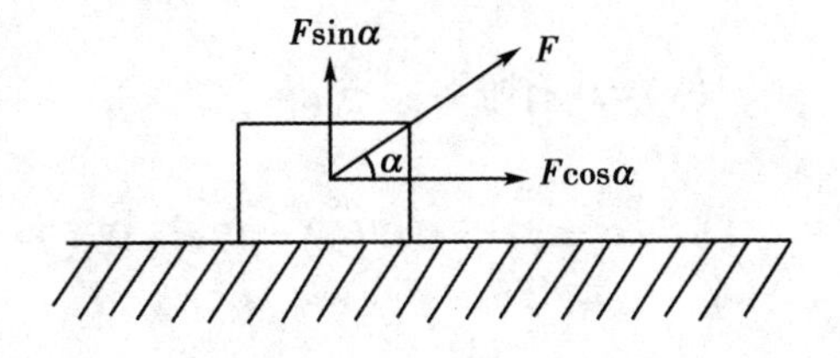

图 3-14

【解】 由物理学知识可知摩擦力与物体在平面上的正压力成正比，其比例系数就是摩擦系数 0.25，其方向与运动方向相反. 设力 $\boldsymbol{F}$ 与水平地面成 α 角，其模用 F 表示(见图 3-14). 当 $\boldsymbol{F}$ 在水平方向的分力与摩擦力相等时，物体就开始移动.

易见物体对地面的正压力为 $50-F\sin\alpha$，于是摩擦力为

$$0.25(50-F\sin\alpha).$$

而 $\boldsymbol{F}$ 的水平分力的大小为 $F\cos\alpha$，于是得

$$F\cos\alpha=0.25(50-F\sin\alpha),$$

即

$$F=\frac{12.5}{\cos\alpha+0.25\sin\alpha},$$

其中 $\alpha\in\left[0,\ \frac{\pi}{2}\right)$，又

$$f'=\frac{12.5(\sin\alpha-0.25\cos\alpha)}{(\cos\alpha+0.25\sin\alpha)^2},$$

令 $f'=0$，得 $\sin\alpha-0.25\cos\alpha=0$，所以 $\tan\alpha=0.25$，即

$$\alpha=\arctan 0.25\approx 14°2'.$$

因为在 $\left[0,\ \frac{\pi}{2}\right)$ 内的可导函数 F 只有唯一驻点，而该实际问题拉力的大小 F 又确实存在最小值. 所以，当拉力 $\boldsymbol{F}$ 对地面成 $\alpha=14°2'$时，所用拉力 $\boldsymbol{F}$ 的大小 F 为最小.

我们也可以利用函数的最值来证明.

【例 8】 对任意实数 $x\in(-\infty,+\infty)$，证明 $x^4+(1-x)^4\geqslant\frac{1}{8}$.

【证】 设 $f(x)=x^4+(1-x)^4-\frac{1}{8}$，所以

$$f'(x)=4x^3-4(1-x)^3=4(2x-1)(x^2-x+1).$$

令 $f'(x)=0$ 有唯一驻点 $x=\frac{1}{2}$，又

$$f''(x)=12x^2+12(1-x)^2,\ f''\left(\frac{1}{2}\right)=6>0,$$

所以 $f(x)$ 在 $x=\frac{1}{2}$ 处取得极小值，也是最小值 $f\left(\frac{1}{2}\right)=0$. 所以对任意 $x\in(-\infty,+\infty)$ 有 $f(x)\geqslant 0$. 即

$$x^4+(1-x)^4\geqslant\frac{1}{8}.$$

习题 3-4

1. 求下列函数的极值：

(1) $y=2x^3-3x^2$；　　(2) $y=x+\tan x$；

(3) $y=\sqrt{2+x-x^2}$；　　(4) $y=x^2e^{-x}$；

(5) $y=\frac{x^3}{(x-1)^2}$；　　(6) $y=(x+2)^2(x-1)^3$.

2. 求下列函数在给定区间上的最大值与最小值：

(1) $y=x^2-4x+6$ 　$[-3, 10]$；(2) $y=|x^2-3x+2|$ 　$[-3, 4]$；

(3) $y=\ln(x^2+1)$ 　$[-1, 2]$；(4) $y=\sqrt{100-x^2}$ 　$[-6, 8]$.

3. 某车间要靠墙壁建一间长方形小屋，现有存砖只够砌 20m 长的墙壁，问应围成什么样的长方形才能使这间小屋的面积最大?

4. 某地区防空洞的截面拟建成矩形加半圆(见图 3-15)，截面的面积为 5m^2，问底宽 x 为多少时才能使截面的周长最小，从而使建造时所用的材料最省?

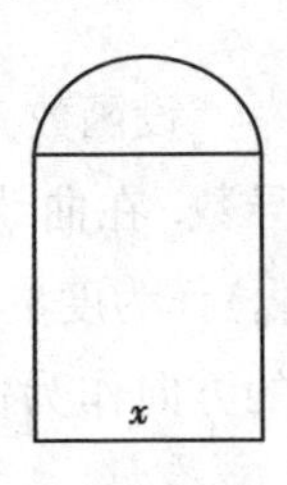

图 3-15

5. 在某化学反应过程中，反应速度 v 与反应物的浓度 x 有以下关系：$v=kx(a-x)$，其中 a 是反应开始时反应物的浓度，k 是反应速度常数. 问当 x 取什么值时，反应速度最大.

6. 要做一个容积为 V 的圆柱形罐头盒，怎样设计才能使所用材料最省?

7. A、B 两个村庄合用一台变压器(见图 3-16). 若两村用同型号线架设输电线，问变压器设在输电干线何处时，所需电线最短?

8. 求内接于球(半径为 R)的圆柱体的最大体积.

9. 从半径为 R 的圆形铁片中剪去一个扇形，将剩余部分围成一个圆锥形漏斗，问剪去的扇形的圆心角为多大时，才能使圆锥形漏斗的容积最大?

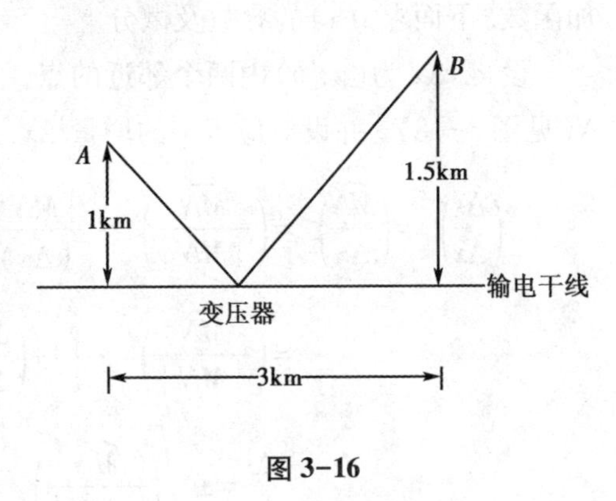

图 3-16

10. 有一杠杆，支点在它的一端. 在距支点 1m 处挂一个重 50kg 的物体，同时加力于杠杆的另一端，使杠杆保持水平(见图 3-17). 若杠杆本身每米重 4kg，求最省力的杆长.

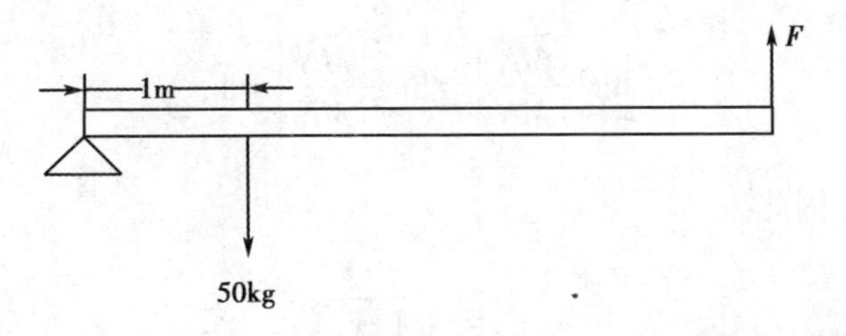

图 3-17

*第五节　曲率

一、弧微分

设函数$f(x)$在区间(a, b)内具有连续导数. 在曲线 $y=f(x)$ 上取固定点 $M_0(x_0, y_0)$作为度量弧长的基点，并规定以 x 增大的方向作为曲线的正向. 对曲线上任一点 $M(x, y)$，规定有向弧段$\overset{\frown}{M_0M}$的值 s(简称为弧 s)如下：s 的绝对值等于这弧段的长度，当有向弧段$\overset{\frown}{M_0M}$的方向与曲线的正向一致时 $s>0$，相反时 $s<0$. 显然，弧 $s=\overset{\frown}{M_0M}$是 x 的函数：$s=s(x)$，而且 $s(x)$是 x 的单调增加函数. 下面求 $s(x)$的导数及微分.

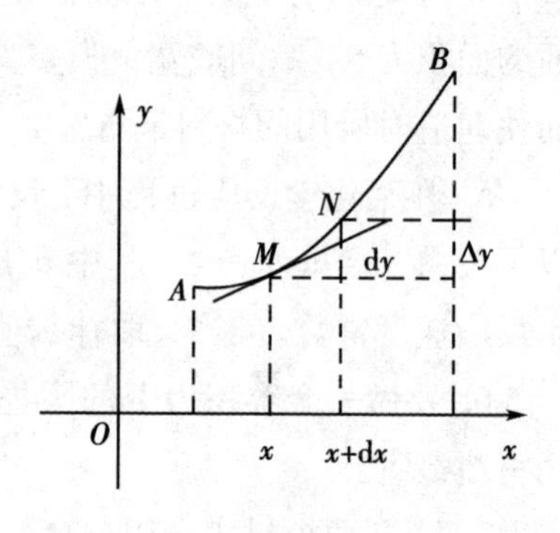

图 3-18

设 x，Δx 为(a, b)内两个邻近的点，它们在曲线 $y=f(x)$上的对应点为 M，N(见图 3-18)，并设对应于 x 的增量 Δx，弧 s 的增量为 Δs，于是

$$\left(\frac{\Delta s}{\Delta x}\right)^2=\left(\frac{\overset{\frown}{MN}}{\Delta x}\right)^2=\left(\frac{\overset{\frown}{MN}}{|MN|}\right)^2\cdot\frac{|MN|^2}{(\Delta x)^2}=\left(\frac{\overset{\frown}{MN}}{|MN|}\right)^2\cdot\frac{(\Delta x)^2+(\Delta y)^2}{(\Delta x)^2}$$

$$=\left(\frac{\overset{\frown}{MN}}{|MN|}\right)^2\cdot\left[1+\left(\frac{\Delta y}{\Delta x}\right)^2\right],$$

$$\frac{\Delta s}{\Delta x}=\pm\sqrt{\left(\frac{\overset{\frown}{MN}}{|MN|}\right)^2\cdot\left[1+\left(\frac{\Delta y}{\Delta x}\right)^2\right]},$$

因为

$$\lim_{\Delta x\to 0}\frac{\overset{\frown}{|MN|}}{|MN|}=\lim_{N\to M}\frac{\overset{\frown}{|MN|}}{|MN|}=1,$$

又$\lim\limits_{\Delta x\to 0}\dfrac{\Delta y}{\Delta x}=y'$，因此

$$\frac{\mathrm{d}s}{\mathrm{d}x}=\pm\sqrt{1+y'^2}.$$

由于 $s=s(x)$ 是单调增加函数，从而 $\frac{ds}{dx}>0$，$\frac{ds}{dx}=\sqrt{1+y'^2}$. 于是 $ds=\sqrt{1+y'^2}\,dx$. 这就是弧微分公式.

因为当 $\Delta x\to 0$ 时，$\Delta s\sim\widehat{MN}$，Δx 又与 Δs 同号，所以

$$\frac{ds}{dx}=\lim_{\Delta x\to 0}\frac{\Delta s}{\Delta x}=\lim_{\Delta x\to 0}\frac{\sqrt{(\Delta x)^2+(\Delta y)^2}}{|\Delta x|}=\lim_{\Delta x\to 0}\sqrt{1+\left(\frac{\Delta y}{\Delta x}\right)^2}=\sqrt{1+y'^2}.$$

因此

$$ds=\sqrt{1+y'^2}\,dx,$$

这就是弧微分公式.

二、曲率及其计算公式

曲线弯曲程度的直观描述：

设曲线 C 是光滑的，在曲线 C 上选定一点 M_0 作为度量弧 s 的基点. 设曲线上点 M 对应于弧 s，在点 M 处切线的倾角为 α，曲线上另外一点 N 对应于弧 $s+\Delta s$，在点 N 处切线的倾角为 $\alpha+\Delta\alpha$（见图 3-19）.

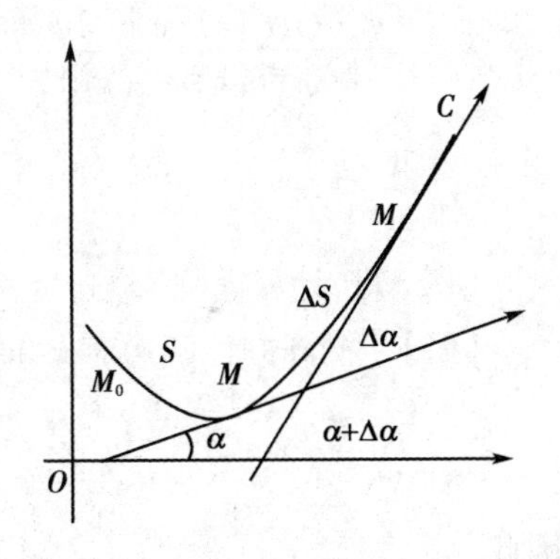

图 3-19

我们用比值 $\frac{|\Delta\alpha|}{|\Delta s|}$，即单位弧段上切线转过的角度的大小来表达弧段 $\widehat{MN}$ 的平均弯曲程度. 记 $\overline{K}=\left|\frac{\Delta\alpha}{\Delta s}\right|$，称 $\overline{K}$ 为弧段 $\widehat{MN}$ 的平均曲率.

记 $K=\lim\limits_{\Delta s\to 0}\left|\frac{\Delta\alpha}{\Delta s}\right|$，称 K 为曲线 C 在点 M 处的曲率.

在 $\lim\limits_{\Delta s\to 0}\frac{\Delta\alpha}{\Delta s}=\frac{d\alpha}{ds}$ 存在的条件下，$K=\left|\frac{d\alpha}{ds}\right|$.

曲率的计算公式：

设曲线的直角坐标方程是 $y=f(x)$，且 $f(x)$ 具有二阶导数（这时 $f'(x)$ 连续，从而曲线是光滑的）. 因为 $\tan\alpha=y'$，所以

$$\sec^2\alpha\,d\alpha=y''dx,$$

$$d\alpha=\frac{y''}{\sec^2\alpha}dx=\frac{y''}{1+\tan^2\alpha}dx=\frac{y''}{1+y'^2}dx.$$

又知 $ds=\sqrt{1+y'^2}\,dx$，从而得出曲率的计算公式

$$K=\left|\frac{d\alpha}{ds}\right|=\frac{|y''|}{(1+y'^2)^{3/2}}.$$

若曲线的参数方程为 $x=\varphi(t)$，$y=\psi(t)$，那么曲率计算公式

$$K=\frac{|\varphi'(t)\psi''(t)-\varphi''(t)\psi'(t)|}{[\varphi'^2(t)+\psi'^2(t)]^{3/2}}.$$

【例 1】 计算直线 $y=ax+b$ 上任一点的曲率.

【解】 由 $y=ax+b$，则

$$y'=a,\ y''=0.\ \text{于是}\ K=0.$$

【例 2】 计算半径为 R 的圆上任一点的曲率.

【解】 圆的参数方程为 $x=R\cos t$，$y=R\sin t$. 则

$$y'=R\cos t,\ y''=-R\sin t;\ x'=-R\sin t,\ x''=-R\cos t,$$

所以

$$K=\frac{|\varphi'(t)\psi''(t)-\varphi''(t)\psi'(t)|}{[\varphi'^2(t)+\psi'^2(t)]^{3/2}}=\frac{|(-R\sin t)(-R\sin t)-(-R\cos t)(R\cos t)|}{[(-R\sin t)^2+(R\cos t)^2]^{\frac{3}{2}}}$$

$$=\frac{1}{R}.$$

【例 3】 计算椭圆 $4x^2+y^2=4$ 在点 $(0,2)$ 处的曲率.

【解】 椭圆方程两边对 x 求导，得

$$8x+2yy'=0,\ y'=-\frac{4x}{y},\ y''=-\frac{4y-4xy'}{y^2},$$

因此

$$y'|_{(0,2)}=0,\ y''|_{(0,2)}=-2.$$

曲线在点 $(0,2)$ 处的曲率为

$$K=\frac{|y''|}{(1+y'^2)^{3/2}}=\frac{|-2|}{(1+0^2)^{3/2}}=2.$$

【例 4】 抛物线 $y=ax^2+bx+c$ 上哪一点处的曲率最大?

【解】 由 $y=ax^2+bx+c$，得

$$y'=2ax+b,\ y''=2a,$$

代入曲率公式，得

$$K=\frac{|2a|}{[1+(2ax+b)^2]^{3/2}}.$$

显然，当 $2ax+b=0$ 时曲率最大.

曲率最大时，$x=-\frac{b}{2a}$，对应的点为抛物线的顶点. 因此，抛物线在顶点处的曲率最大，最大曲率为 $K=|2a|$.

三、曲率圆与曲率半径

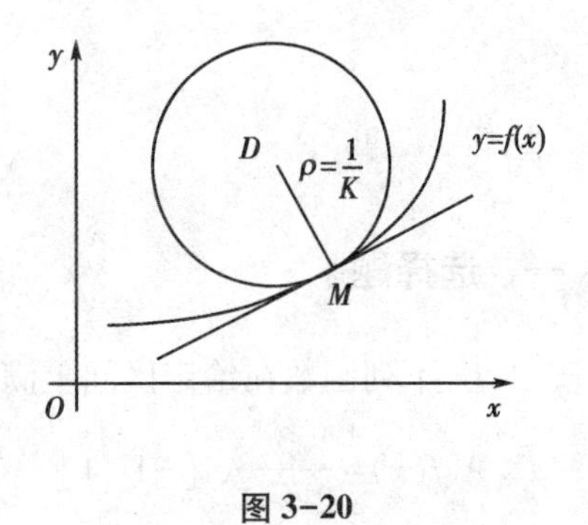

图 3-20

设曲线在点 $M(x, y)$ 处的曲率为 $K(K\neq 0)$. 在点 M 处曲线的法线上，在凹的一侧取一点 D，使 $|DM|=K^{-1}=\rho$. 以 D 为圆心，以 ρ 为半径作圆，这个圆叫作曲线在点 M 处的曲率圆，曲率圆的圆心 D 叫作曲线在点 M 处的曲率中心，曲率圆的半径 ρ 叫作曲线在点 M 处的曲率半径(见图 3-20).

曲线在点 M 处的曲率 $K(K\neq 0)$ 与曲线在点 M 处的曲率半径 ρ 有如下关系：

$$\rho=\frac{1}{k},\ K=\frac{1}{\rho}.$$

【例 5】 设工件表面的截线为抛物线 $y=0.4x^2$. 现在要用砂轮磨削其内表面. 问用直径多大的砂轮才比较合适？

【解】 砂轮的半径不应大于抛物线顶点处的曲率半径.

$$y'=0.8x,\ y''=0.8,\ y'|_{x=0}=0,\ y''|_{x=0}=0.8.$$

把它们代入曲率公式，得

$$K=\frac{|y''|}{(1+y'^2)^{3/2}}=0.8.$$

抛物线顶点处的曲率半径为

$$K^{-1}=1.25.$$

所以选用砂轮的半径不得超过 1.25 单位长，即直径不得超过 2.50 单位长.

习题 3-5

1. 求下列曲线的弧微分：

(1)悬链线 $y=\frac{a}{2}(e^{\frac{x}{a}}+e^{-\frac{x}{a}})\quad(a>0)$；

(2)旋轮线 $x=a(t-\sin t),\ y=a(1-\cos t)\quad(a>0)$.

2. 求下列曲线在指定点的曲率及曲率半径：

(1)$y=x^4-4x^3-18x^2$ 在坐标原点；

(2)$x^2+xy+y^2=3$ 在点(1, 1);

(3)$x=a\cos^3 t$, $y=a\sin^3 t$ $(a>0)$在 $t=t_0$ 相应点处.

3. 曲线 $y=\ln x$ 上哪一点处的曲率半径最小?求出该点处的曲率半径.

总习题三

一、选择题

1. 下列函数在给定区间上满足罗尔定理条件的是(　　).

A. $f(x)=\dfrac{3}{2x^2+1}$, $[-1, 1]$　　B. $f(x)=xe^{-x}$, $[0, 1]$

C. $f(x)=\begin{cases} x+2, & x<5, \\ 1, & x\geqslant 5, \end{cases}$ $[0, 5]$　　D. $f(x)=|x|$, $[-1, 1]$

2. $y=(x-1)\cdot x^{\frac{2}{3}}$的单调减少区间是(　　).

A. $(-\infty, 0)$　　B. $\left(0, \dfrac{2}{5}\right)$

C. $\left(\dfrac{2}{5}, +\infty\right)$　　D. $(-\infty, 0)\cup\left(\dfrac{2}{5}, +\infty\right)$

3. 函数 $y=x^3+3x^2$的拐点是(　　).

A. $(0, 0)$　　B. $(0, -1)$　　C. $(-1, 0)$　　D. $(-1, 2)$

4. 函数 $y=2x^3-9x^2+12x+1$ 在区间$[0, 2]$上的最大值点和最小值点分别是(　　).

A. 1 与 0　　B. 1 与 2　　C. 2 与 0　　D. 2 与 1

二、填空题

1. 设 $f(x)=\sqrt{x}$, 在区间$[1, 4]$上, 满足拉格朗日中值定理的 $\xi=$________.

2. $\lim\limits_{x\to 1}\dfrac{\ln x}{x-1}=$________.

3. 函数 $y=x-\ln(1+x^2)$是单调递________函数(填“增”或“减”).

4. 函数 $y=xe^x$ 的拐点为________.

三、计算题

1. 求下列极限:

(1) $\lim\limits_{x\to 0}\dfrac{x-\arcsin x}{\sin^3 x}$；(2) $\lim\limits_{x\to 0}\dfrac{\tan x-x}{x-\sin x}$；(3) $\lim\limits_{x\to +\infty}\dfrac{x^2}{x+e^x}$；

(4) $\lim\limits_{x\to \infty}x(e^{\frac{1}{x}}-1)$；(5) $\lim\limits_{x\to 0}\left(\cot x-\dfrac{1}{x}\right)$；(6) $\lim\limits_{x\to \infty}\left(\dfrac{x}{x+1}\right)^{2x}$.

2. 求下列函数的单调区间：

(1) $f(x)=3x+5\tan x$；(2) $f(x)=2x^3-9x^2+12x-3$；

(3) $y=x-e^x$；(4) $y=(x-1)^{\frac{2}{3}}$.

3. 求下列函数的极值：

(1) $y=x^3-3x^2+5$；(2) $y=x^2e^{-x}$.

4. 求 $\lim\limits_{x\to +\infty}x^2[\ln\arctan(x+1)-\ln\arctan x]$（提示：应用拉格朗日定理）.

四、证明题

1. 证明下列不等式：

(1) $\dfrac{2}{\pi}\leqslant\dfrac{\sin x}{x}<1$，$\left(0<x\leqslant\dfrac{\pi}{2}\right)$；(2) $\dfrac{1-x}{1+x}<e^{-2x}$，$(0<x<1)$.

2. 若方程

$$a_0x^n+a_1x^{n-1}+\cdots+a_{n-1}x=0$$

有一个正根 x_0，证明方程

$$a_0nx^{n-1}+a_1(n-1)x^{n-2}+\cdots+a_{n-1}=0$$

至少有一个小于 x_0 的正根.

第四章　不定积分

不定积分作为函数导数的反问题，在理论上是十分简明的. 本章主要介绍不定积分的概念、性质和基本积分方法.

第一节　不定积分的概念与性质

一、原函数与不定积分

设质点作直线运动，其运动方程 $s=s(t)$，那么质点的运动速度 $v=s'(t)$，这是求导问题. 但是，在物理学中还需要解决相反的问题：已知作直线运动的质点在任意时刻的速度 $v(t)$，求质点的运动方程 $s=s(t)$，即由 $s'(t)=v(t)$ 求函数 $s(t)$. 这就是已知导函数，求原函数的问题.

定义 1　如果在区间 I 上，可导函数 $F(x)$ 的导函数为 $f(x)$，即

$$F'(x)=f(x) \text{ 或 } \mathrm{d}F(x)=f(x)\mathrm{d}x \quad (x\in I),$$

那么函数 $F(x)$ 就称为 $f(x)$（或 $f(x)\mathrm{d}x$）在区间 I 上的原函数.

例如，因 $(\sin x)'=\cos x$，$x\in(-\infty,+\infty)$，故 $\sin x$ 是 $\cos x$ 在 $(-\infty,+\infty)$ 内的原函数. 又如，因 $\left(\frac{1}{2}\sin 2x\right)'=\cos 2x$，$x\in(-\infty,+\infty)$，故 $\frac{1}{2}\sin 2x$ 是 $\cos 2x$ 在 $(-\infty,+\infty)$ 内的原函数.

关于原函数，我们先要讨论三个问题.

(1) 一个函数具备什么条件，能保证它的原函数一定存在？

原函数存在定理　如果函数 $f(x)$ 在区间 I 上连续，那么在区间 I 上存在可导函数 $F(x)$，使对任意 $x\in I$，都有

$$F'(x)=f(x).$$

简单地说就是：连续函数一定有原函数.

(2)如果$f(x)$在区间I上有原函数，那么它的原函数是不是唯一的?

设$F(x)$是$f(x)$在区间I上的一个原函数，即$F'(x)=f(x)$，$x\in I$. 显然，对任何常数C，也有

$$[F(x)+C]'=f(x),\ x\in I,$$

即对任何常数C，$F(x)+C$也是$f(x)$的原函数. 这说明，如果$f(x)$有一个原函数，那么$f(x)$就有无限多个原函数.

(3)如果$F(x)$是$f(x)$在区间I上的一个原函数，那么$f(x)$的其他原函数与$F(x)$有什么关系?

设$\Phi(x)$是$f(x)$的另一个原函数，即当$x\in I$时，有

$$\Phi'(x)=f(x),$$

于是

$$[\Phi(x)-F(x)]'=\Phi'(x)-f'(x)=f(x)-f(x)=0.$$

在上一章中已经证明，在一个区间上导数恒为零的函数必为常数，所以

$$\Phi(x)-F(x)=C_0\quad(C_0\text{为某个常数}).$$

这表明$\Phi(x)$与$F(x)$只差一个常数. 因此，当C为任意常数时，表达式

$$F(x)+C$$

就可表示$f(x)$的全体原函数.

由以上对几个问题的讨论，我们引进下述定义.

定义2　在区间I上，函数$f(x)$的全体原函数$F(x)+C$称为$f(x)$(或$f(x)\mathrm{d}x$)在区间I上的不定积分，记作$\int f(x)\mathrm{d}x$，即

$$\int f(x)\mathrm{d}x=F(x)+C.$$

其中记号$\int$称为积分号，$f(x)$称为被积函数，$f(x)\mathrm{d}x$称为被积表达式，x称为积分变量，C称为积分常数.

按照定义，一个函数的原函数或不定积分都有相应的定义区间，为了简便起见，如无特别说明，今后不再注明.

由定义2知，上述质点的运动方程问题，就是求速度$v(t)$的不定积分，即

$$s(t)=\int v(t)\mathrm{d}t.$$

由定义知，求函数$f(x)$的不定积分，就是求已知函数$f(x)$的全体原函数，只要求出$f(x)$的一个原函数，再加上任意常数C即可. 如$\frac{1}{2}\sin2x$是$\cos2x$的一

个原函数，所以 $\int \cos 2x\mathrm{d}x=\frac{1}{2}\sin 2x+C$.

【例 1】 求 $\int x^2\mathrm{d}x$.

【解】 由于 $\left(\frac{1}{3}x^3\right)'=x^2$，所以 $\frac{1}{3}x^3$ 是 x^2 的一个原函数，因此

$$\int x^2\mathrm{d}x=\frac{1}{3}x^3+C.$$

【例 2】 求 $\int \frac{1}{x}\mathrm{d}x$.

【解】 当 $x>0$ 时，由于 $(\ln x)'=\frac{1}{x}$，所以 $\ln x$ 是 $\frac{1}{x}$ 在 $(0,+\infty)$ 内的一个原函数. 因此，在 $(0,+\infty)$ 内，

$$\int \frac{1}{x}\mathrm{d}x=\ln x+C.$$

当 $x<0$ 时，由于 $[\ln(-x)]'=\frac{1}{-x}(-1)=\frac{1}{x}$，所以 $\ln(-x)$ 是 $\frac{1}{x}$ 在 $(-\infty,0)$ 内的一个原函数. 因此，在 $(-\infty,0)$ 内

$$\int \frac{1}{x}\mathrm{d}x=\ln(-x)+C.$$

将 $x>0$ 及 $x<0$ 的结果合起来，可写作

$$\int \frac{1}{x}\mathrm{d}x=\ln|x|+C.$$

二、不定积分的几何意义

例 1 中，被积函数 $f(x)=x^2$ 的一个原函数为 $F(x)=\frac{1}{3}x^3$，它的图形是一条曲线. $f(x)$ 的不定积分 $\int x^2\mathrm{d}x=\frac{1}{3}x^3+C$ 的图形是由曲线 $y=\frac{1}{3}x^3$ 沿 y 轴上下平行移动而得到的一族曲线. 这个曲线族中每一条曲线在横坐标为 x 的点处的切线斜率都是 x^2，因此，这些曲线在横坐标相同点处的切线都相互平行，如图 4-1 所示.

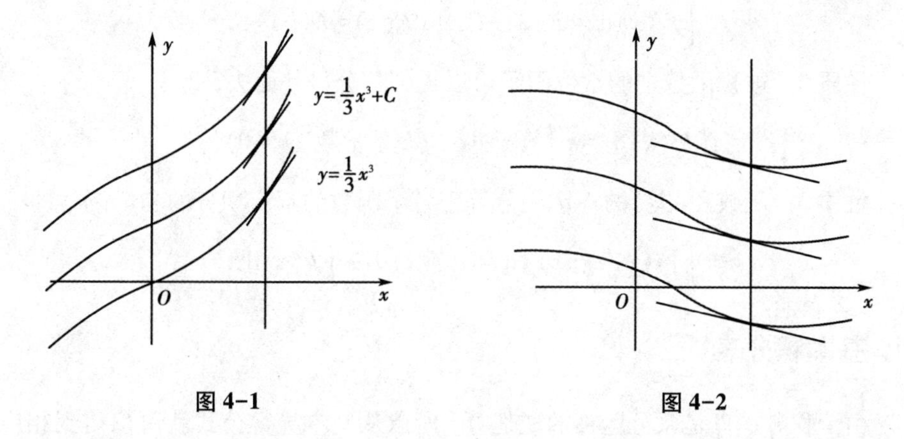

图 4-1　　　　图 4-2

一般地，函数 $f(x)$ 的原函数 $F(x)$ 的图形，称为函数 $f(x)$ 的积分曲线. 不定积分 $\int f(x)\mathrm{d}x$ 的图形是一族积分曲线，这一曲线族可由一条积分曲线 $y=F(x)$ 经上下平行移动得到. 曲线族中的每一条曲线在横坐标为 x 的点处的切线斜率都是 $f(x)$，见图 4-2.

【例 3】 已知某曲线上任一点 (x, y) 处的切线斜率为 $3\sqrt{x}$，且该曲线经过点 $(1, 1)$，求该曲线的方程.

【解】 设所求曲线方程为 $y=f(x)$，按题设，曲线上任一点 (x, y) 处的切线斜率为

$$y'=3\sqrt{x},$$

即 $y=f(x)$ 是 $3\sqrt{x}$ 的一个原函数. 由 $\left(2x^{\frac{3}{2}}\right)'=3\sqrt{x}$，得

$$\int 3\sqrt{x}\,\mathrm{d}x=2x^{\frac{3}{2}}+C,$$

故必有某个常数 C，使所求曲线方程为 $y=2x^{\frac{3}{2}}+C$. 由于曲线通过点 $(1, 1)$，故有 $1=2+C$，得 $C=-1$. 因此所求曲线方程为 $y=2x^{\frac{3}{2}}-1$.

三、不定积分的性质

性质 1 不定积分的运算（简称积分运算，以记号 $\int$ 表示）与微分运算（以记号 d 表示）是互逆的. 当记号 $\int$ 与 d 连在一起时，或抵消、或抵消后差一个常数. 即

$$\frac{\mathrm{d}}{\mathrm{d}x}\left[\int f(x)\mathrm{d}x\right]=f(x),\ \mathrm{d}\left[\int f(x)\mathrm{d}x\right]=f(x)\mathrm{d}x;$$

$$\int f'(x)\mathrm{d}x=F(x)+C,\ \int \mathrm{d}F(x)=F(x)+C.$$

性质 2 被积函数中的常数因子可以提到积分号外面去，即

$$\int kf(x)\mathrm{d}x=k\int f(x)\mathrm{d}x \quad (k\text{ 是常数}，k\neq 0).$$

性质 3 函数和(差)的不定积分等于各个函数的不定积分的和(差)，即

$$\int [f(x)\pm g(x)]\mathrm{d}x=\int f(x)\mathrm{d}x\pm\int g(x)\mathrm{d}x.$$

四、基本积分表

由于积分运算是微分运算的逆运算，所以从基本导数公式就可以得到相应的基本积分公式，例如，由导数公式

$$\left(\frac{x^{\alpha+1}}{\alpha+1}\right)'=x^{\alpha} \quad (\alpha\neq -1)$$

得积分公式

$$\int x^{\alpha}\mathrm{d}x=\frac{x^{\alpha+1}}{\alpha+1}+C \quad (\alpha\neq -1).$$

类似地，可以推导出其他基本积分公式. 基本积分公式表如下：

(1) $\int k\mathrm{d}x=kx+C$；

(2) $\int x^{\mu}\mathrm{d}x=\dfrac{x^{\mu+1}}{\mu+1}+C(\mu\neq -1)$；

(3) $\int \dfrac{1}{x}\mathrm{d}x=\ln|x|+C$；

(4) $\int a^{x}\mathrm{d}x=\dfrac{a^{x}}{\ln a}+C$，特别地 $\int \mathrm{e}^{x}\mathrm{d}x=\mathrm{e}^{x}+C$；

(5) $\int \cos x\mathrm{d}x=\sin x+C$；

(6) $\int \sin x\mathrm{d}x=-\cos x+C$；

(7) $\int \sec^{2}x\mathrm{d}x=\tan x+C$；

(8) $\int \csc^{2}x\mathrm{d}x=-\cot x+C$；

(9) $\int \dfrac{1}{\sqrt{1-x^{2}}}\mathrm{d}x=\arcsin x+C$；

(10) $\int \dfrac{1}{1+x^{2}}\mathrm{d}x=\arctan x+C$；

(11) $\int \sec x\tan x\mathrm{d}x=\sec x+C$；

(12) $\int \csc x\cot x\mathrm{d}x=-\csc x+C$；

(13) $\int \tan x\mathrm{d}x=-\ln|\cos x|+C$；

(14) $\int \cot x\mathrm{d}x=\ln|\sin x|+C$.

事实上，验证表中每个公式的正确性是十分容易的，只要对右端的函数求导，所得结果若为被积函数即正确. 例如：

$$(-\ln|\cos x|+C)'=-\frac{1}{\cos x}\cdot(\cos x)'=\frac{\sin x}{\cos x}=\tan x,$$

$$(\ln|\sin x|+C)'=\frac{1}{\sin x}\cdot(\sin x)'=\frac{\cos x}{\sin x}=\cot x.$$

这些基本积分公式是积分计算的基础，对学习本课程十分重要，必须通过反复练习熟练掌握.

利用不定积分的性质及上述基本积分公式，可以求出一些简单函数的不定积分.

【例 4】 求 $\int\frac{(\sqrt{x}+1)^2}{x}\mathrm{d}x$.

【解】 $$\int\frac{(\sqrt{x}+1)^2}{x}\mathrm{d}x=\int\frac{x+2\sqrt{x}+1}{x}\mathrm{d}x=\int 1\mathrm{d}x+2\int x^{-\frac{1}{2}}\mathrm{d}x+\int\frac{1}{x}\mathrm{d}x$$

$$=x+2\cdot\frac{1}{-\frac{1}{2}+1}x^{-\frac{1}{2}+1}+\ln|x|+C=x+4\sqrt{x}+\ln|x|+C.$$

遇到分项积分时，不需要对每个积分都加任意常数，只需待各项积分都计算完后，总的加一个任意常数就可以了.

【例 5】 求 $\int\frac{(1+2x^2)^2}{x^2(1+x^2)}\mathrm{d}x$.

【解】 首先把被积函数作适当的恒等变形，化成基本积分公式表中的类型，再积分.

$$\frac{(1+2x^2)^2}{x^2(1+x^2)}=\frac{1+4x^2+4x^4}{x^2(1+x^2)}=\frac{1+4x^2(1+x^2)}{x^2(1+x^2)}$$

$$=4+\frac{1}{x^2(1+x^2)}=4+\frac{1+x^2-x^2}{x^2(1+x^2)}=4+\frac{1}{x^2}-\frac{1}{1+x^2}.$$

于是

$$\int\frac{(1+2x^2)^2}{x^2(1+x^2)}\mathrm{d}x=\int\left(4+\frac{1}{x^2}-\frac{1}{1+x^2}\right)\mathrm{d}x=4x-\frac{1}{x}-\arctan x+C.$$

【例 6】 求 $\int\sin\frac{x}{2}\left(\cos\frac{x}{2}+\sin\frac{x}{2}\right)\mathrm{d}x$.

【解】 $$\int\sin\frac{x}{2}\left(\cos\frac{x}{2}+\sin\frac{x}{2}\right)\mathrm{d}x=\int\left(\frac{1}{2}\sin x+\frac{1-\cos x}{2}\right)\mathrm{d}x$$

$$=\frac{1}{2}(-\cos x+x-\sin x)+C.$$

【例 7】 求 $\int \frac{1}{\sin^2 x \cos^2 x} \mathrm{d}x$.

【解】 利用三角恒等式变形，再积分.

$$\frac{1}{\sin^2 x \cos^2 x}=\frac{\sin^2 x+\cos^2 x}{\sin^2 x \cos^2 x}=\frac{1}{\cos^2 x}+\frac{1}{\sin^2 x}=\sec^2 x+\csc^2 x.$$

于是

$$\int \frac{1}{\sin^2 x \cos^2 x} \mathrm{d}x=\int (\csc^2 x+\sec^2 x) \mathrm{d}x=\tan x-\cot x+C.$$

【例 8】 求 $\int (x^3+3^x+\mathrm{e}^x+\mathrm{e}^3) \mathrm{d}x$.

【解】

$$\begin{aligned}\int (x^3+3^x+\mathrm{e}^x+\mathrm{e}^3) \mathrm{d}x &= \int x^3 \mathrm{d}x+\int 3^x \mathrm{d}x+\int \mathrm{e}^x \mathrm{d}x+\int \mathrm{e}^3 \mathrm{d}x \\ &=\frac{1}{4}x^4+\frac{1}{\ln 3}3^x+\mathrm{e}^x+\mathrm{e}^3 x+C.\end{aligned}$$

注意到被积函数中 x^3 是幂函数，3^x 和 e^x 是指数函数，而 e^3 是常数，它们的积分公式是不同的.

综述以上五例，这种通过对被积函数进行恒等变形，直接利用不定积分性质和基本积分公式进行求解积分的方法，称为“直接积分法”.

习题 4-1

1. 在下面括号中填写正确的内容：

(1) $\mathrm{d}x=(\quad)\mathrm{d}(ax)$；　　(2) $\mathrm{d}x=(\quad)\mathrm{d}(2-3x)$；

(3) $x\mathrm{d}x=(\quad)\mathrm{d}(2x^2-1)$；　　(4) $\frac{1}{x^2}\mathrm{d}x=\mathrm{d}(\quad)$；

(5) $\mathrm{e}^{-x}\mathrm{d}x=(\quad)\mathrm{d}(\mathrm{e}^{-x})$；　　(6) $x\mathrm{e}^{x^2}\mathrm{d}x=\mathrm{e}^{x^2}\mathrm{d}(\quad)=(\quad)\mathrm{d}(\mathrm{e}^{x^2})$；

(7) $\sin 2x\mathrm{d}x=(\quad)\mathrm{d}(\cos 2x)$；　　(8) $\cos\frac{x}{2}\mathrm{d}x=(\quad)\mathrm{d}\left(\sin\frac{x}{2}\right)$；

(9) $\frac{1}{x}\mathrm{d}x=\mathrm{d}(\quad)$；　　(10) $\frac{\ln x}{x}\mathrm{d}x=\ln x\mathrm{d}(\quad)=\mathrm{d}(\quad)$；

(11) $\frac{1}{\sqrt{x}}\mathrm{d}x=\mathrm{d}(\quad)$；　　(12) $\frac{1}{\sqrt{2-3x}}\mathrm{d}x=(\quad)\mathrm{d}\sqrt{2-3x}$；

(13) $\frac{1}{2-3x}\mathrm{d}x=(\quad)\mathrm{d}(\ln(2-3x))$；　　(14) $\frac{1}{\sqrt{4-x^2}}\mathrm{d}x=(\quad)\mathrm{d}\left(\arcsin\frac{x}{2}\right)$；

(15) $\frac{1}{4+x^2}\mathrm{d}x=(\quad)\mathrm{d}\left(\arctan\frac{x}{2}\right)$;　　(16) $\sec^2 x\mathrm{d}x=\mathrm{d}(\quad)$.

2. 已知平面曲线 $y=F(x)$ 上任一点 $M(x, y)$ 处的切线斜率为 $k=4x^3-1$，且曲线经过点 $P(1, 3)$，求该曲线的方程.

3. 计算下列不定积分

(1) $\int x^2\sqrt{x}\,\mathrm{d}x$;　　(2) $\int \frac{x^4}{x^2+1}\mathrm{d}x$;

(3) $\int (3\mathrm{e}^x+2^x+\cos x)\mathrm{d}x$;　　(4) $\int (\mathrm{e}^{3x}+2\sin x+x^3)\mathrm{d}x$;

(5) $\int \left(\frac{(x+1)^2}{x}+2^x\right)\mathrm{d}x$;　　(6) $\int \frac{x^2}{1+x^2}\mathrm{d}x$;

(7) $\int \frac{x^{\frac{3}{2}}+x\cos x}{x}\mathrm{d}x$;　　(8) $\int (1+\mathrm{e}^x)^2\mathrm{d}x$;

(9) $\int \left(x+\frac{1}{x}\right)^2\mathrm{d}x$;　　(10) $\int (\mathrm{e}^x+x^4+\sec^2 x)\mathrm{d}x$;

(11) $\int \left(2\cos x+\frac{1}{x}-\frac{1}{2}\right)\mathrm{d}x$;　　(12) $\int (\sqrt{2x}+2x)\mathrm{d}x$;

(13) $\int (\tan x+2^x)\mathrm{d}x$;　　(14) $\int \mathrm{e}^x\left(\mathrm{e}^x-\frac{\mathrm{e}^{-x}}{1+x^2}+2\right)\mathrm{d}x$;

(15) $\int \tan^2 x\mathrm{d}x$;　　(16) $\int \frac{\cos 2x}{\cos x+\sin x}\mathrm{d}x$;

(17) $\int \frac{1}{1+\cos 2x}\mathrm{d}x$;　　(18) $\int \left(\frac{\sin x}{2}+\frac{1}{\sin^2 x}\right)\mathrm{d}x$;

(19) $\int \frac{1+x+x^2}{x(1+x^2)}\mathrm{d}x$;　　(20) $\int \frac{\sec x-\tan x}{\cos x}\mathrm{d}x$;

(21) $\int \left(\sin\frac{x}{2}+\cos\frac{x}{2}\right)^2\mathrm{d}x$;　　(22) $\int \csc x(\csc x+\cot x)\mathrm{d}x$;

(23) $\int 2^x\mathrm{e}^x\mathrm{d}x$;　　(24) $\int \sqrt{1-\sin 2x}\,\mathrm{d}x$.

第二节　换元积分法

利用不定积分的性质及基本积分公式，所能计算的不定积分是很有限的，必须进一步探究不定积分的计算方法. 以下我们把复合函数的微分法反过来用于求不定积分，利用中间变量的代换，得到复合函数的积分法，称为换元积分法，简称换元法. 换元积分法通常分成两类，即第一类换元法和第二类换元法.

一、第一类换元积分法

我们知道$(\sin x^2)'=2x\cos x^2$，所以$\sin x^2$是$2x\cos x^2$的一个原函数，因此

$$\int 2x\cos^2 x\mathrm{d}x=\sin x^2+C,$$

即

$$\int \cos(x^2)\cdot\underline{(x^2)'\mathrm{d}x}=\int\cos(x^2)\underline{\mathrm{d}(x^2)}=\sin x^2+C.$$

一般地，如果所求的不定积分，其被积函数能写成$f[\varphi(x)]\varphi'(x)$形式，则有下面的定理：

定理1(第一类换元积分法)　设$\int f(u)\mathrm{d}u=F(u)+C$，$u=\varphi(x)$具有连续导数，则

$$\int f[\varphi(x)]\varphi'(x)\mathrm{d}x=\left[\int f(u)\mathrm{d}u\right]_{u=\varphi(x)}=F[\varphi(x)]+C.\tag{1}$$

【证明】　由于$F'(u)=f(u)$，由复合函数的求导法则，得

$$\frac{\mathrm{d}}{\mathrm{d}x}F[\varphi(x)]=\frac{\mathrm{d}F(u)}{\mathrm{d}u}\cdot\frac{\mathrm{d}u}{\mathrm{d}x}=F'(u)\varphi'(x)=f(u)\varphi'(x)=f[\varphi(x)]\cdot\varphi'(x).$$

这表示$F[\varphi(x)]$是$f[\varphi(x)]\varphi'(x)$的一个原函数，从而

$$\int f[\varphi(x)]\varphi'(x)\mathrm{d}x=F[\varphi(x)]+C,$$

或写成

$$\int f[\varphi(x)]\mathrm{d}\varphi(x)=F[\varphi(x)]+C.$$

如何应用公式(1)来求不定积分？要求$\int g(x)\mathrm{d}x$，如果函数$g(x)$可以化为$g(x)=f[\varphi(x)]\varphi'(x)$的形式，就可令$u=\varphi(x)$进行换元，则有

$$\int g(x)\mathrm{d}x=\int f[\varphi(x)]\varphi'(x)\mathrm{d}x=\int f[\varphi(x)]\mathrm{d}\varphi(x)$$

$$=\left[\int f(u)\mathrm{d}u\right]_{u=\varphi(x)}=F[\varphi(x)]+C.$$

这样，函数 $g(x)$ 的积分转化为函数 $f(u)$ 的积分. 如果能求得 $f(u)$ 的原函数，那么也就得到了 $g(x)$ 的原函数.

这种积分方法称为第一类换元积分法，应用时关键在于将 $g(x)\mathrm{d}x$"凑成" $f[\varphi(x)]\mathrm{d}\varphi(x)$ 形式，因而这种积分法被称为"凑微分法"，方法熟练后，可不必设出中间变量 u.

【例 1】 求 $\int 2\mathrm{e}^{2x}\mathrm{d}x$.

【解】 被积函数中，e^{2x} 是一个复合函数，$\mathrm{e}^{2x}=\mathrm{e}^{u}$，$u=2x$，中间变量 u 的导数恰好等于 2. 因此，作变换 $u=2x$，便有

$$\int 2\mathrm{e}^{2x}\mathrm{d}x=\int \mathrm{e}^{2x}\cdot 2\mathrm{d}x=\int \mathrm{e}^{2x}\mathrm{d}(2x)=\left[\int \mathrm{e}^{u}\mathrm{d}u\right]_{u=2x},$$

利用基本积分公式(4) $\int \mathrm{e}^{u}\mathrm{d}u=\mathrm{e}^{u}+C$，即得

$$\int 2\mathrm{e}^{2x}\mathrm{d}x=\left[\mathrm{e}^{u}+C\right]_{u=2x}=\mathrm{e}^{2x}+C.$$

【例 2】 求 $\int (1+3x)^{100}\mathrm{d}x$.

【解】 被积函数 $(1+3x)^{100}=u^{100}$，$u=1+3x$，$\dfrac{\mathrm{d}u}{\mathrm{d}x}=3$，故

$$(1+3x)^{100}=\frac{1}{3}(1+3x)^{100}\cdot 3=\frac{1}{3}(1+3x)^{100}(1+3x)',$$

于是令 $u=1+3x$，便有

$$\int (1+3x)^{100}\mathrm{d}x=\int \frac{1}{3}(1+3x)^{100}(1+3x)'\mathrm{d}x$$

$$=\frac{1}{3}\int (1+3x)^{100}\mathrm{d}(1+3x)$$

$$=\frac{1}{3}\int (1+3x)^{100}\mathrm{d}u=\frac{1}{3}\ \frac{1}{101}(1+3x)^{101}+C.$$

在对上述换元法较熟悉以后，可不必写出中间变量，解法如下述诸例.

【例 3】 求 $\int \frac{1}{\sqrt{4-x^2}}dx$.

【解】 被积函数可改写为 $\frac{1}{\sqrt{4-x^2}}=\frac{1}{2\sqrt{1-\left(\frac{x}{2}\right)^2}}$，再凑微分 $dx=2d\left(\frac{x}{2}\right)$，于是

$$\int \frac{1}{\sqrt{4-x^2}}dx=\int \frac{1}{2\sqrt{1-\left(\frac{x}{2}\right)^2}}\cdot 2d\left(\frac{x}{2}\right)=\arcsin \frac{x}{2}+C.$$

因此，一般地有

$$\boxed{\int \frac{1}{\sqrt{a^2-x^2}}dx=\arcsin \frac{x}{a}+C \quad (a>0)}$$

【例 4】 求 $\int \frac{1}{a^2+x^2}dx \quad (a\neq 0)$.

【解】 $\int \frac{1}{a^2+x^2}dx=\frac{1}{a^2}\int \frac{1}{1+\left(\frac{x}{a}\right)^2}\cdot ad\left(\frac{x}{a}\right)=\frac{1}{a}\arctan \frac{x}{a}+C.$

因此

$$\boxed{\int \frac{1}{a^2+x^2}dx=\frac{1}{a}\arctan \frac{x}{a}+C \quad (a>0)}$$

【例 5】 求 $\int \frac{1}{a^2-x^2}dx \quad (a>0)$.

【解】 因为

$$\frac{1}{a^2-x^2}=\frac{(a-x)+(a+x)}{(a+x)(a-x)}\cdot \frac{1}{2a}=\frac{1}{2a}\left(\frac{1}{a+x}+\frac{1}{a-x}\right),$$

故

$$\begin{aligned}\int \frac{1}{a^2-x^2}dx &=\frac{1}{2a}\int \left(\frac{1}{a+x}+\frac{1}{a-x}\right)dx=\frac{1}{2a}\left[\int \frac{1}{a+x}d(a+x)-\int \frac{1}{a-x}d(a-x)\right]\\ &=\frac{1}{2a}(\ln|a+x|-\ln|a-x|)+C=\frac{1}{2a}\ln\left|\frac{a+x}{a-x}\right|+C.\end{aligned}$$

因此

$$\boxed{\int \frac{1}{a^2-x^2}dx=\frac{1}{2a}\ln\left|\frac{x+a}{a-x}\right|+C \quad (a>0)}$$

【例 6】　求$\int e^x \sin e^x dx$.

【解】　由$e^x dx = de^x$，对照基本积分公式(6)，得

$$\int e^x \sin e^x dx = \int \sin e^x \, de^x = -\cos e^x + C.$$

【例 7】　求$\int \frac{1+\ln x}{x} dx$.

【解】　两次凑微分，并由基本积分公式(2)，有

$$\int \frac{1+\ln x}{x} dx = \int (1+\ln x) d\ln x = \int (1+\ln x) d(1+\ln x) = \frac{1}{2}(1+\ln x)^2 + C.$$

【例 8】　求$\int \cot x dx$.

【解】　$\int \cot x dx = \int \frac{\cos x}{\sin x} dx = \int \frac{1}{\sin x}(d\sin x) = \ln|\sin x| + C.$

【例 9】　求$\int \frac{\arctan x}{1+x^2} dx$.

【解】　$\int \frac{\arctan x}{1+x^2} dx = \int \arctan x d(\arctan x) = \frac{1}{2}(\arctan x)^2 + C.$

由上述例子可见，用第一类换元法计算不定积分是非常有效的. 首先，必须熟记基本积分公式，并对积分公式应广义地理解，如对公式$\int e^x dx = e^x + C$，应理解为$\int e^u du = e^u + C$，其中u可以是x的任一可微函数；其次，应熟悉微分运算，针对具体的积分要选准某个基本积分公式，凑微分使变量一致. 凑微分时，常用的微分式有：

$dx = \frac{1}{a} d(ax)$；$(a \neq 0)$　　　　$dx = \frac{1}{a} d(ax+b)$；$(a \neq 0)$

$x dx = \frac{1}{2} d(x^2)$；　　　　$x^2 dx = \frac{1}{3} d(x^3)$；

$\frac{1}{\sqrt{x}} dx = 2d\sqrt{x}$；　　　　$\cos x dx = d(\sin x)$；

$\sin x dx = -d(\cos x)$；　　　　$\frac{1}{x} dx = d(\ln x)$；

$e^x dx = d(e^x)$；　　　　$\frac{1}{1+x^2} dx = d(\arctan x)$；

$\frac{1}{\sqrt{1-x^2}}\mathrm{d}x=\mathrm{d}(\arcsin x)$； $\sec^2 x\mathrm{d}x=\mathrm{d}(\tan x)$.

【例 10】 求 $\int \sec x\mathrm{d}x$.

【解】 方法一 $\int \sec x\mathrm{d}x=\int \frac{1}{\cos x}\mathrm{d}x=\int \frac{\cos x}{\cos^2 x}\mathrm{d}x=\int \frac{1}{1-\sin^2 x}\mathrm{d}(\sin x)$

$$=\frac{1}{2}\int\left(\frac{1}{1+\sin x}+\frac{1}{1-\sin x}\right)\mathrm{d}(\sin x)$$

$$=\frac{1}{2}\int\frac{\mathrm{d}(1+\sin x)}{1+\sin x}-\frac{1}{2}\int\frac{\mathrm{d}(1-\sin x)}{1-\sin x}$$

$$=\frac{1}{2}\ln\frac{1+\sin x}{1-\sin x}+C=\ln\sqrt{\frac{1+\sin x}{1-\sin x}}+C;$$

方法二 $\int \sec x\mathrm{d}x=\int\frac{\sec x(\sec x+\tan x)}{\sec x+\tan x}\mathrm{d}x$

$$=\int\frac{1}{\sec x+\tan x}\mathrm{d}(\sec x+\tan x)=\ln|\sec x+\tan x|+C.$$

（这里所用微分式为$(\sec^2 x+\sec x\tan x)\mathrm{d}x=\mathrm{d}(\sec x+\tan x)$）

【例 11】 求 $\int \sin 2x\mathrm{d}x$.

【解】 方法一 $\int \sin 2x\mathrm{d}x=\frac{1}{2}\int \sin 2x\mathrm{d}(2x)=-\frac{1}{2}\cos 2x+C$;

方法二 $\int \sin 2x\mathrm{d}x=2\int \sin x\cos x\mathrm{d}x=2\int \sin x\mathrm{d}(\sin x)=\sin^2 x+C$;

方法三 $\int \sin 2x\mathrm{d}x=2\int \sin x\cos x\mathrm{d}x=-2\int \cos x\mathrm{d}(\cos x)=-\cos^2 x+C$.

例 10 和例 11 表明，同一个不定积分，选择不同的积分方法，得到的结果形式不相同，但是可以利用导数验证它们的正确性. 即只要找到$f(x)$的一个原函数$F(x)$，其不定积分为$\int f(x)dx=F(x)+C$，这一个原函数可以不相同. 例 10 中，

$$\ln\sqrt{\frac{1+\sin x}{1-\sin x}}=\ln\sqrt{\frac{(1+\sin x)^2}{(1-\sin x)(1+\sin x)}}=\ln\left|\frac{1+\sin x}{\cos x}\right|=\ln|\sec x+\tan x|,$$

故

$$\int \sec x\mathrm{d}x=\ln\sqrt{\frac{1+\sin x}{1-\sin x}}+C=\ln|\sec x+\tan x|+C.$$

例 11 中，

$$-\frac{1}{2}\cos 2x=-\frac{1}{2}(1-2\sin^2 x)=\sin^2 x-\frac{1}{2},$$

$$-\cos^2 x=\sin^2 x-1,$$

三种解法的原函数仅差一个常数，都包含到任意常数 C 中，由此可见，在不定积分中，任意常数是不可缺少的.

【例 12】 求 $\int\cos^2 x\mathrm{d}x$.

【解】 $$\int\cos^2 x\mathrm{d}x=\int\frac{1+\cos 2x}{2}\mathrm{d}x=\frac{1}{2}\left(\int\mathrm{d}x+\int\cos 2x\mathrm{d}x\right)$$

$$=\frac{1}{2}\int\mathrm{d}x+\frac{1}{4}\int\cos 2x\mathrm{d}2x=\frac{x}{2}+\frac{1}{4}\sin 2x+C.$$

【例 13】 求 $\int\sin^2 x\cos^3 x\mathrm{d}x$.

【解】 $\int\sin^2 x\cos^3 x\mathrm{d}x=\int\sin^2 x\cos^2 x\cdot\cos x\mathrm{d}x=\int\sin^2 x(1-\sin^2 x)\mathrm{d}\sin x$

$$=\int(\sin^2 x-\sin^4 x)\mathrm{d}\sin x=\frac{1}{3}\sin^3 x-\frac{1}{5}\sin^5 x+C.$$

【例 14】 求 $\int\cos 4x\cos 3x\mathrm{d}x$.

【解】 利用三角学中的积化和差公式，对被积函数进行变形后再积分.

$$\int\cos 4x\cos 3x\mathrm{d}x=\frac{1}{2}\int(\cos 7x+\cos x)\mathrm{d}x=\frac{1}{14}\sin 7x+\frac{1}{2}\sin x+C.$$

【例 15】 求 $\int\frac{1}{x^2+2x-3}\mathrm{d}x$.

【解】 $$\int\frac{1}{x^2+2x-3}\mathrm{d}x=\int\frac{1}{(x+1)^2-4}\mathrm{d}(x+1)=\frac{1}{4}\ln\left|\frac{2-(x+1)}{2+(x+1)}\right|+C$$

$$=\frac{1}{4}\ln\left|\frac{1-x}{3+x}\right|+C.$$

由例 15，一般地 $\int\frac{1}{ax^2+bx+c}\mathrm{d}x$，当 $b^2-4ac\geqslant 0$ 时，先将分母 ax^2+bx+c 分解因式后拆项，化成形如 $\int\frac{1}{mx+n}\mathrm{d}x$ 的积分.

【例 16】 求 $\int\frac{2x+3}{x^2+4x+5}\mathrm{d}x$.

【解】 $$\int\frac{2x+3}{x^2+4x+5}\mathrm{d}x=\int\frac{2x+4-1}{x^2+4x+5}\mathrm{d}x=\int\frac{2x+4}{x^2+4x+5}\mathrm{d}x-\int\frac{1}{1+(x+2)^2}\mathrm{d}x$$

$$=\int\frac{\mathrm{d}(x^2+4x+5)}{x^2+4x+5}-\int\frac{1}{1+(x+2)^2}\mathrm{d}(x+2)$$

$$=\ln|x^2+4x+5|-\arctan(x+2)+C.$$

由例 16，一般地可设

$$\int\frac{mx+n}{ax^2+bx+c}\mathrm{d}x=A\int\frac{(ax^2+bx+c)'}{ax^2+bx+c}\mathrm{d}x+B\int\frac{1}{ax^2+bx+c}\mathrm{d}x\quad(b^2-4ac<0),$$

利用待定系数法求出 A、B 后，再代入求出积分.

【例 17】 求 $\int\frac{x}{\sqrt{3+2x-x^2}}\mathrm{d}x$.

【解】

$$\int\frac{x}{\sqrt{3+2x-x^2}}\mathrm{d}x=\int\frac{(x-1)+1}{\sqrt{4-(x-1)^2}}\mathrm{d}x$$

$$=\int\frac{x-1}{\sqrt{4-(x-1)^2}}\mathrm{d}x+\int\frac{1}{\sqrt{4-(x-1)^2}}\mathrm{d}x$$

$$=\int\frac{x-1}{\sqrt{4-(x-1)^2}}\mathrm{d}(x-1)+\int\frac{1}{2\sqrt{1-\left(\frac{x-1}{2}\right)^2}}\mathrm{d}x$$

$$=\frac{1}{2}\int\frac{\mathrm{d}\,(x-1)^2}{\sqrt{4-(x-1)^2}}+\int\frac{1}{\sqrt{1-\left(\frac{x-1}{2}\right)^2}}\mathrm{d}\left(\frac{x-1}{2}\right)$$

$$=-\frac{1}{2}\int\frac{\mathrm{d}[4-(x-1)^2]}{\sqrt{4-(x-1)^2}}+\arcsin\frac{x-1}{2}$$

$$=-\sqrt{4-(x-1)^2}+\arcsin\frac{x-1}{2}+C.$$

二、第二类换元积分法

第一类换元法能求解一部分不定积分问题，其关键是根据具体的被积函数，经过适当的凑微分后，依托于某一个基本积分公式进行计算. 但是，对于有些被积函数来说，微分不容易凑出. 这时，可以尝试作适当的变量替换来改变被积表达式的结构，使之化成基本积分公式表中的某一个形式，这就提出了第二类换元法.

定理 2（第二类换元积分法） 设函数 $x=\varphi(t)$ 单调. 可导，且 $\varphi'(t)\neq0$，如果 $\int f[\varphi(t)]\varphi'(t)\mathrm{d}t=F(t)+C$，则有换元积分公式

$$\int f(x)\mathrm{d}x = \left[\int f[\varphi(t)]\varphi'(t)\mathrm{d}t\right]_{t=\psi(x)} = F[\psi(x)] + C. \quad (2)$$

其中 $t=\psi(x)$ 是 $x=\varphi(t)$ 的反函数.

【证明】 由假设 $F'(t)=f[\varphi(t)]\cdot\varphi'(t)=f(x)\cdot\dfrac{\mathrm{d}x}{\mathrm{d}t}$，利用复合函数的求导法则及反函数的求导公式，推出

$$\frac{d}{\mathrm{d}x}F[\psi(x)]=\frac{\mathrm{d}F(t)}{\mathrm{d}x}=\frac{\mathrm{d}F(t)}{\mathrm{d}t}\cdot\frac{\mathrm{d}t}{\mathrm{d}x}=f'(t)\cdot\frac{\mathrm{d}t}{\mathrm{d}x}=f(x)\cdot\frac{\mathrm{d}x}{\mathrm{d}t}\cdot\frac{\mathrm{d}t}{\mathrm{d}x}=f(x).$$

这表明 $F[\psi(x)]$ 是 $f(x)$ 的一个原函数，从而

$$\int f(x)\mathrm{d}x=F[\psi(x)]+C.$$

以下我们举例说明第二类换元公式(2)的应用.

1. 被积函数含根式 $\sqrt[n]{ax+b}$（n 为正整数，a、b 为常数）

【例 18】 求 $\displaystyle\int\frac{1}{1+\sqrt{x-1}}\mathrm{d}x$.

【解】 基本积分公式表中没有公式可供本题直接套用，凑微分也不容易. 本题的困难在于被积函数中含有根式，如果能消去根式，就可能得以解决. 为此，作变换如下：

设 $t=\sqrt{x-1}$，则 $x=1+t^2$，$\mathrm{d}x=2t\mathrm{d}t$，于是

$$\int\frac{1}{1+\sqrt{x-1}}\mathrm{d}x=\int\frac{1}{1+t}\cdot 2t\mathrm{d}t=2\int\frac{t+1-1}{1+t}\mathrm{d}t=2\int\mathrm{d}t-2\int\frac{1}{1+t}\mathrm{d}t$$

$$=2t-2\ln(1+t)+C=2\sqrt{x-1}-2\ln(1+\sqrt{x-1})+C.$$

通过换元，消除根号，转换为关于 t 的积分，在求出新变量 t 的原函数后，再代入原变量 x，得到所求的不定积分. 这种换元积分法也称为“根式代换法”.

【例 19】 求 $\displaystyle\int\frac{\mathrm{d}x}{(1+\sqrt[3]{x})\sqrt{x}}$.

【解】 设 $\sqrt[6]{x}=t$，即作变量代换 $x=t^6\,(t>0)$，$\mathrm{d}x=6t^5\mathrm{d}t$，于是所求积分化为

$$\int\frac{1}{(1+\sqrt[3]{x})\sqrt{x}}\mathrm{d}x=\int\frac{6t^5}{(1+t^2)t^3}\mathrm{d}t=6\int\frac{t^2}{1+t^2}\mathrm{d}t=6\int\left(1-\frac{1}{1+t^2}\right)\mathrm{d}t=6(t-\arctan t)+C$$

$$=6(\sqrt[6]{x}-\arctan\sqrt[6]{x})+C.$$

【例 20】 求 $\int \frac{x+1}{x\sqrt{x-2}}\mathrm{d}x$.

【解】 设 $\sqrt{x-2}=t$，即 $x=t^2+2\quad(t>0)$，$\mathrm{d}x=2t\mathrm{d}t$，于是

$$\int \frac{x+1}{x\sqrt{x-2}}\mathrm{d}x=\int \frac{(t^2+2)+1}{(t^2+2)t}\cdot 2t\mathrm{d}t=2\int\left(1+\frac{1}{2+t^2}\right)\mathrm{d}t$$

$$=2\left(t+\frac{1}{\sqrt{2}}\arctan\frac{t}{\sqrt{2}}\right)+C=2\sqrt{x-2}+\sqrt{2}\arctan\frac{\sqrt{x-2}}{\sqrt{2}}+C.$$

【例 21】 求 $\int x\sqrt[3]{2x-1}\,\mathrm{d}x$.

【解】 设 $\sqrt[3]{2x-1}=t$，即 $x=\frac{1}{2}(t^3+1)$，$\mathrm{d}x=\frac{3}{2}t^2\mathrm{d}t$，于是

$$\int x\sqrt[3]{2x-1}\,\mathrm{d}x=\int\frac{1}{2}(t^3+1)t\cdot\frac{3}{2}t^2\mathrm{d}t=\frac{3}{4}\int(t^6+t^3)\mathrm{d}t$$

$$=\frac{3}{28}t^7+\frac{3}{16}t^4+C=\frac{3}{28}(2x+1)^{\frac{7}{3}}+\frac{3}{16}(2x+1)^{\frac{4}{3}}+C.$$

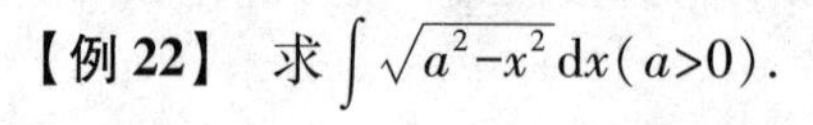

2. 被积函数含有根式 $\sqrt{a^2-x^2}$ 或 $\sqrt{x^2\pm a^2}$

【例 22】 求 $\int\sqrt{a^2-x^2}\,\mathrm{d}x\,(a>0)$.

【解】 与上面一样，也含有根式. 利用三角恒等式 $1-\sin^2 t=\cos^2 t$ 可消除根式. 设 $x=a\sin t$，$-\frac{\pi}{2}<t<\frac{\pi}{2}$，则 $t=\arcsin\frac{x}{a}$，

$$\sqrt{a^2-x^2}=a\sqrt{1-\sin^2 t}=a\cos t,\ \mathrm{d}x=a\cos t\mathrm{d}t,$$

代入被积表达式，得

$$\int\sqrt{a^2-x^2}\,\mathrm{d}x=\int a\cos t\cdot a\cos t\mathrm{d}t=a^2\int\frac{1+\cos 2t}{2}\mathrm{d}t$$

$$=a^2\left(\frac{1}{2}t+\frac{1}{4}\sin 2t\right)=\frac{a^2}{2}t+\frac{a^2}{2}\sin t\cos t+C.$$

为便于代回原变量，根据所设 $x=a\sin t$，作三角形如图 4-3. 由图 4-3 可知，$\cos t=\frac{\sqrt{a^2-x^2}}{a}$，与 $\sin t=\frac{x}{a}$ 及 $t=\arcsin\frac{x}{a}$ 一起代入，得

$$\int\sqrt{a^2-x^2}\,\mathrm{d}x=\frac{a^2}{2}t+\frac{a^2}{2}\sin t\cos t+C=\frac{a^2}{2}\arcsin\frac{x}{a}+\frac{x\sqrt{a^2-x^2}}{2}+C.$$

这种通过三角函数换元求积分的换元积分法，也称“三角代换法”.

【例 23】 求 $\int \frac{1}{\sqrt{x^2+4}}\mathrm{d}x$.

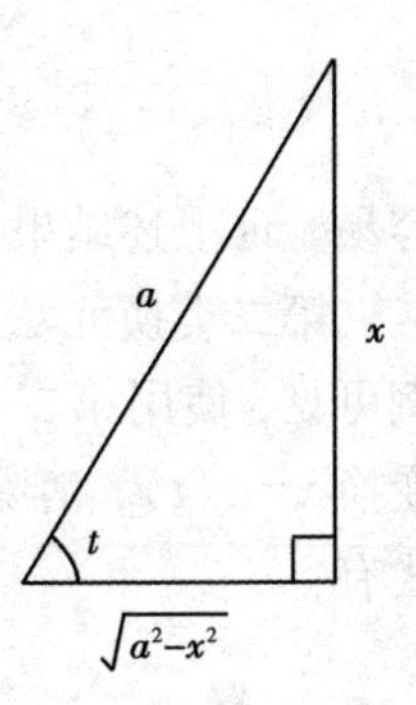

图 4-3

【解】 为消除根号，利用三角恒等式 $\tan^2 t+1=\sec^2 t$. 设 $x=2\tan t$，$-\frac{\pi}{2}<t<\frac{\pi}{2}$，则 $t=\arctan\frac{x}{2}$，

$$\sqrt{x^2+4}=2\sqrt{\tan^2 t+1}=2\sec t,\ dx=2\sec^2 t\mathrm{d}t,$$

代入被积式，得

$$\int\frac{1}{\sqrt{x^2+4}}\mathrm{d}x=\int\frac{1}{2\sec t}\cdot 2\sec^2 t\mathrm{d}t=\int\sec t\mathrm{d}t=\ln(\sec t+\tan t)+C_1.$$

根据 $x=2\tan t$，作三角形如图 4-4，其中 $a=2$. 由图 4-4 可知，$\sec t=\frac{\sqrt{x^2+4}}{2}$，与 $\tan t=\frac{x}{2}$ 一起代入上式，得

$$\int\frac{1}{\sqrt{x^2+4}}\mathrm{d}x=\ln\left(\frac{\sqrt{x^2+4}}{2}+\frac{x}{2}\right)+C_1=\ln(\sqrt{x^2+4}+x)+C,$$

其中 $C=-\ln 2+C_1$.

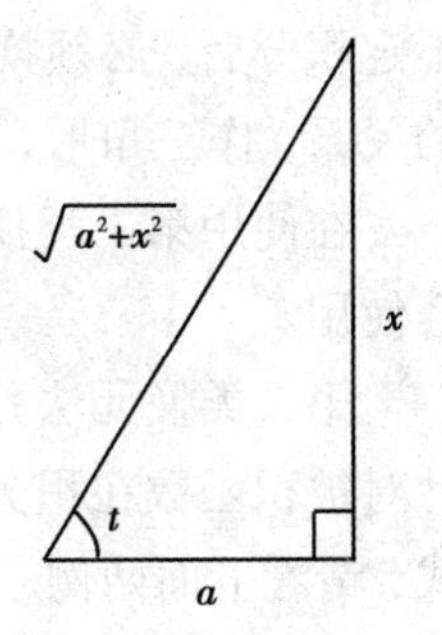

图 4-4

由例 23 知，一般地有

$$\boxed{\int\frac{1}{\sqrt{x^2+a^2}}=\ln\left|x+\sqrt{x^2+a^2}\right|+C(a>0)}$$

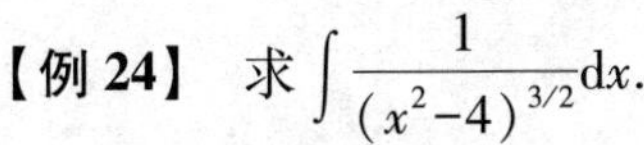

【例 24】 求 $\int\frac{1}{(x^2-4)^{3/2}}\mathrm{d}x$.

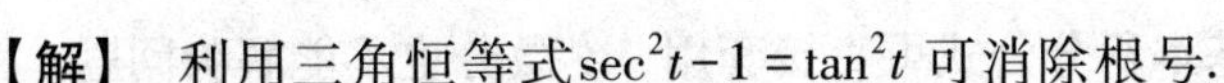

【解】 利用三角恒等式 $\sec^2 t-1=\tan^2 t$ 可消除根号.

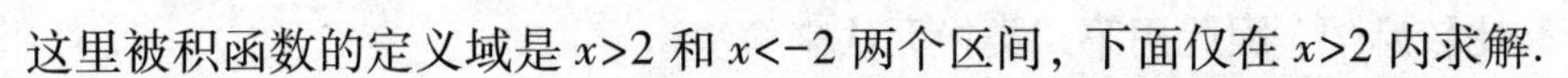

这里被积函数的定义域是 $x>2$ 和 $x<-2$ 两个区间，下面仅在 $x>2$ 内求解.

设 $x=2\sec t$，$0<t<\frac{\pi}{2}$，于是

$$(x^2-4)^{3/2}=8(\sec^2 t-1)^{3/2}=8\tan^3 t,\ \mathrm{d}x=2\tan t\sec t\mathrm{d}t,$$

代入被积表达式，得

$$\int\frac{1}{(x^2-4)^{3/2}}\mathrm{d}x=\int\frac{1}{8\tan^3 t}\cdot 2\tan t\sec t\mathrm{d}t=\frac{1}{4}\int\frac{\cos t}{\sin^2 t}\mathrm{d}x=\frac{1}{4}\int\frac{1}{\sin^2 t}\mathrm{d}\sin t=-\frac{1}{4\sin t}+C.$$

根据 $x=2\sec t$，作三角形如图 4-5，其中 $a=2$. 由图 4-5 可知，$\sin t=\frac{\sqrt{x^2-4}}{x}$，于是

$$\int \frac{1}{(x^2-4)^{3/2}}\mathrm{d}x=-\frac{1}{4\sin t}+C=-\frac{x}{4\sqrt{x^2-4}}+C.$$

容易验证上述结果在 $x<-2$ 时也成立.

第二类换元法是基本积分方法之一，由上述几例可见，使用第二类换元法的关键在于选择适当的变换 $x=\varphi(t)$，消除被积函数中的根号. 最常见的形式有：

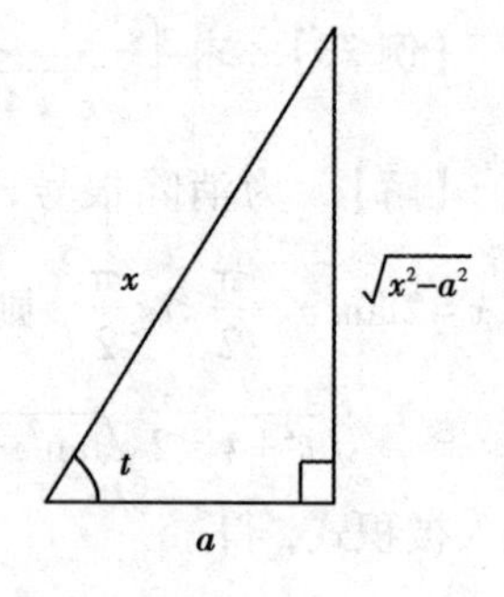

图 4-5

对 $\sqrt[n]{ax+b}$，设 $t=\sqrt[n]{ax+b}$；

对 $\sqrt{a^2-x^2}$，设 $x=a\sin t$；

对 $\sqrt{a^2+x^2}$，设 $x=a\tan t$；

对 $\sqrt{x^2-a^2}$，设 $x=a\sec t$.

变量替换后，原来关于 x 的不定积分转化为关于 t 的不定积分，在求得关于 t 的不定积分后，必须换回原变量. 在进行三角函数换元时，可由三角函数边与角的关系，作三角形，以便于回代.

在使用第二类换元法的同时，应注意与不定积分性质、第一类换元法等结合使用.

第二类换元法并不局限于上述几种基本形式，它也是非常灵活的方法. 应针对被积函数在积分时的困难，选择适当的变量替换，转化成便于求积分的形式，请看下面两例.

【例 25】 求 $\int x^2(2+x)^{10}\mathrm{d}x$.

【解】 显然没有基本积分公式可直接套用，凑微分也不能解决问题，10 次方展开又比较麻烦，因此用第二类换元法来解决.

设 $t=2+x$，则 $x=t-2$，$\mathrm{d}x=\mathrm{d}t$，原积分转化为

$$\begin{aligned}\int x^2(2+x)^{10}\mathrm{d}x &= \int (t-2)^2 t^{10}\mathrm{d}t=\int (4-4t+t^2)t^{10}\mathrm{d}t\\ &=\int (4t^{10}-4t^{11}+t^{12})\mathrm{d}t=\frac{4}{11}t^{11}-\frac{1}{3}t^{12}+\frac{1}{13}t^{13}+C\\ &=\frac{4}{11}(2+x)^{11}-\frac{1}{3}(2+x)^{12}+\frac{1}{13}(2+x)^{13}+C.\end{aligned}$$

【例 26】 求 $\int \frac{\mathrm{d}x}{\sqrt{\mathrm{e}^x+1}}$.

【解】 设 $\sqrt{\mathrm{e}^x+1}=t$，则 $x=\ln(t^2-1)$，$\mathrm{d}x=\frac{2t}{t^2-1}\mathrm{d}t$，于是

$$\int\frac{dx}{\sqrt{e^x+1}}=\int\frac{1}{t}\cdot\frac{2t}{t^2-1}dt=\int\frac{2}{t^2-1}dt=\int\left(\frac{1}{t-1}-\frac{1}{t+1}\right)dt$$

$$=\int\left(\frac{1}{t-1}-\frac{1}{t+1}\right)dt=\int\frac{1}{t-1}d(t-1)-\int\frac{1}{t+1}d(t+1)$$

$$=\ln(t-1)-\ln(t+1)+C=\ln\frac{t-1}{t+1}+C=\ln\frac{\sqrt{e^x+1}-1}{\sqrt{e^x+1}+1}+C.$$

在本节的例题中，有几个积分的类型是以后经常会遇到的，它们通常也被当作公式使用. 这样，常用的积分公式，除了基本积分表中的几个外，再添加下面几个(其中常数 $a>0$)：

(15) $\int\sec x dx=\ln|\sec x+\tan x|+C$；　(16) $\int\csc x dx=\ln|\csc x-\cot x|+C$；

(17) $\int\frac{dx}{a^2+x^2}=\frac{1}{a}\arctan\frac{x}{a}+C$；　(18) $\int\frac{dx}{x^2-a^2}=\frac{1}{2a}\ln\left|\frac{x-a}{x+a}\right|+C$；

(19) $\int\frac{dx}{\sqrt{a^2-x^2}}=\arcsin\frac{x}{a}+C$；　(20) $\int\frac{dx}{\sqrt{x^2+a^2}}=\ln|x+\sqrt{x^2+a^2}|+C$；

(21) $\int\frac{dx}{\sqrt{x^2-a^2}}=\ln|x+\sqrt{x^2-a^2}|+C$.

习题 4-2

1. 用第一类换元法求下列不定积分：

(1) $\int\sin 5x dx$；　(2) $\int\sqrt{1+2x}\,dx$；　(3) $\int\frac{1}{1-x}dx$；

(4) $\int\sqrt[3]{(2+3x)^2}\,dx$；　(5) $\int\frac{1}{(2x+3)^9}dx$；　(6) $\int e^{x^2+\ln x}dx$；

(7) $\int\frac{1}{(1-x)^2}dx$；　(8) $\int\frac{1+x}{1+x^2}dx$　(9) $\int(4-3\sin x)^{\frac{1}{3}}\cos x dx$；

(10) $\int\frac{1}{\sqrt{9-4x^2}}dx$；　(11) $\int x\sqrt{1+2x^2}\,dx$；　(12) $\int\frac{x}{\sqrt{1-x^2}}dx$；

(13) $\int\frac{x^2}{1+x^3}dx$；　(14) $\int xe^{3x^2}dx$；　(15) $\int\frac{x}{1+x^4}dx$；

(16) $\int 3^{2x}dx$；　(17) $\int\frac{1}{x\sqrt{2+3\ln x}}dx$；　(18) $\int\frac{1}{x\sqrt{1-(\ln x)^2}}dx$；

(19) $\int \frac{e^{2x}}{1+e^{2x}}dx$； (20) $\int \frac{1}{e^{x}+e^{-x}}dx$； (21) $\int e^{x}\cos e^{x}dx$；

(22) $\int e^{x}\sqrt{e^{x}+1}\,dx$； (23) $\int \frac{1}{\sqrt{x}\,(1+\sqrt{x}\,)}dx$； (24) $\int \frac{1}{\sqrt{x}\,(1+x)}dx$；

(25) $\int \frac{e^{\sqrt{x}}}{\sqrt{x}}dx$； (26) $\int \frac{1}{x^{2}}\cos\frac{1}{x}dx$； (27) $\int \frac{e^{\frac{1}{x}}}{x^{2}}dx$；

(28) $\int \sin^{3}x\,dx$； (29) $\int \frac{1}{1+\sin x}dx$； (30) $\int \frac{\cos x}{1+\sin x}dx$；

(31) $\int \frac{\sin 2x}{\sqrt{3-\cos^{2}x}}dx$； (32) $\int \frac{\sin x}{\cos^{3}x}dx$； (33) $\int \frac{(\arctan x)^{2}}{1+x^{2}}dx$；

(34) $\int \frac{\arccos x}{\sqrt{1-x^{2}}}dx$； (35) $\int \frac{1}{1+x^{2}}10^{\arctan x}dx$； (36) $\int \frac{1}{\sqrt{1-x^{2}}\arcsin x}dx$；

(37) $\int \frac{1}{x^{2}+3x+4}dx$； (38) $\int \frac{x+2}{x^{2}+3x+4}dx$； (39) $\int \frac{1}{\sqrt{1-2x-x^{2}}}dx$.

2. 用第二类换元法求下列不定积分：

(1) $\int x\sqrt{x-3}\,dx$； (2) $\int \frac{\sqrt{x-1}}{x}dx$；

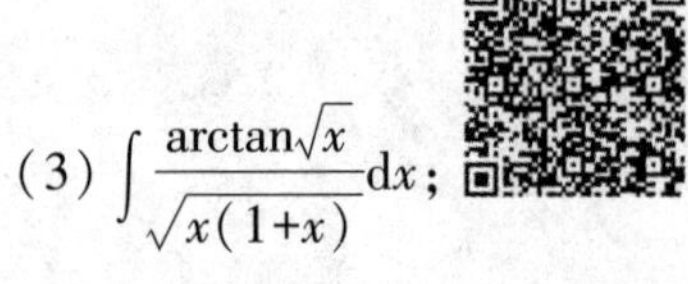

(3) $\int \frac{\arctan\sqrt{x}}{\sqrt{x(1+x)}}dx$；

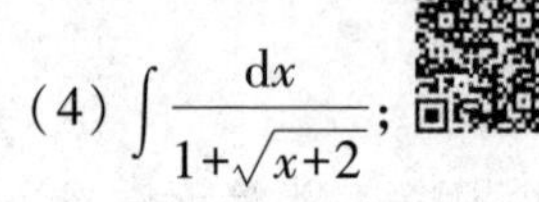

(4) $\int \frac{dx}{1+\sqrt{x+2}}$；

(5) $\int \frac{1-x}{\sqrt{1-x^{2}}}dx$； (6) $\int \sqrt{1-x^{2}}\,dx$；

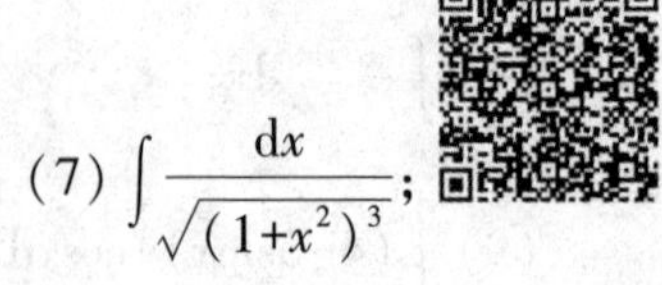

(7) $\int \frac{dx}{\sqrt{(1+x^{2})^{3}}}$；

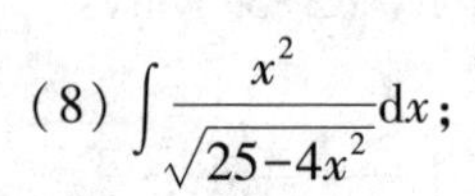

(8) $\int \frac{x^{2}}{\sqrt{25-4x^{2}}}dx$；

(9) $\int \frac{1}{x^{2}\sqrt{1+x^{2}}}dx$； (10) $\int \frac{1}{(x^{2}+4)^{\frac{3}{2}}}dx$； (11) $\int \frac{1}{\sqrt{x^{2}-1}}dx$；

(12) $\int \frac{\sqrt{x^{2}-4}}{x}dx$； (13) $\int \sqrt{1-2x-x^{2}}\,dx$； (14) $\int \frac{1}{x\sqrt{\frac{x^{2}}{9}-1}}dx$；

(15) $\int x(5x-1)^{15}dx$；

(16) $\int \frac{x}{(3-x)^7}\mathrm{d}x$;　　(17) $\int \frac{x^3+1}{(x^2+1)^2}\mathrm{d}x$.

第三节　分部积分法

分部积分法是又一种基本积分方法，它是由两个函数乘积的微分运算法则推得的一种求积分的基本方法. 这种方法主要用于求解某些被积函数是两类不同函数乘积的不定积分.

设函数 $u=u(x)$，$v=v(x)$ 具有连续的导数 $u'(x)$ 和 $v'(x)$，则由乘积的微分运算法则

$$\mathrm{d}(uv)=u\mathrm{d}v+v\mathrm{d}u,$$

可得

$$u\mathrm{d}v=\mathrm{d}(uv)-v\mathrm{d}u,$$

两边积分，得

$$\int u\mathrm{d}v=uv-\int v\mathrm{d}u \text{ 或 } \int uv'\mathrm{d}x=uv-\int vu'\mathrm{d}x.$$

上式称为分部积分公式. 它把 uv' 的积分转化为 vu' 的积分，当右边的积分可以求出，或右边的积分比左边的积分容易求出时，就显示了分部积分公式的作用.

【例 1】　求 $\int xe^x\mathrm{d}x$.

【解】　本题没有基本积分公式可直接套用，两类换元法也无能为力. 本题的特点是被积函数为幂函数 x 和指数函数 e^x 这两类函数的乘积，宜用分部积分法求解.

设 $u=x$，$\mathrm{d}v=e^x\mathrm{d}x$，即 $v'=e^x$，于是 $u'=1$，$v=\int v'\mathrm{d}x=\int e^x\mathrm{d}x=e^x$.

(这里可以不写积分常数 C，因为代入分部积分公式后将被消除)

由分部积分公式得

$$\int xe^x\mathrm{d}x=xe^x-\int 1\cdot e^x\mathrm{d}x=xe^x-e^x+C.$$

分部积分法的关键是如何正确选择 u 和 v'，其原则是积分 $v=\int v'\mathrm{d}x$ 计算方便，并且积分 $\int vu'\mathrm{d}x$ 容易求得. 本例如果改变 u 和 v' 的选择为 $u=e^x$，$\mathrm{d}v=x\mathrm{d}x$ 或 $v'=x$，则

$$u'=e^x,\ v=\int x\mathrm{d}x=\frac{1}{2}x^2,$$

代入分部积分公式，得

$$\int xe^x\mathrm{d}x=\frac{1}{2}x^2e^x-\int\frac{1}{2}x^2e^x\mathrm{d}x,$$

现在等号右边的积分反而比原积分复杂.

由例 1，形如 $\int P_n(x)e^{\alpha x}\mathrm{d}x$ 不定积分，可选择 $\mathrm{d}u=e^{\alpha x}\mathrm{d}x$ 和 $v=P_n(x)$ 进行分部积分. 这里 $P_n(x)$ 为 n 次多项式，以下类同.

【例 2】 求 $\int x\ln x\mathrm{d}x$.

【解】 被积函数是幂函数 x 和对数函数 $\ln x$ 乘积，设 $u=\ln x$，$v'=x$，于是 $u'=\frac{1}{x}$，$v=\frac{1}{2}x^2$，由分部积分法，得

$$\int x\ln x\mathrm{d}x=\frac{1}{2}x^2\ln x-\int\frac{1}{2}x^2\cdot\frac{1}{x}\mathrm{d}x=\frac{1}{2}x^2\ln x-\frac{1}{4}x^2+C.$$

若改变 u 和 v' 的选择，设 $u=x$，$v'=\ln x$，则 $v=\int\ln x\mathrm{d}x$ 的计算就比较复杂了，并且分部积分后的结果比原积分更复杂.

由例 2，形如 $\int P_n(x)\ln\alpha x\mathrm{d}x$ 不定积分，可选择 $\mathrm{d}u=P_n(x)\mathrm{d}x$ 和 $v=\ln\alpha x$ 进行分部积分.

【例 3】 求 $\int x^2\sin x\mathrm{d}x$.

【解】 被积函数是幂函数 x^2 和三角函数 $\sin x$ 的乘积，设 $u=x^2$，$v'=\sin x$，于是 $u'=2x$，$v=-\cos x$，由分部积分法，得

$$\int x^2\sin x\mathrm{d}x=x^2(-\cos x)-\int 2x(-\cos x)\mathrm{d}x=-x^2\cos x+2\int x\cos x\mathrm{d}x.$$

等式右边的积分 $\int x\cos x\mathrm{d}x$ 仍然是两类函数乘积的积分，因此，再次使用分部积分法，设 $u=x$，$v'=\cos x$，于是 $u'=1$，$v=\sin x$，由分部积分法，得

$$\int x\cos x\mathrm{d}x=x\sin x-\int 1\cdot\sin x\mathrm{d}x=x\sin x+\cos x+C_1.$$

故原积分为

$$\int x^2\sin x\mathrm{d}x=-x^2\cos x+2x\sin x+2\cos x+C.$$

由例 3，形如 $\int P_n(x)\sin\alpha x\mathrm{d}x$ 不定积分，可选择 $\mathrm{d}u=\sin\alpha x\mathrm{d}x$ 和 $v=P_n(x)$ 进行分部积分. 同时，如果需要，可以多次使用分部积分法.

我们常把分部积分的过程写成

$$\int f(x)\mathrm{d}x=\int u(x)\mathrm{d}v(x)=uv-\int vu'\mathrm{d}x$$

的形式，如例 3 的求解过程可写成

$$\begin{aligned}\int x^2\sin x\mathrm{d}x&=\int(-x^2)\mathrm{d}\cos x=-x^2\cos x-\int\cos x(-2x)\mathrm{d}x\\&=-x^2\cos x+\int 2x\mathrm{d}\sin x=-x^2\cos x+2x\sin x-\int\sin x\cdot 2\mathrm{d}x\\&=-x^2\cos x+2x\sin x+2\cos x+C.\end{aligned}$$

【例 4】　求 $\int\arctan x\mathrm{d}x$.

【解】　被积函数仅是反三角函数，但可看作 $\arctan x$ 与 1 的乘积，即 $\arctan x\mathrm{d}x$ 就是 $u(x)\mathrm{d}v(x)$. 于是

$$\int\arctan x\mathrm{d}x=x\arctan x-\int x\cdot\frac{1}{1+x^2}\mathrm{d}x=x\arctan x-\frac{1}{2}\ln(1+x^2)+C.$$

由例 4，形如 $\int P_n(x)\arctan\alpha x\mathrm{d}x$、$\int P_n(x)\arcsin\alpha x\mathrm{d}x$ 等不定积分，可选择 $\mathrm{d}u=P_n(x)\mathrm{d}x$ 和 $v=\arctan\alpha x$、$\arcsin\alpha x$ 进行分部积分.

【例 5】　求 $\int\mathrm{e}^x\cos x\mathrm{d}x$.

【解】　这是指数函数 e^x 和三角函数 $\cos x$ 乘积的积分，任选二者之一(例如选 e^x)作为 v'，有

$$\int\mathrm{e}^x\cos x\mathrm{d}x=\int\cos x\,\mathrm{d}\mathrm{e}^x=\mathrm{e}^x\cos x-\int\mathrm{e}^x(-\sin x)\mathrm{d}x=\mathrm{e}^x\cos x+\int\mathrm{e}^x\sin x\mathrm{d}x.$$

等式右边的积分仍然是指数函数和三角函数乘积的积分，且与左边积分相似，对它再次使用分部积分法，仍选 e^x 作为 v'，有

$$\int\mathrm{e}^x\sin x\mathrm{d}x=\int\sin x\,\mathrm{d}\mathrm{e}^x=\mathrm{e}^x\sin x-\int\mathrm{e}^x\cos x\mathrm{d}x,$$

于是

$$\int\mathrm{e}^x\cos x\mathrm{d}x=\mathrm{e}^x\cos x+\int\mathrm{e}^x\sin x\mathrm{d}x=\mathrm{e}^x\cos x+\mathrm{e}^x\sin x-\int\mathrm{e}^x\cos x\mathrm{d}x,$$

移项得

$$2\int\mathrm{e}^x\cos x\mathrm{d}x=\mathrm{e}^x(\cos x+\sin x)+C_1,$$

故

$$\int e^x\cos x\mathrm{d}x=\frac{1}{2}e^x(\cos x+\sin x)+C.$$

两次分部积分后，又回到原来的积分，且两者系数不同，可移项得到积分结果，这在分部积分中是一种常用的技巧.

【例 6】 求$\int \sec^3x\mathrm{d}x$.

【解】 把被积分函数看作$\sec x\cdot\sec^2x$，用分部积分法，有

$$\begin{aligned}\int\sec^3x\mathrm{d}x&=\int\sec x\cdot\sec^2x\mathrm{d}x=\int\sec x\mathrm{d}\tan x=\sec x\tan x-\int\tan x\cdot\sec x\tan x\mathrm{d}x\\&=\sec x\tan x-\int(\sec^2x-1)\sec x\mathrm{d}x=\sec x\tan x-\int\sec^3x\mathrm{d}x+\int\sec x\mathrm{d}x\\&=\sec x\tan x-\int\sec^3x\mathrm{d}x+\ln|\sec x+\tan x|,\end{aligned}$$

移项并除 2，得

$$\int\sec^3x\mathrm{d}x=\frac{1}{2}(\sec x\tan x+\ln|\sec x+\tan x|)+C.$$

【例 7】 设$I_n=\int\frac{\mathrm{d}x}{(a^2+x^2)^n}$，$n\in\mathbf{Z}^+$，

(1)试证明递推公式：

$$I_n=\frac{x}{2(n-1)a^2(a^2+x^2)^{n-1}}+\frac{2n-3}{2(n-1)a^2}I_{n-1},\ n=2,\ 3,\ \cdots$$

(2)求$\int\frac{\mathrm{d}x}{(1+x^2)^3}$.

【解】 (1)设$u=\frac{1}{(a^2+x^2)^n}$，$\mathrm{d}v=\mathrm{d}x$，则$u'=\frac{-2nx}{(a^2+x^2)^{n+1}}$，由分部积分公式，得

$$\begin{aligned}I_n&=\int\frac{\mathrm{d}x}{(a^2+x^2)^n}=\frac{x}{(a^2+x^2)^n}+2n\int\frac{x^2}{(a^2+x^2)^{n+1}}\mathrm{d}x\\&=\frac{x}{(a^2+x^2)^n}+2n\int\frac{(a^2+x^2)-a^2}{(a^2+x^2)^{n+1}}\mathrm{d}x=\frac{x}{(a^2+x^2)^n}+2nI_n-2na^2I_{n+1},\end{aligned}$$

解得

$$I_{n+1}=\frac{x}{2na^2(a^2+x^2)^n}+\frac{2n-1}{2na^2}I_n,$$

或

$$I_n=\frac{x}{2(n-1)a^2(a^2+x^2)^{n-1}}+\frac{2n-3}{2(n-1)a^2}I_{n-1},\ n=2,\ 3,\ \cdots$$

这是一个递推公式，每使用一次，n 就递减 1，最后 n 递减到 1 时，

$$I_1=\int\frac{\mathrm{d}x}{a^2+x^2}=\frac{1}{a}\arctan\frac{x}{a}+C.$$

(2)由递推公式得

$$I_3=\int\frac{\mathrm{d}x}{(1+x^2)^3}=\frac{x}{2(3-1)(1+x^2)^2}+\frac{2\cdot3-3}{2(3-1)}I_2$$

$$=\frac{x}{4(1+x^2)^2}+\frac{3}{4}\left[\frac{x}{2(1+x^2)}+\frac{1}{2}I_1\right]=\frac{x}{4(1+x^2)^2}+\frac{3x}{8(1+x^2)}+\frac{3}{8}\arctan x+C.$$

【例 8】　求 $\int\sqrt{a^2-x^2}\,\mathrm{d}x$.

【解】　本题除了利用三角代换求解外，我们也可以利用分部积分法求解.

$$\int\sqrt{a^2-x^2}\,\mathrm{d}x=x\cdot\sqrt{a^2-x^2}-\int x\mathrm{d}\sqrt{a^2-x^2}=x\cdot\sqrt{a^2-x^2}+\int\frac{x^2}{\sqrt{a^2-x^2}}\mathrm{d}x$$

$$=x\sqrt{a^2-x^2}-\int\frac{(a^2-x^2)-a^2}{\sqrt{a^2-x^2}}\mathrm{d}x=x\sqrt{a^2-x^2}-\int\sqrt{a^2-x^2}\,\mathrm{d}x+\int\frac{a^2}{\sqrt{a^2-x^2}}\mathrm{d}x$$

$$=x\sqrt{a^2-x^2}-\int\sqrt{a^2-x^2}\,\mathrm{d}x+a^2\arcsin\frac{x}{a},$$

移项并除 2，得

$$\int\sqrt{a^2-x^2}\,\mathrm{d}x=\frac{1}{2}a^2\arcsin\frac{x}{a}+\frac{1}{2}x\sqrt{a^2-x^2}+C.$$

【例 9】　求 $\int\sin\sqrt{x}\,\mathrm{d}x$.

【解】　被积函数中含有根式，可先换元后分部积分. 即设 $\sqrt{x}=t$，则 $x=t^2(t>0)$，$\mathrm{d}x=2t\mathrm{d}t$，

$$\int\sin\sqrt{x}\,\mathrm{d}x=\int\sin t\cdot2t\mathrm{d}t=2\int t\cdot\sin t\mathrm{d}t=-2\int t\mathrm{d}\cos t=-2\left(t\cos t-\int\cos t\mathrm{d}t\right)$$

$$=-2(t\cos t-\sin t)+C=2(\sin\sqrt{x}-\sqrt{x}\cos\sqrt{x})+C.$$

习题 4-3

用分部积分法求下列不定积分:

(1) $\int x^2\cos x\mathrm{d}x$; (2) $\int \frac{x}{\cos^2 x}\mathrm{d}x$; (3) $\int (x^2-2x-3)\sin 2x\mathrm{d}x$;

(4) $\int x\sin x\mathrm{d}x$; (5) $\int x\mathrm{e}^{-x}\mathrm{d}x$; (6) $\int x\mathrm{e}^{2x}\mathrm{d}x$;

(7) $\int (x-1)5^x\mathrm{d}x$; (8) $\int x^2\mathrm{e}^{-x}\mathrm{d}x$; (9) $\int x\arctan x\mathrm{d}x$;

(10) $\int \arcsin x\mathrm{d}x$; (11) $\int \arctan\sqrt{x}\mathrm{d}x$; (12) $\int (\arcsin x)^2\mathrm{d}x$;

(13) $\int \frac{\ln x-1}{x^2}\mathrm{d}x$; (14) $\int x\operatorname{arccot} x\mathrm{d}x$; (15) $\int x\tan^2 x\mathrm{d}x$;

(16) $\int \ln(x+\sqrt{1+x^2})\mathrm{d}x$; (17) $\int \mathrm{e}^x\sin x\mathrm{d}x$; (18) $\int \frac{\arctan\mathrm{e}^x}{\mathrm{e}^x}\mathrm{d}x$;

(19) $\int \sin(\ln x)\mathrm{d}x$; (20) $\int \frac{\ln\sin x}{\sin^2 x}\mathrm{d}x$.

第四节 函数的积分举例与积分表的使用

本节讨论几种比较简单的特殊类型函数的积分.

一、简单有理函数的积分

设关于 x 的多项式

$$P_n(x)=a_0x^n+a_1x^{n-1}+\cdots+a_{n-1}x+a_n,$$
$$Q_m(x)=b_0x^m+b_1x^{m-1}+\cdots+b_{m-1}x+b_m,$$

当 $n\geqslant m$ 时, $\frac{P_n(x)}{Q_m(x)}$称为假分式, 当 $n<m$ 时, 称为真分式, 利用多项式的除法, 假分式可以化为多项式和真分式之和. 例如,

$$\frac{x^3+2x+1}{x^2+1}=x+\frac{x+1}{x^2+1}.$$

多项式的积分是容易的，于是有理函数$\dfrac{P_n(x)}{Q_m(x)}$的积分只须考虑真分式的积分. 根据代数学的知识有如下定理.

定理 3　设 $P_n(x)$，$Q_m(x)$ 分别为 n，m 次实系数多项式，$n<m$，且已知 $Q_m(x)$ 可因式分解为：

$$Q_m(x)=b_0(x-a_1)^{k_1}(x-a_2)^{k_2}\cdots(x^2+p_1x+q_1)^{l_1}(x^2+p_2x+q_2)^{l_2}\cdots$$

其中

$$p_1^2-4q_1<0,\ p_2^2-4q_2<0,\ \cdots$$

则必存在一组常数

$$A_1,\ A_2,\ \cdots,\ A_{k_1};$$

$$B_1,\ B_2,\ \cdots,\ B_{k_2};\ \cdots;$$

$$C_1,\ D_1,\ C_2,\ D_2,\ \cdots,\ C_{l_1},\ D_{l_1};$$

$$E_1,\ F_1,\ E_2,\ F_2,\ \cdots,\ E_{l_2},\ F_{l_2},\ \cdots$$

使

$$\begin{aligned}\frac{P_n(x)}{Q_m(x)}=&\frac{A_1}{x-a_1}+\frac{A_2}{(x-a_1)^2}+\cdots+\frac{A_{k_1}}{(x-a_1)^{k_1}}+\\&\frac{B_1}{x-a_2}+\frac{B_2}{(x-a_2)^2}+\cdots+\frac{B_{k_2}}{(x-a_2)^{k_2}}+\cdots+\\&\frac{C_1x+D_1}{x^2+p_1x+q_1}+\frac{C_2x+D_2}{(x^2+p_1x+q_1)^2}+\cdots+\frac{C_{l_1}x+D_{l_1}}{(x^2+p_1x+q_1)^{l_1}}+\\&\frac{E_1x+F_1}{x^2+p_2x+q_2}+\frac{E_2x+F_2}{(x^2+p_2x+q_2)^2}+\cdots+\frac{E_{l_2}x+F_{l_2}}{(x^2+p_2x+q_2)^{l_2}}+\cdots\end{aligned}$$

定理表明，真分式可以分解为下列两类分式(称为最简分式)之和：

第一类：$\dfrac{A_1}{x-\alpha},\ \dfrac{A_i}{(x-\alpha)^2},\ \cdots,\ \dfrac{A_k}{(x-\alpha)^k};$

第二类：$\dfrac{B_1x+C_1}{x^2+px+q},\ \dfrac{B_2x+C_2}{(x^2+px+q)^2},\ \cdots,\ \dfrac{B_lx+C_l}{(x^2+px+q)^l}\quad(p^2-4q<0).$

因此，真分式可以分解为上述两类最简分式的积分.

最简分式中的待定系数 A_1，A_2，$\cdots$，A_n，B_1，C_1，B_2，C_2，$\cdots$，B_n，C_n 如何确定，请看下面的例题.

【例 1】 将真分式$\frac{x+3}{x^2-5x+6}$分解成最简分式之和.

【解】 分母 $x^2-5x+6=(x-3)(x-2)$，由定理，设

$$\frac{x+3}{(x-2)(x-3)}=\frac{A}{x-3}+\frac{B}{x-2},$$

右边通分，得

$$\frac{x+3}{(x-2)(x-3)}=\frac{(A+B)x+(-2A-3B)}{(x-2)(x-3)}.$$

比较等式左右两端的分子中 x 同次幂的系数，得

$$A+B=1，-2A-3B=3,$$

即

$$A=6，B=-5,$$

于是

$$\frac{x+3}{x^2-5x+6}=\frac{6}{x-3}+\frac{-5}{x-2}.$$

【例 2】 将真分式$\frac{x+4}{x^3+2x-3}$分解成最简分式之和.

【解】 由定理，设

$$\frac{x+4}{x^3+2x-3}=\frac{x+4}{(x-1)(x^2+x+3)}=\frac{A}{x-1}+\frac{Bx+C}{x^2+x+3},$$

消去分母，得

$$x+4=A(x^2+x+3)+(Bx+C)(x-1),$$

或

$$x+4=(A+B)x^2+(A-B+C)x+(3A-C).$$

比较等式两边 x 的同次幂系数，得

$$\begin{cases}A+B=0,\\ A-B+C=1,\\ 3A-C=4,\end{cases}$$

解此方程组，得 $A=1$，$B=-1$，$C=-1$. 于是

$$\frac{x+4}{x^3+2x-3}=\frac{x+4}{(x-1)(x^2+x+3)}=\frac{1}{x-1}+\frac{-x-1}{x^2+x+3}.$$

上述确定待定系数的运算通常比较繁锁. 事实上，消去公分母后所得等式是一个恒等式，它对 x 的一切值均成立，因而只要选择 x 的一些特殊值代入(称

为赋值法)，即可得到待定系数的值.

令 $x=1$，得 $5=A(1+1+3)$，故 $A=1$；

令 $x=0$，得 $4=3A-C$，故 $C=-1$；

令 $x=2$，得 $6=9A+2B+C$，故 $B=-1$.

结果与上述方法相同.

真分式的积分归结为两类最简分式的积分，有

第一类：
$$\int \frac{1}{x-a}\mathrm{d}x=\ln|x-a|+C,$$

$$\int \frac{1}{(x-a)^k}\mathrm{d}x=\frac{1}{(1-k)(x-a)^{k-1}}+C;$$

第二类：

$$\int \frac{1}{x^2+px+q}\mathrm{d}x=\int \frac{1}{\left(x+\frac{p}{2}\right)^2+\left(q-\frac{p^2}{4}\right)}\mathrm{d}x=\frac{1}{\sqrt{q-\frac{p^2}{4}}}\arctan\frac{x+\frac{p}{2}}{\sqrt{q-\frac{p^2}{4}}}+C,$$

$$\int \frac{\mathrm{d}x}{(x^2+px+q)^l}=\int \frac{\mathrm{d}x}{\left[\left(x+\frac{p}{2}\right)^2+\left(q-\frac{p^2}{4}\right)\right]^l}=\int \frac{\mathrm{d}u}{(u^2+a^2)^l}.$$

其中 $u=x+\frac{p}{2}$，$a^2=q-\frac{p^2}{4}$，该积分可利用前面例 7 所述的递推公式予以解决，也可令 $u=a\tan t$，用换元积分法解决.

总之，有理函数分解成多项式与最简分式之和以后，各个部分积分都能求出，且原函数都是初等函数.

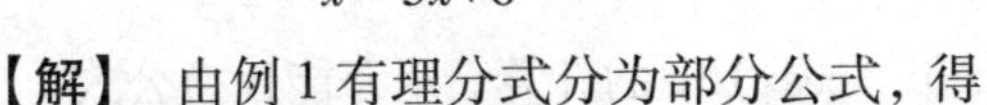

【例 3】 求 $\int \frac{x+3}{x^2-5x+6}\mathrm{d}x$.

【解】 由例 1 有理分式分为部分公式，得

$$\int \frac{x+3}{x^2-5x+6}\mathrm{d}x=\int\left(\frac{6}{x-3}+\frac{-5}{x-2}\right)\mathrm{d}x=6\ln|x-3|-5\ln|x-2|+C.$$

【例 4】 求 $\int \frac{x+4}{x^3+2x-3}\mathrm{d}x$.

【解】 由例 2 得

$$\int \frac{x+4}{x^3+2x-3}\mathrm{d}x=\int\left(\frac{1}{x-1}+\frac{-x-1}{x^2+x+3}\right)\mathrm{d}x=\int\left(\frac{1}{x-1}-\frac{1}{2}\frac{2x+1}{x^2+x+3}-\frac{1}{2}\frac{1}{x^2+x+3}\right)\mathrm{d}x$$

$$=\ln|x-1|-\frac{1}{2}\int\frac{1}{x^2+x+3}\mathrm{d}(x^2+x+3)-\frac{1}{2}\int\frac{1}{\left(x+\frac{1}{2}\right)^2+\frac{11}{4}}\mathrm{d}\left(x+\frac{1}{2}\right)$$

$$=\ln|x-1|+\ln(x^2+x+3)-\frac{1}{\sqrt{11}}\arctan\frac{2x+1}{\sqrt{11}}+C.$$

【例 5】 求 $\int\frac{x^2-5x+12}{(x+1)(x-2)^2}\mathrm{d}x$.

【解】 设

$$\frac{x^2-5x+12}{(x+1)(x-2)^2}=\frac{A}{x+1}+\frac{B}{x-2}+\frac{C}{(x-2)^2},$$

消去分母，得

$$x^2-5x+12=A(x-2)^2+B(x+1)(x-2)+C(x+1).$$

令 $x=2$，得 $6=3C$，故 $C=2$；

令 $x=-1$，得 $18=9A$，故 $A=2$；

令 $x=0$，得 $12=4A-2B+C$，故 $B=-1$.

于是

$$\int\frac{x^2-5x+12}{(x+1)(x-2)^2}\mathrm{d}x=\int\left[\frac{2}{x+1}-\frac{1}{x-2}+\frac{2}{(x-2)^2}\right]\mathrm{d}x=2\ln|x+1|-\ln|x-2|-\frac{2}{x-2}+C.$$

二、三角函数有理式的积分

以三角函数为变元的有理函数，统称为三角有理函数，记为 $R(\sin x,\cos x)$，例如

$$\frac{4}{2\sin x-3\cos x},\ \frac{\cos x\sin^2 x}{1+\sin^4 x}.$$

三角有理式的不定积分 $\int R(\sin x,\cos x)\mathrm{d}x$ 的计算，用万能代换公式

$$\tan\frac{x}{2}=t,$$

则有

$$\sin x=\frac{2\tan\frac{x}{2}}{1+\tan^2\frac{x}{2}}=\frac{2t}{1+t^2},\ \cos x=\frac{1-\tan^2\frac{x}{2}}{1+\tan^2\frac{x}{2}}=\frac{1-t^2}{1+t^2},\ \mathrm{d}x=\frac{2}{1+t^2}\mathrm{d}t,$$

于是

$$\int R(\sin x,\cos x)\,dx=\int R\left(\frac{2t}{1+t^2},\frac{1-t^2}{1+t^2}\right)\frac{2}{1+t^2}dt$$

就化为有理函数的积分问题了.

【例 6】 求$\int\frac{dx}{4+5\cos x}$.

【解】 令$\tan\frac{x}{2}=t$，则有

$$\sin x=\frac{2t}{1+t^2},\ \cos x=\frac{1-t^2}{1+t^2},\ dx=\frac{2}{1+t^2}dt,$$

$$\int\frac{dx}{4+5\cos x}=\int\frac{1}{4+5\frac{1-t^2}{1+t^2}}\frac{2}{1+t^2}dt=-2\int\frac{dt}{t^2-3^2}$$

$$=-2\frac{1}{6}\ln\left|\frac{t-3}{t+3}\right|+C=-\frac{1}{3}\ln\left|\frac{\tan\frac{x}{2}-3}{\tan\frac{x}{2}+3}\right|+C.$$

三角函数有理式的积分都可以用万能代换化为有理函数的积分，但有时计算比较复杂，因此应注意利用三角恒等式、凑微分法等其他方法求解。

【例 7】 求$\int\frac{\sin x}{1+\sin x}dx$.

【解 1】 令$\tan\frac{x}{2}=t$，则有

$$\sin x=\frac{2t}{1+t^2},\ ,\ dx=\frac{2}{1+t^2}dt,$$

$$\int\frac{\sin x}{1+\sin x}dx=\int\frac{\frac{2t}{1+t^2}}{1+\frac{2t}{1+t^2}}\frac{2}{1+t^2}dt=4\int\frac{t}{(1+t^2)(1+t^2+2t)}dt$$

$$=2\int\left(\frac{1}{1+t^2}-\frac{1}{(1+t)^2}\right)dt=2\int\frac{1}{1+t^2}dt-2\int\frac{1}{(1+t)^2}dt$$

$$=2\arctan t+\frac{2}{1+t}+C=2\arctan\left(\tan\frac{x}{2}\right)+\frac{2}{1+\tan\frac{x}{2}}+C.$$

【解 2】 $\int\frac{\sin x}{1+\sin x}dx=\int\frac{\sin x(1-\sin x)}{(1+\sin x)(1-\sin x)}dx=\int\frac{\sin x-\sin^2 x}{\cos^2 x}dx$

$$=\int(\sec x\tan x-\tan^2 x)\,dx=\sec x-\int(\sec^2 x-1)\,dx$$

$$=\sec x-\tan x+x+C.$$

三、积分表的使用

为了实用的方便，把常用的积分公式汇集成表，这种表叫作积分表. 积分表一般是按照被积函数的类型排列的，使用时可根据被积函数的类型直接地或经过简单的变形后，在表内查得所需要的结果.

本书附录中有一个简要的积分表，以备查阅.

下面举例说明如何使用积分表计算不定积分.

【例 8】 求 $\int\frac{x}{(3x+4)^2}dx$.

【解】 被积函数含有 $ax+b$，在积分表(一)中查公式(7)，得

$$\int\frac{x}{(ax+b)^2}dx=\frac{1}{a^2}\left(\ln|ax+b|+\frac{b}{ax+b}\right)+C.$$

用 $a=3$，$b=4$ 代入，得

$$\int\frac{x}{(3x+4)^2}dx=\frac{1}{9}\left(\ln|3x+4|+\frac{4}{3x+4}\right)+C.$$

【例 9】 求 $\int\frac{1}{1+\sin^2 x}dx$.

这个积分不能在积分表中直接查到，必须把被积函数变形.

【解法一】 用倍角公式把 $1+\sin^2 x$ 变形为$\frac{1}{2}(3-\cos 2x)$，得

$$\int\frac{1}{1+\sin^2 x}dx=\int\frac{2}{3-\cos 2x}dx=\int\frac{1}{3-\cos 2x}d(2x).$$

在积分表(十一)中查公式(105)，得

$$\int\frac{1}{a+b\cos u}du=\frac{2}{a+b}\sqrt{\frac{a+b}{a-b}}\arctan\left[\sqrt{\frac{a-b}{a+b}}\tan\frac{u}{2}\right]+C\quad(a^2>b^2).$$

把 $a=3$，$b=-1$，$u=2x$ 代入，得

$$\int\frac{dx}{1+\sin^2 x}=\frac{1}{\sqrt{2}}\arctan(\sqrt{2}\tan x)+C.$$

【解法二】 用公式$\sin^2 x+\cos x^2=1$ 把 $1+\sin^2 x$ 变形为$\cos^2 x+2\sin^2 x$，得

$$\int\frac{1}{1+\sin^2 x}dx=\int\frac{1}{\cos^2 x+2\sin^2 x}dx.$$

在积分表(十一)中查公式(107)，得

$$\int \frac{1}{a^2\cos^2 x+b^2\sin^2 x}\mathrm{d}x=\frac{1}{ab}\arctan\left(\frac{b}{a}\tan x\right)+C.$$

用 $a=1$，$b=\sqrt{2}$代入，得

$$\int \frac{1}{1+\sin^2 x}\mathrm{d}x=\frac{1}{\sqrt{2}}\arctan(\sqrt{2}\tan x)+C.$$

当被积函数含有$\sqrt{x^2+bx+c}$时，可直接查积分表(九)中公式，也可用配方法把被积函数变形为含有$\sqrt{u^2\pm a^2}$，然后查积分表(六)或(七)中的相应公式.

【例 10】 求$\int \sqrt{x^2-4x+8}\,\mathrm{d}x$.

【解法一】 用 $a=1$，$b=-4$，$c=8$，直接代入积分表(九)中公式(73)，得

$$\begin{aligned}\int \sqrt{x^2-4x+8}\,\mathrm{d}x&=\frac{2x-4}{4}\sqrt{(x-2)^2+4}+\frac{32-16}{8}\ln\left|2x-4+2\sqrt{(x-2)^2+4}\right|+C_1\\&=\frac{x-2}{2}\sqrt{x^2-4x+8}+2\ln\left|x-2+\sqrt{x^2-4x+8}\right|+C\quad(C=C_1+2\ln 2);\end{aligned}$$

【解法二】 $\int \sqrt{x^2-4x+8}\,\mathrm{d}x=\int \sqrt{(x-2)^2+2^2}\,\mathrm{d}(x-2)$，

用积分表(六)中公式(38)，得

$$\int \sqrt{u^2+a^2}\,du=\frac{u}{2}\sqrt{u^2+a^2}+\frac{a^2}{2}\ln\left|u+\sqrt{u^2+a^2}\right|+C.$$

把 $a=2$，$u=(x-2)$代入，得

$$\begin{aligned}\int \sqrt{x^2-4x+8}\,\mathrm{d}x&=\frac{x-2}{2}\sqrt{(x-2)^2+4}+\frac{4}{2}\ln\left|x-2+\sqrt{(x-2)^2+4}\right|+C\\&=\frac{x-2}{2}\sqrt{x^2-4x+8}+2\ln\left|x-2+\sqrt{x^2-4x+8}\right|+C\end{aligned}$$

最后，举一个用递推公式求积分的例子.

【例 11】 求$\int x^3\mathrm{e}^{-2x}\mathrm{d}x$.

【解】 被积函数含有指数函数，在积分表(十三)中查公式(125)，得

$$\int x^n\mathrm{e}^{ax}\mathrm{d}x=\frac{1}{a}x^n\mathrm{e}^{ax}-\frac{n}{a}\int x^{n-1}\mathrm{e}^{ax}\mathrm{d}x.$$

记 $I_n=\int x^n\mathrm{e}^{ax}\mathrm{d}x$，则有递推公式　$I_n=\frac{1}{a}x^n\mathrm{e}^{ax}-\frac{n}{a}I_{n-1}$.

把 $n=3$，$a=-2$ 代入，并逐次应用这个递推公式，得

$$\int x^3 e^{-2x} dx = I_3 = -\frac{1}{2}x^3 e^{-2x} + \frac{3}{2}I_2 = -\frac{1}{2}x^3 e^{-2x} + \frac{3}{2}\left(-\frac{1}{2}x^2 e^{-2x} + \frac{2}{2}I_1\right)$$

$$= -\frac{1}{2}e^{-2x}\left(x^3 + \frac{3}{2}x^2\right) + \frac{3}{2}\left(-\frac{1}{2}xe^{-2x} + \frac{1}{2}\int e^{-2x} dx\right)$$

$$= -\frac{1}{2}e^{-2x}\left(x^3 + \frac{3}{2}x^2 + \frac{3}{2}x + \frac{3}{4}\right) + C.$$

习题 4-4

1. 求下列有理函数的积分：

(1) $\int \frac{1}{x(x-3)} dx$；　(2) $\int \frac{1}{x^2 - a^2} dx$；　(3) $\int \frac{2x+1}{x^2+2x-15} dx$；

(4) $\int \frac{1}{4x^2+4x+10} dx$；　(5) $\int \frac{x-2}{x^2+2x+3} dx$；　(6) $\int \frac{1}{x(x^2+1)} dx$；

(7) $\int \frac{x}{x^3-1} dx$；　(8) $\int \frac{1}{x^4-1} dx$；　(9) $\int \frac{2x-5}{(x-1)^2(x+2)} dx$；

(10) $\int \frac{x^3+2x^2+12x+11}{x^2+2x+10} dx$；(11) $\int \frac{x^2+x}{(x-2)^2} dx$；　(12) $\int \frac{x^4}{(1+x^2)^2} dx$；

(13) $\int \frac{1}{3+5\cos x} dx$；　(14) $\int \cos^5 x dx$；　(15) $\int \sin^2 x \cos^3 x dx$.

2. 利用积分表求下列不定积分：

(1) $\int \sqrt{2x^2+9}\, dx$；　(2) $\int x^2 \sqrt{x^2-2}\, dx$；　(3) $\int \frac{4x^2}{\sqrt{9+4x^2}} dx$；

(4) $\int \frac{1}{\sqrt{x^2-4x+5}} dx$；　(5) $\int \frac{x}{\sqrt{1+x-x^2}} dx$；　(6) $\int \frac{1}{(x^2+9)^2} dx$；

(7) $\int x e^{-x^2} \sin(4x^2) dx$；　(8) $\int \frac{1}{(x^2+2)^3} dx$；　(9) $\int \cos^4 2x dx$.

总习题四

一、选择题

1. 设 $f(x)$ 是可导函数，则 $\frac{d}{dx}\left(\int f(x) dx\right) = (\quad)$；

A. $f(x)$　　B. $f(x)+C$　　C. $f'(x)$　　D. $f'(x)+C$

2. $\int\left(\frac{1}{\sin^2 x}+1\right)\mathrm{d}(\sin x)$等于(　　);

A. $-\cot x+x+C$　　B. $-\cot x+\sin x+C$

C. $\frac{-1}{\sin x}+\sin x+C$　　D. $\frac{-1}{\sin x}+x+C$

3. 若$\int f(x)\mathrm{e}^{-\frac{1}{x}}\mathrm{d}x=-\mathrm{e}^{-\frac{1}{x}}+C$，则$f(x)$为(　　);

A. $-\frac{1}{x}$　　B. $-\frac{1}{x^2}$　　C. $\frac{1}{x}$　　D. $\frac{1}{x^2}$

4. 设$F(x)$是$f(x)$的一个原函数，则$\int \mathrm{e}^{-x}f(\mathrm{e}^{-x})\mathrm{d}x$等于(　　);

A. $F(\mathrm{e}^{-x})+C$　　B. $-F(\mathrm{e}^{-x})+C$　　C. $F(\mathrm{e}^{x})+C$　　D. $-F(\mathrm{e}^{x})+C$

5. 已知$\int f(x)\mathrm{d}x=x\mathrm{e}^x-\mathrm{e}^x+C$，则$\int f'(x)\mathrm{d}x=$(　　);

A. $x\mathrm{e}^x-\mathrm{e}^x+C$　　B. $x\mathrm{e}^x+C$　　C. $x\mathrm{e}^x+\mathrm{e}^x+C$　　D. $x\mathrm{e}^x-2\mathrm{e}^x+C$

6. 若$\int f(x)\mathrm{d}x=x^2\mathrm{e}^{2x}+C$，则$f(x)=$(　　);

A. $2x\mathrm{e}^{2x}$　　B. $2x^2\mathrm{e}^{2x}$　　C. $x\mathrm{e}^{2x}$　　D. $2x\mathrm{e}^{2x}(1+x)$

7. 设在(a,b)内，$f'(x)=g'(x)$，则下列各式中一定成立的是(　　).

A. $f(x)=g(x)$　　B. $f(x)=g(x)+1$

C. $\left(\int f(x)\mathrm{d}x\right)'=\left(\int g(x)\mathrm{d}x\right)'$　　D. $\int f'(x)\mathrm{d}x=\int g'(x)\mathrm{d}x$

二、填空题

1. $\int \sec^2 x\mathrm{d}x=$________;　　2. $\int\frac{1}{\sqrt{x}}\mathrm{e}^{\sqrt{x}}\mathrm{d}x=$________;

3. $\int x\ln(1+x^2)\mathrm{d}x=$________;

4. 设$f(x)=\mathrm{e}^{-x}$，则$\int\frac{f'(\ln x)}{x}\mathrm{d}x=$________;

5. 设$f(x)$为连续函数，则$\int f^2(x)\mathrm{d}f(x)=$________;

6. 已知$\int f(x)\mathrm{d}x=F(x)+C$，则$\int\frac{f(\ln x)}{x}\mathrm{d}x=$________;

7. $\int \frac{dx}{x\sqrt{1-\ln^2 x}}=$________；　　8. $\int xf(x^2)f'(x^2)dx=$________；

9. $\int f(x)dx=\arcsin 2x+C$，则 $f(x)=$________；

10. $\int \frac{1-\sin x}{x+\cos x}dx=$________；

11. 已知 $\int f(x)dx=x^2e^{2x}+C$，则 $f(1)=$________；

12. 若 e^{-x} 是 $f(x)$ 的一个原函数，则 $\int xf(x)dx=$________；

13. 若 $\int f(x)dx=\sqrt{x}+C$，则 $\int x^2f(1-x^3)dx=$________；

14. 已知 $f'(x^2)=\frac{1}{x}\quad(x>0)$，则 $f(x)=$________；

15. 设 $\frac{\cos x}{x}$ 为 $f(x)$ 的一个原函数，则 $\int f(x)\frac{\cos x}{x}dx=$________.

三、计算题

1. 求下列不定积分：

(1) $\int \frac{x+\sqrt[3]{x}}{\sqrt{x}}dx$；　(2) $\int \frac{\cos x}{\sin^6 x}dx$；　(3) $\int \frac{x}{(1+x^2)^3}dx$；

(4) $\int \frac{e^{2x}-1}{e^x-1}dx$；　(5) $\int \frac{(\arcsin x)^3}{\sqrt{1-x^2}}dx$；　(6) $\int \frac{1+\cos x}{x+\sin x}dx$；

(7) $\int \frac{e^x}{e^{2x}+4}dx$　(8) $\int \frac{\sin^2 x}{\cos^3 x}dx$；　(9) $\int \frac{\sec^2 x}{2+\tan x}dx$；

(10) $\int \frac{1}{x+2\sqrt{x}+5}dx$；　(11) $\int \frac{1}{(x+2)\sqrt{1+x}}dx$；　(12) $\int \frac{\sin\sqrt{x}}{\sqrt{x}}dx$；

(13) $\int x\cos(1-2x^2)dx$；　(14) $\int e^x\arctan e^x dx$；　(15) $\int x\cos^2 x dx$

(16) $\int e^x\cos 2x dx$；　(17) $\int \sqrt{1-x^2}\arcsin x dx$；　(18) $\int \frac{1}{8+4x-4x^2}dx$；

(19) $\int \frac{2x-3}{x^2-2x+1}dx$；　(20) $\int \frac{1}{x\sqrt{1+x^2}}dx$；　(21) $\int \frac{x^{15}}{(x^8+1)^2}dx$；

(22) $\int \frac{\sin x}{3+\sin^2 x}dx$；　(23) $\int \frac{dx}{1+2\cos^2 x}$；　(24) $\int \frac{\cos 2x}{1+\sin x\cos x}dx$.

四、证明题

1. 设函数 $f(x)$ 当 $x=1$ 时有极小值，当 $x=-1$ 时有极大值，又知道 $f'(x)=3x^2+bx+c$，求函数 $f(x)$.

第五章 定积分

定积分是积分学中的另一个基本问题，它是高等数学中又一个重要的基本概念，在几何、物理、力学、经济学等各个领域中都有广泛的应用. 本章将由实际问题引入定积分的概念，然后讨论定积分的性质和计算方法.

第一节 定积分的概念与性质

一、两个实际问题

1. 曲边梯形的面积

设函数 $y=f(x)$ 在区间 $[a, b]$ 上连续且非负，则由曲线 $y=f(x)$ 及直线 $x=a$，$x=b$ 和 $y=0$ 围成的平面图形称为曲边梯形，其中曲线弧 $y=f(x)$ 称为曲边，如图 5-1. 试求曲边梯形的面积 A.

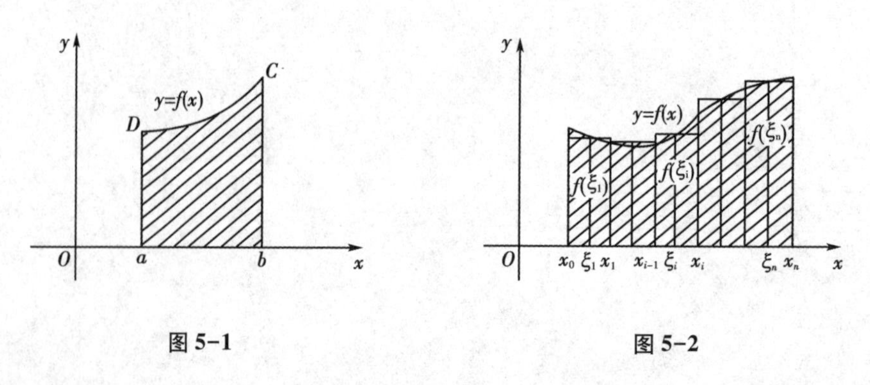

图 5-1　　图 5-2

如果 $f(x)$ 在 $[a, b]$ 上是常数，则曲边梯形是一个矩形，其面积容易求出. 而现在 DC 是一条曲线弧，在这弧段上每一点的高度是不同的，因而不能用初等几何的方法解决. 于是，我们的想法是将底边分割成若干小段，并在每个分

点作垂直于 x 轴的直线，这样就将整个曲边梯形分成若干小曲边梯形（见图 5-2）；对于每一个小曲边梯形来讲，由于底边很短，高度变化也不大，就可以用小曲边梯形底边上任一点的函数值为高，小区间的长度为底，以直线代替曲线，即用小矩形面积近似代替小曲边梯形面积；显然只要曲边梯形底边分割得越细，那么小矩形的面积与相应的小曲边梯形的面积就越接近，所有小矩形面积之和，就越逼近原来的曲边梯形的面积 A. 因此当每个小区间的长度都趋于零，这时所有小矩形面积之和的极限就可以定义为曲边梯形的面积 A，由此得到求曲边梯形面积的方法，其具体步骤如下：

第一步，“分割”. 在区间 $[a, b]$ 内任意插入 $n-1$ 个分点：

$$a=x_0<x_1<x_2<\cdots<x_i<\cdots<x_n=b,$$

将区间 $[a, b]$ 分割成 n 个小区间 $[x_{i-1}, x_i]$ $(i=1, 2, \cdots, n)$（称为 $[a, b]$ 的一个分割），并分别记小区间的长度为 $\Delta x_i=x_i-x_{i-1}$ $(i=1, 2, \cdots, n)$. 相应地把曲边梯形分割成 n 个小窄曲边梯形（图 5-2）.

第二步，“以直线代曲线”. 在小区间 $[x_{i-1}, x_i]$ 上任取一点 ξ_i，以 $f(\xi_i)$ 为高、以 Δx_i 为底的小矩形面积 $f(\xi_i)\Delta x_i$ 作为小窄曲边梯形面积 ΔA_i 的近似值，即在 $[x_{i-1}, x_i]$ 上以直线 $y=f(\xi_i)$ 代替曲线 $y=f(x)$，有

$$\Delta A_i \approx f(\xi_i)\Delta x_i,\ i=1, 2, \cdots, n.$$

第三步，“作和”. 把所有小矩形面积相加，得整个曲边梯形面积 A 的近似值，即

$$A=\sum_{i=1}^{n}\Delta A_i \approx \sum_{i=1}^{n} f(\xi_i)\Delta x_i.$$

第四步，“求极限”. 对 $[a, b]$ 区间的分割得足够细，即使最大的小区间长度 $\lambda=\max\limits_{1\leqslant i\leqslant n}\{\Delta x_i\}\to 0$，则上述和式的极限，就是所求曲边梯形的面积，即

$$A=\lim_{\lambda\to 0}\sum_{i=1}^{n} f(\xi_i)\Delta x_i.$$

2. 非均匀细直线棒的质量

设非均匀细直线棒占有区间 $[a, b]$，其密度 $\rho(x)$ 为区间 $[a, b]$ 上是点 x 的函数，那么如何计算它的质量呢?

如果细直线棒是均匀的，则它的质量为

质量＝密度×长度

如果细直线棒是非均匀的，即密度不是常量，是与区间 $[a, b]$ 上的点 x 有关的函数 $\rho(x)$，则要求非均匀细直线棒的质量，上述公式就不能使用. 问题在

于不同位置上，密度大小不同，类似于求曲边梯形面积的方法，采取以下步骤：

第一步，“分割”. 在区间$[a, b]$内任意插入$n-1$个分点：

$$a=x_0<x_1<\cdots<x_{i-1}<x_i<\cdots<x_n=b,$$

把$[a, b]$分割成n个小区间，小区间的长度分别记为Δx_i，$(i=1, 2, \cdots, n)$.

第二步，“以常量代变量取近似”. 在小区间$[x_{i-1}, x_i]$上任取一点ξ_i，以该点处的密度$\rho(\xi_i)$代替小区间$[x_{i-1}, x_i]$上的变化的密度$\rho(x)$，则区间$[x_{i-1}, x_i]$上非均匀细直棒的质量Δm_i有近似值

$$\Delta m_i\approx\rho(\xi_i)\cdot\Delta x_i,\ i=1, 2, \cdots, n.$$

第三步，“作和”. 在$[a, b]$区间上非均匀细直线棒的质量的M的近似值是所有小区间上质量的近似值之和，即

$$M\approx\sum_{i=1}^{n}\rho(\xi_i)\Delta x_i.$$

第四步，“求极限”. 对$[a, b]$区间的分割得足够细，即使最大的小区间长度$\lambda=\max\limits_{1\leqslant i\leqslant n}\{\Delta x_i\}\to 0$，则上述和式的极限，就是非均匀细直线棒的质量的$M$，即

$$M=\lim_{\lambda\to 0}\sum_{i=1}^{n}\rho(\xi_i)\Delta x_i.$$

二、定积分的定义

上面两个问题，一个是面积问题，一个是质量问题，实际意义虽然不同，但是计算这两个量的数学模型是完全一样的，都是“和式”的极限. 可以通过这一方法计算的量在各个科学技术领域中是很广泛的，如旋转体的体积、曲线的长度、变速直线运动的路程、液体中闸门的静压力，以及经济学中的某些量，等等. 抛开这些问题的具体意义，抓住它们在数量关系上共同的特性与本质加以概括，我们可以抽象出下述定积分的定义.

定义 设$f(x)$为定义在区间$[a, b]$上的有界函数，在$[a, b]$中任意插入$n-1$个分点$a=x_0<x_1<\cdots<x_{i-1}<x_i<\cdots<x_n=b$，将区间$[a, b]$分割成$n$个小区间$[x_{i-1}, x_i]$$(i=1, 2, \cdots, n)$，小区间的长度分别记为$\Delta x_i=x_i-x_{i-1}$，$(i=1, 2, \cdots, n)$.在小区间$[x_{i-1}, x_i]$上任取一点$\xi_i$，作和式$\sum\limits_{i=1}^{n}f(\xi_i)\Delta x_i$，若当$\lambda=\max\limits_{1\leqslant i\leqslant n}\{\Delta x_i\}\to 0$时，上述和式极限存在，且与区间$[a, b]$的分法无关，与$\xi_i$的取法无关，则称此极限为函数$f(x)$在区间$[a, b]$上的定积分，记为$\int_a^b f(x)\,\mathrm{d}x$，即

$$\int_a^b f(x)\,\mathrm{d}x=\lim_{\lambda\to 0}\sum_{i=1}^{n}f(\xi_i)\Delta x_i,$$

其中，x 称为积分变量，$f(x)$ 称为被积函数，$f(x)\mathrm{d}x$ 称为被积表达式，$[a, b]$ 称为积分区间，a 为积分下限，b 为积分上限.

按定积分定义，上述曲边梯形面积和非均匀细直线棒的质量可用定积分分别表示为

$$A=\int_a^b f(x)\mathrm{d}x;\ M=\int_a^b \rho(x)\mathrm{d}x.$$

对于定积分的定义，还应注意以下几点：

(1)定积分是一种和式的极限，其值是一个实数，它的大小与被积函数 $f(x)$ 和积分区间 $[a, b]$ 有关，而与积分变量的记号无关，如

$$\int_a^b f(x)\mathrm{d}x,\ \int_a^b f(t)\mathrm{d}t,\ \int_a^b f(y)\mathrm{d}y$$

等都表示同一个定积分，这是因为和式 $\sum\limits_{i=1}^{n} f(\xi_i)\Delta x_i$ 中变量采用什么记号与其极限无关.

(2)定积分的几何意义. 若在 $[a, b]$ 上 $f(x)\geqslant 0$，则 $\int_a^b f(x)\mathrm{d}x$ 的值表示以 $y=f(x)$ 曲边，与直线 $x=a$，$x=b$，$y=0$ 所围曲边梯形的面积(如图 5-3).

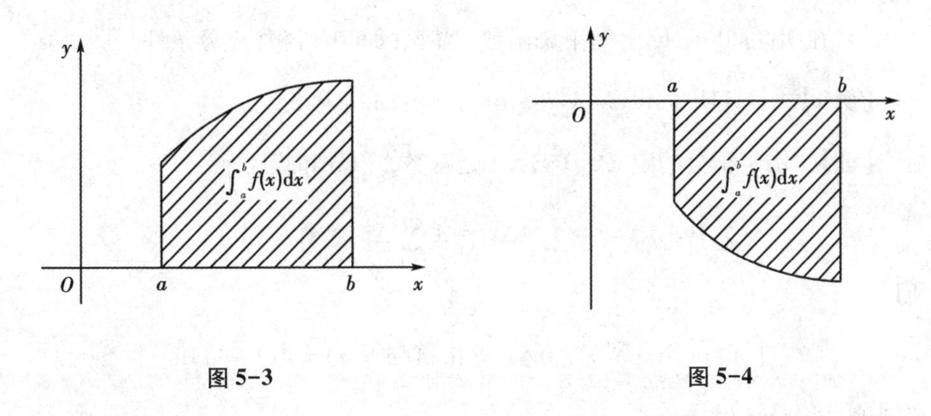

图 5-3　　　　图 5-4

若在 $[a, b]$ 上 $f(x)\leqslant 0$，则 $\int_a^b f(x)\mathrm{d}x$ 为负值，如图 5-4，其绝对值是以 $y=f(x)$ 为曲边，与直线 $x=a$，$x=b$，$y=0$ 所围曲边梯形的面积.

若在 $[a, b]$ 上 $f(x)$ 有正有负，则 $\int_a^b f(x)\mathrm{d}x$ 的值表示由 $y=f(x)$，$x=a$，$x=b$ 和 $y=0$ 所围图形在 x 轴上方的面积减去在 x 轴下方的面积所得之差(如图 5-5).

(3)定义中规定 $a<b$，这一限制，对定积分的应用带来不便，如变力 $F=$

$f(x)$把质点 m 从点 a 移动到点 b 是作正功，则从点 b 移动到点 a 是作负功. 由此，我们补充规定：

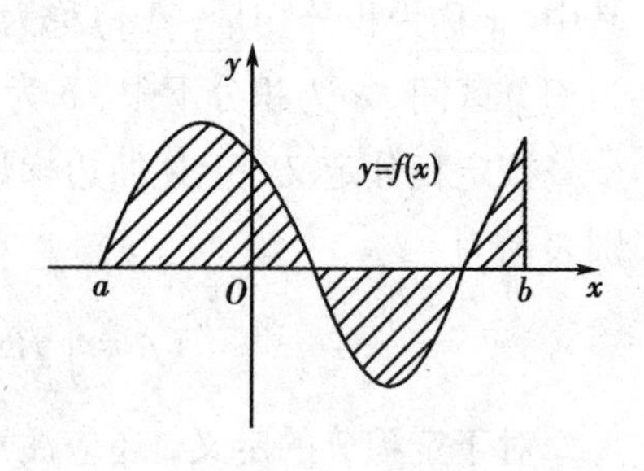

图 5-5

当 $b<a$ 时，

$$\int_a^b f(x)\,dx = -\int_b^a f(x)\,dx;$$

当 $a=b$ 时，

$$\int_b^a f(x)\,dx = \int_a^a f(x)\,dx = 0.$$

(4)如果函数$f(x)$在区间$[a, b]$上的定积分存在，即和式极限存在，就说$f(x)$在区间$[a, b]$上是可积的. 什么样的函数才可积呢？要求和式极限存在，且与$[a, b]$的分法无关，与 ξ_i 的取法无关，这样的和式极限问题比一般极限要复杂得多. 这里仅指出：

(1)$f(x)$在$[a, b]$上有界是$f(x)$在$[a, b]$上可积的必要条件；

(2)闭区间$[a, b]$上的连续函数，在该区间上可积(充分条件)；

(3)在闭区间$[a, b]$上只有有限多个间断点的有界函数，在该区间上可积(充分条件)；

(4)在闭区间$[a, b]$上的单调函数，在该区间上可积(充分条件).

【例 1】 试证明 $\int_a^b A\,dx = A(b-a)$，其中 A 为常数.

【证】 由定积分的定义，$f(x)=A$ 是常数，积分和式

$$\sum_{i=1}^{n} f(\xi_i)\Delta x_i = \sum_{i=1}^{n} A\Delta x_i = A\sum_{i=1}^{n} \Delta x_i = A(b-a),$$

所以

$$\int_a^b A\,dx = \lim_{\lambda\to 0}\sum_{i=1}^{n} f(\xi_i)\Delta x_i = \lim_{\lambda\to 0} A(b-a) = A(b-a).$$

特别地，当 $A=1$ 时，

$$\int_a^b dx = b-a.$$

【例 2】 按定积分定义，求 $\int_0^1 e^x\,dx$.

【解】 被积函数$f(x)=e^x$ 在$[0, 1]$区间上连续，一定可积，即对区间$[0, 1]$作任意分割，且在每个小区间内任取 ξ_i，积分和式极限都存在. 现用区间$[0, 1]$的特殊分法：n 等分，分点为：

$$0<\frac{1}{n}<\frac{2}{n}<\cdots<\frac{i-1}{n}<\frac{i}{n}<\cdots<\frac{n-1}{n}<1.$$

小区间长度 $\Delta x_i=\frac{i}{n}-\frac{i-1}{n}=\frac{1}{n}$，取 ξ_i 为小区间的右端点

$$\xi_i=\frac{i}{n},\ i=1,\ 2,\ \cdots,\ n,$$

于是积分和式为

$$\sum_{i=1}^{n}f(\xi_i)\Delta x_i=\sum_{i=1}^{n}e^{\frac{i}{n}}\cdot\frac{1}{n}=\frac{1}{n}(e^{\frac{1}{n}}+e^{\frac{2}{n}}+\cdots+e^{\frac{n}{n}}).$$

右边括号内是首项为 $e^{\frac{1}{n}}$，公比为 $e^{\frac{1}{n}}$ 的等比数列前 n 项的和，故

$$\sum_{i=1}^{n}f(\xi_i)\Delta x_i=\frac{1}{n}\cdot\frac{e^{\frac{1}{n}}(1-e)}{1-e^{\frac{1}{n}}},$$

且 $\lambda=\max\limits_{1\leqslant i\leqslant n}\{\Delta x_i\}=\frac{1}{n}\to 0$，即 $n\to\infty$，于是

$$\int_0^1 e^x dx=\lim_{\lambda\to 0}\sum_{i=1}^{n}f(\xi_i)\Delta x_i=\lim_{n\to\infty}(1-e)\cdot e^{\frac{1}{n}}\cdot\frac{\frac{1}{n}}{1-e^{\frac{1}{n}}}$$

$$=(e-1)\cdot\lim_{n\to\infty}e^{\frac{1}{n}}\cdot\lim_{n\to\infty}\frac{\frac{1}{n}}{e^{\frac{1}{n}}-1}=e-1.$$

【例 3】 由定积分的几何意义，求 $\int_1^2(x-3)dx$.

【解】 由于在区间 $[1,\ 2]$ 上，$f(x)=x-3<0$（见图 5-6），因此按定积分的几何意义，该定积分表示由“曲边” $y=x-3$ 和直线 $x=1$，$x=2$，$y=0$ 所围图形面积的负值，该图形是底为 1 和 2，高为 1 的梯形，其面积为

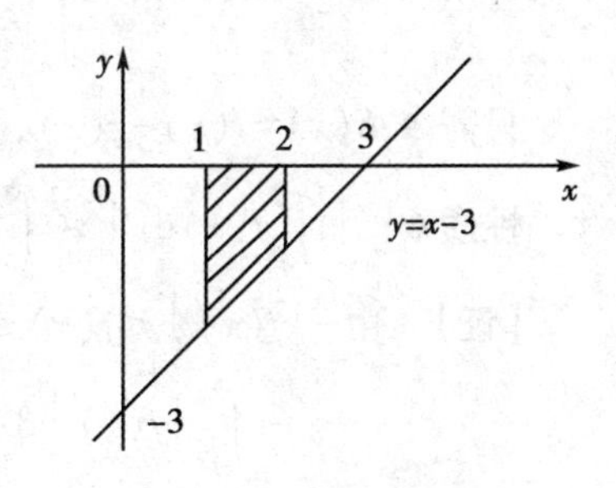

图 5-6

$$\frac{1}{2}(1+2)\times 1=\frac{3}{2},$$

故

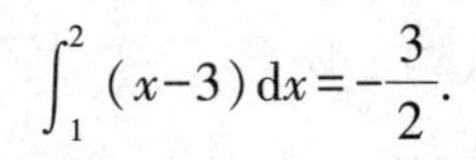

$$\int_1^2(x-3)dx=-\frac{3}{2}.$$

三、定积分的性质

按定积分的定义计算定积分是十分困难的，必须寻求其他的方法计算定积分. 下面介绍的定积分的基本性质有助于定积分的计算，也有助于对定积分定义的理解. 假定函数在所讨论的区间上可积，则有

性质 1 $\int_a^b kf(x)\mathrm{d}x=k\int_a^b f(x)\mathrm{d}x$ （k 为常数）.

性质 2 $\int_a^b [f(x)\pm g(x)]\mathrm{d}x=\int_a^b f(x)\mathrm{d}x\pm\int_a^b g(x)\mathrm{d}x$.

以上两个性质，由定积分的定义不难证明，请读者自行完成.

性质 3 对任意实数 c，$\int_a^b f(x)\mathrm{d}x=\int_a^c f(x)\mathrm{d}x+\int_c^b f(x)\mathrm{d}x$.

性质 4 若 $a<b$，且在$[a, b]$区间上 $f(x)\geqslant 0$，则 $\int_a^b f(x)\mathrm{d}x\geqslant 0$.

【证】 由 $f(x)\geqslant 0$，$\Delta x_i=x_i-x_{i-1}>0$，得 $\sum_{i=1}^n f(\xi_i)\Delta x_i\geqslant 0$，根据极限的性质，必有

$$\lim_{\lambda\to 0}\sum_{i=1}^n f(\xi_i)\Delta x_i\geqslant 0.$$

故

$$\int_a^b f(x)\mathrm{d}x=\lim_{\lambda\to 0}\sum_{i=1}^n f(\xi_i)\Delta x_i\geqslant 0.$$

性质 5 设 $a<b$，在区间$[a, b]$上，$f(x)\geqslant g(x)$，则

$$\int_a^b f(x)\mathrm{d}x\geqslant\int_a^b g(x)\mathrm{d}x.$$

只需令 $F(x)=f(x)-g(x)$，利用性质 4 及性质 2 即可得证.

性质 6 $\left|\int_a^b f(x)\mathrm{d}x\right|\leqslant\int_a^b |f(x)|\mathrm{d}x$，$(a<b)$.

【证】 由 $-|f(x)|\leqslant f(x)\leqslant|f(x)|$，利用性质 5 得

$$-\int_a^b |f(x)|\mathrm{d}x\leqslant\int_a^b f(x)\mathrm{d}x\leqslant\int_a^b |f(x)|\mathrm{d}x,$$

即

$$\left|\int_a^b f(x)\mathrm{d}x\right|\leqslant\int_a^b |f(x)|\mathrm{d}x.$$

性质 7（定积分中值定理） 设 $f(x)$ 在闭区间$[a, b]$上连续，则在区间$[a, b]$上至少存在一点 ξ，使得

$$\int_a^b f(x)\,dx = f(\xi)\cdot(b-a),\ a\leqslant\xi\leqslant b.$$

定积分的这些性质，由定积分的几何意义去理解，都是比较直观的. 如定积分中值定理在几何上表示这样一个简单的事实：以连续曲线 $y=f(x)(a\leqslant x\leqslant b, f(x)\geqslant 0)$ 为曲边的曲边梯形面积，等于以 $f(\xi)$ 为高、$(b-a)$ 为底的矩形的面积，如图 5-7 所示. $f(\xi)=\dfrac{1}{b-a}\displaystyle\int_a^b f(x)\,dx$ 称为连续函数 $f(x)$ 在区间 $[a,b]$ 上的平均值.

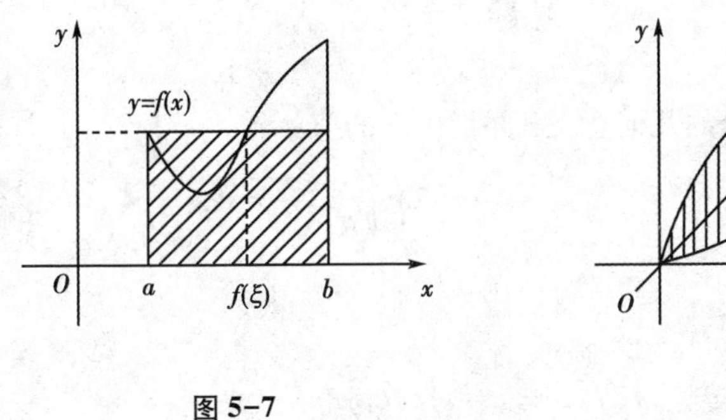

图 5-7　　图 5-8

【例 4】 试用定积分表示图 5-8 中阴影部分的面积.

【解】 阴影部分的面积是 x 轴以上，$0\leqslant x\leqslant 1$，曲边 $y=\sqrt{x}$ 以下的面积与曲边 $y=x^2$ 以下面积之差. 由定积分的几何意义及性质 2，图中阴影部分面积 A 为：

$$A=\int_0^1\sqrt{x}\,dx-\int_0^1 x^2\,dx=\int_0^1(\sqrt{x}-x^2)\,dx.$$

【例 5】 已知 $\displaystyle\int_0^1 x^2\,dx=\frac{1}{3}$，试求函数 $y=x^2$ 在区间 $[0,1]$ 上满足定积分中值定理的 ξ 值.

【解】 由 $\displaystyle\int_0^1 x^2\,dx=\frac{1}{3}$，由定积分中值定理

$$\xi^2\cdot(1-0)=\int_0^1 x^2\,dx=\frac{1}{3},$$

得 $\xi=\dfrac{\sqrt{3}}{3}$.

【例 6】 根据定积分的性质，比较定积分 $I_1=\displaystyle\int_1^e \ln x\,dx$ 与 $I_2=\displaystyle\int_1^e(\ln x)^2\,dx$ 的大小.

【解】 因为定积分 I_1 与 I_2 的积分区间相同，因此，只需比较被积函数的大小即可.

当 $x\in(1, e)$ 时，$\ln x\in(0, 1)$，则 $\ln x\geqslant(\ln x)^2$，所以可得

$$\int_1^e \ln x\mathrm{d}x\geqslant\int_1^e(\ln x)^2\mathrm{d}x,$$

即

$$I_1\geqslant I_2.$$

习题 5-1

1. 说明下列定积分的几何意义，并指出它的值：

(1) $\int_0^1(2x+3)\mathrm{d}x$；　(2) $\int_{-3}^3\sqrt{9-x^2}\mathrm{d}x$；

(3) $\int_0^\pi\cos x\mathrm{d}x$.

2. 设 $f(x)$ 是连续函数，且 $f(x)=x^2+2\int_0^1 f(t)\mathrm{d}t$，试求：

(1) $\int_0^1 f(x)\mathrm{d}x$；　(2) $f(x)$.

3. 试用定积分表示如图 5-9 各图所示平面图形的面积.

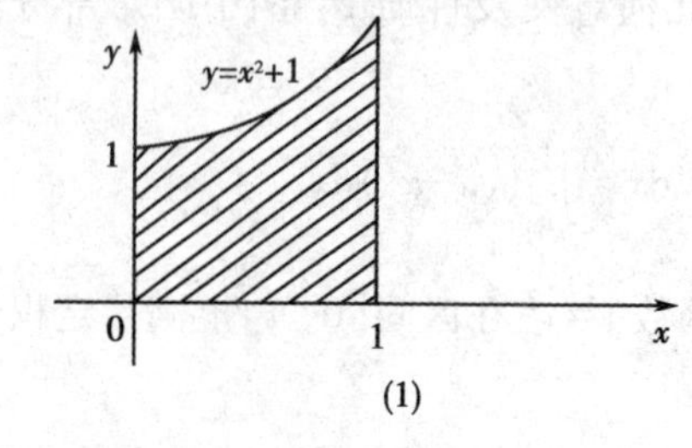

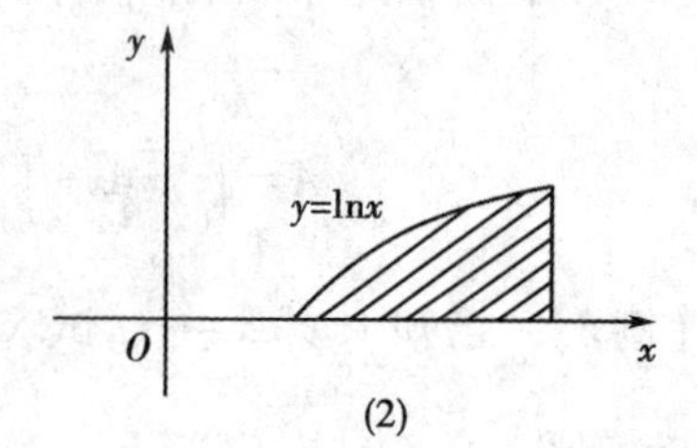

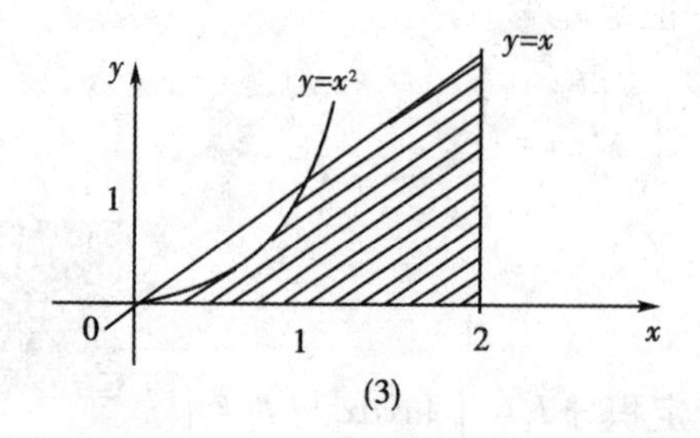

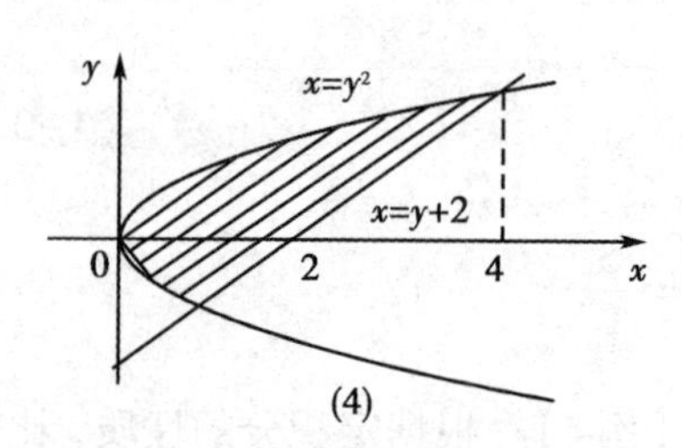

图 5-9

4. 不经计算比较下列积分大小：

(1) $\int_0^1 x^2\mathrm{d}x$ 与 $\int_0^1 x^3\mathrm{d}x$；　　(2) $\int_1^2 \ln x\mathrm{d}x$ 与 $\int_2^3 \ln x\mathrm{d}x$；

(3) $\int_0^1 \mathrm{e}^x\mathrm{d}x$ 与 $\int_0^1 \mathrm{e}^{x^2}\mathrm{d}x$；　　(4) $\int_0^\pi \sin x\mathrm{d}x$ 与 $\int_0^\pi \cos x\mathrm{d}x$.

5. 估计下列定积分值的范围：

(1) $\int_0^1 \frac{1}{1+x^2}\mathrm{d}x$；　　(2) $\int_0^{\frac{\pi}{2}} (1+\cos^4 x)\mathrm{d}x$.

6. 利用定积分中值定理证明下列不等式：

(1) $2\leqslant \int_{-1}^1 \mathrm{e}^{x^2}\mathrm{d}x\leqslant 2\mathrm{e}$；　　(2) $\frac{1}{2}\leqslant \int_{\frac{\pi}{4}}^{\frac{\pi}{2}} \frac{\sin x}{x}\mathrm{d}x\leqslant \frac{\sqrt{2}}{2}$.

7. 曲边梯形由曲线 $x=\varphi(y)$，直线 $y=c$，$y=d$ 和 y 轴所围(见图 5-10)，试用定积分定义导出其面积的定积分表示式.

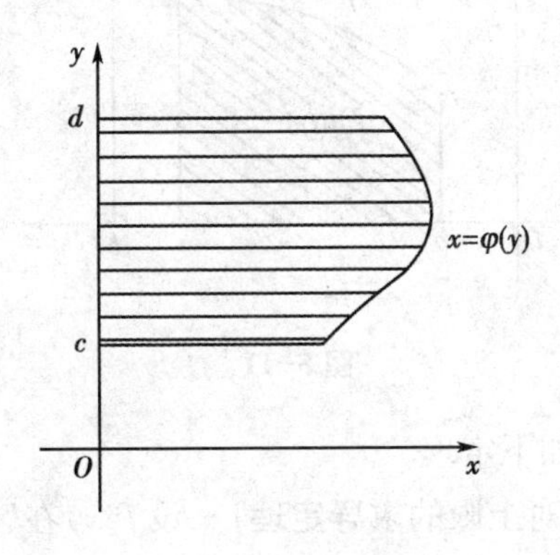

图 5-10

第二节　微积分基本公式

用定积分定义计算定积分是很不容易的，而且定积分与不定积分是两个完全不同的概念，本节将讨论两者之间的内在联系，即微积分基本定理，从而得到定积分的有效计算方法.

一、变上限的定积分

设函数 $f(x)$ 在区间 $[a, b]$ 上连续，x 为区间 $[a, b]$ 上任意一点，则 $f(x)$ 在

区间$[a, b]$上可积，即$f(x)$在区间$[a, x]$上的积分$\int_a^x f(x)\mathrm{d}x$存在. 积分中字母x出现两次，在被积表达式中，作为积分变量，在积分限中，作为积分上限. 为避免混淆，把积分变量改用其他字母表示，如t，即改记为$\int_a^x f(t)\mathrm{d}t$. 由于积分下限为定数a，上限x在区间$[a, b]$上变化，故定积分$\int_a^x f(t)\mathrm{d}t$的值随x的变化而变化，由函数定义知$\int_a^x f(t)\mathrm{d}t$是上限x的函数(称为变上限积分)，如图5-11，记为$F(x)$，即

$$F(x)=\int_a^x f(t)\mathrm{d}t,\ x\in[a, b].$$

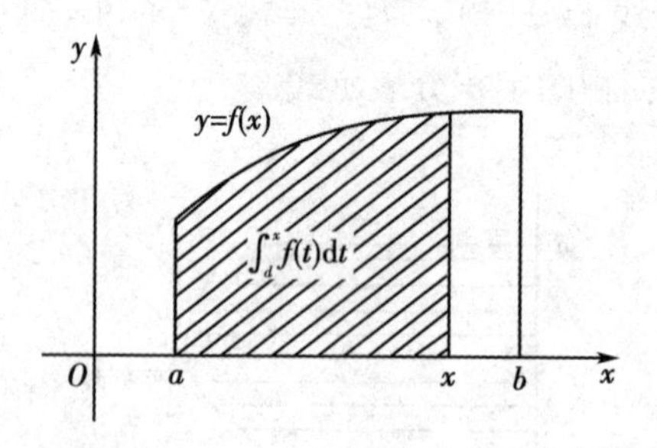

图 5-11

关于变上限积分有如下定理.

定理 1(变上限积分对上限的求导定理) 设$f(x)$在区间$[a, b]$上连续，则函数$F(x)=\int_a^x f(t)\mathrm{d}t$在区间$[a, b]$上可导，且其导数就是$f(x)$，即

$$\frac{\mathrm{d}}{\mathrm{d}x}F(x)=\frac{\mathrm{d}}{\mathrm{d}x}\int_a^x f(t)\mathrm{d}t=f(x).$$

【证】 取$|\Delta x|$充分小，使$x+\Delta x\in[a, b]$，由定积分的性质3和定积分中值定理，得

$$F(x+\Delta x)-F(x)=\int_a^{x+\Delta x} f(t)\mathrm{d}t-\int_a^x f(t)\mathrm{d}t=\int_x^{x+\Delta x} f(t)\mathrm{d}t=f(\xi)\Delta x,$$

其中$x\leqslant\xi\leqslant x+\Delta x$或$x+\Delta x\leqslant\xi\leqslant x$. 于是，由导数定义和$f(x)$的连续性，得

$$\frac{\mathrm{d}}{\mathrm{d}x}F(x)=\lim_{\Delta x\to 0}\frac{F(x+\Delta x)-F(x)}{\Delta x}=\lim_{\Delta x\to 0}\frac{f(\xi)\Delta x}{\Delta x}=\lim_{\Delta x\to 0}f(\xi)=f(x),$$

即

$$\frac{\mathrm{d}}{\mathrm{d}x}F(x)=\left(\int_a^x f(t)\mathrm{d}t\right)'=f(x).$$

本定理把导数和定积分这两个表面上看似不相干的概念联系了起来，它表明：在某区间上连续的函数$f(x)$，其变上限积分$\int_a^x f(t)\mathrm{d}t$是$f(x)$的一个原函数. 于是有

定理2(原函数存在定理) 若函数$f(x)$在区间$[a, b]$上连续，则函数$F(x)=\int_a^x f(t)\mathrm{d}t$就是$f(x)$在$[a, b]$上的一个原函数.

这个定理的重要意义：一方面肯定了连续函数的原函数是存在的，另一方面揭示了定积分和原函数之间的关系. 定理表明我们很有可能通过原函数计算定积分.

【例1】 求：(1)$\frac{\mathrm{d}}{\mathrm{d}x}\int_0^x \mathrm{e}^{-t}\mathrm{d}t$；(2)$\frac{\mathrm{d}}{\mathrm{d}x}\int_0^{x^2} \mathrm{e}^{-t}\mathrm{d}t$；(3)$\frac{\mathrm{d}}{\mathrm{d}x}\int_x^{x^2} \mathrm{e}^{-t}\mathrm{d}t$.

【解】 (1)$f(t)=\mathrm{e}^{-t}$是连续函数，由定理1得

$$\frac{\mathrm{d}}{\mathrm{d}x}\int_0^x \mathrm{e}^{-t}\mathrm{d}t=\mathrm{e}^{-x}.$$

(2)设$u=x^2$，由复合函数求导法则得

$$\frac{\mathrm{d}}{\mathrm{d}x}\int_0^{x^2} \mathrm{e}^{-t}\mathrm{d}t=\frac{\mathrm{d}}{\mathrm{d}u}\int_0^{u} \mathrm{e}^{-t}\mathrm{d}t\cdot\frac{\mathrm{d}u}{\mathrm{d}x}=\mathrm{e}^{-u}\cdot 2x=\mathrm{e}^{-x^2}\cdot 2x.$$

(3)由定积分性质3，对任一常数a，

$$\int_x^{x^2} \mathrm{e}^{-t}\mathrm{d}t=\int_x^{a} \mathrm{e}^{-t}\mathrm{d}t+\int_a^{x^2} \mathrm{e}^{-t}\mathrm{d}t=\int_a^{x^2} \mathrm{e}^{-t}\mathrm{d}t-\int_a^{x} \mathrm{e}^{-t}\mathrm{d}t,$$

于是

$$\frac{\mathrm{d}}{\mathrm{d}x}\int_x^{x^2} \mathrm{e}^{-t}\mathrm{d}t=\frac{\mathrm{d}}{\mathrm{d}x}\int_a^{x^2} \mathrm{e}^{-t}\mathrm{d}t-\frac{\mathrm{d}}{\mathrm{d}x}\int_a^{x} \mathrm{e}^{-t}\mathrm{d}t=2x\mathrm{e}^{-x^2}-\mathrm{e}^{-x}.$$

由例1可见，变限积分函数是积分限变化的函数，是一类形式全新的函数. 变限积分函数的求导问题是一类新型函数的求导问题，该问题还可以与一些求导有关的问题相结合，如导数的运算法则，洛必达法则求极限，函数的单调性、极值等等. 下面再看几个例子，可从中得到启发.

【例2】 设$F(x)=(2x+1)\cdot\int_0^x(2t+1)\mathrm{d}t$，求$f'(x)$和$f''(x)$.

【解】 $F(x)$是由x的函数$2x+1$和$\int_0^x(2t+1)\mathrm{d}t$相乘，由乘积求导的运算法则，得

$$F'(x)=(2x+1)'\cdot\int_0^x(2t+1)\mathrm{d}t+(2x+1)\cdot\left(\int_0^x(2t+1)\mathrm{d}t\right)'$$

$$=2\int_0^x(2t+1)\mathrm{d}t+(2x+1)\cdot(2x+1)=2\int_0^x(2t+1)\mathrm{d}t+(2x+1)^2;$$

$$F''(x)=\left[2\int_0^x(2t+1)\mathrm{d}t+(2x+1)^2\right]'$$

$$=2(2x+1)+2(2x+1)\cdot 2=6(2x+1).$$

【例 3】 求下列极限：

(1) $\lim\limits_{x\to0}\dfrac{x^3}{\int_0^x(\mathrm{e}^{t^2}-1)\mathrm{d}t}$；(2) $\lim\limits_{x\to0}\dfrac{\int_0^x 2t\cos t\mathrm{d}t}{1-\cos x}$.

【解】 (1)当 $x\to0$ 时，$\int_0^x(\mathrm{e}^{t^2}-1)\mathrm{d}t\to0$，$x^3\to0$，因此该极限是$\dfrac{0}{0}$型未定式，可以用洛必达法则求极限，有

$$\lim_{x\to0}\frac{x^3}{\int_0^x(\mathrm{e}^{t^2}-1)\mathrm{d}t}=\lim_{x\to0}\frac{(x^3)'}{\left(\int_0^x(\mathrm{e}^{t^2}-1)\mathrm{d}t\right)'}=\lim_{x\to0}\frac{3x^2}{\mathrm{e}^{x^2}-1}=\lim_{x\to0}\frac{6x}{2x\mathrm{e}^{x^2}}=3$$

(2)当 $x\to0$ 时，该极限是$\dfrac{0}{0}$型未定式，由洛必达法则及重要极限，得

$$\lim_{x\to0}\frac{\int_0^x 2t\cos t\mathrm{d}t}{1-\cos x}=\lim_{x\to0}\frac{\int_0^x 2t\cos t\mathrm{d}t}{\frac{1}{2}x^2}=\lim_{x\to+\infty}\frac{\left(\int_0^x 2t\cos t\mathrm{d}t\right)'}{x}.$$

$$=\lim_{x\to0}\frac{2x\cos x}{x}=\lim_{x\to0}2\cos x=2.$$

【例 4】 证明：函数 $F(x)=\int_0^{x^2}t\mathrm{e}^{-t}$当 $x>0$ 时单调增加.

【证】 由函数单调性的判别方法，只需证明 $f'(x)>0$ 即可.

$$f'(x)=\left(\int_0^{x^2}t\mathrm{e}^{-t}\mathrm{d}t\right)'=x^2\mathrm{e}^{-x^2}\cdot 2x=2x^3\mathrm{e}^{-x^2},$$

当 $x>0$ 时，$f'(x)=2x^3\mathrm{e}^{-x^2}>0$，故 $F(x)$在 $x>0$ 时单调增加.

二、牛顿-莱布尼茨(Newton-Leibniz)公式

设物体作变速直线运动，其速度 $v=v(t)$，我们已经知道在时间间隔$[T_1, T_2]$中经过的路程 $s=\int_{T_1}^{T_2}v(t)\mathrm{d}t$. 另一方面，假若能找到路程 s 与时间 t 的函数 $s(t)$，则此函数在$[T_1, T_2]$上的改变量 $s(T_2)-s(T_1)$就是物体在这段时间间隔

中所经过的路程，于是可得

$$\int_{T_1}^{T_2} v(t)\,\mathrm{d}t = s(T_2) - s(T_1).$$

由导数的物理意义可知，$s'(t)=v(t)$，即 $s(t)$ 是 $v(t)$ 的原函数，因此求变速运动的物体在时间间隔 $[T_1, T_2]$ 中所经过的路程就转化为寻求 $v(t)$ 的原函数 $s(t)$ 在 $[T_1, T_2]$ 上的改变量. 这个实际问题的结论是否具有普遍性？则由下述定理可以得到用原函数计算定积分的公式：

定理 3　设 $f(x)$ 在区间 $[a, b]$ 上连续，且 $F(x)$ 是它在该区间上的原函数，则有

$$\int_a^b f(x)\,\mathrm{d}x = F(b) - F(a).$$

【证】　因为 $f(x)$ 在 $[a, b]$ 上连续，由定理 1 知 $\int_a^x f(t)\,\mathrm{d}t$ 也是 $f(x)$ 的一个原函数，因而与 $F(x)$ 之间仅相差一个常数 C_0，即

$$\int_a^x f(t)\,\mathrm{d}t = F(x) + C_0.$$

用 $x=a$ 代入上式两边，得

$$C_0 = \int_a^a f(t)\,\mathrm{d}t - F(a) = -F(a),$$

再用 $x=b$ 代入上式两边，得

$$\int_a^b f(t)\,\mathrm{d}t = F(b) + C_0 = F(b) - F(a).$$

因为定积分与积分变量的记号无关，上式可表示为

$$\int_a^b f(t)\,\mathrm{d}t = F(b) - F(a) = [F(x)]_a^b.$$

上式称为牛顿-莱布尼茨公式，也称为微积分基本公式. 这是一个非常重要的公式，它揭示了定积分与不定积分之间的内在联系. 公式表明：定积分的计算不必求和式的极限，而可以通过不定积分来计算，即在定理 3 的条件下，函数 $f(x)$ 在 $[a, b]$ 区间上的定积分的值等于 $f(x)$ 的任意一个原函数 $F(x)$ 在区间两个端点的函数值之差 $F(b)-F(a)$. 这就给定积分计算提供了一个有效而简便的计算方法，它为微积分的创立和发展奠定了基础.

【例 5】　求 $\int_1^{\sqrt{3}} \frac{1}{1+x^2}\mathrm{d}x$.

【解】　$f(x)=\frac{1}{1+x^2}$ 在区间 $[1, \sqrt{3}]$ 上连续，且 $F(x)=\arctan x$ 是 $f(x)$ 的一个

原函数，由牛顿-莱布尼茨公式得

$$\int_1^{\sqrt{3}} \frac{1}{1+x^2}\mathrm{d}x=[\arctan x]_1^{\sqrt{3}}=\arctan\sqrt{3}-\arctan 1=\frac{\pi}{3}-\frac{\pi}{4}=\frac{\pi}{12}.$$

【例 6】 求 $\int_0^1 (2+3\cos x)\mathrm{d}x$.

【解】 由于 $f(x)=2+3\cos x$ 的原函数为 $F(x)=2x+3\sin x$，故

$$\int_0^1 (2+3\cos x)\mathrm{d}x=[2x+3\sin x]_0^1=2+3\sin 1.$$

【例 7】 求 $\int_{\frac{\pi}{4}}^{\frac{\pi}{3}} \frac{\mathrm{d}x}{\sin x\cos x}$.

【解】 先计算不定积分，有

$$\int \frac{\mathrm{d}x}{\sin x\cos x}=\int \frac{\sin^2 x+\cos^2 x}{\sin x\cos x}\mathrm{d}x=\int (\tan x+\cot x)\mathrm{d}x$$

$$=-\ln|\cos x|+\ln|\sin x|+C=\ln|\tan x|+C,$$

于是

$$\int_{\frac{\pi}{4}}^{\frac{\pi}{3}} \frac{\mathrm{d}x}{\sin x\cos x}=[\ln|\tan x|]_{\frac{\pi}{4}}^{\frac{\pi}{3}}=\ln\tan\frac{\pi}{3}-\ln\tan\frac{\pi}{4}=\ln\sqrt{3}-\ln 1=\frac{1}{2}\ln 3.$$

牛顿-莱布尼茨公式指明了定积分与不定积分的联系，即

$$\int_a^b f(x)\mathrm{d}x=\left[\int f(x)\mathrm{d}x\right]_a^b,$$

不定积分的凑微分方法可用于计算定积分的过程可如下表述.

【例 8】 求 $\int_0^1 (2x+1)^{100}\mathrm{d}x$.

【解】 $\int_0^1 (2x+1)^{100}\mathrm{d}x=\frac{1}{2}\int_0^1 (2x+1)^{100}\mathrm{d}(2x+1)$

$$=\frac{1}{2}\left[\frac{1}{101}(2x+1)^{101}\right]_0^1=\frac{1}{202}[3^{101}-1^{101}]=\frac{3^{101}-1}{202}.$$

【例 9】 求 $\int_1^{e} \frac{\ln x}{x}\mathrm{d}x$.

【解】 $\int_1^{\mathrm{e}} \frac{\ln x}{x}\mathrm{d}x=\int_1^{\mathrm{e}} \ln x\mathrm{d}\ln x=\frac{1}{2}[\ln^2 x]_1^{\mathrm{e}}=\frac{1}{2}(\ln^2\mathrm{e}-\ln^2 1)=\frac{1}{2}.$

【例 10】 设 $f(x)=\begin{cases}x+1, & x\geqslant 0,\\ \mathrm{e}^{-x}, & x<0,\end{cases}$ 求 $\int_{-1}^2 f(x)\mathrm{d}x$.

【解】 由定积分性质 3，有

$$\int_{-1}^2 f(x)\mathrm{d}x=\int_{-1}^0 f(x)\mathrm{d}x+\int_0^2 f(x)\mathrm{d}x=\int_{-1}^0 \mathrm{e}^{-x}\mathrm{d}x+\int_0^2 (x+1)\mathrm{d}x$$

$$=\left[-e^{-x}\right]_{-1}^{0}+\left[\frac{1}{2}x^{2}+x\right]_{0}^{2}=e+3.$$

【例 11】 求 $\int_{-\pi/2}^{\pi/2}\sqrt{\cos x-\cos^{3}x}\,dx$.

【解】 注意到

$$\sqrt{\cos x-\cos^{3}x}=\sqrt{\cos x(1-\cos^{2}x)}=\sqrt{\cos x}\,|\sin x|$$

$$=\begin{cases}-\sqrt{\cos x}\sin x, & 当-\frac{\pi}{2}\leqslant x<0,\\ \sqrt{\cos x}\sin x, & 当 0\leqslant x\leqslant\frac{\pi}{2},\end{cases}$$

利用定积分性质 3，得

$$\int_{-\pi/2}^{\pi/2}\sqrt{\cos x-\cos^{3}x}\,dx=-\int_{-\pi/2}^{0}\sqrt{\cos x}\sin x dx+\int_{0}^{\pi/2}\sqrt{\cos x}\sin x dx$$

$$=\int_{-\pi/2}^{0}\sqrt{\cos x}\,d\cos x-\int_{0}^{\pi/2}\sqrt{\cos x}\,d\cos x$$

$$=\left[\frac{2}{3}\cos^{\frac{3}{2}}x\right]_{-\pi/2}^{0}-\left[\frac{2}{3}\cos^{\frac{3}{2}}x\right]_{0}^{\pi/2}=\frac{2}{3}-\left(-\frac{2}{3}\right)=\frac{4}{3}.$$

习题 5-2

1. 求下列函数的导数：

(1) $f(x)=\int_{0}^{x}e^{-t^{2}}dt$；　　(2) $f(x)=\int_{0}^{x}\tan t^{2}dt$；

(3) $f(x)=\int_{0}^{-x}(\arctan t)^{2}dt$；　　(4) $f(x)=\int_{0}^{x}te^{t^{2}}dt$.

2. 设 $g(x)$ 是连续函数，且 $\int_{0}^{x^{2}-1}g(t)dt=-x$，求 $g(3)$.

3. 设 $f(t)$ 是连续函数，且 $f(1)=0$，$\int_{1}^{x}f'(t)dt=\ln x$，求 $f(e)$.

4. 设 $f(x)=\int_{-x}^{\sin x}\arctan(1+t^{2})dt$，求 $f'(0)$.

5. 设 $y(x)$ 是由方程 $\int_{0}^{y}e^{-t^{2}}dt+\int_{0}^{x}\cos(t^{2})dt=0$ 所确定的隐函数，求 $\frac{dy}{dx}$.

6. 求下列极限：

(1) $\lim\limits_{x\to0}\frac{\int_{0}^{x}2t\cos t dt}{\sin^{2}x}$；　　(2) $\lim\limits_{x\to0}\frac{\int_{0}^{x}t^{2}\cos(t^{2})dt}{x^{3}}$；

(3) $\lim\limits_{x\to 0}\dfrac{\int_0^x (\mathrm{e}^{t^2}-1)\mathrm{d}t}{x^2}$；　　(4) $\lim\limits_{x\to 0}\dfrac{\int_0^{\sin x}\sqrt{\tan t}\,\mathrm{d}t}{\int_0^{\tan x}\sqrt{\sin t}\,\mathrm{d}t}$；

(5) $\lim\limits_{x\to 0}\dfrac{\int_0^x \tan t\mathrm{d}t}{1-\cos x}$；　　(6) $\lim\limits_{x\to 0}\dfrac{\int_0^x \ln(1+2t^2)\mathrm{d}t}{x^3}$；

(7) 设 $f(x)$ 具有连续导数，且 $f(0)=0$，$f'(0)=2$，求 $\lim\limits_{x\to 0}\dfrac{\int_0^{x^2} f(t)\mathrm{d}t}{x^4}$.

7. 计算下列定积分：

(1) $\int_{-\frac{1}{2}}^{\frac{1}{2}}\dfrac{\mathrm{d}x}{\sqrt{1-x^2}}$；　　(2) $\int_1^8\left(\sqrt[3]{x}+\dfrac{1}{\sqrt{x}}\right)\mathrm{d}x$；　　(3) $\int_0^1 (2^x+x^2)\mathrm{d}x$；

(4) $\int_1^2\left(x+\dfrac{1}{x}\right)^2\mathrm{d}x$；　　(5) $\int_{1/\pi}^{2/\pi}\dfrac{1}{x^2}\sin\dfrac{1}{x}\mathrm{d}x$；　　(6) $\int_{\frac{\pi}{4}}^{\frac{\pi}{2}}\dfrac{1+\sin^2 x}{1-\cos 2x}\mathrm{d}x$；

(7) $\int_{-2}^{-1}\dfrac{\mathrm{d}x}{x^2+4x+5}$；　　(8) $\int_1^{e^3}\dfrac{\sqrt[4]{1+\ln x}}{x}\mathrm{d}x$.

8. 计算下列定积分：

(1) 设 $f(x)=\begin{cases}\sin x, & 0\leqslant x<\dfrac{\pi}{2},\\ x, & \dfrac{\pi}{2}\leqslant x\leqslant \pi,\end{cases}$ 求 $\int_0^{\pi} f(x)\mathrm{d}x$；

(2) 设 $f(x)=\begin{cases}\mathrm{e}^x, & x\geqslant 0,\\ x^2+1, & x<0,\end{cases}$ 求 $\int_{-1}^1 f(x)\mathrm{d}x$；

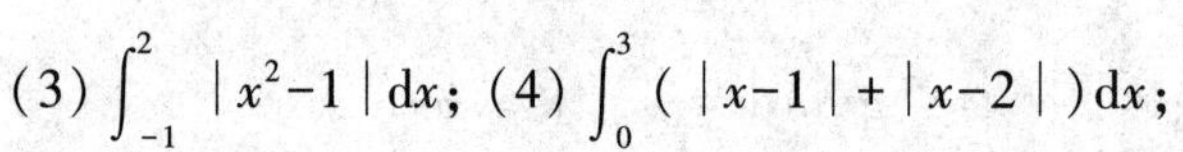

(3) $\int_{-1}^2 |x^2-1|\mathrm{d}x$；(4) $\int_0^3 (|x-1|+|x-2|)\mathrm{d}x$；

(5) $\int_{-3}^2 \min\{1,\mathrm{e}^{-x}\}\mathrm{d}x$.

9. 选择一个常数 c，使 $\int_a^b (x+c)\cos^{99}(x+c)\mathrm{d}x=0$.

第三节　定积分的计算

一、定积分的换元积分法

在不定积分中，换元积分法和分部积分法是两种十分重要的方法，牛顿-莱布尼茨公式给出了计算定积分的简便方法，即转化为求被积函数的原函数的增量，但是有时原函数很难直接求出. 下面将不定积分的这些方法推广到定积分计算中.

定理 4　设函数 $f(x)$ 在区间 $[a, b]$ 上连续，变换 $x=\varphi(t)$ 满足：

(1) $\varphi(\alpha)=a$, $\varphi(\beta)=b$;

(2) 在区间 $[\alpha, \beta]$（或 $[\beta, \alpha]$）上，$\varphi(t)$ 单调且有连续的导数，则有

$$\int_a^b f(x)\,dx=\int_\alpha^\beta f[\varphi(t)]\varphi'(t)\,dt.$$

上式称为定积分的换元积分公式，它与不定积分换元积分公式是平行的. 从左到右使用上式时，相当于不定积分的第二类换元法.

【证】　由于 $f(x)$ 在区间 $[a, b]$ 上连续，故 $f(x)$ 在 $[a, b]$ 上的原函数存在，设为 $F(x)$，有

$$\int_a^b f(x)\,dx=F(b)-F(a).$$

由于 $x=\varphi(t)$ 在区间 $[\alpha, \beta]$（或 $[\beta, \alpha]$）上单调，故 $a\leqslant\varphi(t)\leqslant b$，从而复合函数 $f[\varphi(t)]$ 在 $[\alpha, \beta]$（或 $[\beta, \alpha]$）上有定义，并有

$$\frac{d}{dt}F[\varphi(t)]=F'[\varphi(t)]\varphi'(t)=f[\varphi(t)]\varphi'(t),$$

且 $f[\varphi(t)]\varphi'(t)$ 在 $[\alpha, \beta]$（或 $[\beta, \alpha]$）上连续，于是按牛顿-莱布尼茨公式，有

$$\int_\alpha^\beta f[\varphi(t)]\varphi'(t)\,dt=[F[\varphi(t)]]_\alpha^\beta=F[\varphi(\beta)]-F[\varphi(\alpha)]=F(b)-F(a),$$

因此

$$\int_a^b f(x)\,dx=\int_\alpha^\beta f[\varphi(t)]\varphi'(t)\,dt.$$

使用该公式求定积分时需注意以下两点：

(1) 换元必换限. 即用 $x=\varphi(t)$ 把原变量 x 换成新变量 t 时，积分限也要换成相应于新变量 t 的积分限；

(2)换元不必回代. 即求出$f[\varphi(t)]\varphi'(t)$的一个原函数$F(t)$后，不必像计算不定积分那样还要把$F(t)$变换成原来变量x的函数，而只要把新变量t的上、下限分别代入$F(t)$中，然后相减就行了.

【例 1】 求$\int_0^1 e^{\sqrt{x}}dx$.

【解】 设$\sqrt{x}=t$，则$x=t^2$，$dx=2tdt$. 当$x=0$时，$t=0$，当$x=1$时，$t=1$；当t从0变到1时，$x=t^2$单调地从0变到1. 于是由定积分换元公式，得

$$\int_0^1 e^{\sqrt{x}}dx=\int_0^1 2e^t t dt=[2(te^t-e^t)]_0^1=2.$$

本例中，$t=\sqrt{x}$是变换$x=t^2$在积分区间上的反函数. 由于存在反函数的连续函数一定单调，因此，只要能写出变换的反函数，就不必再检验变换的单调性. 今后作定积分换元时，通常都写出它的反函数，不再检验其单调性.

【例 2】 求$\int_{\frac{1}{2}}^{\frac{\sqrt{3}}{2}}\frac{dx}{x^2\sqrt{1-x^2}}$.

【解】 设$x=\sin t$，取$t=\arcsin x$，则$dx=\cos tdt$，当$x=\frac{1}{2}$时，$t=\frac{\pi}{6}$，当$x=\frac{\sqrt{3}}{2}$时，$t=\frac{\pi}{3}$. 于是

$$\int_{1/2}^{\sqrt{3}/2}\frac{dx}{x^2\sqrt{1-x^2}}=\int_{\pi/6}^{\pi/3}\frac{\cos t}{\sin^2 t\cos t}dt=\int_{\pi/6}^{\pi/3}\csc^2 tdt=[-\cot t]_{\pi/6}^{\pi/3}=\sqrt{3}-\frac{\sqrt{3}}{3}.$$

【例 3】 设$f(x)=\begin{cases}1+x^2, & x\leqslant 0\\ e^x, & x>0,\end{cases}$，求$\int_1^3 f(x-2)dx$.

【解】 设$x-2=t$，则$f(x-2)=f(t)$，$dx=dt$，当$x=1$时，$t=-1$；当$x=3$时，$t=1$. 于是

$$\begin{aligned}\int_1^3 f(x-2)dx&=\int_{-1}^1 f(t)dt=\int_{-1}^0 f(t)dt+\int_0^1 f(t)dt\\&=\int_{-1}^0(1+x^2)dx+\int_0^1 e^x dx=\left[x+\frac{1}{3}x^3\right]_{-1}^0+[e^x]_0^1=\frac{1}{3}+e.\end{aligned}$$

换元公式也可以反过来使用，即

$$\int_a^b f[\varphi(x)]\varphi'(x)dx=\int_\alpha^\beta f(t)dt,$$

其中$t=\varphi(x)$，$\alpha=\varphi(a)$，$\beta=\varphi(b)$. 这一过程中通常不用写出中间变量t，直接

写成

$$\int_a^b f[\varphi(x)]\varphi'(x)\mathrm{d}x=\int_a^b f[\varphi(x)]\mathrm{d}\varphi(x).$$

注意这里积分上下限不作改变.

【例 4】 求 $\int_0^1 x\mathrm{e}^{-x^2}\mathrm{d}x$.

【解】 $\int_0^1 x\mathrm{e}^{-x^2}\mathrm{d}x=\frac{1}{2}\int_0^1 \mathrm{e}^{-x^2}\mathrm{d}(x^2)=-\frac{1}{2}\int_0^1 \mathrm{e}^{-x^2}\mathrm{d}(-x^2)$

$$=-\frac{1}{2}[\mathrm{e}^{-x^2}]_0^1=\frac{1}{2}(1-\mathrm{e}^{-1}).$$

可见，这种计算法对应于不定积分的第一类换元法，即定积分的凑微分法.

二、定积分的分部积分法

设 $u(x)$ 和 $v(x)$ 在区间 $[a, b]$ 上有连续的导数，由微分运算法则，有

$$\mathrm{d}(u\cdot v)=u\mathrm{d}v+v\mathrm{d}u,$$

移项得

$$u\mathrm{d}v=\mathrm{d}(uv)-v\mathrm{d}u,$$

两边在区间 $[a, b]$ 上积分，得

$$\int_a^b u\mathrm{d}v=\int_a^b \mathrm{d}(uv)-\int_a^b v\mathrm{d}u.$$

因 $\int_a^b \mathrm{d}(uv)=[uv]_a^b$，故

$$\int_a^b u\mathrm{d}v=[uv]_a^b-\int_a^b v\mathrm{d}u,$$

或

$$\int_a^b u\cdot v'\mathrm{d}x=[uv]_a^b-\int_a^b v\cdot u'\mathrm{d}x.$$

上述公式称为定积分的分部积分公式.

【例 5】 求 $\int_0^\pi x\cos x\mathrm{d}x$.

【解】 $\int_0^\pi x\cos x\mathrm{d}x=\int_0^\pi x\mathrm{d}\sin x$

$$=[x\sin x]_0^\pi-\int_0^\pi \sin x\mathrm{d}x=0-[-\cos x]_0^\pi=-2.$$

可见，定积分的分部积分法，本质上是先利用不定积分的分部积分法求出原函数，再用牛顿-莱布尼茨公式求得结果，这两者的差别在于定积分分部积

分后就代入上下限，不必等到最后一起代入.

【例 6】 求 $\int_0^1 \ln(x+\sqrt{x^2+1})\mathrm{d}x$.

【解】 $\int_0^1 \ln(x+\sqrt{x^2+1})\mathrm{d}x$

$$=[x\ln(x+\sqrt{x^2+1})]_0^1-\int_0^1 x\cdot\frac{1}{x+\sqrt{x^2+1}}\cdot\left(1+\frac{2x}{2\sqrt{x^2+1}}\right)\mathrm{d}x$$

$$=\ln(1+\sqrt{2})-\int_0^1\frac{x}{\sqrt{x^2+1}}\mathrm{d}x=\ln(1+\sqrt{2})-\frac{1}{2}\int_0^1\frac{1}{\sqrt{x^2+1}}\mathrm{d}(x^2+1)$$

$$=\ln(1+\sqrt{2})-[\sqrt{x^2+1}]_0^1=\ln(1+\sqrt{2})-\sqrt{2}-1.$$

【例 7】 求 $\int_0^1 x^2\mathrm{e}^{-x}\mathrm{d}x$.

【解】 $\int_0^1 x^2\mathrm{e}^{-x}\mathrm{d}x=-\int_0^1 x^2\,\mathrm{d}\mathrm{e}^{-x}=-[x^2\mathrm{e}^{-x}]_0^1+\int_0^1 2x\mathrm{e}^{-x}\mathrm{d}x$

$$=-\mathrm{e}^{-1}+[2x(-\mathrm{e}^{-x})]_0^1-\int_0^1 2(-\mathrm{e}^{-x})\mathrm{d}x=-\mathrm{e}^{-1}-2\mathrm{e}^{-1}-[2\mathrm{e}^{-x}]_0^1$$

$$=-3\mathrm{e}^{-1}-2(\mathrm{e}^{-1}-1)=2-5\mathrm{e}^{-1}.$$

以下我们介绍定积分的几个常用公式

(1)设 $f(x)$ 在关于原点对称的区间 $[-a,a]$ 上可积，则

$$\int_{-a}^{a}f(x)\mathrm{d}x=\begin{cases}0, & f(x)\text{ 为奇函数时},\\ 2\int_0^a f(x)\mathrm{d}x, & f(x)\text{ 为偶函数时}.\end{cases}$$

【证】 由定积分的性质 3，有

$$\int_{-a}^{a}f(x)\mathrm{d}x=\int_{-a}^{0}f(x)\mathrm{d}x+\int_0^a f(x)\mathrm{d}x,$$

对积分 $\int_{-a}^{0}f(x)\mathrm{d}x$，令 $x=-t$，则 $\mathrm{d}x=-\mathrm{d}t$，当 $x=-a$ 时，$t=a$，当 $x=0$ 时，$t=0$. 于是

$$\int_{-a}^{0}f(x)\mathrm{d}x=\int_a^0 f(-t)(-\mathrm{d}t)=\int_0^a f(-t)\mathrm{d}t=\int_0^a f(-x)\mathrm{d}x,$$

从而

$$\int_{-a}^{a}f(x)\mathrm{d}x=\int_0^a[f(-x)+f(x)]\mathrm{d}x.$$

当 $f(x)$ 为奇函数时，$f(-x)+f(x)=0$，因此

$$\int_{-a}^{a} f(x)\,\mathrm{d}x=0;$$

当$f(x)$为偶函数时，$f(-x)=f(x)$，得

$$\int_{-a}^{a} f(x)\,\mathrm{d}x=2\int_{0}^{a} f(x)\,\mathrm{d}x.$$

【例 8】 求$\int_{-\frac{\pi}{2}}^{\frac{\pi}{2}} \frac{x+\cos x}{1+\sin^2 x}\mathrm{d}x$.

【解】 $\int_{-\frac{\pi}{2}}^{\frac{\pi}{2}} \frac{x+\cos x}{1+\sin^2 x}\mathrm{d}x=\int_{-\frac{\pi}{2}}^{\frac{\pi}{2}} \frac{x}{1+\sin^2 x}\mathrm{d}x+\int_{-\frac{\pi}{2}}^{\frac{\pi}{2}} \frac{\cos x}{1+\sin^2 x}\mathrm{d}x$,

右边第一个积分的被积函数$\frac{x}{1+\sin^2 x}$是奇函数，第二个积分的被积函数$\frac{\cos x}{1+\sin^2 x}$是偶函数，且积分区间$\left[-\frac{\pi}{2},\ \frac{\pi}{2}\right]$关于原点对称，故

$$\int_{-\frac{\pi}{2}}^{\frac{\pi}{2}} \frac{x+\cos x}{1+\sin^2 x}\mathrm{d}x=0+2\int_{0}^{\frac{\pi}{2}} \frac{\cos x}{1+\sin^2 x}\mathrm{d}x=2\int_{0}^{\frac{\pi}{2}} \frac{1}{1+\sin^2 x}\mathrm{d}\sin x=2\arctan(\sin x)\Big|_{0}^{\frac{\pi}{2}}=\frac{\pi}{2}$$

(2)设$f(x)$是以T为周期的周期函数，且可积，则对任一实数a，有

$$\int_{a}^{a+T} f(x)\,\mathrm{d}x=\int_{0}^{T} f(x)\,\mathrm{d}x.$$

【证】 由定积分性质 3，有

$$\int_{a}^{a+T} f(x)\,\mathrm{d}x=\int_{a}^{0} f(x)\,\mathrm{d}x+\int_{0}^{T} f(x)\,\mathrm{d}x+\int_{T}^{a+T} f(x)\,\mathrm{d}x.$$

对右边第三个积分，令$x=t+T$，则$\mathrm{d}x=\mathrm{d}t$，当$x=T$时，$t=0$，当$x=a+T$时，$t=a$，并注意到$f(t+T)=f(t)$，得

$$\int_{T}^{a+T} f(x)\,\mathrm{d}x=\int_{0}^{a} f(t+T)\,\mathrm{d}t=\int_{0}^{a} f(t)\,\mathrm{d}t,$$

于是

$$\int_{a}^{a+T} f(x)\,\mathrm{d}x=\int_{a}^{0} f(x)\,\mathrm{d}x+\int_{0}^{T} f(x)\,\mathrm{d}x+\int_{0}^{a} f(t)\,\mathrm{d}t=\int_{0}^{T} f(x)\,\mathrm{d}x.$$

【例 9】 求$\int_{1}^{\pi+1} \sin 2x\mathrm{d}x$.

【解】 函数$\sin 2x$是以π为周期的周期函数，故

$$\int_{1}^{\pi+1} \sin 2x\mathrm{d}x=\int_{0}^{\pi} \sin 2x\mathrm{d}x=\frac{1}{2}\int_{0}^{\pi} \sin 2x\mathrm{d}(2x)=\frac{1}{2}[-\cos 2x]_{0}^{\pi}=0.$$

(3)$\sin^n x$，$\cos^n x$在区间$\left[0,\ \frac{\pi}{2}\right]$上的积分

$$\int_0^{\frac{\pi}{2}}\sin^n x\mathrm{d}x=\int_0^{\frac{\pi}{2}}\cos^n x\mathrm{d}x=\begin{cases}\dfrac{n-1}{n}\cdot\dfrac{n-3}{n-2}\cdots\cdots\dfrac{2}{3}\cdot 1, & \text{当 } n \text{ 为大于 1 的正奇数时},\\ \dfrac{n-1}{n}\cdot\dfrac{n-3}{n-2}\cdots\cdots\dfrac{1}{2}\cdot\dfrac{\pi}{2}, & \text{当 } n \text{ 为正偶数时}.\end{cases}$$

【证】 记 $I_n=\int_0^{\frac{\pi}{2}}\sin^n x\mathrm{d}x$，由分部积分法可得

$$\begin{aligned}I_n&=\int_0^{\frac{\pi}{2}}\sin^n x\mathrm{d}x=\int_0^{\frac{\pi}{2}}\sin^{n-1}x\sin x\mathrm{d}x=-\int_0^{\frac{\pi}{2}}\sin^{n-1}x\mathrm{d}\cos x\\&=-[\sin^{n-1}x\cos x]_0^{\pi/2}+\int_0^{\frac{\pi}{2}}(n-1)\sin^{n-2}x\cdot\cos x\cdot\cos x\mathrm{d}x\\&=0+(n-1)\int_0^{\frac{\pi}{2}}\sin^{n-2}x(1-\sin^2 x)\mathrm{d}x\\&=(n-1)\int_0^{\frac{\pi}{2}}\sin^{n-2}x\mathrm{d}x-(n-1)\int_0^{\frac{\pi}{2}}\sin^n x\mathrm{d}x\\&=(n-1)I_{n-2}-(n-1)I_n.\end{aligned}$$

移项，得递推公式

$$I_n=\frac{n-1}{n}I_{n-2}.$$

重复使用该递推公式，得

$$I_n=\begin{cases}\dfrac{n-1}{n}\cdot\dfrac{n-3}{n-2}\cdot\cdots\cdot\dfrac{2}{3}\cdot I_1, & \text{当 } n \text{ 为大于 1 的正奇数时},\\ \dfrac{n-1}{n}\cdot\dfrac{n-3}{n-2}\cdot\cdots\cdot\dfrac{1}{2}\cdot I_0, & \text{当 } n \text{ 为正偶数时}.\end{cases}$$

而

$$I_0=\int_0^{\frac{\pi}{2}}\sin^0 x\mathrm{d}x=\int_0^{\frac{\pi}{2}}\mathrm{d}x=\frac{\pi}{2},\ I_1=\int_0^{\frac{\pi}{2}}\sin x\mathrm{d}x=[-\cos x]_0^{\frac{\pi}{2}}=1,$$

于是

$$\int_0^{\frac{\pi}{2}}\sin^n x\mathrm{d}x=\begin{cases}\dfrac{n-1}{n}\cdot\dfrac{n-3}{n-2}\cdot\cdots\cdot\dfrac{2}{3}\cdot 1, & \text{当 } n \text{ 为大于 1 的正奇数时},\\ \dfrac{n-1}{n}\cdot\dfrac{n-3}{n-2}\cdot\cdots\cdot\dfrac{1}{2}\cdot\dfrac{\pi}{2}, & \text{当 } n \text{ 为正偶数时}.\end{cases}$$

对于 $\int_0^{\frac{\pi}{2}}\cos^n x\mathrm{d}x$，只需令 $x=\frac{\pi}{2}-t$，即得

$$\int_0^{\frac{\pi}{2}}\cos^n x\mathrm{d}x=\int_{\frac{\pi}{2}}^0\sin^n t(-\mathrm{d}t)=\int_0^{\frac{\pi}{2}}\sin^n t\mathrm{d}t=\int_0^{\frac{\pi}{2}}\sin^n x\mathrm{d}x.$$

【例 10】 求 $\int_0^{\frac{\pi}{2}} \sin^5 x\mathrm{d}x$.

【解】 由上述公式得

$$\int_0^{\frac{\pi}{2}} \sin^5 x\mathrm{d}x = \frac{4}{5} \cdot \frac{2}{3} \cdot 1 = \frac{8}{15}.$$

习题 5-3

1. 用换元积分法求下列定积分:

(1) $\int_0^1 \sqrt{4+5x}\,\mathrm{d}x$;　　(2) $\int_1^4 \frac{1}{\sqrt{x}(1+x)}\mathrm{d}x$;

(3) $\int_{\frac{\pi}{6}}^{\frac{\pi}{2}} \frac{\cos x}{\sin^3 x}\mathrm{d}x$;　　(4) $\int_0^{\frac{\pi}{2}} \sin^3 x\cos x\mathrm{d}x$;

(5) $\int_0^4 \frac{1}{1+\sqrt{x}}\mathrm{d}x$;　　(6) $\int_1^5 \frac{x-1}{1+\sqrt{2x-1}}\mathrm{d}x$;

(7) $\int_1^{e} \frac{1}{x(1+\ln^2 x)}\mathrm{d}x$;　　(8) $\int_0^{\sqrt{2}} \sqrt{2-x^2}\,\mathrm{d}x$;

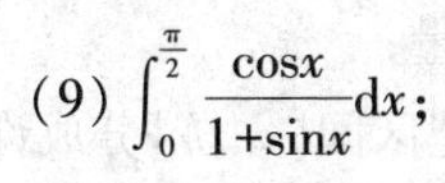

(9) $\int_0^{\frac{\pi}{2}} \frac{\cos x}{1+\sin x}\mathrm{d}x$;　　(10) $\int_0^1 x^2\sqrt{1-x^2}\,\mathrm{d}x$;

(11) $\int_{-1}^0 \frac{1+x}{\sqrt{4-x^2}}\mathrm{d}x$;　　(12) $\int_0^2 \frac{x}{(3-x)^7}\mathrm{d}x$.

2. 用分部积分法求下列定积分:

(1) $\int_1^4 \frac{\ln x}{\sqrt{x}}\mathrm{d}x$;　　(2) $\int_0^1 x\mathrm{e}^x\mathrm{d}x$;

(3) $\int_1^{e} x\ln x\mathrm{d}x$;　　(4) $\int_0^{\frac{\pi}{2}} x\cos 2x\mathrm{d}x$;

(5) $\int_0^1 \arctan x\mathrm{d}x$;　　(6) $\int_0^{\frac{\pi}{2}} x^2\cos x\mathrm{d}x$;

(7) $\int_0^{\frac{\pi}{3}} x\sec^2 x\mathrm{d}x$;　　(8) $\int_0^1 \frac{x\mathrm{e}^x}{(1+x)^2}\mathrm{d}x$.

3. 证明：$\int_0^a x^3 f(x^2)\,dx=\frac{1}{2}\int_0^{a^2} xf(x)\,dx \quad (a>0)$.

4. 求下列定积分：

(1) $\int_{-1}^{1}(x^3-x+1)\sin^2 x dx$；　　(2) $\int_{-1}^{1}(x+\sqrt{1-x^2})^2 dx$；

(3) $\int_{-\frac{1}{2}}^{\frac{1}{2}}\left[\frac{x\sin^2 x}{3+\cos x}+\ln(1-x)\right]dx$；　　(4) $\int_0^{\frac{\pi}{2}}\sin^6 x dx$；

(5) $\int_{-\frac{\pi}{2}}^{\frac{\pi}{2}}(x^3+\sin^2 x)\cos^2 x dx$；　　(6) $\int_0^{\frac{\pi}{2}}\sin^2 x\cos^5 x dx$；

(7) $\int_{-1}^{1}\frac{\arctan^2 x}{1+x^2}dx$；　　(8) $\int_{-1}^{1}x^2(\sin x+5x^2)dx$.

第四节　定积分的应用

一、定积分的元素法

由第一节的实例(曲边梯形面积和非均匀细直线棒质量问题)分析可见，用定积分表达某个量 Q 分为四个步骤：“分割、近似、求和、取极限”. 一般地，如果某一实际问题中的所求量 Q 符合以下三个条件：

(1)相关性. Q 是与变量 x 的变化区间$[a, b]$有关的量；

(2)可加性. Q 对于区间$[a, b]$具有可加性. 即如果把区间$[a, b]$分成许多部分区间，则 Q 相应地分成许多部分量，而 Q 等于所有部分量之和；

(3)近似性. 部分量 ΔQ 的近似值表示为 $f(x)dx$，即 $\Delta Q\approx dQ=f(x)dx$.

那么就可考虑用定积分来表达这个量 Q.

通常写出这个量 Q 的积分表达式的步骤是：

第一步，“选变量”. 选取某个变量 x 作为被分割的变量，它就是积分变量；并确定 x 的变化范围$[a, b]$，它就是被分割的区间，也就是积分区间.

第二步，“求微元”. 设想把区间$[a, b]$分成 n 个小区间，其中任意一个小区间用$[x, x+dx]$表示，小区间的长度 $\Delta x=dx$，所求量 Q 对应于小区间$[x, x+dx]$上的部分量记作 ΔQ. 并取 $\xi=x$，求出部分量 $\Delta Q\approx f(x)dx$.

近似值 $f(x)dx$ 称为量 Q 的微元(或元素)，记作 dQ，即 $dQ=f(x)dx$. 这里我们指出(但不作证明)，dQ 作为 ΔQ 的近似值，其误差 $\Delta Q-dQ$ 应是小区间长

度 Δx 的高阶无穷小，即 $dQ=f(x)dx=f(x)\Delta x$ 应满足

$$\Delta Q=dQ+o(\Delta x)=f(x)\Delta x+o(\Delta x).$$

第三步，“列积分”. 以量 Q 的微元 $dQ=f(x)dx$ 作为被积表达式，在 $[a, b]$ 上积分，便得所求量 Q，即

$$Q=\int_a^b f(x)dx.$$

上述把某个在区间上分布不均匀的量用定积分表示的简化方法称为定积分的元素法. 下面我们将应用这一方法来讨论一些问题.

二、应用定积分求平面图形的面积

1. 直角坐标情形

求平面图形面积可分成以下两情形：

(1)若平面图形是由曲线 $y=f(x)$，$y=g(x)$ 和直线 $x=a$，$x=b$ 围成，$f(x)\geqslant g(x)$，如图 5-12，则其面积可由对 x 积分得到

$$\boxed{A=\int_a^b [f(x)-g(x)]dx}$$

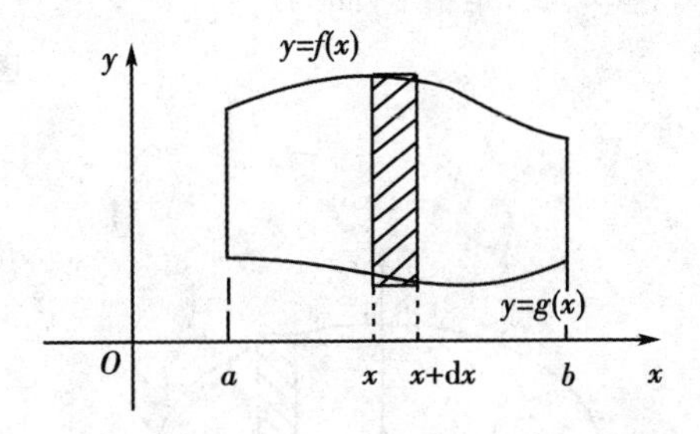

图 5-12

(2)若平面图形是由曲线 $x=\varphi(y)$，$x=\psi(y)$ 和直线 $y=c$，$y=d$ 围成，且 $\varphi(y)\geqslant\psi(y)$，如图 5-13，则其面积可由对 y 积分得到

$$\boxed{A=\int_c^d [\varphi(y)-\psi(y)]dy}$$

【例 1】 求由抛物线 $x=y^2$ 与直线 $2y=x$ 围成的图形的面积.

【解】 画出图形如图 5-14. 联立两曲线方程：

$$\begin{cases}x=y^2,\\2y=x,\end{cases}$$

解出它们的交点 $O(0, 0)$, $A(4, 2)$. 选择横坐标 x 作为积分变量，积分区间为 $[0, 4]$，对应于小区间 $[x, x+\mathrm{d}x]$ 的窄条面积的近似值为面积微元 $\mathrm{d}A=\left(\sqrt{x}-\frac{x}{2}\right)\mathrm{d}x$，即阴影部分小矩形的面积，于是 $x=y^2$ 与 $2y=x$ 所围图形面积为

$$A=\int_0^4\left(\sqrt{x}-\frac{x}{2}\right)\mathrm{d}x=\left[\frac{2}{3}x^{\frac{3}{2}}-\frac{x^2}{4}\right]_0^4=\frac{4}{3}.$$

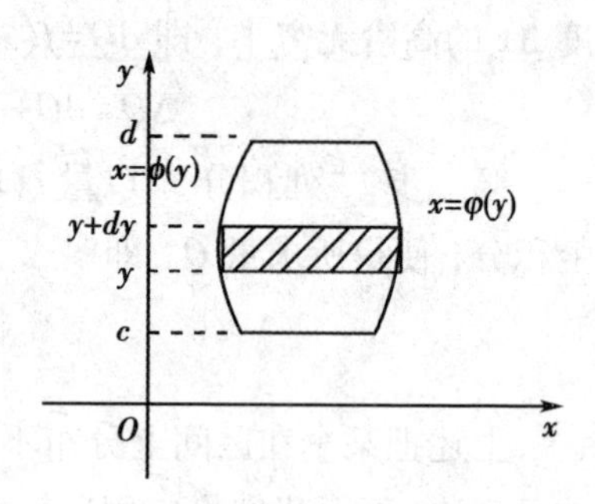

图 5-13

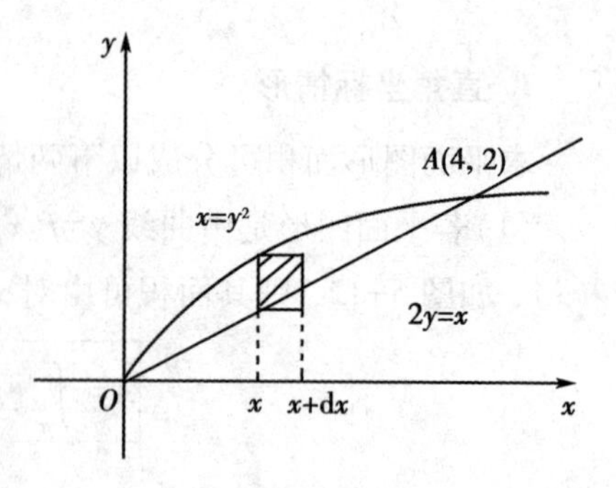

图 5-14

【例 2】 求椭圆 $\frac{x^2}{a^2}+\frac{y^2}{b^2}=1$ 围成图形的面积.

【解】 由对称性(图 5-15)知，所求面积是第一象限部分的面积的 4 倍. 选积分变量为 x，积分区间 $[0, a]$，对应于 $[0, a]$ 中任一小区间 $[x, x+\mathrm{d}x]$ 的窄条面积近似为 $\mathrm{d}A=y\mathrm{d}x=\frac{b}{a}\sqrt{a^2-x^2}\,\mathrm{d}x$，于是椭圆面积为 $A=4\int_0^a\frac{b}{a}\sqrt{a^2-x^2}\,\mathrm{d}x$.

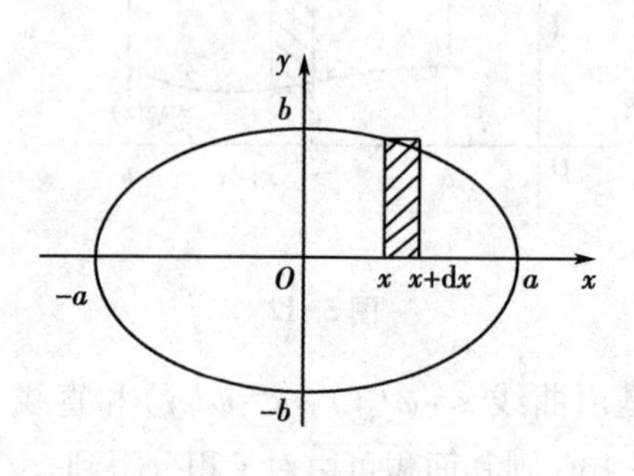

图 5-15

用换元法计算这个积分，设 $x=a\sin t$, $t=\arcsin\frac{x}{a}$, $\mathrm{d}x=a\cos t\mathrm{d}t$，当 $x=0$ 时，$t=0$，当 $x=a$ 时，$t=\frac{\pi}{2}$. 于是

$$A=4\int_0^a \frac{b}{a}\sqrt{a^2-x^2}\,\mathrm{d}x=\frac{4b}{a}\int_0^{\frac{\pi}{2}} a^2\cos^2 t\mathrm{d}t=4ab\cdot\frac{1}{2}\cdot\frac{\pi}{2}=\pi ab.$$

【例 3】 求由抛物线 $y^2=2x$ 及直线 $y=x-4$ 所围成的平面图形的面积.

【解】 由联立方程 $\begin{cases}y^2=2x,\\ y=x-4\end{cases}$ 解得两曲线的交点为(2, -2)和(8, 4). 如图 5-16, 选择 y 为积分变量, 积分区间为[-2, 4]. 考察任一小区间$[y, y+\mathrm{d}y]$上一个窄条的面积, 用宽为$(y+4)-\frac{y^2}{2}$, 高为 $\mathrm{d}y$ 的小矩形面积近似表示, 即得面积微元为

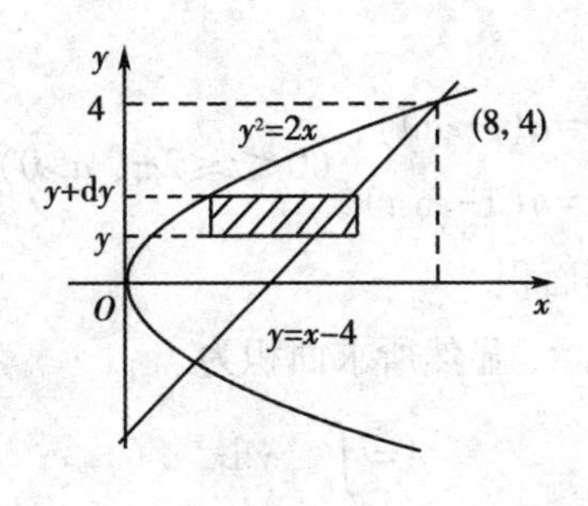

图 5-16

$$\mathrm{d}A=\left[(y+4)-\frac{y^2}{2}\right]\mathrm{d}y,$$

于是所围区域面积为:

$$A=\int_{-2}^{4}\left[(y+4)-\frac{y^2}{2}\right]\mathrm{d}y=\left[\frac{1}{2}y^2+4y-\frac{1}{6}y^3\right]_{-2}^{4}=18$$

事实上, 例 3 也可以选择 x 为积分变量, 积分区间为[0, 8]. 如图 5-17 所示, 当小区间$[x, x+\mathrm{d}x]$取在[0, 2]中时, 面积微元为 $\mathrm{d}A=[\sqrt{2x}-(-\sqrt{2x})]\mathrm{d}x$, 而当小区间取在[2, 8]中时, 面积微元为 $\mathrm{d}A=[\sqrt{2x}-(x-4)]\mathrm{d}x$, 因此, 积分区间须分成[0, 2]和[2, 8]两部分, 即所给图形由直线 $x=2$ 分成两部分, 分别计算两部分的面积再相加, 得所求面积, 即

$$\begin{aligned}A&=\int_0^2[\sqrt{2x}-(-\sqrt{2x})]\mathrm{d}x+\int_2^8[\sqrt{2x}-(x-4)]\mathrm{d}x\\&=2\sqrt{2}\left[\frac{2}{3}x^{3/2}\right]_0^2+\left[\sqrt{2}\cdot\frac{2}{3}x^{3/2}-\frac{1}{2}x^2+4x\right]_2^8=\frac{16}{3}+\frac{38}{3}=18.\end{aligned}$$

比较两种算法可见, 取 y 作为积分变量要简便得多. 因此, 对具体问题应选择积分简便的计算方法.

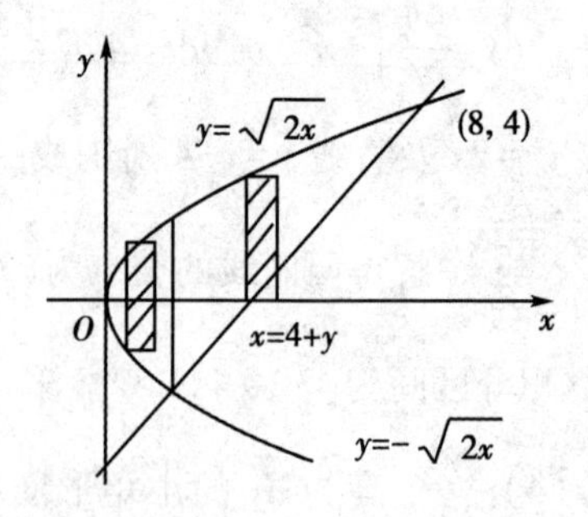

图 5-17

【例 4】 求摆线

$$\begin{cases}x=a(t-\sin t),\\ y=a(1-\cos t),\end{cases}(0\leqslant t\leqslant 2\pi,\ a>0)$$

的一拱与 x 轴围成的图形面积.

【解】 如图 5-18 所示，显然所求面积为

$$A=\int_0^{2\pi a} y\mathrm{d}x.$$

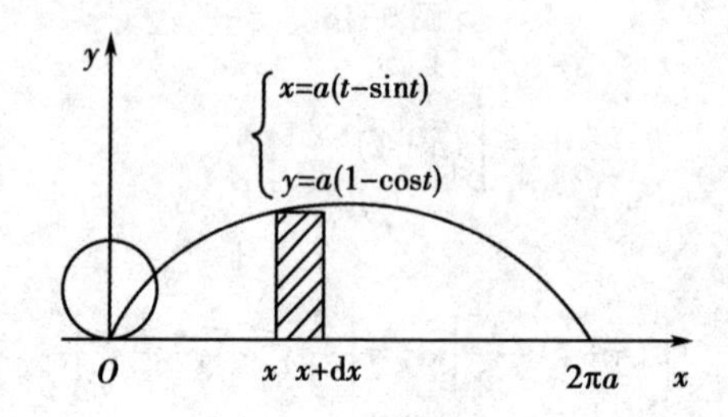

图 5-18

将 $x=a(t-\sin t)$，$y=a(1-\cos t)$ 代入上式，应用定积分换元法，得

$$\begin{aligned}A&=\int_0^{2\pi} a(1-\cos t)a(1-\cos t)\,\mathrm{d}t=\int_0^{2\pi} a^2(1-2\cos t+\cos^2 t)\,\mathrm{d}t\\&=a^2\int_0^{2\pi}\left(1-2\cos t+\frac{1-\cos 2t}{2}\right)\mathrm{d}t=a^2\left[\int_0^{2\pi}\frac{3}{2}\mathrm{d}t-2\int_0^{2\pi}\cos t\mathrm{d}t+\frac{1}{2}\int_0^{2\pi}\cos 2t\mathrm{d}t\right]\\&=3\pi a^2.\end{aligned}$$

2. 极坐标情形

由极坐标系下的方程给出的曲线 $r=r(\theta)$ 与两射线 $\theta=\alpha$，$\theta=\beta$ 所围图形(见图 5-19)，称为曲边扇形. 下面讨论它的面积的求法.

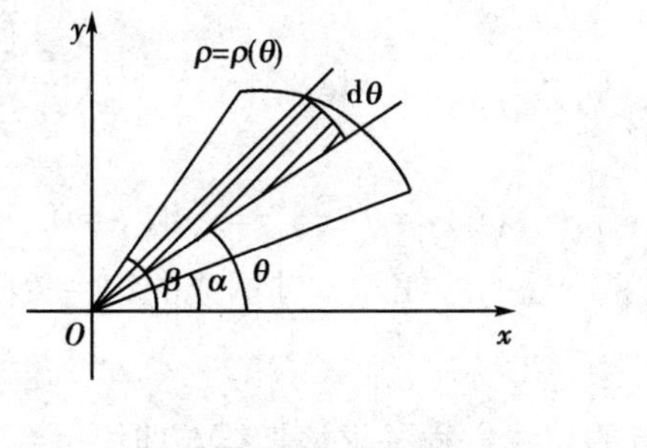

图 5-19

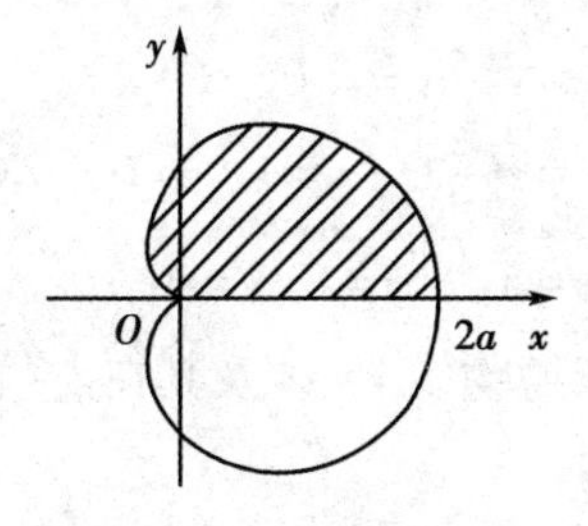

图 5-20

这里采用从原点出发的射线把曲边扇形分割成小曲边扇形，即取辐角 θ 为积分变量，积分区间为$[\alpha,\beta]$，对应于小区间$[\theta,\theta+\mathrm{d}\theta]$的小曲边扇形面积用以 $r(\theta)$ 为半径、$\mathrm{d}\theta$ 为圆心角的扇形面积$\frac{1}{2}[r(\theta)]^2\mathrm{d}\theta$ 作为近似 $r=a(1+\cos\theta)$ 值，即得面积微元为

$$\mathrm{d}A=\frac{1}{2}[r(\theta)]^2\mathrm{d}\theta,$$

于是

$$\boxed{A=\int_\alpha^\beta\frac{1}{2}[r(\theta)]^2\mathrm{d}\theta}$$

【例 5】 求心形线 $r=a(1+\cos\theta)$（图 5-20）所围平面图形的面积 A.

【解】 所给图形可看作由曲线 $r=a(1+\cos\theta)$ 与射线 $\theta=0$，$\theta=2\pi$ 所围成的曲边扇形. 由对称性，得

$$\begin{aligned}A&=2\int_0^\pi\frac{1}{2}a^2(1+\cos\theta)^2\mathrm{d}\theta=a^2\int_0^\pi(1+2\cos\theta+\cos^2\theta)\mathrm{d}\theta\\&=a^2\int_0^\pi\left(1+2\cos\theta+\frac{1}{2}+\frac{1}{2}\cos2\theta\right)\mathrm{d}\theta\\&=a^2\left[\frac{3}{2}\theta+2\sin\theta+\frac{1}{4}\sin2\theta\right]_0^\pi=\frac{3}{2}\pi a^2.\end{aligned}$$

习题 5-4

1. 求由下列各组曲线所围平面图形的面积：

(1) $xy=1$, $y=x$, $x=2$;

(2) $y=e^x$，$x=0$，$x=2$，$y=0$；

(3) $x=y^2$，$y=x^2$；

(4) $y=x^2+2x$，$x=1$，$y=0$；

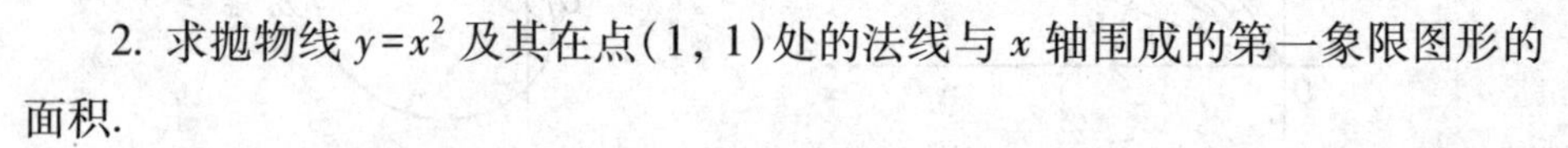

(5) $y=5x^4$，$x=1$，$y=0$；　　(6) $y=\sqrt{2x}$，$y=x-4$，$y=0$.

2. 求抛物线 $y=x^2$ 及其在点(1，1)处的法线与 x 轴围成的第一象限图形的面积.

3. 求曲线 $y=\sqrt{x-2}$ 过坐标原点的切线方程并求该切线与曲线 $y=\sqrt{x-2}$ 及 x 轴所围平面图形的面积.

总习题五

一、选择题

1. 定积分 $\int_{-\pi}^{\pi}\frac{x^2\sin x}{1+x^2}dx$ 等于(　　)；

A. 2　　B. −1　　C. 0　　D. 1

2. 设函数 $f(x)$ 在区间 $[a, b]$ 上连续，则 $\int_a^b f(x)dx-\int_a^b f(t)dt$(　　)；

A. 小于零　　B. 等于零　　C. 大于零　　D. 不确定

3. $\frac{d}{dx}\int_a^b \arctan x dx$ 等于(　　)；

A. $\arctan x$　　B. $\frac{1}{1+x^2}$　　C. $\arctan b-\arctan a$　　D. 0

4. 下列式子正确的是(　　)；

A. $\int_0^1 e^x dx>\int_0^1 e^{x^2}dx$　　B. $\int_0^1 e^x dx<\int_0^1 e^{x^2}dx$

C. $\int_0^1 e^x dx=\int_0^1 e^{x^2}dx$　　D. 以上都不对

5. 设 $f(x)$ 在 $[0, 1]$ 上连续，令 $t=2x$，则 $\int_0^1 f(2x)dx$ 等于(　　)；

A. $\int_0^2 f(t)dt$　　B. $\frac{1}{2}\int_0^1 f(t)dt$　　C. $2\int_0^2 f(t)dt$　　D. $\frac{1}{2}\int_0^2 f(t)dt$

6. 设 $\int_0^x f(t)dt=a^{2x}$，则 $f(x)$ 等于(　　)；

A. $2a^{2x}$　　B. $a^{2x}\ln a$　　C. $2xa^{2x-1}$　　D. $2a^{2x}\ln a$

7. 设 $\int_0^x f(t)\mathrm{d}t=x\cos x$，则 $f(x)$ 等于（　　）.

A. $\cos x-x\sin x$　　B. $\cos x+x\sin x$　　C. $\sin x-x\cos x$　　D. $\sin x+x\cos x$

二、填空题

1. $\int_0^1 \frac{x^2}{1+x^2}\mathrm{d}x=$________；2. $\int_{-\frac{1}{2}}^0 (2x+1)^{99}\mathrm{d}x=$________；

3. 当 $b\neq 0$ 时，$\int_1^b \ln x\mathrm{d}x=1$，则 $b=$________；

4. $\int_{-2}^2 x^7\cos 2x\mathrm{d}x=$________；

5. 设 $f(x)$ 有连续的导数，$f(b)=5$，$f(a)=3$，则 $\int_a^b f'(x)\mathrm{d}x=$________；

6. 设 $F(x)=\int_0^x t\cos^2 t\mathrm{d}t$，则 $f'\left(\frac{\pi}{4}\right)=$________；

7. 设 $\Phi(x)=\int_0^x \tan u\mathrm{d}u$；，则 $\Phi'(x)=$________；

8. 若 $f(x)$ 在 $[-a, a]$ 上连续，则 $\int_{-a}^a [f(x)-f(-x)]\cos x\mathrm{d}x=$________；

9. $\frac{\mathrm{d}}{\mathrm{d}x}\left(\int_1^2 (\sqrt{4-u^2}+\ln u)\mathrm{d}u\right)=$________；

10. 定积分 $\int_{-1}^1 (x+1)\sqrt{1-x^2}\mathrm{d}x=$________.

三、计算题

1. 用适当方法计算下列定积分：

(1) $\int_1^e \frac{\mathrm{d}x}{x(2x+1)}$；　(2) $\int_0^1 \frac{4}{4-e^x}\mathrm{d}x$；　(3) $\int_0^{\frac{\pi}{2}} \frac{\sin x\cos x}{1+\cos^2 x}\mathrm{d}x$；

(4) $\int_0^{\ln 2} \mathrm{e}^{-2x}\mathrm{d}x$；　(5) $\int_0^4 \frac{1}{1+\sqrt{x}}\mathrm{d}x$；　(6) $\int_0^{\frac{\pi}{4}} \frac{\sin x}{1+\cos x+\cos 2x}\mathrm{d}x$；

(7) $\int_0^1 \frac{1}{x^2+x+1}\mathrm{d}x$；　(8) $\int_0^{\frac{\sqrt{3}}{2}} \frac{x(\arccos x)^2}{\sqrt{1-x^2}}\mathrm{d}x$；　(9) $\int_0^{\frac{3}{4}} \frac{x+1}{\sqrt{x^2+1}}\mathrm{d}x$

(10) $\int_{-2}^{-\sqrt{2}} \frac{\mathrm{d}x}{x\sqrt{x^2-1}}$；　(11) $\int_0^{\pi} (x\sin x)^2\mathrm{d}x$；　(12) $\int_0^{\pi} \mathrm{e}^x\cos^2 x\mathrm{d}x$；

(13) $\int_0^{\frac{\pi}{2}} |\sin x-\cos x|\mathrm{d}x$; (14) $\int_{\frac{1}{e}}^{\mathrm{e}} |\ln x|\mathrm{d}x$; (15) $\int_0^2 \sqrt{x^2-4x+4}\,\mathrm{d}x$;

(16) $\int_0^{\frac{\pi}{2}} \cos 2x\sin^3 x\mathrm{d}x$; (17) $\int_{-\frac{\pi}{2}}^{\frac{\pi}{2}} \frac{(1+x^2)\sin^4 x}{1+x^2}\mathrm{d}x$; (18) $\int_0^{\pi} |\cos x|\mathrm{d}x$;

(19) $\int_{-2}^{2} \frac{x+|x|}{2+x^2}\mathrm{d}x$; (20) $\int_0^3 \arcsin\sqrt{\frac{x}{1+x}}\mathrm{d}x$.

四、证明题

1. 求 $\varphi(x)=\int_1^{x^2}(x^2-t)\mathrm{e}^{-t^2}\mathrm{d}t$ 的驻点.

2. 证明：$\int_0^1 x^m(1-x)^n\mathrm{d}x=\int_0^1 x^n(1-x)^m\mathrm{d}x$，$(m, n\in N)$.

3. 证明不等式：$\frac{3}{\mathrm{e}^4}\leqslant\int_{-1}^{2}\mathrm{e}^{-x^2}\mathrm{d}x\leqslant\frac{3}{e}$.

4. 已知 $x\mathrm{e}^x$ 为 $f(x)$ 的一个原函数，求 $\int_0^1 xf'(x)\mathrm{d}x$.

5. 设 $f(x)=\ln x-\int_1^{\mathrm{e}} f(x)\mathrm{d}x$，证明：$\int_1^{\mathrm{e}} f(x)\mathrm{d}x=\frac{1}{\mathrm{e}}$.

6. 设 $f(x)=\int_0^{x^2} x\sin t\mathrm{d}t$，求 $f''(x)$.

7. 若 $f(x)$ 是连续函数，证明：当 $f(x)$ 是奇函数时，$\int_0^x f(t)\mathrm{d}t$ 是偶函数；$f(x)$ 是偶函数时，$\int_0^x f(t)\mathrm{d}t$ 是奇函数.

8. 设 $f(u)$ 连续，证明 $\int_0^{\pi} xf(\sin x)\mathrm{d}x=\frac{\pi}{2}\int_0^{\pi} f(\sin x)\mathrm{d}x$，并计算积分 $\int_0^{\pi}\frac{x\sin x}{1+\cos^2 x}\mathrm{d}x$.

9. 设 $x=\int_1^t u\ln u\mathrm{d}u$，$y=\int_{t^2}^1 u^2\ln u\mathrm{d}u$，求 $\frac{\mathrm{d}y}{\mathrm{d}x}$.

10. 设 $f(x)>0$，且连续，证明：函数 $\varphi(x)=\frac{\int_0^x tf(t)\mathrm{d}t}{\int_0^x f(t)\mathrm{d}t}$ 单调增加.

11. 求由 $y=\sqrt{x}$，$y=2\sqrt{x}$ 和 $x=4$ 所围平面图形的面积.

第六章　多元函数微分法及其应用

前面各章我们讨论了只有一个自变量的函数，称一元函数，但是，在很多实际问题中，还经常遇到依赖于几个自变量的函数，即多元函数. 多元函数是一元函数的推广，本章主要讨论二元函数，二元函数偏导数和全微分及其应用.

第一节　多元函数的基本概念

一、多元函数的概念

1. 区域的概念

讨论一元函数时，经常用到 x 轴上点的邻域和区间的概念. 为了讨论多元函数，我们把点的邻域和区间的概念推广到平面上.

设 $P_0(x_0, y_0)$ 是 xOy 面上的一点，δ 是某一个正数，xOy 面上所有与点 P_0 的距离小于 δ 的点的集合称为点 P_0 的 δ 邻域，记为 $U(P_0, \delta)$，即

$$U(P_0, \delta)=\{P \mid |P_0P|<\delta\}$$

或

$$U(P_0, \delta)=\{(x, y) \mid \sqrt{(x-x_0)^2+(y-y_0)^2}<\delta\}$$

几何上，$U(P_0, \delta)$ 就是以 P_0 为圆心，δ 为半径的圆内点的集合，所以 δ 又称为邻域的半径. 有时讨论问题时，若不需要强调邻域的半径时，点 P_0 的邻域可简记为 $U(P_0)$（见图 6-1）.

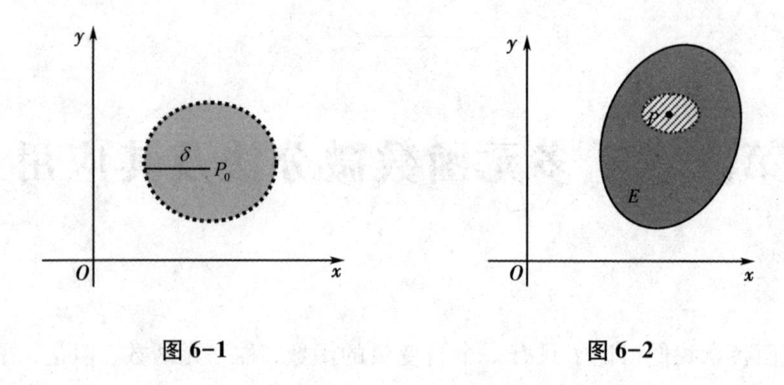

图 6-1　　图 6-2

设 D 是平面上的一个点集，点 $P\in D$，如果存在一个 P 的邻域 $U(P)$ 使得 $U(P)\subset D$(图 6-2)，那么称 P 是点集 D 的内点. 如果点集 D 的点都是内点，那么称点集 D 为开集.

设 A 是平面上的一个点集，如果对于 A 内的任意两点 P_1 和 P_2，都可用含于 A 的一条折线相连接(图 6-3)，则称点集 D 是连通的. 连通的开集成为开区域，简称为区域.

设 D 是一个区域，如果点 P 的任一邻域，既有属于 D 的点又有不属于 D 的点，则点 P 称为 D 的边界点(图 6-4).

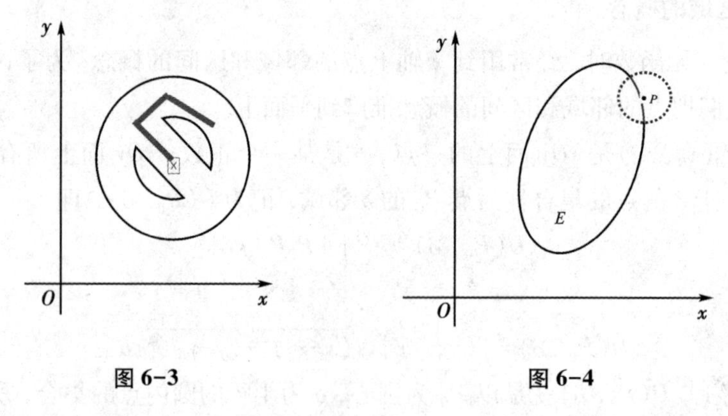

图 6-3　　图 6-4

区域 D 的边界点所组成的集合称为区域 D 的边界. 例如区域$\{(x,\ y)\mid x^2+y^2\geqslant 1\}$(图 6-5)的边界由 $x^2+y^2=1$ 组成；区域$\{(x,\ y)\mid x-y\geqslant 1]\}$(见图 6-6)的边界由 $x-y=1$ 组成.

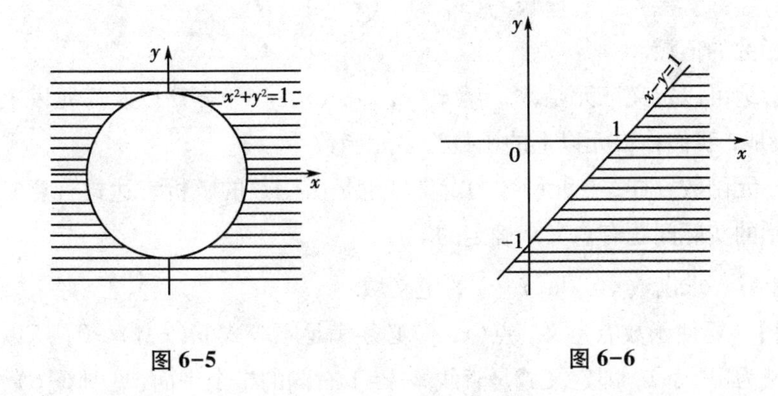

图 6-5　　　　图 6-6

区域 D 连同它的边界组成的集合，称为闭区域，记为 $\overline{D}$. 如区域 $\{(x, y) \mid x^2+y^2 \geqslant 1\}$ 和 $\{(x, y) \mid x^2+y^2 \leqslant 1\}$ 都是闭区域，而区域 $\{(x, y) \mid 0<x^2+y^2 \leqslant 1\}$ 既不是开区域也不是闭区域.

如果区域 D 能够被包含于某一个圆内，则称区域 D 为有界区域；否则称为无界区域. 如区域 $\{(x, y) \mid x^2+y^2 \leqslant 1\}$ 是有界的，而区域 $\{(x, y) \mid x^2+y^2 \geqslant 1\}$ 和 $\{(x, y) \mid x-y \geqslant 1\}$ 都是无界的.

2. 二元函数的定义

【例 1】 设矩形的边长分别为 x 和 y，则矩形的面积 S 为

$$S=xy.$$

当 x 和 y 每取定一组值时，就有一确定的面积值 S. 即 S 依赖于 x 和 y 的变化而变化.

【例 2】 销售某种商品所得收入 R 依赖于销售量 Q 和销售价格 P，即

$$R=PQ.$$

当销售价格 P 和销售量 Q 一定时，就有唯一确定的收入与之对应.

【例 3】 设正圆锥体的体积 V 和它的高 h 及底面半径 r 之间有如下关系：

$$V=\frac{1}{3}\pi r^2 h.$$

上面几个例子的具体意义不同，但它们都有共同的性质，由这些共同的性质得到以下二元函数的定义.

定义 1 设 D 是 R^2 的一个非空子集，称映射 $f: D \to R$ 为定义在 D 上的二元函数，通常记为

$$z=f(x, y), (x, y) \in D.$$

其中变量 x、y 称为自变量，z 称为因变量，集合 D 称为函数的定义域，数集

$$\{z \mid z=f(x, y), (x, y) \in D\}$$

称为该函数的值域.

类似地可以定义三元函数 $u=f(x, y, z)$, $(x, y, z) \in D$ 以及三元以上的函数. 一般地, 我们称二元以上的函数为多元函数.

同一元函数一样, 二元函数的定义域也是由函数的解析表达式有意义或函数所表示的实际问题有意义来确定的.

【例 4】 求函数 $z=\sqrt{\ln(x-y)}$ 的定义域.

【解】 要使函数有意义, 点 (x, y) 必须满足不等式 $\ln(x-y) \geqslant 0$, 所以函数的定义域为 $x-y \geqslant 1$, 即定义域是直线 $x-y=1$ 右侧的半个平面(见图 6-6).

【例 5】 求函数 $z=\sqrt{1-x^2-y^2}+\sqrt{y}$ 的定义域.

【解】 要使函数有意义, 点 (x, y) 必须满足不等式组 $\begin{cases}1-x^2-y^2 \geqslant 0, \\ y \geqslant 0,\end{cases}$ 所以函数定义域为

$$\begin{cases}x^2+y^2 \leqslant 1, \\ y \geqslant 0,\end{cases}$$

即函数的定义域是一个以原点为圆心, 以 1 为半径位于上半平面的半圆(见图 6-7).

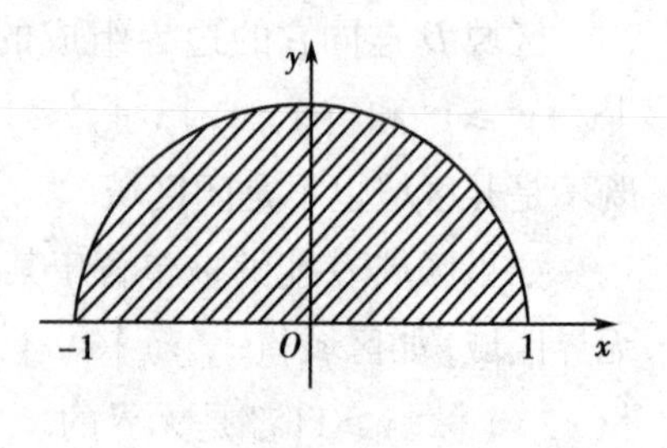

图 6-7

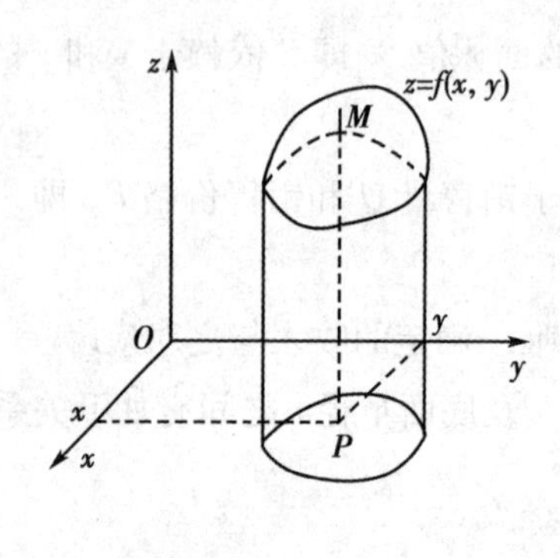

图 6-8

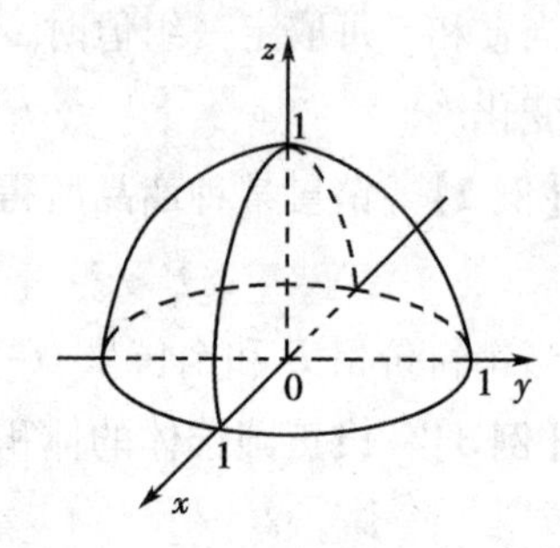

图 6-9

3. 二元函数的几何意义

对于一元函数 $y=f(x)$, 我们是把 $(x, f(x))$ 看作平面直角坐标系内的点的坐标, 则 $y=f(x)$ 在 xOy 平面上的几何图形, 一般说来, 就是一条平面曲线. 对于二元函数 $z=f(x, y)$, 我们同样可以把 $(x, y, f(x, y))$ 看作空间直角坐标系内的点的坐标, 函数 $z=f(x, y)$ 的定义域为 xOy 坐标面内的某一区域 D, 则 D 内

每一点 $P(x, y)$ 都对应着空间的一点 $M(x, y, f(x, y))$，所有这样确定的空间的点的集合就是函数 $z=f(x, y)$ 的图形. 一般说来，它是一个曲面(图 6-8). 例如，函数 $z=\sqrt{1-x^2-y^2}$ 的图形就是以原点为中心，1 为半径，在 xOy 平面上方的半个球面(图 6-9).

二、二元函数的极限

同一元函数一样，对于二元函数 $z=f(x, y)$，我们也要研究当动点 (x, y) 无限趋近于定点 (x_0, y_0) 时，其对应的函数值 $f(x, y)$ 的变化趋势，这就是二元函数的极限问题.

定义 2　设函数 $z=f(x, y)$ 在点 $P_0(x_0, y_0)$ 的某一邻域内有定义(点 P_0 可以除外)，点 $P(x, y)$ 是该邻域内异于 P_0 的任一点. 如果当动点 $P(x, y)$ 以任意方式无限趋近于点 $P_0(x_0, y_0)$ 时，其对应的函数值 $f(x, y)$ 总是无限趋近于一个确定的常数 A，则称常数 A 为函数 $z=f(x, y)$ 当 $x\to x_0$，$y\to y_0$ 时的极限，记作

$$\lim_{\substack{x\to x_0\\ y\to y_0}} f(x, y)=A.$$

应当注意：(1) 在求二元函数极限时，只有当点 $P(x, y)$ 沿任何路径趋向于 $P_0(x_0, y_0)$ 时，对应的函数值 $f(x, y)$ 都趋近于常数 A，才能确定 A 是所求函数 $f(x, y)$ 的极限.

(2) 如果只选择几个特殊的路径让点 $P(x, y)$ 趋近于点 $P_0(x_0, y_0)$，其对应的函数值都趋于常数 A，这还不能断定函数的极限存在；而点 $P(x, y)$ 沿不同方式趋近于点 $P_0(x_0, y_0)$ 时，函数值 $f(x, y)$ 逼近不同的值，则极限 $\lim\limits_{\substack{x\to x_0\\ y\to y_0}} f(x, y)$ 不存在.

【例 6】　讨论 $\lim\limits_{\substack{x\to 0\\ y\to 0}} \dfrac{xy}{x^2+y^2}$ 是否存在.

【解】　当点 $P(x, y)$ 沿 x 轴趋于原点时，即当 $y=0$，$x\to 0$ 时

$$\lim_{\substack{x\to 0\\ y=0}} \frac{xy}{x^2+y^2}=\lim_{\substack{x\to 0\\ y=0}} \frac{0}{x^2+0}=0,$$

当点 $P(x, y)$ 沿 y 轴趋于原点时，即当 $x=0$，$y\to 0$ 时

$$\lim_{\substack{x=0\\ y\to 0}} \frac{xy}{x^2+y^2}=\lim_{\substack{x=0\\ y\to 0}} \frac{0}{0+y^2}=0,$$

但当点 $P(x, y)$ 沿直线 $y=kx$ 趋于原点时，即当 $x\to 0$，$y=kx\to 0$ 时

$$\lim_{\substack{x\to 0\\ y\to 0}}\frac{xy}{x^2+y^2}=\lim_{\substack{x\to 0\\ y\to 0}}\frac{x\cdot kx}{x^2+(kx)^2}=\frac{k}{1+k^2},$$

其值随 k 的不同而改变，故 $\lim\limits_{\substack{x\to 0\\ y\to 0}}\frac{xy}{x^2+y^2}$ 不存在.

由于二元函数的极限的定义与一元函数极限的定义形式上完全相同，因此，关于一元函数的极限运算法则可推广到二元函数中去，在此就不赘述了.

三、二元函数的连续性

在极限概念的基础上，我们就可以讨论二元函数的连续性了.

定义 3　设函数 $z=f(x,y)$ 在点 $P_0(x_0,y_0)$ 的某一邻域内有定义（p_0 点含在内），如果 $\lim\limits_{\substack{x\to x_0\\ y\to y_0}}f(x,y)=f(x_0,y_0)$，则称函数 $f(x,y)$ 在点 $P_0(x_0,y_0)$ 处连续，并称点 $P_0(x_0,y_0)$ 是函数 $f(x,y)$ 的连续点.

如果二元函数 $f(x,y)$ 在区域 D 上每一点都连续，则称函数 $f(x,y)$ 在区域 D 上连续.

如果二元函数 $f(x,y)$ 在点 $P_0(x_0,y_0)$ 处不连续，则称点 $P_0(x_0,y_0)$ 为函数 $f(x,y)$ 的不连续点（或间断点）.

由极限与连续的定义可知，当二元函数 $f(x,y)$ 在点 $P_0(x_0,y_0)$ 处无定义；或虽有定义，但在点 $P_0(x_0,y_0)$ 处的极限不存在；或即使在 $P_0(x_0,y_0)$ 处的极限和函数值都存在，但它们不相同时，函数 $f(x,y)$ 在点 $P_0(x_0,y_0)$ 处均不连续.

例如，函数 $f(x,y)=\begin{cases}\dfrac{xy}{x^2+y^2}, & x^2+y^2\neq 0,\\ 0, & x^2+y^2=0.\end{cases}$ 由于 $\lim\limits_{\substack{x\to 0\\ y\to 0}}f(x,y)$ 不存在（见例 6），所以原点 $(0,0)$ 是函数的间断点.

又如，函数 $f(x,y)=\dfrac{1}{1-x^2-y^2}$，在圆周 $x^2+y^2=1$ 上各点都没有定义，所以，圆周 $x^2+y^2=1$ 上各点都是函数 $f(x,y)$ 的间断点，即间断点是一条圆周曲线.

可以证明：二元连续函数的和、差、积、商及复合函数仍为连续函数. 由此可得“二元初等函数在其定义区域内是连续函数”.

【例 7】　求 $\lim\limits_{\substack{x\to 0\\ y\to 0}}\dfrac{2-\sqrt{xy+4}}{xy}$.

【解】 $\lim\limits_{\substack{x\to0\\y\to0}}\frac{2-\sqrt{xy+4}}{xy}=\lim\limits_{\substack{x\to0\\y\to0}}\frac{4-(xy+4)}{xy(2+\sqrt{xy+4})}=\lim\limits_{\substack{x\to0\\y\to0}}\frac{-1}{2+\sqrt{xy+4}}=\frac{-1}{2+\sqrt{0+4}}=-\frac{1}{4}$.

【例 8】 求$\lim\limits_{\substack{x\to\frac{1}{4}\\y\to0}}\arccos(e^{y}-2x)$.

【解】 $\lim\limits_{\substack{x\to\frac{1}{4}\\y\to0}}\arccos(e^{y}-2x)=\arccos\left(e^{0}-2\times\frac{1}{4}\right)=\frac{\pi}{3}$.

在有界闭区域上，二元连续函数还有如下性质：

性质 1(最大值与最小值定理)　设函数$f(x, y)$在有界闭区域D上连续，则在该区域上至少取得它的最大值与最小值各一次.

性质 2(介值定理)　设函数$f(x, y)$在有界闭区域D上连续，m和M分别是函数$f(x, y)$在D上的最小值和最大值，而C是介于m和M之间的任一实数，即$m\leqslant C\leqslant M$，则在D内至少有一点$p(\xi, \eta)$，使得$f(\xi, \eta)=c$.

习题 6-1

1. 用一个正圆锥的高度表示为它的体积和底半径的函数.

2. 求下列函数在指定点的函数值：

(1)$f(x, y)=xy+\frac{y}{x}$，求$f\left(\frac{1}{2}, 1\right)$，$f(1, -1)$；

(2)$f(x, y)=x^2-xy+y^2$，求$f(x+\Delta x, y)-f(x, y)$，$f(x, y+\Delta y)-f(x, y)$.

3. 若$f(x, y)=\sqrt{x^4+y^4}-2xy$，求证$f(tx, ty)=t^2f(x, y)$.

4. 求下列函数定义域，并画出定义域的图形：

(1)$z=\sqrt{4x^2-y^2-1}$；　(2)$z=\ln(y^2-4x+8)$；

(3)$z=\arccos\frac{x}{a}+\frac{1}{\sqrt{x-y}}$；　(4)$z=\ln(y-x)+\frac{\sqrt{x}}{\sqrt{1-x^2-y^2}}$；

(5)$z=\ln[x\ln(y-x)]$；　(6)$f(x, y)=\sqrt{x^2+y^2-1}+\ln(4-x^2-y^2)$.

5. 求下列极限：

(1)$\lim\limits_{\substack{x\to1\\y\to0}}\frac{1+xy}{x^2+y^2}$；　(2)$\lim\limits_{\substack{x\to0\\y\to0}}\frac{\sin xy}{x}$；

(3)$\lim\limits_{\substack{x\to0\\y\to0}}\frac{\sqrt{xy+1}-1}{xy}$；　(4)$\lim\limits_{\substack{x\to2\\y\to0}}\frac{\tan xy}{y}$；

(5) $\lim\limits_{(x,y)\to(0,0)}\dfrac{1-\cos(x^2+y^2)}{(x^2+y^2)e^{x^2y^2}}$.

第二节　偏导数

一、偏导数的概念

在一元函数中，我们从研究函数的变化率引入了导数的概念. 对于多元函数来说，同样需要研究函数的变化率. 但是，由于多元函数的自变量不止一个，因此，因变量与自变量的关系要比一元函数复杂得多，我们只研究多元函数关于其中一个自变量的变化率(其它自变量暂时看作常量)，这就是偏导数.

定义 4　设函数 $z=f(x, y)$ 在点 (x_0, y_0) 的某一邻域内有定义，当自变量 y 固定在 $y=y_0$ 若一元函数 $z=f(x, y_0)$ 在点 x_0 可导，则称此导数为二元函数 $z=f(x, y)$ 在点 (x_0, y_0) 处关于 x 的偏导数，记作

$$\frac{\partial z}{\partial x}\Big|_{(x_0, y_0)}, \frac{\partial f}{\partial x}\Big|_{(x_0, y_0)}, f'_x(x_0, y_0) 或 z'_x(x_0, y_0).$$

由一元函数的导数的定义式，可得二元函数 $z=f(x, y)$ 在点 (x_0, y_0) 处关于 x 的偏导数的极限形式

$$f'_x(x_0, y_0)=\lim_{\Delta x\to 0}\frac{f(x_0+\Delta x, y_0)-f(x_0, y_0)}{\Delta x}.$$

类似地，可定义二元函数 $z=f(x, y)$ 在点 (x_0, y_0) 处关于 y 的偏导数，记作

$$\frac{\partial z}{\partial y}\Big|_{(x_0, y_0)}, \frac{\partial f}{\partial y}\Big|_{(x_0, y_0)}, f'_y(x_0, y_0), 或 z'_y(x_0, y_0),$$

且有

$$f'_y(x_0, y_0)=\lim_{\Delta y\to 0}\frac{f(x_0, y_0+\Delta y)-f(x_0, y_0)}{\Delta y}.$$

如果函数 $z=f(x, y)$ 在区域 D 内每一点 (x, y) 都有关于 x 的偏导数，则这个偏导数仍是 x、y 的函数，称它为函数 $z=f(x, y)$ 关于 x 的偏导函数，记作

$$\frac{\partial z}{\partial x}, \frac{\partial f}{\partial x}, f'_x(x, y) 或 z'_x(x, y).$$

类似地，可定义函数 $z=f(x, y)$ 在区域 D 内关于 y 的偏导函数，记作

$$\frac{\partial z}{\partial y},\ \frac{\partial f}{\partial y},\ f'_y(x,\ y)\text{或}\ z'_y(x,\ y).$$

有了偏导函数的概念后，显然，$f'_x(x_0,\ y_0)$，$f'_y(x_0,\ y_0)$就是偏导函数$f'_x(x,\ y)$，$f'_y(x,\ y)$在点$(x_0,\ y_0)$处的函数值. 习惯上，把偏导函数也称为偏导数.

类似地，可将偏导数的定义推广到 n 元($n>2$)函数中去.

还须说明的是偏导数的记号$\frac{\partial z}{\partial x}$或$\frac{\partial z}{\partial y}$不可分开，不能理解为$\partial z$ 与∂x 或∂z 与∂y的商，而只能将整体看成是一种记号，这一点与一元函数的导数记号$\frac{\mathrm{d}y}{\mathrm{d}x}$可以看成两个微分 $\mathrm{d}y$ 与 $\mathrm{d}x$ 的商是不同的.

由偏导数的定义可知，多元函数的偏导数只有一个自变量在变化，其余自变量都暂时看作常数. 这样，求多元函数的偏导数就转化为求一元函数的导数. 因此，一元函数的求导法则和所有导数公式在求多元函数的偏导数中仍然适用.

【例 1】　求函数 $z=x^2+3xy+y^2$ 在点(1, 2)处的偏导数.

【解】　把 y 看做常量，得

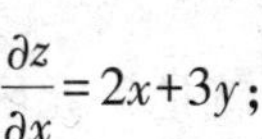

$$\frac{\partial z}{\partial x}=2x+3y;$$

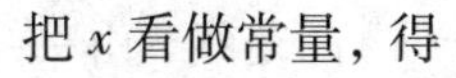

把 x 看做常量，得

$$\frac{\partial z}{\partial y}=3x+2y.$$

将(1, 2)代入上面的结果，就得

$$\left.\frac{\partial z}{\partial x}\right|_{\substack{x=1\\y=2}}=2\cdot1+3\cdot2=8,\ \left.\frac{\partial z}{\partial y}\right|_{\substack{x=1\\y=1}}=3\cdot1+2\cdot2=7.$$

【例 2】　求 $z=\sqrt{xy}\sin(x+2y)$ 的偏导数.

【解】　把 y 看作常数，对 x 求导，得

$$\frac{\partial z}{\partial x}=\sqrt{y}\left[\frac{1}{2\sqrt{x}}\sin(x+2y)+\sqrt{x}\cos(x+2y)\right];$$

把 x 看作常数，对 y 求导，得

$$\frac{\partial z}{\partial y}=\sqrt{x}\left[\frac{1}{2\sqrt{y}}\sin(x+2y)+2\sqrt{y}\cos(x+2y)\right].$$

【例 3】　求 $z=x^y$ 的偏导数.

【解】　把 y 看成常量，$z=x^y$ 为关于 x 的幂函数，则

$$\frac{\partial z}{\partial x}=yx^{y-1};$$

把 x 看成常量，$z=x^y$ 为关于 y 的指数函数，则

$$\frac{\partial z}{\partial y}=x^y\ln x.$$

【例 4】 求证$\left(\frac{\partial r}{\partial x}\right)^2+\left(\frac{\partial r}{\partial y}\right)^2+\left(\frac{\partial r}{\partial z}\right)^2=1$，其中 $r=\sqrt{x^2+y^2+z^2}$.

【证明】 因为 r 是 x，y，z 的三元函数，所以把 y，z 看作常数求得

$$\frac{\partial r}{\partial x}=\frac{2x}{2\sqrt{x^2+y^2+z^2}}=\frac{x}{r},$$

同理可得$\frac{\partial r}{\partial y}=\frac{y}{r}$，$\frac{\partial r}{\partial z}=\frac{z}{r}$，所以

$$\left(\frac{\partial r}{\partial x}\right)^2+\left(\frac{\partial r}{\partial y}\right)^2+\left(\frac{\partial r}{\partial z}\right)^2=\frac{x^2+y^2+z^2}{r^2}=1.$$

二、二元函数的偏导数的几何意义

由偏导数的定义知偏导数$\frac{\partial z}{\partial x}\Big|_{(x_0, y_0)}$就是一元函数 $z=f(x, y_0)$ 在 x_0 处的导数，而一元函数 $z=f(x, y_0)$ 的图形是平面 $y=y_0$ 与曲面 $z=f(x, y)$ 的交线，由一元函数导数的几何意义知，$\frac{\partial z}{\partial x}\Big|_{(x_0, y_0)}$ 表示曲线

$$\begin{cases}z=f(x, y),\\ y=y_0\end{cases}$$

在点 $M(x_0, y_0, (x_0, y_0))$ 处的切线对 x 轴的斜率 $\tan\alpha$（见图 6-10），即

$$\frac{\partial z}{\partial x}\Big|_{(x_0, y_0)}=\tan\alpha.$$

同理可知，$\frac{\partial z}{\partial y}\Big|_{(x_0, y_0)}$ 表示曲线

$$\begin{cases}z=f(x, y),\\ x=x_0\end{cases}$$

在点 $M(x_0, y_0, (x_0, y_0))$ 处的切线对 y 轴的斜率 $\tan\beta$，即

$$\frac{\partial z}{\partial y}\Big|_{(x_0, y_0)}=\tan\beta.$$

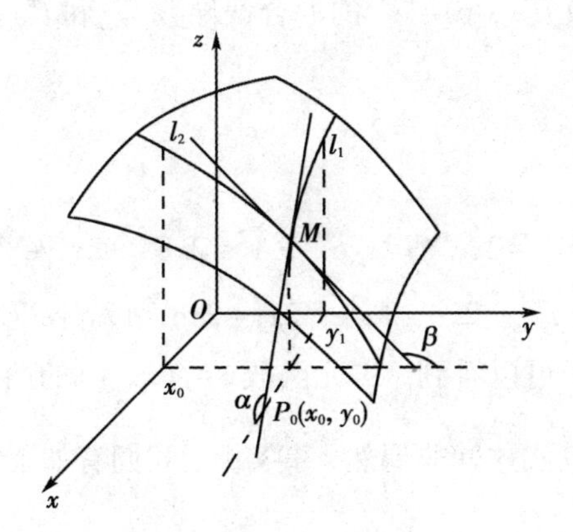

图 6-10

三、高阶偏导数

若二元函数 $z=f(x, y)$ 在区域 D 内存在偏导数$\frac{\partial z}{\partial x}$，$\frac{\partial z}{\partial y}$，那么它们都是 x，y 的函数. 如果它们仍然存在偏导数，则称这些偏导数是函数 $z=f(x, y)$ 的二阶偏导数. 按照对变量求导的先后次序，二元函数有下列四个二阶偏导数：

$$\frac{\partial}{\partial x}\left(\frac{\partial z}{\partial x}\right)=\frac{\partial^2 z}{\partial x^2}=z''_{xx}=f''_{xx}(x, y); \qquad \frac{\partial}{\partial y}\left(\frac{\partial z}{\partial y}\right)=\frac{\partial^2 z}{\partial y^2}=z''_{yy}=f''_{yy}(x, y);$$

$$\frac{\partial}{\partial y}\left(\frac{\partial z}{\partial x}\right)=\frac{\partial^2 z}{\partial x\partial y}=z''_{xy}=f''_{xy}(x, y); \qquad \frac{\partial}{\partial x}\left(\frac{\partial z}{\partial y}\right)=\frac{\partial^2 z}{\partial y\partial x}=z''_{yx}=f''_{yx}(x, y).$$

其中$\frac{\partial^2 z}{\partial x\partial y}$与$\frac{\partial^2 z}{\partial y\partial x}$称为混合偏导数. 类似地，我们可以定义三阶、四阶，…，n 阶偏导数. 二阶及二阶以上的偏导数称为高阶偏导数.

【例 5】　求函数 $z=x^3y^2-xy+5$ 的二阶偏导数.

【解】　因为

$$\frac{\partial z}{\partial x}=3x^2y^2-y, \ \frac{\partial z}{\partial y}=2x^3y-x,$$

所以

$$\frac{\partial^2 z}{\partial x^2}=6xy^2, \ \frac{\partial^2 z}{\partial x\partial y}=6x^2y-1,$$

$$\frac{\partial^2 z}{\partial y^2}=2x^3, \ \frac{\partial^2 z}{\partial y\partial x}=6x^2y-1.$$

【例 6】 求函数$f(x, y)=e^{x^2y}$的混合偏导数f''_{xy}和f''_{yx}.

【解】 因为

$$f'_x=2xye^{x^2y}, f'_y=x^2e^{x^2y},$$

所以

$$f''_{xy}=2xe^{x^2y}+2xye^{x^2y}\cdot x^2=2xe^{x^2y}+2x^3ye^{x^2y},$$

$$f''_{yx}=2xe^{x^2y}+x^2e^{x^2y}2xy=2xe^{x^2y}+2x^3ye^{x^2y}.$$

从上述两个例子可以看到，二元函数$z=f(x, y)$的两个混合偏导数是相等的，即$\frac{\partial^2 z}{\partial x\partial y}=\frac{\partial^2 z}{\partial y\partial x}$. 其实这并非偶然，事实上，我们有如下定理.

定理 1 如果函数$z=f(x, y)$的两个混合偏导数$\frac{\partial^2 z}{\partial x\partial y}$及$\frac{\partial^2 z}{\partial y\partial x}$在区域$D$内连续，则在该区域$D$内，必有$\frac{\partial^2 z}{\partial x\partial y}=\frac{\partial^2 z}{\partial y\partial x}$.

【例 7】 设$u=e^{xy}\sin z$，求$\frac{\partial^3 u}{\partial x^3}$，$\frac{\partial^3 u}{\partial x\partial y\partial z}$.

【解】 $\frac{\partial u}{\partial x}=ye^{xy}\sin z$，$\frac{\partial^2 u}{\partial x^2}=y^2e^{xy}\sin z$，$\frac{\partial^3 u}{\partial x^3}=y^3e^{xy}\sin z$，

$$\frac{\partial^2 u}{\partial x\partial y}=e^{xy}\sin z+xye^{xy}\sin z=(1+xy)e^{xy}\sin z,$$

$$\frac{\partial^3 u}{\partial x\partial y\partial z}=(1+xy)e^{xy}\cos z.$$

【例 8】 证明函数$u=\frac{1}{\sqrt{x^2+y^2+z^2}}$满足拉普拉斯(Laplace)方程

$$\frac{\partial^2 u}{\partial x^2}+\frac{\partial^2 u}{\partial y^2}+\frac{\partial^2 u}{\partial z^2}=0.$$

【证】 $\frac{\partial u}{\partial x}=-\frac{1}{2}\frac{2x}{(x^2+y^2+z^2)^{3/2}}=\frac{-x}{(x^2+y^2+z^2)^{3/2}}$，

$$\frac{\partial^2 u}{\partial x^2}=\frac{-(x^2+y^2+z^2)^{3/2}+x\frac{2}{3}(x^2+y^2+z^2)^{\frac{1}{2}}\cdot 2x}{(x^2+y^2+z^2)^3}$$

$$=\frac{2x^2-y^2-z^2}{(x^2+y^2+z^2)^{5/2}}.$$

由于函数u中x，y，z是对称的，因此，可用轮换变量的方法得到其他两个二阶偏导数，即

$\frac{\partial^2 u}{\partial y^2}=\frac{2y^2-z^2-x^2}{(x^2+y^2+z^2)^{5/2}}$，$\frac{\partial^2 u}{\partial x^2}=\frac{2z^2-x^2-y^2}{(x^2+y^2+z^2)^{5/2}}$，

三式相加得

$$\frac{\partial^2 u}{\partial x^2}+\frac{\partial^2 u}{\partial y^2}+\frac{\partial^2 u}{\partial z^2}=0$$

习题 6-2

1. 求下列函数在指定点处的偏导数：

(1) 设 $f(x, y)=\ln(x+\ln y)$，求 $f'_x(1, \mathrm{e})$，$f'_y(1, \mathrm{e})$；

(2) 设 $z=\mathrm{e}^{-x}\sin(x+2y)$，求

$$\left.\frac{\partial z}{\partial x}\right|_{\left(0,\frac{\pi}{4}\right)}, \left.\frac{\partial z}{\partial y}\right|_{\left(0,\frac{\pi}{4}\right)}, \left.\frac{\partial^2 z}{\partial x^2}\right|_{\left(0,\frac{\pi}{4}\right)}, \left.\frac{\partial^2 z}{\partial x\partial y}\right|_{\left(0,\frac{\pi}{2}\right)}, \left.\frac{\partial^2 z}{\partial y^2}\right|_{\left(0,\frac{\pi}{4}\right)};$$

(3) 设 $f(x, y, z)=xy^2+yz^2+zx^2$，求

$f''_{xx}(0, 0, 1)$，$f''_{xz}(1, 0, 2)$，$f''_{yz}(0, -1, 0)$，$f'''_{zzx}(2, 0, 1)$；

(4) 求函数 $z=x^2+xy-2y^3$ 在点 $(1, 2)$ 处的偏导数；

(5) 设 $f(x, y)=x+(y-1)\arcsin\sqrt{\frac{x}{y}}$，求 $f_x(x, 1)$.

2. 求下列函数的一阶偏导数：

(1) $z=x^3\sin y-xy^2$；

(2) $z=\frac{x\mathrm{e}^y}{y^2}$；

(3) $z=(a^2+y)^x$；

(4) $z=\arcsin\frac{x}{\sqrt{x^2+y^2}}$；

(5) $u=\ln(1+x+y^2+z^3)$；

(6) $u=\arctan(x-y)^z$.

3. 求下列函数的二阶偏导数：

(1) $z=x^4+x^2y-2y^3$；

(2) $z=y^x$；

(3) $z=\frac{x+y}{x-y}$；

(4) $z=\sin(x-y)+\cos(x+y)$.

4. 求曲线 $\begin{cases} z=\frac{1}{4}(x^2+y^2) \\ y=4 \end{cases}$ 在点 $(2, 4, 5)$ 处的切线与 x 轴正向的倾斜角.

5. 验证函数 $z=\ln(\sqrt{x}+\sqrt{y})$ 满足方程 $x\frac{\partial z}{\partial x}+y\frac{\partial z}{\partial y}=\frac{1}{2}$.

6. 验证函数 $z=2\cos^2\left(x-\dfrac{t}{2}\right)$ 满足 $2\dfrac{\partial^2 z}{\partial t^2}+\dfrac{\partial^2 z}{\partial x\partial t}=0$.

7. 验证函数 $u=z\cdot\arctan\dfrac{x}{y}$ 满足拉普拉斯方程 $\dfrac{\partial^2 u}{\partial x^2}+\dfrac{\partial^2 u}{\partial y^2}+\dfrac{\partial^2 u}{\partial z^2}=0$.

8. 验证 $r=\sqrt{x^2+y^2+z^2}$ 满足 $\dfrac{\partial^2 r}{\partial x^2}+\dfrac{\partial^2 r}{\partial y^2}+\dfrac{\partial^2 r}{\partial z^2}=\dfrac{2}{r}$.

第三节　全微分

我们知道，若一元函数 $y=f(x)$ 在点 x_0 处可导，则有 $dy=f'(x_0)\Delta x$，且有

$$\Delta y=dy+o(\Delta x),$$

即微分 dy 是函数增量的主要部分. 微分 dy 又是 Δx 的线性函数，并且 Δy 与 dy 之差是 Δx 的高阶无穷小，则当 $|\Delta x|$ 很小时，可用 dy 近似代替 Δy，即 $\Delta y\approx dy$

把上述思想用于二元函数的全增量研究，从而得到全微分的概念和计算公式. 设函数 $z=f(x, y)$ 在点 $P(x, y)$ 的某一邻域内有定义，当自变量 x，y 分别取得增量 Δx，Δy 时，函数 z 相应取得的增量 Δz，即

$$\Delta z=f(x+\Delta x, y+\Delta y)-f(x, y)$$

称为 $z=f(x, y)$ 在点 $P(x, y)$ 处的全增量.

定义 5　如果函数 $z=f(x, y)$ 在点 (x, y) 处的全增量可表示为

$$\Delta z=A\Delta x+B\Delta y+o(\rho). \tag{1}$$

其中 $\rho=\sqrt{(\Delta x)^2+(\Delta y)^2}$，$A$、$B$ 不依赖于 Δx，Δy 而仅与 x，y 有关，则称函数 $z=f(x, y)$ 在点 (x, y) 处可微分，而 $A\Delta x+B\Delta y$ 称为函数 $z=f(x, y)$ 在点 (x, y) 处的全微分，记作 dz，即

$$dz=A\Delta x+B\Delta y. \tag{2}$$

由全微分的定义可以看出全微分有两个性质：其一，全微分 dz 是 Δx 与 Δy 的线性函数；其二，dz 与 Δz 之差是关于 ρ 的高阶无穷小.

式(2)中的 A、B 如何去确定呢？我们有下面定理.

定理 2(可微分的必要条件)　如果函数 $z=f(x, y)$ 在点 (x, y) 处可微分，则函数在该点的偏导数 $f'_x(x, y)$ 与 $f'_y(x, y)$ 必存在，且有

$$A=f'_x(x, y),\ B=f'_y(x, y).$$

【证明】　因为函数 $z=f(x, y)$ 在点 (x, y) 处可微分，即

$$\Delta z=A\Delta x+B\Delta y+o(\rho).$$

上式是对任意的 Δx，Δy 都适合的，今取 $\Delta y=0$，得 $\rho=\sqrt{(\Delta x)^2}=|\Delta x|$，因此上式变成 $f(x+\Delta x,\ y)-f(x,\ y)=A\Delta x+o(|\Delta x|)$，等式两边同除以 Δx，且令 $\Delta x\to 0$，则有

$$\lim_{\Delta x\to 0}\frac{f(x+\Delta x,\ y)-f(x,\ y)}{\Delta x}=\lim_{\Delta x\to 0}\left[A+\frac{o(|\Delta x|)}{\Delta x}\right]=A.$$

此式左端等于 $f'_x(x,\ y)$，故有 $A=f'_x(x,\ y)$. 同理可证 $B=f'_y(x,\ y)$.

由定理 2 知函数 $z=f(x,\ y)$ 在点 $(x,\ y)$ 处的全微分 $\mathrm{d}z$ 可表示为

$$\mathrm{d}z=f'_x(x,\ y)\Delta x+f'_y(x,\ y)\Delta y.$$

习惯上，把 Δx 和 Δy 分别记为 $\mathrm{d}x$ 和 $\mathrm{d}y$，称之为自变量的微分. 所以函数 $z=f(x,\ y)$ 在点 $(x,\ y)$ 处的全微分 $\mathrm{d}z$ 又可写为

$$\mathrm{d}z=f'_x(x,\ y)\mathrm{d}x+f'_y(x,\ y)\mathrm{d}y. \tag{3}$$

如果函数 $z=f(x,\ y)$ 在区域 D 内任意一点都可微分，则称函数 $z=f(x,\ y)$ 是区域 D 内的可微函数. 此时有 $\mathrm{d}z=f'_x(x,\ y)\mathrm{d}x+f'_y(x,\ y)\mathrm{d}y$.

在一元函数中，我们知道可导与可微是等价的. 但是，对于二元函数就不同了，偏导数存在只是函数可微分的必要条件，而不是充分条件. 但是，如果再假定函数的两个偏导数连续，则全微分就一定存在，即有定理.

定理 3(可微分的充分条件)　如果函数 $z=f(x,\ y)$ 的两个偏导数 $f'_x(x,\ y)$，$f'_y(x,\ y)$ 在点 $(x,\ y)$ 处连续，则函数 $z=f(x,\ y)$ 在该点可微分.

二元函数全微分的概念及定理，可以推广到三元函数以至更多元的函数中去. 例如，对于三元函数 $u=f(x,\ y,\ z)$，其全微分为

$$\mathrm{d}u=f'_x(x,\ y,\ z)\mathrm{d}x+f'_y(x,\ y,\ z)\mathrm{d}y+f'_z(x,\ y,\ z)\mathrm{d}z.$$

【例 1】　求函数 $z=\sqrt{x^2+y^2}$ 在点 $(3,\ 4)$ 处关于 $\Delta x=0.1$，$\Delta y=0.2$ 的全增量与全微分.

【解】　$\Delta z=\sqrt{(x+\Delta x)^2+(y+\Delta y)^2}-\sqrt{x^2+y^2}$

$=\sqrt{(3+0.1)^2+(4+0.2)^2}-\sqrt{3^2+4^2}$

$=5.2202-5=0.2202.$

由于

$$f'_x(x,\ y)=\frac{x}{\sqrt{x^2+y^2}},\ f'_y(x,\ y)=\frac{y}{\sqrt{x^2+y^2}},$$

故有

$$dz=f'_x(3,4)\Delta x+f'_y(3,4)\Delta y=\frac{3}{\sqrt{3^2+4^2}}\times 0.1+\frac{4}{\sqrt{3^2+4^2}}\times 0.2=0.22$$

【例 2】 求函数 $z=x^2y+y^3$ 的全微分.

【解】 因为$\frac{\partial z}{\partial x}=2xy$，$\frac{\partial z}{\partial y}=x^2+3y^2$，所以

$$dz=2xydx+(x^2+3y^2)dy.$$

【例 3】 求函数 $u=\ln\sqrt{x^2+y^2+z^2}$ 的全微分.

【解】 因为 $u=\frac{1}{2}\ln(x^2+y^2+z^2)$，从而有

$$\frac{\partial u}{\partial x}=\frac{x}{x^2+y^2+z^2},\ \frac{\partial u}{\partial y}=\frac{y}{x^2+y^2+z^2},\ \frac{\partial u}{\partial z}=\frac{z}{x^2+y^2+z^2},$$

所以

$$du=\frac{xdx+ydy+zdz}{x^2+y^2+z^2}.$$

【例 4】 计算函数 $u=x+\sin\frac{y}{2}+e^{yz}$ 的全微分.

【解】 因为

$$\frac{\partial u}{\partial x}=1,\quad \frac{\partial u}{\partial y}=\frac{1}{2}\cos\frac{y}{2}+ze^{yz},\quad \frac{\partial u}{\partial z}=ye^{yz},$$

所以

$$du=dx+\left(\frac{1}{2}\cos\frac{y}{2}+ze^{yz}\right)dy+ye^{yz}dz.$$

二元函数 $z=f(x,y)$ 在一点处可微分与连续的关系同一元函数类似，即有下面定理.

定理 4 若函数 $z=f(x,y)$ 在点 (x_0,y_0) 处可微，则函数 $z=f(x,y)$ 在点 (x_0,y_0) 必连续.

【证】 因为函数 $z=f(x,y)$ 在点 (x_0,y_0) 处可微，则 $\Delta z=A\Delta x+B\Delta y+o(\rho)$. 当 $\Delta x\to 0$，$\Delta y\to 0$ 时，即当 $\rho=\sqrt{(\Delta x)^2+(\Delta y)^2}\to 0$ 时，有

$$\lim_{\substack{\Delta x\to 0\\ \Delta y\to 0}}\Delta z=\lim_{\substack{\Delta x\to 0\\ \Delta y\to 0}}[A\Delta x+B\Delta y+o(\rho)]=\lim_{\substack{\Delta x\to 0\\ \Delta y\to 0}}(A\Delta+B\Delta y)+\lim_{\rho\to 0}o(\rho)=0,$$

即

$$\lim_{\substack{\Delta x\to 0\\ \Delta y\to 0}}[f(x_0+\Delta x,y_0+\Delta y)-f(x_0,y_0)]=0.$$

所以

$$\lim_{\substack{\Delta x \to 0 \\ \Delta y \to 0}} f(x_0+\Delta x, y_0+\Delta y)=f(x_0, y_0),$$

即函数 $z=f(x, y)$ 在点 (x_0, y_0) 处连续.

习题 6-3

1. 求函数 $z=x^2y^2$ 当 $x=2$，$y=1$，$\Delta x=0.02$，$\Delta y=-0.01$ 时的全增量与全微分.

2. 求函数 $p=\dfrac{KT}{V}$（K 为常数）当 $T=300$，$V=20$，$\Delta T=2$，$\Delta V=-0.1$ 时的全增量与全微分.

3. 求函数 $z=\ln(1+x^2+y^2)$ 在点 $(1, 2)$ 处的全微分.

4. 求函数 $z=\arctan(x^2+y)+xy$ 在点 $(2, -1)$ 处的全微分.

5. 求函数 $z=e^{xy}$ 当 $x=1$，$y=1$，$\Delta x=0.15$，$\Delta y=0.1$ 时的全微分.

6. 求下列函数的全微分：

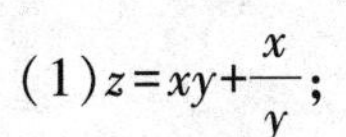

(1) $z=xy+\dfrac{x}{y}$；　　(2) $z=x^2y-e^{xy}+\ln(x+y)$；

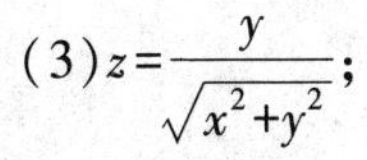

(3) $z=\dfrac{y}{\sqrt{x^2+y^2}}$；　　(4) $z=\arcsin\dfrac{x}{y}$；

(5) $u=\ln(x^2+y^2+z^2)$；　　(6) $u=\left(\dfrac{x}{y}\right)^z$；

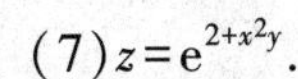

(7) $z=e^{2+x^2y}$.

第四节　多元函数的求导法则

一、多元复合函数的求导法则

在一元函数里，复合函数 $y=f(u)$，$u=\varphi(x)$ 的求导法则是

$$\frac{dy}{dx}=\frac{dy}{du}\cdot\frac{du}{dx}.$$

对于由函数 $z=f(u, v)$，$u=\varphi(x, y)$，$v=\varphi(x, y)$ 复合而成的多元复合函数，能否找到一种类似上述的方法，求 $\dfrac{\partial z}{\partial x}$、$\dfrac{\partial z}{\partial y}$ 呢？对此，我们介绍多元复合函数的

求导法则. 多元复合函数的复合关系是多种多样的，我们先介绍一种常见的复合关系，有下面定理.

定理 5 如果函数 $u=\varphi(x, y)$, $v=\varphi(x, y)$, 在点 (x, y) 有偏导数，且函数 $z=f(u, v)$ 在对应点 (u, v) 有连续偏导数 $\frac{\partial z}{\partial u}$ 和 $\frac{\partial z}{\partial v}$，则复合函数 $z=f[\varphi(x, y), \varphi(x, y)]$ 在点 (x, y) 处具有对 x、y 的偏导数，且

$$\begin{aligned}\frac{\partial z}{\partial x}&=\frac{\partial z}{\partial u}\frac{\partial u}{\partial x}+\frac{\partial z}{\partial v}\frac{\partial v}{\partial x},\\ \frac{\partial z}{\partial y}&=\frac{\partial z}{\partial u}\frac{\partial u}{\partial y}+\frac{\partial z}{\partial v}\frac{\partial v}{\partial y}.\end{aligned} \tag{1}$$

【证】 设给 x 一个增量 Δx，y 保持不变，于是函数 u，v 有对应的增量 Δu，Δv，从而函数 $z=f(u, v)$ 有增量 $\Delta z=f(u+\Delta u, v+\Delta v)-f(u, v)$.

由于函数 $z=f(u, v)$ 的偏导数连续，则函数 $z=f(u, v)$ 在点 (u, v) 处可微分，即

$$\Delta z=\frac{\partial z}{\partial u}\Delta u+\frac{\partial z}{\partial v}\Delta v+o(\rho),$$

其中 $\rho=\sqrt{(\Delta u)^2+(\Delta v)^2}$，将上式两边同除 Δx，得

$$\frac{\Delta z}{\Delta x}=\frac{\partial z}{\partial u}\frac{\Delta u}{\Delta x}+\frac{\partial z}{\partial v}\frac{\Delta v}{\Delta x}+\frac{o(\rho)}{\Delta x}. \tag{2}$$

因为函数 u，v 在点 (x, y) 处的偏导数存在，所以当 $\Delta x\to 0$ 时有 $\Delta u\to 0$，$\Delta v\to 0$，进而有 $\rho\to 0$，且有 $\lim\limits_{\Delta x\to 0}\frac{\Delta u}{\Delta x}=\frac{\partial u}{\partial x}$，$\lim\limits_{\Delta x\to 0}\frac{\Delta v}{\Delta x}=\frac{\partial v}{\partial x}$. 又

$$\lim_{\Delta x\to 0}\left|\frac{o(\rho)}{\Delta x}\right|=\lim_{\Delta x\to 0}\left|\frac{o(\rho)}{\rho}\right|\left|\frac{\rho}{\Delta x}\right|=\lim_{\rho\to 0}\left|\frac{o(\rho)}{\rho}\right|\cdot\lim_{\rho\to 0}\sqrt{\left(\frac{\Delta u}{\Delta x}\right)^2+\left(\frac{\Delta v}{\Delta x}\right)^2}$$

$$=0\cdot\sqrt{\left(\frac{\partial u}{\partial x}\right)^2+\left(\frac{\partial v}{\partial x}\right)^2}=0,$$

将公式(2)两边取极限($\Delta x\to 0$)，得

$$\lim_{\Delta x\to 0}\frac{\Delta z}{\Delta x}=\lim_{\Delta x\to 0}\left(\frac{\partial z}{\partial u}\frac{\Delta u}{\Delta x}\right)+\lim_{\Delta x\to 0}\left(\frac{\partial z}{\partial v}\frac{\Delta v}{\Delta x}\right)+\lim_{\Delta x\to 0}\frac{o(\rho)}{\Delta x}=\frac{\partial z}{\partial u}\frac{\partial u}{\partial x}+\frac{\partial z}{\partial v}\frac{\partial v}{\partial x}$$

即

$$\frac{\partial z}{\partial x}=\frac{\partial z}{\partial u}\frac{\partial u}{\partial x}+\frac{\partial z}{\partial v}\frac{\partial v}{\partial x}.$$

同理可证

$$\frac{\partial z}{\partial y}=\frac{\partial z}{\partial u}\frac{\partial u}{\partial y}+\frac{\partial z}{\partial v}\frac{\partial v}{\partial y}.$$

【例 1】　设 $z=u^2-v^2$，$u=x\sin y$，$v=x\cos y$，求$\frac{\partial z}{\partial x}$、$\frac{\partial z}{\partial y}$.

【解】　$\frac{\partial z}{\partial u}=2u$，$\frac{\partial z}{\partial v}=-2v$，$\frac{\partial u}{\partial x}=\sin y$，$\frac{\partial u}{\partial y}=x\cos y$，$\frac{\partial v}{\partial x}=\cos y$，$\frac{\partial v}{\partial y}=-x\sin y$.

代入公式(1)，得

$$\frac{\partial z}{\partial x}=2u\sin y-2v\cos y=2x\sin y\sin y-2x\cos y\cos y=-2x\cos 2y,$$

$$\frac{\partial z}{\partial y}=2ux\cos y-2v(-x\sin y)=2x\sin y\cdot x\cos y+2x\cos y\cdot x\sin y=2x^2\sin 2y.$$

【例 2】　设 $z=f(xy,\ e^{x+y})$. 求$\frac{\partial z}{\partial x}$，$\frac{\partial z}{\partial y}$.

【解】　令 $u=xy$，$v=e^{x+y}$，则

$$\frac{\partial u}{\partial x}=y,\ \frac{\partial u}{\partial y}=x,\ \frac{\partial v}{\partial x}=e^{x+y},\ \frac{\partial v}{\partial y}=e^{x+y},$$

代入公式(1)，得

$$\frac{\partial z}{\partial x}=\frac{\partial z}{\partial u}\frac{\partial u}{\partial x}+\frac{\partial z}{\partial v}\frac{\partial v}{\partial x}=y\cdot\frac{\partial z}{\partial u}+e^{x+y}\frac{\partial z}{\partial v},$$

$$\frac{\partial z}{\partial y}=\frac{\partial z}{\partial u}\frac{\partial u}{\partial y}+\frac{\partial z}{\partial v}\frac{\partial v}{\partial y}=x\cdot\frac{\partial z}{\partial u}+e^{x+y}\frac{\partial z}{\partial v}.$$

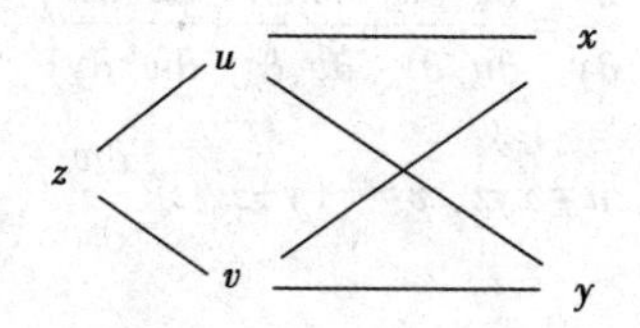

图 6-11

由于函数关系 f 没有具体的给出，因此只能计算到此为止，不可能得到具体的导函数. 公式(1)又称为链式法则. 为了便于理解，我们用连线表示各变量之间的关系(如图 6-11，又称为函数的复合关系图)，然后按“连线相乘，分线相加”的原则写出所求的复合函数的偏导数. 其规律是：公式中两两乘积项的个数与中间变量的个数相同，而公式的个数等于自变量的个数.

我们可以把公式(1)推广到其他形式的复合函数中去，例如(我们略去类似于定理中的条件，只给结论)：

(1)设 $w=f(u,\ v)$，而 $u=u(x,\ y,\ z)$，$v=v(x,\ y,\ z)$，则复合函数 $w=f[u(x,\ y,\ z),\ v(x,\ y,\ z)]$(图 6-12)的三个偏导数为

$$\frac{\partial w}{\partial x}=\frac{\partial w}{\partial u}\frac{\partial u}{\partial x}+\frac{\partial w}{\partial v}\frac{\partial v}{\partial x},$$

$$\frac{\partial w}{\partial y}=\frac{\partial w}{\partial u}\frac{\partial u}{\partial y}+\frac{\partial w}{\partial v}\frac{\partial v}{\partial y}, \tag{3}$$

$$\frac{\partial w}{\partial z}=\frac{\partial w}{\partial u}\frac{\partial u}{\partial z}+\frac{\partial w}{\partial v}\frac{\partial v}{\partial z}.$$

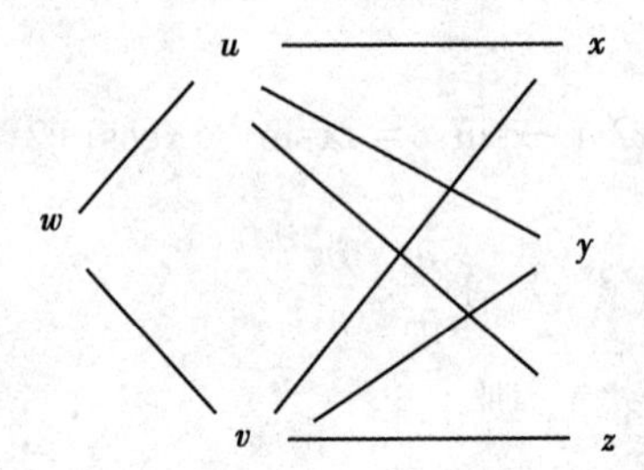

图 6-12

(2)设 $z=f(u, v, w)$，而 $u=u(x, y)$，$v=v(x, y)$，$w=w(x, y)$，则复合函数 $z=f[u(x, y), v(x, y), w(x, y)]$(图 6-13)的两个偏导数为

$$\frac{\partial z}{\partial x}=\frac{\partial z}{\partial u}\frac{\partial u}{\partial x}+\frac{\partial z}{\partial v}\frac{\partial v}{\partial x}+\frac{\partial z}{\partial w}\frac{\partial w}{\partial x},$$

$$\frac{\partial z}{\partial y}=\frac{\partial z}{\partial u}\frac{\partial u}{\partial y}+\frac{\partial z}{\partial v}\frac{\partial v}{\partial y}+\frac{\partial z}{\partial w}\frac{\partial w}{\partial y}. \tag{4}$$

【例 3】 设 $w=e^u\sin v$，$u=xyz$，$v=x+y+z$，求 $\frac{\partial w}{\partial x}$，$\frac{\partial w}{\partial y}$，$\frac{\partial w}{\partial z}$.

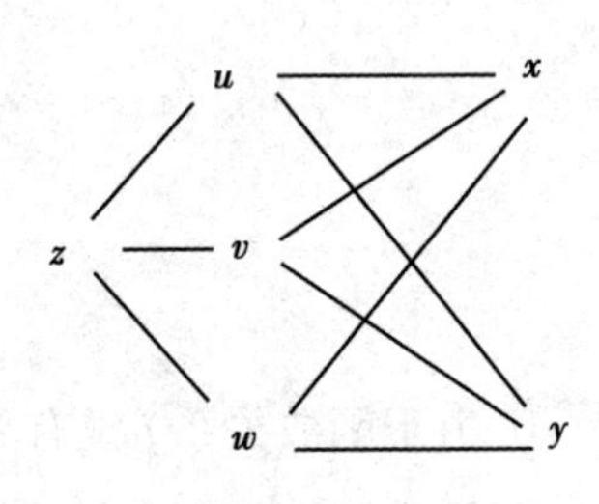

图 6-13

【解】

$$\frac{\partial w}{\partial x}=\frac{\partial w}{\partial u}\cdot\frac{\partial u}{\partial x}+\frac{\partial w}{\partial v}\cdot\frac{\partial v}{\partial x}=e^u\sin v\cdot yz+e^u\cos v\cdot 1$$

$$=e^{xyz}[yz\sin(x+y+z)+\cos(x+y+z)],$$

$$\frac{\partial w}{\partial y}=\frac{\partial w}{\partial u}\cdot\frac{\partial u}{\partial y}+\frac{\partial w}{\partial v}\cdot\frac{\partial v}{\partial y}=e^u\sin v\cdot xz+e^u\cos v\cdot 1$$

$$=e^{xyz}[xz\sin(x+y+z)+\cos(x+y+z)],$$

$$\frac{\partial w}{\partial z}=\frac{\partial w}{\partial u}\cdot\frac{\partial u}{\partial z}+\frac{\partial w}{\partial v}\cdot\frac{\partial v}{\partial z}=e^u\sin v\cdot xy+e^u\cos v\cdot 1$$

$$=e^{xyz}[xy\sin(x+y+z)+\cos(x+y+z)].$$

(3)设 $z=f(u,v)$，而 $u=u(t)$，$v=v(t)$，则复合函数 $z=f[u(t),v(t)]$(见图 6-14)关于 t 的导数为

$$\frac{\mathrm{d}z}{\mathrm{d}t}=\frac{\partial z}{\partial u}\frac{\mathrm{d}u}{\mathrm{d}t}+\frac{\partial z}{\partial v}\frac{\mathrm{d}v}{\mathrm{d}t},\tag{5}$$

公式(5)中的导数$\frac{\mathrm{d}z}{\mathrm{d}t}$又称为全导数.

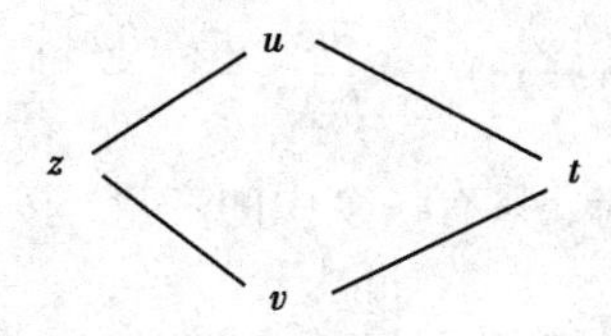

图 6-14

【例 4】　设 $z=x^y$，$x=\sin t$，$y=\frac{1}{t}$，求全导数$\frac{\mathrm{d}z}{\mathrm{d}t}$.

【解】　由公式(5)有

$$\frac{\mathrm{d}z}{\mathrm{d}t}=\frac{\partial z}{\partial x}\frac{\mathrm{d}x}{\mathrm{d}t}+\frac{\partial z}{\partial y}\frac{\mathrm{d}y}{\mathrm{d}t}=yx^{y-1}\cos t+x^y\ln x\left(-\frac{1}{t^2}\right)=\frac{\sqrt[t]{\sin t}}{t}\left[\cot t-\frac{\ln(\sin t)}{t}\right].$$

(4)设 $z=f(u,x,y)$，$u=u(x,y)$，则复合函数 $z=f[u(x,y),x,y]$(图 6-15)的两个偏导数为

$$\begin{aligned}\frac{\partial z}{\partial x}&=\frac{\partial f}{\partial u}\frac{\partial u}{\partial x}+\frac{\partial f}{\partial x},\\ \frac{\partial z}{\partial y}&=\frac{\partial f}{\partial u}\frac{\partial u}{\partial y}+\frac{\partial f}{\partial y}.\end{aligned}\tag{6}$$

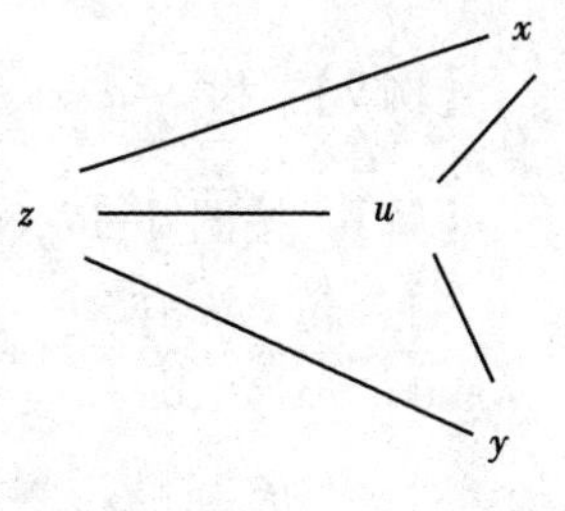

图 6-15

注意，在公式(6)中，$\frac{\partial f}{\partial x}$与$\frac{\partial z}{\partial x}$的意义不同. 等号左边的$\frac{\partial z}{\partial x}$是把复合函数 $z=f[u(x,y),x,y]$ 中的 y 看作不变而对 x 的偏导数，而$\frac{\partial f}{\partial x}$是把 $f(u,x,y)$ 中的 u，y 均看作不变，而对 x 的偏导数. 同样$\frac{\partial z}{\partial y}$与$\frac{\partial f}{\partial y}$也有类似的区别.

【例 5】　设 $z=f(x,y,u)$，$u=x^2-y^2$，求$\frac{\partial z}{\partial x}$，$\frac{\partial z}{\partial y}$.

【解】　由公式(6)得

$$\frac{\partial z}{\partial x}=\frac{\partial f}{\partial x}+\frac{\partial f}{\partial u}\frac{\partial u}{\partial x}=\frac{\partial f}{\partial x}+\frac{\partial f}{\partial u}2x,\ \frac{\partial z}{\partial y}=\frac{\partial f}{\partial y}+\frac{\partial f}{\partial u}\frac{\partial u}{\partial y}=\frac{\partial f}{\partial y}+\frac{\partial f}{\partial u}(-2y).$$

多元复合函数的复合关系是多种多样的，我们不可能把所有公式都写出来. 在求多元复合函数的偏导数(或全导数)时，只要弄清函数的复合关系(画出函数的复合关系图)，按照"连线相乘，分线相加"的链式法则，就能得到正确结果. 在求半抽象复合函数的偏导数时，最好引入中间变量，再用链式法则.

【例 6】 设 $w=f(x^2+xy+xyz)$，求$\frac{\partial w}{\partial x}, \frac{\partial w}{\partial y}, \frac{\partial w}{\partial z}$.

【解】 令 $u=x^2+xy+xyz$，只有一个中间变量，按图 6-16，由链式法则，有

$$\frac{\partial w}{\partial x}=\frac{\mathrm{d}w}{\mathrm{d}u}\frac{\partial u}{\partial x}=(2x+y+yz)\frac{\mathrm{d}w}{\mathrm{d}u},$$

由于 $\frac{\mathrm{d}w}{\mathrm{d}u}=\frac{\mathrm{d}f}{\mathrm{d}u}=f'$，所以

$$\frac{\partial w}{\partial x}=(2x+y+yz)f'.$$

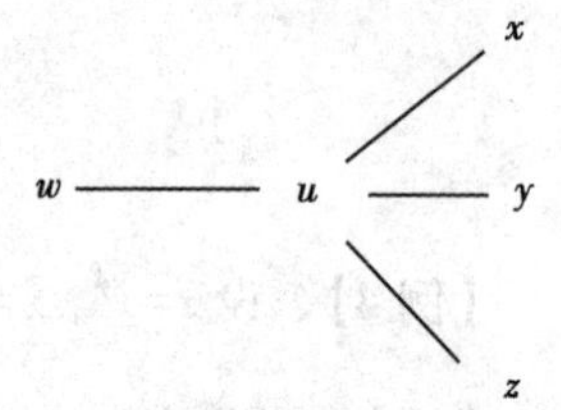

图 6-16

同理

$$\frac{\partial w}{\partial y}=\frac{\mathrm{d}f}{\mathrm{d}u}\frac{\partial u}{\partial y}=(x+xz)f',\qquad \frac{\partial w}{\partial z}=\frac{\mathrm{d}f}{\mathrm{d}u}\frac{\partial u}{\partial z}=xyf'.$$

【例 7】 设 $z=x^2+\sqrt{y}$，$y=\sin x$，求$\frac{\mathrm{d}z}{\mathrm{d}x}$.

【解】 按图 6-17，由链式法则得

$$\frac{\mathrm{d}z}{\mathrm{d}x}=\frac{\partial f}{\partial x}+\frac{\partial f}{\partial y}\frac{\mathrm{d}y}{\mathrm{d}x}=2x+\frac{1}{2\sqrt{y}}\cos x=2x+\frac{\cos x}{2\sqrt{\sin x}}.$$

注意，$\frac{\partial f}{\partial x}$就是函数 $z=f(x, y)$ 对 x 的偏导数，而 $\frac{\mathrm{d}z}{\mathrm{d}x}$是复合函数 $z=f[x, \varphi(x)]$的全导数.

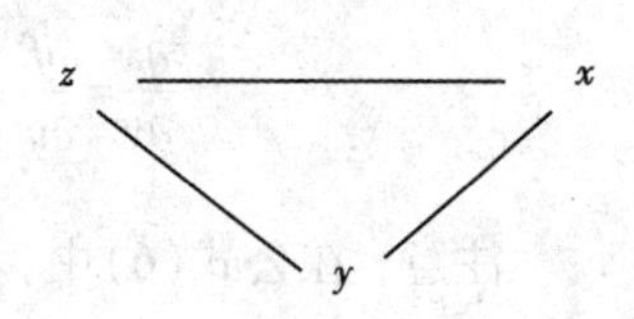

图 6-17

此题也可将 $y=\sin x$ 代入 z 中，求导后得的结果一样.

【例 8】 设 $z=xy^2+\frac{y}{x}F(u)$，$u=x^2+y^2$，$F(u)$可微，求$\frac{\partial z}{\partial x}, \frac{\partial z}{\partial y}$.

【解】 这是函数的四则运算与复合运算混合在一起，求偏导数时遇到哪种运算就用那种求导法则.

$$\frac{\partial z}{\partial x}=y^2-\frac{y}{x^2}F(u)+\frac{y}{x}\frac{\mathrm{d}F}{\mathrm{d}u}\frac{\partial u}{\partial x}=y^2-\frac{y}{x^2}F(u)+\frac{y}{x}\frac{\mathrm{d}F}{\mathrm{d}u}2x$$

$$=y^2-\frac{y}{x^2}F(u)+2y\frac{\mathrm{d}F}{\mathrm{d}u}$$

$$\frac{\partial z}{\partial y}=2xy+\frac{1}{x}F(u)+\frac{y}{x}\frac{\mathrm{d}F}{\mathrm{d}u}\frac{\partial u}{\partial y}=2xy+\frac{1}{x}F(u)+\frac{y}{x}\frac{\mathrm{d}F}{\mathrm{d}u}2y$$

$$=2xy+\frac{1}{x}F(u)+\frac{2y^2}{x}\frac{\mathrm{d}F}{\mathrm{d}u}$$

【例 9】 计算函数 $w=f(x+y+z,\ xyz)$，f具有二阶连续偏导数，求$\frac{\partial w}{\partial x}$及$\frac{\partial^2 w}{\partial x\partial z}$.

【解】 令 $u=x+y+z$，$v=xyz$，则 $w=f(u,\ v)$.

因所给函数由 $w=f(u,\ v)$及 $u=x+y+z$，$v=xyz$ 复合而成，根据复合函数求导法则，有

$$\frac{\partial w}{\partial x}=\frac{\partial f}{\partial u}\frac{\partial u}{\partial x}+\frac{\partial f}{\partial v}\frac{\partial v}{\partial x}=f_u+yzf_v,$$

$$\frac{\partial^2 w}{\partial x\partial z}=\frac{\partial}{\partial z}(f_u+yzf_v)=\frac{\partial f_u}{\partial z}+yf_v+yz\frac{\partial f_v}{\partial z}.$$

求$\frac{\partial f_u}{\partial z}$及$\frac{\partial f_v}{\partial z}$时，应注意$f_u(u,\ v)$及$f_v(u,\ v)$中 u，v 是中间变量，根据复合函数求导法则，有

$$\frac{\partial f_u}{\partial z}=\frac{\partial f_u}{\partial u}\frac{\partial u}{\partial z}+\frac{\partial f_u}{\partial v}\frac{\partial v}{\partial z}=f_{uu}+xyf_{uv},$$

$$\frac{\partial f_v}{\partial z}=\frac{\partial f_v}{\partial u}\frac{\partial u}{\partial z}+\frac{\partial f_v}{\partial v}\frac{\partial v}{\partial z}=f_{vu}+xyf_{vv}.$$

于是，

$$\frac{\partial^2 w}{\partial x\partial z}=f_{uu}+xyf_{uv}+yf_v+yzf_{vu}+xy^2zf_{vv}=f_{uu}+y(x+z)f_{uv}+xy^2zf_{vv}+yf_v.$$

有时，为表达简便起见，引入以下记号：

$$f_1'=f_u(u,\ v),\quad f_2'=f_v(u,\ v),\quad f''_{12}=f_{uv}(u,\ v),$$

这里，下标 1 表示对第一个变量 u 求偏导数，下标 2 表示对第二个变量 v 求偏导数. 同理有f''_{11}，f''_{22}，f''_{21}等. 利用这种记号，例题的结果可表示成

$$\frac{\partial w}{\partial x}=f_1'+yzf_2',$$

$$\frac{\partial^2 w}{\partial x\partial z}=f''_{11}+y(x+z)f''_{12}+xy^2zf''_{22}+yf_2'.$$

二、隐函数的求导公式

在一元函数中，我们用复合函数求导法则去求由方程 $F(x, y)=0$ 所确定的隐函数 y 的导数$\frac{\mathrm{d}y}{\mathrm{d}x}$，在那里关系式 F 是具体给出来的. 但是，如果关系式 F 没有具体给出来，则要用多元复合函数求导法则去解决隐函数的求导问题. 下面我们就推导隐函数的导数公式.

设方程 $F(x, y)=0$ 确定了函数 $y=y(x)$，则有 $F[x, y(x)]\equiv 0$. 恒等式两边对 x 求导，由多元复合函数求导法则可得$\frac{\partial F}{\partial x}+\frac{\partial F}{\partial y}\frac{\mathrm{d}y}{\mathrm{d}x}=0$. 若$\frac{\partial F}{\partial y}\neq 0$，解得

$$\frac{\mathrm{d}y}{\mathrm{d}x}=-\frac{\frac{\partial F}{\partial x}}{\frac{\partial F}{\partial y}} \quad 或 \quad \frac{\mathrm{d}y}{\mathrm{d}x}=-\frac{F_x}{F_y}. \tag{7}$$

【例 10】 设 $x\sin y+y\mathrm{e}^x=0$，求$\frac{\mathrm{d}y}{\mathrm{d}x}$.

【解】 令 $F(x, y)=x\sin y+y\mathrm{e}^x$，则 $F_x=\sin y+y\mathrm{e}^x$，$F_y=x\cos y+\mathrm{e}^x$，由公式(7)得

$$\frac{\mathrm{d}y}{\mathrm{d}x}=-\frac{F_x}{F_y}=-\frac{\sin y+y\mathrm{e}^x}{x\cos y+\mathrm{e}^x}.$$

若方程 $F(x, y, z)=0$ 确定了二元函数 $z=z(x, y)$，则有 $F(x, y, z(x, y))\equiv 0$，上式两边分别对 x，y 求导，得

$$\frac{\partial F}{\partial x}+\frac{\partial F}{\partial z}\frac{\partial z}{\partial x}=0,\ \frac{\partial F}{\partial y}+\frac{\partial F}{\partial z}\frac{\partial z}{\partial y}=0.$$

当$\frac{\partial F}{\partial z}\neq 0$时，解得

$$\frac{\partial z}{\partial x}=\frac{\frac{\partial F}{\partial x}}{\frac{\partial F}{\partial z}},\ \frac{\partial z}{\partial y}=\frac{\frac{\partial F}{\partial y}}{\frac{\partial F}{\partial z}} \quad 或 \quad \frac{\partial z}{\partial x}=-\frac{F_x}{F_z},\quad \frac{\partial z}{\partial y}=-\frac{F_y}{F_z}. \tag{8}$$

公式(7)、(8)就是一、二元隐函数的求导数与求偏导数的公式.

【例 11】 设 $\mathrm{e}^z-xyz=0$，求$\frac{\partial z}{\partial x}$，$\frac{\partial z}{\partial y}$.

【解】 解法一 公式法，令 $F(x, y, z)=\mathrm{e}^z-xyz$，则 $F_x=-yz$，$F_y=-xz$，$F_z=$

e^z-xy，由公式(8)得

$$\frac{\partial z}{\partial x}=-\frac{F_x}{F_z}=-\frac{-yz}{e^x-xy}=\frac{yz}{e^x-xy},\ \frac{\partial z}{\partial y}=-\frac{F_y}{F_z}=-\frac{-xz}{e^x-xy}=\frac{xz}{e^x-xy}.$$

解法二：方程两边分别对 x，y 求导，同时注意 z 是 x，y 的函数，有

$$e^z\frac{\partial z}{\partial x}-\left(yz+xy\frac{\partial z}{\partial x}\right)=0,\ e^z\frac{\partial z}{\partial y}-\left(xz+xy\frac{\partial z}{\partial y}\right)=0.$$

解得

$$\frac{\partial z}{\partial x}=\frac{yz}{e^z-xy},\ \frac{\partial z}{\partial y}=\frac{xz}{e^z-xy}.$$

【例 12】 如果方程 $F(x, y, z)=0$ 能确定其中任一变量为其余两变量的函数，求证

$$\frac{\partial x}{\partial y}\cdot\frac{\partial y}{\partial z}\cdot\frac{\partial z}{\partial x}=-1.$$

【证】 把 x 看作 y，z 的函数，由公式(8)有$\frac{\partial x}{\partial y}=-\frac{F_y}{F_x}$. 同理可得

$$\frac{\partial y}{\partial z}=-\frac{F_z}{F_y},\ \frac{\partial z}{\partial x}=-\frac{F_x}{F_z}.$$

所以

$$\frac{\partial x}{\partial y}\cdot\frac{\partial y}{\partial z}\cdot\frac{\partial z}{\partial x}=\left(-\frac{F_y}{F_x}\right)\cdot\left(-\frac{F_z}{F_y}\right)\cdot\left(-\frac{F_x}{F_z}\right)=-1.$$

【例 13】 设 $x^2+y^2+z^2-4z=0$，求$\frac{\partial^2 z}{\partial x^2}$.

【解】 设 $F(x, y, z)=x^2+y^2+z^2-4z$，则 $F_x=2x$，$F_z=2z-4$. 当 $z\neq 2$ 时，应用公式，得

$$\frac{\partial z}{\partial x}=-\frac{F_x}{F_z}=\frac{x}{2-z}.$$

再一次对 x 求偏导数，得

$$\frac{\partial^2 z}{\partial x^2}=\frac{(2-z)+x\frac{\partial z}{\partial x}}{(2-z)^2}=\frac{(2-z)+x\left(\frac{x}{2-z}\right)}{(2-z)^2}=\frac{(2-z)^2+x^2}{(2-z)^3}.$$

习题 6-4

1. 设 $z=\arctan\dfrac{x}{y}$，且 $y=\sqrt{x^2+1}$，求$\dfrac{dz}{dx}$.

2. 设 $z=xy+yt$，且 $y=e^x$，$t=\sin x$，求$\dfrac{dz}{dx}$.

3. (1) 设 $z=\arcsin(x-y)$，且 $x=3t$，$y=4t^3$，求$\dfrac{dz}{dt}$；

(2) 设 $z=uv+\sin t$，且 $u=e^t$，$v=\cos t$，求$\dfrac{dz}{dt}$.

4. 设 $z=u^2\ln v$，且 $u=\dfrac{x}{y}$，$v=3x-2y$，求$\dfrac{\partial z}{\partial x}$，$\dfrac{\partial z}{\partial y}$.

5. 设 $z=(x^2+y^2)xy$，求$\dfrac{\partial z}{\partial x}$，$\dfrac{\partial z}{\partial y}$.

6. 设 $z=e^u\sin v$，且 $u=xy$，$v=x+y$，求$\dfrac{\partial z}{\partial x}$，$\dfrac{\partial z}{\partial y}$.

7. 设 $u=e^{x^2+y^2+z^2}$，且 $z=x^2\sin y$，求$\dfrac{\partial u}{\partial x}$，$\dfrac{\partial u}{\partial y}$.

8. 设 $z=f\left(2x,\dfrac{x}{y}\right)$，求$\dfrac{\partial z}{\partial x}$，$\dfrac{\partial z}{\partial y}$.

9. 设 $z=f(x,x\cos y)$，求$\dfrac{\partial z}{\partial x}$，$\dfrac{\partial z}{\partial y}$.

10、设 $z=xy+xF(u)$，而 $u=\dfrac{y}{x}$，$F(u)$可微，证明 $x\dfrac{\partial z}{\partial x}+y\dfrac{\partial z}{\partial y}=z+xy$.

11. 设 $z=xy+x^2F\left(\dfrac{y}{x}\right)$，$F$ 是可微函数，证明 $x\dfrac{\partial z}{\partial x}+y\dfrac{\partial z}{\partial y}=2z$.

12. 设 $z=f(x^2+y^2)$，f 是可微函数，求证 $y\dfrac{\partial z}{\partial x}-x\dfrac{\partial z}{\partial y}=0$.

13. 设 $z=e^{x-2y}$，而 $x=\sin t$，$y=t^3$，求$\dfrac{dz}{dt}$.

14. 求下列隐函数的导数或偏导数：

(1) $y=e^{x+y}$，求$\dfrac{dy}{dx}$；

(2) $\ln\sqrt{x^2+y^2}=\arctan\dfrac{y}{x}$，求$\dfrac{dy}{dx}$；

(3) $x^2-2y^2+z^2-4x+2z-5=0$，求$\frac{\partial z}{\partial x}$，$\frac{\partial z}{\partial y}$；.

(4) $x+2y+z=2\sqrt{xyz}$，求$\frac{\partial z}{\partial x}$，$\frac{\partial z}{\partial y}$；

(5) $x+z=yf(x^2-z^2)$，f是可微函数，求$z\frac{\partial z}{\partial x}+y\frac{\partial z}{\partial y}$；

(6) $z=y+F(u)$，$u=x^2-y^2$，$F(u)$可微，求$y\frac{\partial z}{\partial x}+x\frac{\partial z}{\partial y}$；

(7) 设$\sin y+e^x-xy^2=0$，求$\frac{dy}{dx}$.

15. 设$2\sin(x+2y-3z)=x+2y-3z$，证明$\frac{\partial z}{\partial x}+\frac{\partial z}{\partial y}=1$.

第五节　偏导数的应用

一、空间曲线的切线与法平面

在空间解析几何曾介绍过，空间曲线 L 可用参数方程表示为

$$\begin{cases}x=\varphi(t),\\y=\psi(t),\\z=\omega(t).\end{cases}$$

因此，割线 M_0M 的方程为

$$\frac{x-x_0}{\Delta x}=\frac{y-y_0}{\Delta y}=\frac{z-z_0}{\Delta z},$$

用△t 除以上式各分母得

$$\frac{x-x_0}{\frac{\Delta x}{\Delta t}}=\frac{y-y_0}{\frac{\Delta y}{\Delta t}}=\frac{z-z_0}{\frac{\Delta z}{\Delta t}}.$$

我们定义空间曲线 L 在 M_0处的割线 M_0M 的极限位置 M_0T 就是曲线 L 在 M_0处的切线(见图 6-18). 那么，令 $\Delta t\to 0$，即 $M\to M_0$，对上式取极限就得到曲线 L 在 M_0点处的切线方程为

$$\frac{x-x_0}{\varphi'(t_0)}=\frac{y-y_0}{\psi'(t_0)}=\frac{z-z_0}{\omega'(t_0)} \tag{1}$$

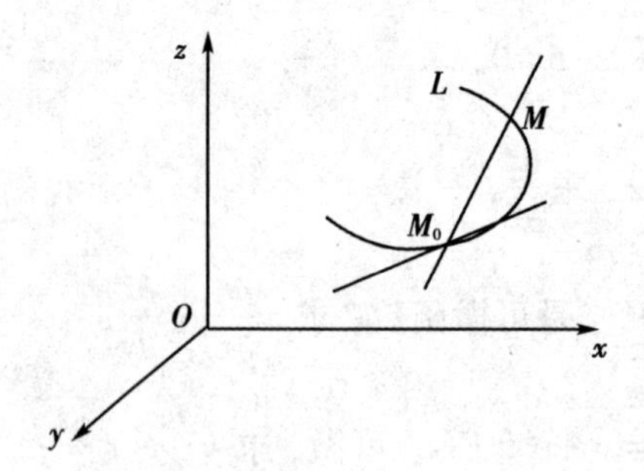

图 6-18

这里 $\varphi'(t_0)$，$\psi'(t_0)$，$\omega'(t_0)$ 假定不全为零. 切线的方向向量为 $\boldsymbol{s}=(\varphi'(t_0),\psi'(t_0),\omega'(t_0))$.

过 M_0 点且与切线垂直的平面称为曲线 L 在 M_0 点处的法平面. 因此，我们又可得出曲线 L 在 M_0 点处的法平面方程

$$\varphi'(t_0)(x-x_0)+\psi'(t_0)(y-y_0)+\omega'(t_0)(z-z_0)=0. \tag{2}$$

【例 1】 求曲线 $x=t-\sin t$，$y=1-\cos t$，$z=4\sin\dfrac{t}{2}$ 在 $t=\dfrac{\pi}{2}$ 处的切线方程和法平面方程.

【解】 当 $t=\dfrac{\pi}{2}$ 时，

$$x_0=\frac{\pi}{2}-\sin\frac{\pi}{2}=\frac{\pi}{2}-1.\ y_0=1-\cos\frac{\pi}{2}=1.z_0=4\sin\frac{\pi}{2}=2\sqrt{2}.$$

因为

$$x'=1-\cos t,\ y'=\sin t,\ z'=2\cos\frac{t}{2},$$

所以

$$x'\big|_{t=\frac{\pi}{2}}=1,\ y'\big|_{t=\frac{\pi}{2}}=1,\ z'\big|_{t=\frac{\pi}{2}}=\sqrt{2}.$$

代入公式(1)得切线方程为

$$\frac{x-\left(\dfrac{\pi}{2}-1\right)}{1}=\frac{y-1}{1}=\frac{z-2\sqrt{2}}{\sqrt{2}},$$

代入公式(2)得法平面方程为

$$x-\left(\frac{\pi}{2}-1\right)+y-1+\sqrt{2}(z-2\sqrt{2})=0.$$

即
$$x+y+\sqrt{2}z-\frac{\pi}{2}-4=0.$$

二、曲面的切平面与法线

从图 6-19 中可以看出，过曲线 Σ 上一点 P_0 在曲面上可以做无数多条曲线，每一条曲线在 P_0 点都有一条切线，这无数条切线组成的平面 π 就是曲面 Σ 在 P_0 点的切平面. 那么，这无数条切线是否真在同一个平面上呢？下面我们证明这一性质.

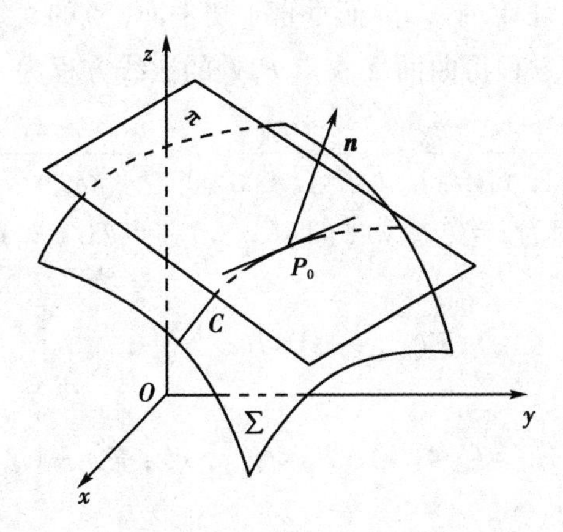

图 6-19

设曲面 Σ 的方程为 $F(x, y, z)=0$，$P_0(x_0, y_0, z_0)$ 为曲面 Σ 上一点. 假设函数 $F(x, y, z)$ 在 P_0 点有连续偏导数且不全为零. 设在曲面 Σ 上过 P_0 点的任一条曲线 C 的参数方程为

$$\begin{cases}x=\varphi(t),\\ y=\psi(t),\\ z=\omega(t).\end{cases}$$

由于曲线 C 在曲面 Σ 上，所以 $F[\varphi(t), \psi(t), \omega(t)]\equiv 0$. 若 P_0 点相应的参数是 t_0，上式在 t_0 处对 t 求导，可得

$$F'_x(x_0, y_0, z_0)\varphi'(t_0)+F'_y(x_0, y_0, z_0)\psi'(t_0)+F'_z(x_0, y_0, z_0)\omega'(t_0)=0,$$

写成向量的点积形式

$$(F'_x(x_0, y_0, z_0), F'_y(x_0, y_0, z_0), F'_z(x_0, y_0, z_0))\cdot(\varphi'(t_0), \psi'(t_0), \omega'(t_0))=0.$$

令

$$\boldsymbol{n}=(F'_x(x_0, y_0, z_0), F'_y(x_0, y_0, z_0), F'_z(x_0, y_0, z_0))$$

向量 $\boldsymbol{n}$ 完全由曲面确定，它是一个确定的向量. 令

$$\boldsymbol{s}=(\varphi'(t_0),\ \psi'(t_0),\ \omega'(t_0)),$$

$\boldsymbol{s}$ 为曲线 C 在 P_0 处切线的方向向量. 则 $\boldsymbol{n}\cdot\boldsymbol{s}=0$，从而 $\boldsymbol{n}\perp\boldsymbol{s}$. 这说明曲面 Σ 上过 P_0 点的一切曲线的切线都垂直于向量 $\boldsymbol{n}$. 因此，曲面 Σ 上过 P_0 点的一切曲线在 P_0 的切线都位于同一平面内. 从而，我们称这个平面为曲面 Σ 在点 P_0 处的切平面，而向量 $\boldsymbol{n}$ 就是切平面的法向量，由平面的点法式方程得曲面 Σ 在点 $P_0(x_0,\ y_0,\ z_0)$ 处的切平面方程

$$F_x'(x_0,\ y_0,\ z_0)(x-x_0)+F_y'(x_0,\ y_0,\ z_0)(y-y_0)+F_z'(x_0,\ y_0,\ z_0)(z-z_0)=0.\tag{3}$$

我们称通过点 $P_0(x_0,\ y_0,\ z_0)$ 而垂直于切平面(3)的直线为曲面在该点的法线. 由直线的标准式方程得曲面 Σ 在点 P_0 处的法线方程为

$$\frac{x-x_0}{F_x'(x_0,\ y_0,\ z_0)}=\frac{y-y_0}{F_y'(x_0,\ y_0,\ z_0)}=\frac{z-z_0}{F_z'(x_0,\ y_0,\ z_0)}.\tag{4}$$

特别当曲面方程为 $z=f(x,\ y)$，且 $f(x,\ y)$ 在点 $(x_0,\ y_0)$ 处有连续偏导数时，可令

$$F(x,\ y,\ z)=f(x,\ y)-z,$$

于是有

$$F_x'=f_x'(x,\ y),\ F_y'=f_y'(x,\ y),\ F_z'=-1.$$

所以，切平面方程为

$$f_x'(x_0,\ y_0)(x-x_0)+f_y'(x_0,\ y_0)(y-y_0)-(z-z_0)=0,\tag{5}$$

而法线方程为

$$\frac{x-x_0}{f_x'(x_0,\ y_0)}=\frac{y-y_0}{f_y'(x_0,\ y_0)}=\frac{z-z_0}{-1}.\tag{6}$$

【例 2】 求椭球面 $x^2+2y^2+3z^2=21$ 在点 $P_0(1,\ 2,\ 2)$ 处的切平面方程和法线方程.

【解】 令 $F(x,\ y,\ z)=x^2+2y^2+3z^2-21$.

$$F_x'\big|_{P_0}=2x\big|_{P_0}=2,\ F_y'\big|_{P_0}=4y\big|_{P_0}=8,\ F_z'\big|_{P_0}=6z\big|_{P_0}=12.$$

所以，切平面方程为

$$2(x-1)+8(y-2)+12(z-2)=0,$$

即

$$x+4y+6z=21.$$

法线方程为

$$\frac{x-1}{2}=\frac{y-2}{8}=\frac{z-2}{12},$$

即

$$\frac{x-1}{1}=\frac{y-2}{4}=\frac{z-2}{6}.$$

【例 3】　求椭圆抛物面 $z=3x^2+2y^2$ 在点(1, 2, 11)处的切平面及法线方程.

【解】　$f(x, y)=3x^2+2y^2$, $f'_x(x, y)=6x$, $f'_y(x, y)=4y$,

$$f'_x(1, 2)=6, f'_y(1, 2)=8.$$

代入公式(5)得切平面方程为

$$6(x-1)+8(y-2)-(z-11)=0,$$

即

$$6x+8y-z-11=0.$$

由公式(6)得法线方程为

$$\frac{x-1}{6}=\frac{y-2}{8}=\frac{z-11}{-1}.$$

【例 4】　问曲面 $\frac{x^2}{2}+\frac{y^2}{3}+\frac{z^2}{4}=1$ 上哪一点的切平面与平面 $x+y+z=1$ 平行?

【解】　取 $F(x, y, z)=\frac{x^2}{2}+\frac{y^2}{3}+\frac{z^2}{4}-1$, 又设曲线上点 $P_0(x_0, y_0, z_0)$ 处的切平面与平面 $x+y+z=1$ 平行, 则过 P_0 点的切平面的法向量为

$$\boldsymbol{n}=(F'_x, F'_y, F'_z)_{p_0}=\left(x_0, \frac{2}{3}y_0, \frac{1}{2}z_0\right).$$

因为切平面平行于平面 $x+y+z=1$, 所以 $\boldsymbol{n}_1=\{1, 1, 1\}$, 又 $\boldsymbol{n}//\boldsymbol{n}_1$ 即

$$\frac{x_0}{1}=\frac{\frac{2}{3}y_0}{1}=\frac{\frac{1}{2}z_0}{1}.$$

解得

$$x_0=\frac{2}{3}y_0, z_0=\frac{4}{3}y_0.$$

又点 $P_0(x_0, y_0, z_0)$ 在曲面 $\frac{x^2}{2}+\frac{y^2}{3}+\frac{z^2}{4}=1$ 上, 所以有

$$\frac{x_0^2}{2}+\frac{y_0^2}{3}+\frac{z_0^2}{4}=1,$$

即

$$\frac{1}{2}\left(\frac{2}{3}y_0\right)^2+\frac{1}{3}y_0^2+\frac{1}{4}\left(\frac{4}{3}y_0\right)^2=1.$$

解得　$y_0=\pm 1$，于是 $x_0=\pm\frac{2}{3}$，$z_0=\pm\frac{4}{3}$.

故曲面在点$\left(1,\ \frac{2}{3},\ \frac{4}{3}\right)$及点$\left(-1,\ -\frac{2}{3},\ -\frac{4}{3}\right)$处的切平面平行于平面 $x+y+z=1$.

习题 6-5

1. 求曲线 L：$x=t$，$y=\ln t$，$z=t^2$ 在 $t=\frac{1}{2}$ 处的切线及法平面方程.

2. 求曲线 L：$x=a\cos t$，$y=a\sin t$，$z=bt$ 在 $t=\frac{\pi}{4}$ 处的切线及法平面方程.

3. 求曲线 L：$x=t^2$，$y=1-t$，$z=3t^2$ 在点$(1,\ 0,\ 3)$处的切线及法平面方程.

4. 求球面 $x^2+y^2+z^2=14$ 在点$(1,\ 2,\ 3)$处的切平面及法线方程.

5. 求曲面 $3x^2+y^2+z^2-16=0$ 在点$(-1,\ -2,\ 3)$处的切平面及法线方程.

6. 求抛物面 $z=x^2+y^2$ 在点$(1,\ 2,\ 5)$处的切平面与法线方程.

7. 求曲面 $x^2+4y^2+z^2=36$ 的切平面，使它平行于平面 $x+y-z=0$.

8. 证明：曲面 $xyz=a^3(a>0)$ 的切平面与坐标面所围成的四面体的体积为一常数.

*第六节　方向导数与梯度

一、方向导数

由偏导数的几何意义可知，$\frac{\partial z}{\partial x}$、$\frac{\partial z}{\partial y}$分别表示函数 $z=f(x,\ y)$ 在点$(x,\ y)$处沿着平行 x 轴、y 轴两个特殊方向的变化率. 但在许多实际问题中，往往要研究函数沿着某个特定方向的变化率. 例如气象站要预报某地的气温、风向和风力，就必须知道在该地点沿某些方向气温、气压的变化情况，即变化率. 为此，我们引入方向导数的概念.

定义 6　设函数 $z=f(x,\ y)$ 在点 $P(x,\ y)$ 的邻域内有定义，l 是从 P 点出发的一条射线，$P'(x+\Delta x,\ y+\Delta y)$ 为 l 上的一动点（如图 6-20）. 如果 P' 沿着 l 趋于 P 点时，函数的增量 $\Delta z=f(x+\Delta x,\ y+\Delta y)-f(x,\ y)$ 与 PP' 的距离 $\rho=$

$\sqrt{(\Delta x)^2+(\Delta y)^2}$之比的极限存在，则称此极限为函数 $z=f(x, y)$ 在 P 点沿着方向l的方向导数，记作$\left.\frac{\partial f}{\partial l}\right|_{(x, y)}$，即

$$\frac{\partial f}{\partial l}=\lim_{\rho\to 0}\frac{f(x+\Delta x, y+\Delta y)-f(x, y)}{\rho}.$$

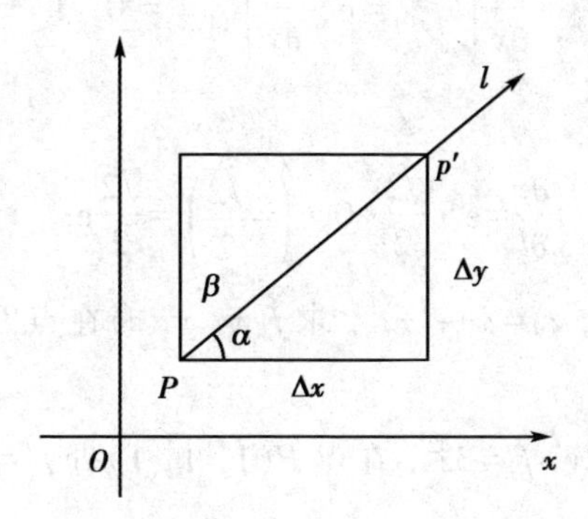

图 6-20

定理 6　设函数 $z=f(x, y)$ 在点 $P(x, y)$ 处可微，则该函数在 P 点沿着方向 l 的方向导数存在，且

$$\frac{\partial f}{\partial l}=\frac{\partial f}{\partial x}\cos\alpha+\frac{\partial f}{\partial y}\cos\beta.$$

其中 α、β 为射线 l 的方向角(图 6-20).

类似地有三元函数 $u=f(x, y, z)$ 在点 $P(x, y, z)$ 处沿方向 l(设方向 l 的方向角为 α、β、γ)的方向导数

$$\frac{\partial f}{\partial l}=\lim_{\rho\to 0}\frac{f(x+\Delta x, y+\Delta y, z+\Delta z)-f(x, y, z)}{\rho}.$$

其中

$$\rho=\sqrt{(\Delta x)^2+(\Delta y)^2+(\Delta z)^2}.\ \Delta x=\rho\cos\alpha,\ \Delta y=\rho\cos\beta,\ \Delta z=\rho\cos\gamma,$$

并且可得到与定理类似的结论：如果函数 $u=f(x, y, z)$ 在点 $P(x, y, z)$ 处可微，则函数 $u=f(x, y, z)$ 在点 $P(x, y, z)$ 处沿方向 l 的方向导数存在，且

$$\frac{\partial f}{\partial l}=\frac{\partial f}{\partial x}\cos\alpha+\frac{\partial f}{\partial y}\cos\beta+\frac{\partial f}{\partial z}\cos\gamma.$$

其中 $\cos\alpha$，$\cos\beta$，$\cos\gamma$ 为方向 l 的方向余弦.

【例 1】　设 $z=e^x+y^2$，点 $P(1, 0)$、$Q(2, -1)$，求函数在点 P 沿 $\boldsymbol{PQ}$ 方向的方向导数.

【解】 方向 l 即 $\boldsymbol{PQ}=(1,-1)$ 的方向，因此 $\cos\alpha=\frac{\sqrt{2}}{2}$，$\cos\beta=-\frac{\sqrt{2}}{2}$. 因为 $\frac{\partial z}{\partial x}=\mathrm{e}^x$，$\frac{\partial z}{\partial y}=2y$，所以在点 $P(1,0)$ 处，有

$$\left.\frac{\partial z}{\partial x}\right|_{(1,0)}=\mathrm{e},\ \left.\frac{\partial z}{\partial y}\right|_{(1,0)}=0,$$

故所求的方向导数为

$$\frac{\partial z}{\partial l}=\mathrm{e}\cdot\frac{\sqrt{2}}{2}+0\cdot\left(-\frac{\sqrt{2}}{2}\right)=\frac{\sqrt{2}}{2}\mathrm{e}.$$

【例 2】 设 $f(x,y,z)=x+y^2+z^3$，求 $f(x,y,z)$ 在点 $P(1,1,1)$ 处沿 $\boldsymbol{l}=2\boldsymbol{i}-2\boldsymbol{j}+\boldsymbol{k}$ 的方向导数.

【解】 $f'_x=1$，$f'_y=2y$，$f'_z=3z^2$，在点 $P(1,1,1)$ 处 $f'_x=1$，$f'_y=2$，$f'_z=3$，所以方向 l 的方向余弦为

$$\cos\alpha=\frac{2}{\sqrt{2^2+(-2)^2+1^2}}=\frac{2}{3},$$

$$\cos\beta=\frac{-2}{\sqrt{2^2+(-2)^2+1^2}}=-\frac{2}{3},$$

$$\cos\gamma=\frac{1}{\sqrt{2^2+(-2)^2+1^2}}=\frac{1}{3},$$

于是 $f(x,y,z)$ 在点 $P(1,1,1)$ 处沿 $\boldsymbol{l}=2\boldsymbol{i}-2\boldsymbol{j}+\boldsymbol{k}$ 的方向导数为

$$\frac{\partial f}{\partial l}=1\cdot\frac{2}{3}+2\cdot\left(-\frac{2}{3}\right)+3\cdot\frac{1}{3}=\frac{1}{3}。$$

二、梯度

方向导数描述了函数在某一点处沿某一方向的变化率，但在实际问题中，往往还需要寻求沿什么方向可使方向导数取得最大值. 为此，先分析一下方向导数的计算公式，对二元函数 $z=f(x,y)$ 在点 $P(x,y)$ 沿着方向 $\boldsymbol{l}^0=\cos\alpha\,\boldsymbol{i}+\cos\beta\,\boldsymbol{j}$ 的方向导数为

$$\frac{\partial f}{\partial l}=\frac{\partial f}{\partial x}\cos\alpha+\frac{\partial f}{\partial y}\cos\beta=\left(\frac{\partial f}{\partial x}\boldsymbol{i}+\frac{\partial f}{\partial y}\boldsymbol{j}\right)\cdot l^0\leqslant\left|\frac{\partial f}{\partial x}\boldsymbol{i}+\frac{\partial f}{\partial y}\boldsymbol{j}\right|$$

且等式只在向量 $\frac{\partial f}{\partial x}\boldsymbol{i}+\frac{\partial f}{\partial y}\boldsymbol{j}$ 与 $\boldsymbol{l}^0$ 一致时成立. 由此可见，讨论函数 $z=f(x,y)$ 在点

$P(x, y)$沿着方向$\boldsymbol{l}^0$的方向导数的最大值时，向量$\frac{\partial f}{\partial x}\boldsymbol{i}+\frac{\partial f}{\partial y}\boldsymbol{j}$有重要作用.

定义7　设函数$z=f(x, y)$在点$P(x, y)$处可微，则称向量$\frac{\partial f}{\partial x}\boldsymbol{i}+\frac{\partial f}{\partial y}\boldsymbol{j}$为函数$z=f(x, y)$在$P$点处的梯度，记作$\mathbf{grad}f(x, y)$，即

$$\mathbf{grad}f(x, y)=\frac{\partial f}{\partial x}\boldsymbol{i}+\frac{\partial f}{\partial y}\boldsymbol{j}.$$

由此可见，函数$z=f(x, y)$在点$P(x, y)$处的梯度$\mathbf{grad}f(x, y)$是一个向量，它的方向是使函数$z=f(x, y)$在点$P(x, y)$处的方向导数取得最大值的方向，它的模是函数$z=f(x, y)$在点$P(x, y)$处的方向导数的最大值.

类似地有三元函数$u=f(x, y, z)$在点$P(x, y, z)$处的梯度

$$\mathbf{grad}f(x, y, z)=\frac{\partial f}{\partial x}\boldsymbol{i}+\frac{\partial f}{\partial y}\boldsymbol{j}+\frac{\partial f}{\partial z}\boldsymbol{k}.$$

【例3】　设$f(x, y)=x^2+y^2$，求$\mathbf{grad}f(1, 2)$.

【解】　因为$f'_x=2x$，$f'_y=2y$，从而在$(1, 2)$处$f'_x(1, 2)=2$，$f'_y(1, 2)=4$，所以

$$\mathbf{grad}f(1, 2)=\frac{\partial f}{\partial x}\boldsymbol{i}+\frac{\partial f}{\partial y}\boldsymbol{j}=2\boldsymbol{i}+4\boldsymbol{j}.$$

【例4】　设$f(x, y, z)=x^2+y^2-xyz$，求$\mathbf{grad}f(1, 1, 1)$.

【解】　因为$f'_x=2x-yz$，$f'_y=2y-xz$，$f'_z=-xy$，从而在$(1, 1, 1)$处$f'_x(1, 1, 1)=1$，$f'_y(1, 1, 1)=1$，$f'_z(1, 1, 1)=-1$，所以

$$\mathbf{grad}f(1, 1, 1)=\frac{\partial f}{\partial x}\boldsymbol{i}+\frac{\partial f}{\partial y}\boldsymbol{j}+\frac{\partial f}{\partial z}\boldsymbol{k}=\boldsymbol{i}+\boldsymbol{j}-\boldsymbol{k}.$$

习题 6-6

1. 设$z=xe^{2y}$，点$P(1, 0)$、$Q(2, -1)$，求函数在点P沿$\boldsymbol{PQ}$方向的方向导数.

2. 求$z=x^2y^2+xy$在点$P(2, -1)$处沿$\boldsymbol{l}=3\boldsymbol{i}+4\boldsymbol{j}$方向的方向导数.

3. 设$u=x+y^2+z^3$，求u在点$P(1, 1, -1)$处沿$\boldsymbol{l}=2\boldsymbol{i}+\boldsymbol{j}-2\boldsymbol{k}$的方向导数.

4. 设$z=x^2+y^2+xy-15$，求$\mathbf{grad}f(1, 5)$

5. 设$u=x^2+2y^2+z^2-4xy+2xz-3yz+8$，求$\mathbf{grad}f(1, 2, 3)$

第七节　多元函数的极值

与一元函数类似，多元函数也有求极值和最大值、最小值问题，这些问题在生产实际和科学技术中也是经常遇到的问题. 由于多元函数的变量个数多，所以多元函数还有条件极值. 下面主要讨论二元函数的极值、最大值和最小值问题.

一、极值

二元函数极值的定义与一元函数极值的定义类似.

定义 8　设函数 $z=f(x, y)$ 在点 $P(x_0, y_0)$ 的一个邻域内有定义，如果对于该邻域内异于点 $P(x_0, y_0)$ 的一切点 (x, y) 恒有 $f(x, y)<f(x_0, y_0)$（或 $f(x, y)>f(x_0, y_0)$）成立，则称函数 $z=f(x, y)$ 在点 $P(x_0, y_0)$ 处有极大值 $f(x_0, y_0)$（或极小值 $f(x_0, y_0)$）. 极大值与极小值统称为极值，使函数取得极值的点 $P(x_0, y_0)$ 叫作极值点.

例如，函数 $z=\sqrt{1-x^2-y^2}$ 在点(0, 0)的某邻域内异于(0, 0)的一切点所对应的函数值均小于 1，而在点(0, 0)处的函数值为 1，所以函数 $z=\sqrt{1-x^2-y^2}$ 在点(0, 0)取得极大值，其极大值为 1(图 6-21).

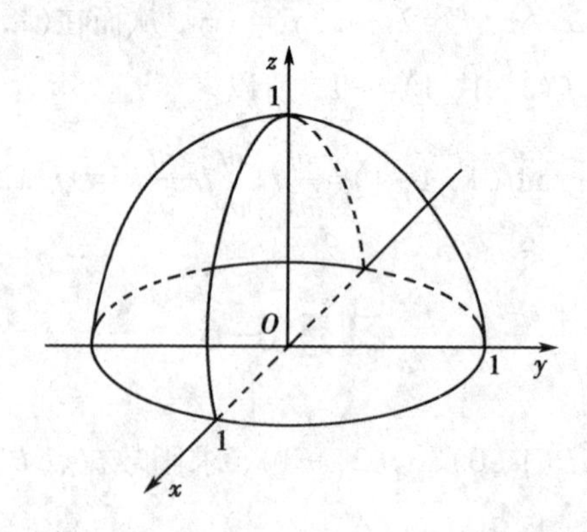

图 6-21

又如，函数 $z=2x^2+y^2$ 在点(0, 0)的某邻域内，异于(0, 0)的一切点所对应的函数值均大于 0，而在点(0, 0)处的函数值为 0，所以函数 $z=2x^2+y^2$ 在点(0, 0)处取得极小值，其值为 0(图 6-22).

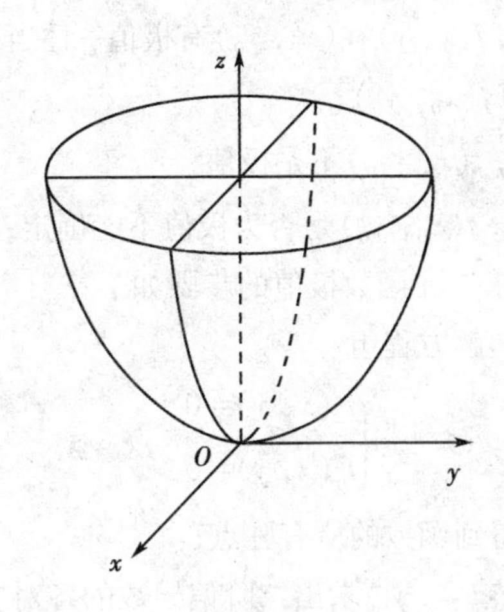

图 6-22

同一元函数一样，二元函数的极值也是函数的一个局部性质，而二元函数的最大值、最小值是函数在闭区域上的整体性质，二者不可混淆.

二元函数极值问题的研究，可以借助于一元函数求极值的方法来进行. 如果函数 $z=f(x, y)$ 在点 $P(x_0, y_0)$ 处取得极值，那么我们固定 $y=y_0$ 有一元函数 $z=f(x, y_0)$ 在 $x=x_0$ 处也取得极值，而由一元函数取得极值的必要条件，有 $f'_x(x_0, y_0)=0$，同理也有 $f'_y(x, y)=0$. 从而我们得到下面定理.

定理 7（极值的必要条件）　设函数 $z=f(x, y)$ 在点 (x_0, y_0) 具有偏导数，且在点 (x_0, y_0) 处取得极值，则必有 $f'_x(x_0, y_0)=0$，$f'_y(x_0, y_0)=0$.

同一元函数类似，我们把使两个偏导数同时为零的点叫作函数的驻点. 由定理 7 可知，可微函数的极值点必是驻点，但是，函数的驻点未必是极值点. 例如，函数 $z=x^2-y^2$，在点 $(0, 0)$ 处，有 $z'_x(0, 0)=2x\big|_{(0,0)}=0$，$z'_y(0, 0)=-2y\big|_{(0,0)}=0$，即点 $(0, 0)$ 是驻点，但是点 $(0, 0)$ 不是函数的极值点. 事实上，在点 $(0, 0)$ 的任一邻域内，当 $x=0$，$y\neq 0$ 时有 $z<0$；当 $x\neq 0$，$y=0$ 时有 $z>0$，而在点 $(0, 0)$ 处的函数值 $z(0, 0)=0$，所以点 $(0, 0)$ 不是极值点.

因此，驻点只是有极值点的必要条件. 这样，我们在求一个可微函数的极值点时，只须从函数的驻点中去找即可. 那么，如何去判定驻点是否为极值点呢？下面，我们给出二元函数 $z=f(x, y)$ 在驻点 (x_0, y_0) 处取得极值的一个充分条件.

定理 8（极值的充分条件）　设函数 $z=f(x, y)$ 在点 (x_0, y_0) 的某邻域内有一阶及二阶连续偏导数，又 $f'_x(x_0, y_0)=0$，$f'_y(x_0, y_0)=0$，记 $f''_{xx}(x_0, y_0)=A$，$f''_{xy}(x_0, y_0)=B$，$f''_{yy}(x_0, y_0)=C$，则

(1)当 $B^2-AC<0$ 时，$f(x, y)$ 在 (x_0, y_0) 有极值，且当 $A<0$ 时有极大值 $f(x_0, y_0)$，当 $A>0$ 时有极小值 $f(x_0, y_0)$；

(2)当 $B^2-AC>0$ 时，$f(x_0, y_0)$ 不是极值；

(3)当 $B^2-AC=0$ 时，$f(x_0, y_0)$ 是否为极值不能确定，需另作讨论.

由定理 8 可归纳出求二元函数极值的步骤如下：

第一步　求偏导数，解方程组

$$\begin{cases} f'_x(x, y)=0, \\ f'_y(x, y)=0, \end{cases}$$

求得一切实数解，即可得到函数的所有驻点；

第二步　对每个驻点 (x_i, y_j) 求出二阶偏导数的各对应值 A、B、C；

第三步　定出 B^2-AC 的符号，按定理 8 判定每一个 $f(x_i, y_j)$ 是否为极值，是极大值还是极小值.

【例 11】　求函数 $z=x^3+y^3-3xy$ 的极值.

【解】　解方程组

$$\begin{cases} z'_x=3x^2-3y=0, \\ z'_y=3y^2-3x=0, \end{cases}$$

解得

$$\begin{cases} x_1=0, \\ y_1=0, \end{cases} \begin{cases} x_2=1, \\ y_2=1. \end{cases}$$

故得驻点 $(0, 0)$、$(1, 1)$. $A=z''_{xx}=6x$, $B=z''_{xy}=-3$, $C=z''_{yy}=6y$. 在点 $(0, 0)$ 处，$A=0$, $B=-3$, $C=0$, $B^2-AC=9-0>0$，所以 $z(0, 0)$ 不是极值. 在点 $(1, 1)$ 处，$A=6$, $B=-3$, $C=6$, $B^2-AC=9-36=-27<0$，又 $A=6>0$，所以 $(1, 1)$ 是极小值点，极小值为 $z(1, 1)=-1$.

二、最大值与最小值

由多元连续函数的性质可知，在闭区域 D 上的二元连续函数必有最大值和最小值. 与一元函数类似，一般说来，求闭区域 D 上的连续函数 $f(x, y)$ 的最大值和最小值的方法是：

(1)求出 $f(x, y)$ 在 D 内的所有驻点，并计算出各驻点的函数值；

(2)求出 $f(x, y)$ 在区域 D 的边界上的最大值和最小值；

(3)比较(1)(2)中各值的大小，选出其中的最大者和最小者，就是函数

$f(x,\ y)$在闭区域 D 上的最大值和最小值.

但是，这种做法一般是比较复杂的(因为求函数在区域边界上的最大值和最小值就比较复杂). 在实际问题中，如果根据问题的性质和条件，能够断定函数$f(x,\ y)$在区域 D 内一定取得最大值(或最小值)，而函数在 D 内又只有一个驻点时，则可以肯定该驻点处的函数值就是所求函数的最大值(或最小值).

【例 2】　求内接于半径为 a 的球的最大长方体的体积.

【解】　取球心为原点，坐标轴平行长方体的棱(图 6-23)，则球面方程为

$$x^2+y^2+z^2=a^2.$$

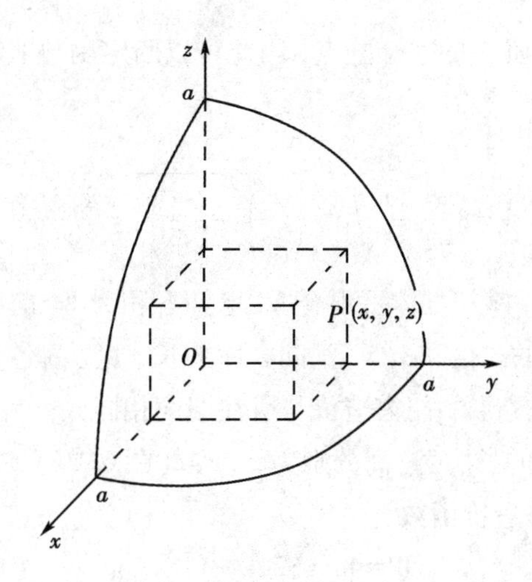

图 6-23

由于图形的对称性，设长方体在第一卦限内的顶点为 $P(x,\ y,\ z)$，则长方体的体积为 $V=8xyz$.

由于顶点 $P(x,\ y,\ z)$在球面上，所以点 $P(x,\ y,\ z)$满足球面方程 $x^2+y^2+z^2=a^2$，解之 $z=\sqrt{a^2-x^2-y^2}$，代入体积中得

$$V=8xy\sqrt{a^2-x^2-y^2}\quad (x>0,\ y>0,\ x^2+y^2<a^2),$$

解方程组

$$\begin{cases} V'_x=8y\sqrt{a^2-x^2-y^2}-\dfrac{8x^2y}{\sqrt{a^2-x^2-y^2}}=0, \\ V'_y=8x\sqrt{a^2-x^2-y^2}-\dfrac{8xy^2}{\sqrt{a^2-x^2-y^2}}=0 \end{cases}$$

或

$$\begin{cases}y(a^2-2x^2-y^2)=0,\\x(a^2-x^2-2y^2)=0.\end{cases}$$

解之得

$$\begin{cases}x=\dfrac{a}{\sqrt{3}},\\y=\dfrac{a}{\sqrt{3}}.\end{cases}$$

根据题意知内接于球的最大长方体一定存在，又函数 V 在区域 D：$x>0$，$y>0$，$x^2+y^2<a^2$ 内只有唯一的一个驻点，因此可以断定函数 V 在点$\left(\dfrac{a}{\sqrt{3}},\dfrac{a}{\sqrt{3}}\right)$处取得最大值，其最大体积为

$$V=8\frac{a}{\sqrt{3}}\frac{a}{\sqrt{3}}\sqrt{a^2-\left(\frac{a}{\sqrt{3}}\right)^2-\left(\frac{a}{\sqrt{3}}\right)^2}=\frac{8\sqrt{3}}{9}a^3.$$

【例3】 欲盖一座长方体平顶仓库. 已知容积为 V，前墙和房顶的单位面积造价分别是其他墙的 3 倍和 1.5 倍. 问仓库的长、宽、高各为多少时仓库的造价最低(不考虑地面的造价，门窗造价与所在墙面相同)？

【解】 设仓库的长、宽、高分别为 x、y、z(图 6-24)，并设其他墙的单位面积造价为 a，则得总造价函数为

$$W=4axz+2ayz+1.5axy, \qquad (1)$$

及

$$V=xyz. \qquad (2)$$

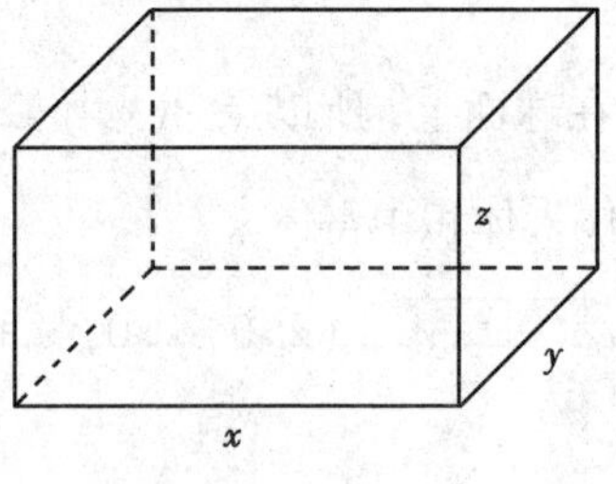

图 6-24

由(2)解得 $z=\dfrac{V}{xy}$，代入(1)得

$$W=a\left(\frac{4V}{y}+\frac{2V}{x}+1.5xy\right)\quad(x>0,\ y>0).$$

解方程组

$$\begin{cases}W'_x=a\left(-\dfrac{2V}{x^2}+1.5y\right)=0,\\ W'_y=a\left(-\dfrac{4V}{y^2}+1.5x\right)=0,\end{cases}$$

得

$$\begin{cases}x=\sqrt[3]{\dfrac{2V}{3}},\\ y=2\sqrt[3]{\dfrac{2V}{3}}.\end{cases}$$

代入 $z=\dfrac{V}{xy}$. 得 $z=\dfrac{3}{4}\sqrt[3]{\dfrac{2V}{3}}$. 根据题意知仓库的最低造价是存在的，又造价函数 W 只有一个驻点，因此可以断定当长、宽、高分别为 $\sqrt[3]{\dfrac{2V}{3}}$、$2\sqrt[3]{\dfrac{2V}{3}}$、$\dfrac{3}{4}\sqrt[3]{\dfrac{2V}{3}}$ 时，仓库的造价最低.

三、条件极值

在上面所讨论的极值问题中，自变量除了限制在函数的定义域内之外，没有其他的约束条件. 但是，在多元函数的极值问题中，经常会遇到几个自变量受到某个条件的约束，这样的极值问题称为条件极值. 例如，上面的例 2 可以看成在约束条件 $x^2+y^2+z^2=a^2$ 的限制下，求函数 $V=xyz$ 的极值问题. 而没有约束条件的极值问题又称为无条件极值.

对于一些较简单的条件极值问题可以转化为无条件极值去解决. 例如，上面的例 2 就是把约束条件 $x^2+y^2+z^2=a^2$ 表示成 $z=\sqrt{a^2-x^2-y^2}$，代入 $V=xyz$ 中，问题就转化为 $V=8xy\sqrt{a^2-x^2-y^2}$ 的无条件极值.

但是，在很多情况下，将条件极值转化为无条件极值是较困难的，甚至是不可能的. 因此，需要一种直接求条件极值的方法，下面就介绍这种方法，叫拉格朗日乘数法. 我们只给出拉格朗日乘数法的具体步骤，而将其证明略去.

拉格朗日乘数法：求二元函数 $z=f(x,\ y)$ 在约束条件 $\varphi(x,\ y)=0$ 下的极值.

第一步，作拉格朗日函数 $F(x,\ y)=f(x,\ y)+\lambda\varphi(x,\ y)$，其中 λ 为参数，又

称为拉格朗日乘数；

第二步，求函数 $F(x, y)$ 对 x，y 的一阶偏导数，并令其等于零，与 $\varphi(x, y) = 0$ 联立，组成方程组

$$\begin{cases} F'_x = f'_x(x, y) + \lambda\varphi'_x(x, y) = 0, \\ F'_y = f'_y(x, y) + \lambda\varphi'_y(x, y) = 0, \\ \varphi(x, y) = 0; \end{cases}$$

第三步，解上述方程组，求出 x、y，则 (x, y) 就是可能的极值点. 一般地，在实际问题中可根据问题本身的实际意义来判定.

上述方法可以推广到自变量多于两个，且约束条件多于一个(约束条件一般应少于未知量的个数)的条件极值问题中去. 例如，求三元函数 $u=f(x, y, z)$ 在约束条件 $\varphi(x, y, z)=0$，$\psi(x, y, z)=0$ 下的极值，其方法是：作拉格朗日函数

$$F(x, y, z)=f(x, y, z)+\lambda_1\psi(x, y, z)+\lambda_2\varphi(x, y, z),$$

其中 λ_1、λ_2 为拉格朗日乘数.

解方程组

$$\begin{cases} F'_x = f'_x + \lambda_1\psi'_x + \lambda_2\varphi'_x = 0, \\ F'_y = f'_y + \lambda_1\psi'_y + \lambda_2\varphi'_y = 0, \\ F'_z = f'_z + \lambda_1\psi'_z + \lambda_2\varphi'_z = 0, \\ \psi(x, y, z) = 0, \\ \varphi(x, y, z) = 0. \end{cases}$$

消去 λ_1，λ_2，解出 x、y、z，这样得到的 (x, y, z) 就是可能的极值点，最后判别点 (x, y, z) 是否是极值点.

【例 4】 欲造一个无盖的长方形容器，已知底部造价为每平方米 3 元，侧面造价为每平方米 1 元，现想用 36 元造一个容积为最大的容器，求它的尺寸.

【解】 设容器的长为 x m，宽为 y m，高为 z m(见图 6-24)，则问题就是在条件 $3xy+2xz+2yz=36$，即在 $\varphi(x, y, z)=3xy+2xz+2yz-36=0$ 下，求函数 $V=xyz$ $(x>0, y>0, z>0)$ 的最大值.

作拉格朗日函数

$$F(x, y, z)=xyz+\lambda(3xy+2xz+2yz-36).$$

解方程组

$$\begin{cases} F'_x = yz+\lambda(3y+2z)=0, & (1) \\ F'_y = xz+\lambda(3x+2z)=0, & (2) \\ F'_z = xy+\lambda(2x+2y)=0, & (3) \\ 3xy+2xz+2yz-36=0, & (4) \end{cases}$$

解得 $x=y=2$，$z=3$.

点(2，2，3)是区域 D：$x>0$，$y>0$，$z>0$ 内唯一的可能极值点. 因为由问题本身可知最大值一定存在，所以最大值就在这个可能的极值点(2，2，3)取得. 即容积最大的长方形容器的长为 2 m、宽为 2 m、高为 3 m.

【例 5】 求由一定点(x_0, y_0, z_0)到平面 $Ax+By+Cz+D=0$ 的距离.

【解】 由题意知，问题是求函数

$$d=\sqrt{(x-x_0)^2+(y-y_0)^2+(z-z_0)^2}$$

在约束条件 $\varphi(x, y, z)=Ax+By+Cz+D=0$ 下的最小值.

为了计算简便，讨论函数

$$d^2=(x-x_0)^2+(y-y_0)^2+(z-z_0)^2$$

在同一约束条件下的最小值. 显然，这两个函数有相同的极值点.

作拉格朗日函数

$$F(x, y, z)=(x-x_0)^2+(y-y_0)^2+(z-z_0)^2+\lambda(Ax+By+Cz+D),$$

解方程组

$$\begin{cases} F'_x = 2(x-x_0)+A\lambda=0, & (1) \\ F'_y = 2(y-y_0)+B\lambda=0, & (2) \\ F'_z = 2(z-z_0)+C\lambda=0, & (3) \\ Ax+By+Cz+D=0. & (4) \end{cases}$$

由(1)、(2)、(3)、(4)得
$$\begin{cases} x-x_0=-\dfrac{A}{2}\lambda, \\ y-y_0=-\dfrac{B}{2}\lambda, \\ z-z_0=-\dfrac{C}{2}\lambda. \end{cases} \quad (5)$$

将(5)代入(4)得

$$\lambda=\frac{2(Ax_0+By_0+Cz_0+D)}{A^2+B^2+C^2},$$

代入(5)可得出唯一可能的极值点. 根据题意，函数 d^2 必存在最小值，于是极小值在唯一可能的极值点取得，极小值

$$d^2=\frac{A^2+B^2+C^2}{4}\lambda^2=\frac{A^2+B^2+C^2}{4}\left[\frac{2(Ax_0+By_0+Cz_0+D)}{A^2+B^2+C^2}\right]^2=\frac{(Ax_0+By_0+Cz_0+D)^2}{A^2+B^2+C^2},$$

所以，点 (x_0, y_0, z_0) 到平面 $Ax+By+Cz+D=0$ 的距离为

$$d=\frac{|Ax_0+By_0+Cz_0+D|}{\sqrt{A^2+B^2+C^2}}.$$

习题 6-7

1. 求下列函数的极值:

(1) $z=x^2-xy+y^2+9x-6y+20$;

(2) $z=y^3-x^2+6x-12y+5$;

(3) $f(x, y)=x^3-\frac{1}{2}y^2-3x+3y+1$.

2. 求函数 $z=xy$ 在适合附加条件 $x+y=1$ 下的极值.

3. 某工厂要用铁板做成一个体积为 2m^3 的有盖长方体水箱，问长、宽、高各取什么样尺寸时，才能使用料最省?

4. 求表面积 a^2 而体积最大的长方体的体积.

5. 要造一个容积等于定数 k 的无盖长方体水池，如何选择尺寸，才能使它的表面积最小.

6. 欲围一个面积为 60m^2 的矩形场地，正面所用材料每米造价 10 元，其余三面每米造价 5 元，求场地长、宽各为多少米时，所用材料费最少?

7. 将长为 1 的线段分为三段，分别围成圆、正方形和正三角形，问怎样分法才能使它们的面积之和为最小.

8. 求原点到曲面 $z^2=xy+x-y+4$ 的最短距离.

总习题六

一、选择题

1. 设 $z=\ln(xy)$，则 $dz=($　　$)$.

A. $\frac{1}{y}dx+\frac{1}{x}dy$　　　　B. $\frac{1}{xy}dx+\frac{1}{xy}dy$

C. $\frac{1}{x}dx+\frac{1}{y}dy$　　　　D. $xdx+ydy$

2. 设 $f(x+y, x-y)=x^2-y^2$，则 $f_x(x, y)+f_y(x, y)=($　　$)$.

A. $2(x+y)$　　B. $2(x-y)$　　C. $x-y$　　D. $x+y$

3. 设 $x=e^y\cos x$，则 $\frac{\partial^2 z}{\partial x\partial y}=($　　$)$.

A. $e^y\sin x$　　B. $e^y+e^y\sin x$　　C. $-e^y\sin x$　　D. $-e^y\cos x$

4. 设 $f_x(x_0, y_0)=0$，$f_y(x_0, y_0)=0$，则 $f(x, y)$ 在点 (x_0, y_0) 处(　　).

A. 有极值　　　　B. 无极值

C. 不一定有极值　　　　D. 有极大极值

5. 在下列各点中是 $f(x, y)=x^3-y^3-3x^2+3y-9x$ 的极值点的是(　　).

A. $(-3, -1)$　　　　B. $(3, 1)$

C. $(-1, 1)$　　　　D. $(-1, -1)$

6. 设 $z=\sin(xy^2)$，则 $\frac{1}{y}\frac{\partial z}{\partial x}+\frac{1}{2x}\frac{\partial z}{\partial y}=($　　$)$.

A. $\cos(xy^2)$　　B. $2y\cos(xy^2)$　　C. $2x\cos(xy^2)$　　D. $y\cos(xy^2)$

二、填空题

1. $x^2+2xy-y^2=2x$，则 $\frac{dy}{dx}=($　　$)$.

2. 设 $u=\ln(x^2+y^2+z^2)$，则 $du=($　　$)$.

3. 设 $z=f(u, v, y)$，$u=u(x, y)$，$v=v(x, y)$，其中 f、u、v 均可微，则 $\frac{\partial z}{\partial y}=$(　　).

4. 函数 $z=x^2+4xy-y^2+6x-8y+12$ 的驻点为(　　).

三、计算题

1. 求下列函数的一阶偏导数$\frac{\partial z}{\partial x}$, $\frac{\partial z}{\partial y}$.

(1)$z=\arctan xy$;　　(2)$z=x^y\sin xy$;

(3)$z=(a^2+x)^y$;　　(4)$z=\sin(x-y)+\tan(x-y)$;

(5)$z=e^{xy}\sin(x+y)$;　　(6)$x+y+z=e^{xyz}$.

2. 求下列函数的极值.

(1)$f(x, y)=4-x^2-y^2$;

(2)$f(x, y)=4(x-y)-x^2-y^2$;

(3)$z=x^3-y^3+3x^2+3y^2-9x$.

3. 求 $e^z-z+xy=3$ 在点(2, 1, 0)处的切平面及法线方程.

4. 求函数 $f(x, y)=x+2y$ 在条件 $x^2+y^2=5$ 下的极值.

5. 求内接于椭球$\frac{x^2}{a^2}+\frac{y^2}{b^2}+\frac{z^2}{c^2}=1$的最大的长方体的体积.(长方体的各个面平行于坐标面)

四、证明

1. 试证曲面$\sqrt{x}+\sqrt{y}+\sqrt{z}=\sqrt{a}$ $(a>0)$上任意一点处的切平面在各坐标面上的截距之和等于 a.

2. 证明由方程 $F(x-az, y-bz)=0$ 确定的隐函数 $z(x, y)$满足：$a\frac{\partial z}{\partial x}+b\frac{\partial z}{\partial y}=1$.

第七章 重积分

第一节 二重积分的概念及性质

多元函数积分学一般包括重积分、曲线积分和曲面积分，它们都是定积分概念的推广. 定积分是某种确定形式的和式的极限. 这种和式的极限概念推广到定义在区域、曲线及曲面上多元函数的情形，便得到重积分、曲线积分及曲面积分的概念. 本章介绍二重积分的概念、性质和计算.

一、二重积分的概念

1. 曲顶柱体的体积

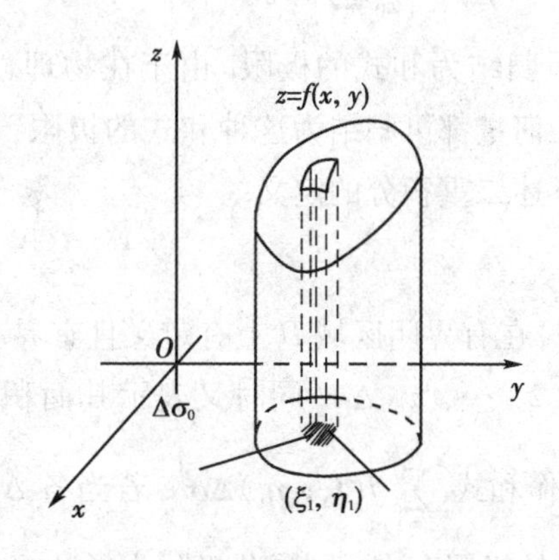

图 7-1

【例 1】 设函数 $z=f(x, y)$ 在有界闭区域 D 上连续，且 $f(x, y)\geqslant 0$. 以函数 $z=f(x, y)$ 所表示的曲面为顶，以区域 D 为底，且以 D 的边界曲线为准线而母线平行于 z 轴的柱面为侧面的立体称为曲顶柱体（图 7-1）. 现在我们讨论如何

计算它的体积 V.

由于柱体的高 $f(x, y)$ 是变动的，且在区域 D 上是连续的，所以在小范围内它的变动不大，可以近似地看成不变. 依此，就可用类似于求曲边梯形面积的方法，即采取分割、取近似、求和、取极限的方法（以后简称四步求积法）来求曲顶柱体的体积 V.

（1）“分割”：用一组曲线网把 D 分割成 n 个小区域 $\Delta\sigma_1, \Delta\sigma_2, \cdots, \Delta\sigma_n$，$\Delta\sigma_i(i=1, 2, \cdots, n)$ 同时又表示它们的面积. 以每个小区域 $\Delta\sigma_i$ 为底作 n 个母线平行于 z 轴的小柱体.

（2）“以平面代曲面”：在小区域 $\Delta\sigma_i$ 上任取一点 $(\xi_i, \eta_i)(i=1, 2, \cdots, n)$，以 $f(\xi_i, \eta_i)$ 为高，$\Delta\sigma_i$ 为底的小平顶柱体体积作为相应小曲顶柱体体积的近似值

$$\Delta V_i = f(\xi_i, \eta_i)\Delta\sigma_i.$$

（3）“作和”：把 n 个平顶柱体的体积加和，得到整个曲顶柱体的体积的近似值，即

$$\sum_{i=1}^{n} f(\xi_i, \eta_i)\Delta\sigma_i.$$

（4）“取极限”：令 n 个小闭区域 $\Delta\sigma_i$ 的直径[①]中的最大值（记作 λ）趋于零，取上述和式的极限便得所求曲顶柱体的体积，即

$$V = \lim_{\lambda\to 0}\sum_{i=1}^{n} f(\xi_i, \eta_i)\Delta\sigma_i.$$

上面问题把所求量归结为和式的极限. 由于在物理、力学、几何和工程技术中，许多物理量与几何量都可归结为这种和式的极限，所以有必要研究这种和式极限，并抽象出下述二重积分的定义.

2. 二重积分定义

定义 1 设 $f(x, y)$ 在有界闭区域 D 上有定义且有界. 将 D 任意地分割为 n 个小闭区域 $\Delta\sigma_i(i=1, 2, \cdots, n, \Delta\sigma_i$ 同时又表示其面积). 在每个小区域 $\Delta\sigma_i$ 上任取一点 (ξ_i, η_i)，作和式 $\sum\limits_{i=1}^{n} f(\xi_i, \eta_i)\Delta\sigma_i$. 若当各 $\Delta\sigma_i$ 的直径中的最大值 λ 趋于零时，这个和式的极限存在，则称此极限为函数 $f(x, y)$ 在闭区域 D 上的二重积分，记作 $\iint\limits_D f(x, y)\mathrm{d}\sigma$，即

① 一个闭区域的直径是指区域上任意两点间距离的最大值.

$$\iint_D f(x, y)\,d\sigma = \lim_{\lambda \to 0} \sum_{i=1}^{n} f(\xi_i, \eta_i)\Delta\sigma_i, \tag{1}$$

其中 $f(x, y)$ 称为被积函数，$f(x, y)\,d\sigma$ 称为被积表达式，$d\sigma$ 称为面积元素，x 和 y 称为积分变量，D 称为积分区域，$\sum\limits_{i=1}^{n} f(\xi_i, \eta_i)\Delta\sigma_i$ 称为积分和式.

注意：(1) 在二重积分的定义中，对闭区域的分割是任意的. 在直角坐标系中习惯上把面积元素 $d\sigma$ 记作 $dxdy$，$dxdy$ 称为直角坐标系中的面积元素. 故把二重积分记作

$$\iint_D f(x, y)\,dxdy. \tag{2}$$

(2) 当被积函数 $f(x, y)$ 在区域 D 上连续时，$\lim\limits_{\lambda \to 0} \sum\limits_{i=1}^{n} f(\xi_i, \eta_i)\Delta\sigma_i$ 的极限必存在. 即二重积分存在. 二重积分存在也被称为函数 $f(x, y)$ 在区域 D 上可积.

3. 二重积分的几何意义

根据二重积分的定义，曲顶柱体的体积就是曲顶柱体的高 $f(x, y)$ 在区域 D 上的二重积分

$$V = \iint_D f(x, y)\,d\sigma.$$

当被积函数 $f(x, y) \geqslant 0$ 时，$\iint\limits_D f(x, y)\,d\sigma$ 表示曲顶柱体的体积；当 $f(x, y) \leqslant 0$ 时，$\iint\limits_D f(x, y)\,d\sigma$ 表示曲顶柱体的体积的负值；当 $f(x, y)$ 在 D 的若干部分区域上是正的，而在其他部分区域上是负的，这时，二重积分的值就等于各部分区域上的曲顶柱体体积的代数和.

二、二重积分的性质

二重积分有与定积分相类似的性质. 现将这些性质叙述如下，其中 D 是 xOy 平面上的有界闭区域，并假设下列积分都存在.

性质 1　被积函数中的常数因子可以提到积分号外面，即

$$\iint_D kf(x, y)\,d\sigma = k\iint_D f(x, y)\,d\sigma \quad (k \text{ 为常数}). \tag{3}$$

性质 2　有限个函数的代数和的二重积分等于各函数的二重积分的代数和.

$$\iint_D [f(x, y) \pm g(x, y)]\,d\sigma = \iint_D f(x, y)\,d\sigma \pm \iint_D g(x, y)\,d\sigma. \tag{4}$$

性质 3 如果将积分区域 D 分为两个闭区域 D_1 和 D_2，则在 D 上的二重积分等于 D_1 和 D_2 上二重积分的和，即

$$\iint_D f(x, y)\,\mathrm{d}\sigma = \iint_{D_1} f(x, y)\,\mathrm{d}\sigma + \iint_{D_2} f(x, y)\,\mathrm{d}\sigma. \tag{5}$$

这一性质表示二重积分对于积分区域具有可加性.

性质 4 如果在区域 D 上，$f(x, y) \equiv 1$，则二重积分在数值上等于区域 D 的面积的值，即

$$\iint_D f(x, y)\,\mathrm{d}\sigma = \iint_D 1 \cdot \mathrm{d}\sigma = \sigma. \tag{6}$$

其中 σ 为区域 D 的面积.

这一性质的几何意义是很明显的，因为高为 1 的平顶柱体的体积的值等于柱体的底面积乘以 1.

性质 5 在区域 D 上，如果 $f(x, y) \leqslant g(x, y)$，则有不等式

$$\iint_D f(x, y)\,\mathrm{d}\sigma \leqslant \iint_D g(x, y)\,\mathrm{d}\sigma. \tag{7}$$

性质 6 设 M, m 分别是 $f(x, y)$ 在有界闭区域 D 上的最大值和最小值，则有不等式

$$m\sigma \leqslant \iint_D f(x, y)\,\mathrm{d}\sigma \leqslant M\sigma. \tag{8}$$

其中 σ 为区域 D 的面积.

性质 7(二重积分的中值定理) 设函数 $f(x, y)$ 在有界闭区域 D 上连续，σ 是 D 的面积，则 D 上至少存在一点 (ξ, η)，使得

$$\iint_D f(x, y)\,\mathrm{d}\sigma = f(\xi, \eta) \cdot \sigma.$$

【例 2】 比较 $\iint_D (x+y)^2\,\mathrm{d}\sigma$ 与 $\iint_D (x+y)^3\,\mathrm{d}\sigma$ 的大小，其中积分区域 D 是由 x 轴、y 轴与直线 $x+y=1$ 所围成(见图 7-2).

【解】 在积分区域 D 上，$0 \leqslant x+y \leqslant 1$，故有

$$(x+y)^3 \leqslant (x+y)^2,$$

根据二重积分的性质，可得

$$\iint_D (x+y)^3\,\mathrm{d}\sigma \leqslant \iint_D (x+y)^2\,\mathrm{d}\sigma.$$

【例 3】 估计二重积分 $\iint_D (x+y+1)\,\mathrm{d}\sigma$ 的值，其中 $0 \leqslant x \leqslant 1$，$0 \leqslant y \leqslant 2$.

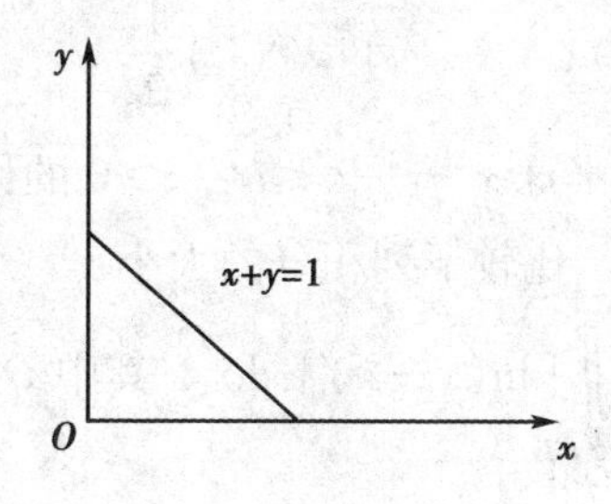

图 7-2

【解】　因为在 D 上有 $1\leqslant x+y+1\leqslant 4$，而 D 的面积为 2，由性质 6 可得

$$2\leqslant\iint_D(x+y+1)\mathrm{d}\sigma\leqslant 8.$$

【例 4】　不作计算，估计 $I=\iint_D \mathrm{e}^{(x^2+y^2)}\mathrm{d}\sigma$ 的值，其中 D 是椭圆闭区域，边界：$\dfrac{x^2}{a^2}+\dfrac{y^2}{b^2}=1\quad(0<b<a)$.

【解】　在 D 上　因为 $0\leqslant x^2+y^2\leqslant a^2$，

$$1=\mathrm{e}^0\leqslant \mathrm{e}^{x^2+y^2}\leqslant \mathrm{e}^{a^2},$$

$$S_D\leqslant\iint_D \mathrm{e}^{(x^2+y^2)}d\sigma\leqslant \mathrm{e}^{a^2}S_D,$$

即

$$\pi ab\leqslant\iint_D \mathrm{e}^{(x^2+y^2)}d\sigma\leqslant \mathrm{e}^{a^2}\pi ab.$$

习题 7-1

1. 选择题：

(1) 设 D 是矩形闭区域：$|x|\leqslant 4$，$|y|\leqslant 1$，则 $\iint_D \mathrm{d}x\mathrm{d}y=(\quad)$；

(A) 16　　(B) 8　　(C) 4　　(D) −8

(2) 设 D 是由 $\left\{(x,y)\left|\dfrac{x^2}{4}+\dfrac{y^2}{9}\leqslant 1\right.\right\}$ 所确定的闭区域，则 $\iint_D \mathrm{d}x\mathrm{d}y=(\quad)$；

(A) 6π　　(B) $6\pi^2$　　(C) 36π　　(D) -36π

(3) 设 D 是直线 $y=x$，$y=\dfrac{1}{2}x$，$y=2$ 所围成的闭区域，则 $\iint_D \mathrm{d}x\mathrm{d}y=(\quad)$.

(A)$\frac{1}{4}$　　(B)1　　(C)$\frac{1}{2}$　　(D)2

2. 试用二重积分表示半球 $x^2+y^2+z^2\leqslant a^2$, $z\geqslant 0$ 的体积 V.

3. 根据二重积分性质，比较下列积分的大小：

(1) $\iint\limits_D \ln(x+y)\mathrm{d}\sigma$ 与 $\iint\limits_D [\ln(x+y)]^2\mathrm{d}\sigma$，其中 $D=\{(x, y) \mid 3\leqslant x\leqslant 5, 0\leqslant y\leqslant 1\}$；

(2) $\iint\limits_D \mathrm{e}^{xy}\mathrm{d}x\mathrm{d}y$ 与 $\iint\limits_D \mathrm{e}^{2xy}\mathrm{d}x\mathrm{d}y$，其中 D 是矩形闭区域 $\{(x, y) \mid 0\leqslant x\leqslant 1, 0\leqslant y\leqslant 1\}$.

4. 利用二重积分的性质估计积分

$$I=\iint\limits_D (x+3y+7)\mathrm{d}\sigma$$

的值，其中 D 是矩形闭区域：$0\leqslant x\leqslant 1$, $0\leqslant y\leqslant 2$.

第二节　二重积分的计算

在实际应用中，直接通过二重积分的定义与性质来计算二重积分一般是困难的. 下面我们从计算曲顶柱体的体积出发来给出二重积分的计算方法，这种方法是把二重积分化为二次积分来计算.

一、在直角坐标系下计算二重积分

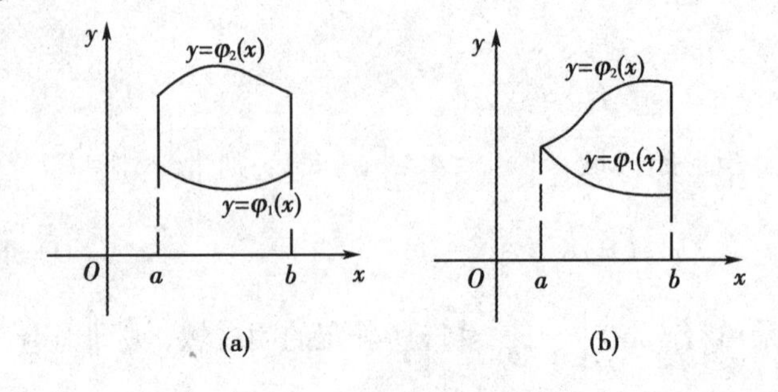

图 7-3

设函数 $z=f(x, y)$ 在有界闭区域 D 上连续且 $f(x, y)\geqslant 0$，并设积分区域 D 可用不等式 $\varphi_1(x)\leqslant y\leqslant \varphi_2(x)$，$a\leqslant x\leqslant b$ 来表示(图 7-3)，其中函数 $\varphi_1(x)$，

$\varphi_2(x)$在区间$[a, b]$上连续. 这样的区域称为X-型区域，其特点是：穿过D内部且平行于y轴的直线与D的边界相交不多于两点.

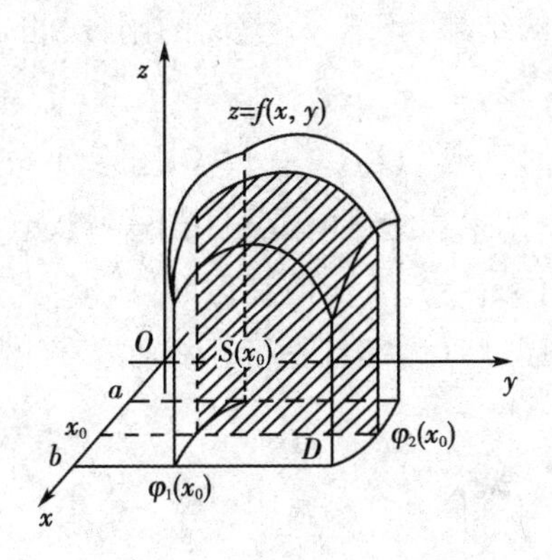

图 7-4

由二重积分的几何意义，$\iint\limits_D f(x, y)\mathrm{d}\sigma$ 等于以D为底，以曲面$z=f(x, y)$为顶的曲顶柱体(图 7-4)的体积. 另一方面，这个曲顶柱体的体积也可按“平行截面面积为已知的立体的体积”的计算方法来求得. 具体求法是：

先求截面面积$S(x)$. 为此，在区间$[a, b]$上任意选一点x_0，过这点作垂直于x轴的平面$x=x_0$. 此平面截曲顶柱体所得截面是一个以区间$[\phi_1(x_0), \phi_2(x_0)]$为底、以曲线$z=f(x_0, y)$为曲边的曲边梯形. 由定积分的几何意义知其面积

$$S(x_0)=\int_{\phi_1(x_0)}^{\phi_2(x_0)} f(x_0, y)\mathrm{d}y,$$

对于区间$[a, b]$上任何点x，对应的截面面积为

$$S(x)=\int_{\phi_1(x)}^{\phi_2(x)} f(x, y)\mathrm{d}y.$$

于是得曲顶柱体的体积V为

$$V=\int_a^b S(x)\,\mathrm{d}x=\int_a^b\left[\int_{\phi_1(x)}^{\phi_2(x)} f(x, y)\mathrm{d}y\right]\mathrm{d}x,$$

从而有

$$\iint\limits_D f(x, y)\mathrm{d}\sigma=\int_a^b\left[\int_{\phi_1(x)}^{\phi_2(x)} f(x, y)\mathrm{d}y\right]\mathrm{d}x, \tag{1}$$

或写成

$$\iint\limits_D f(x, y)\mathrm{d}\sigma=\int_a^b\mathrm{d}x\int_{\phi_1(x)}^{\phi_2(x)} f(x, y)\mathrm{d}y. \tag{1'}$$

这个公式表明，二重积分可以化为先对 y、后对 x 的二次积分来计算. 先对 y 积分时，应把$f(x, y)$中的 x 看作常数，只看作 y 的函数，计算从 $\phi_1(x)$ 到 $\phi_2(x)$ 的定积分，然后把算得的结果(不含 y，是 x 的函数)再对 x 计算从 a 到 b 的定积分.

在推导中，借助几何直观，设$f(x, y)\geqslant 0$，事实上，在这个公式的成立并不受此条件限制. 类似地，如果积分区域 D 可用不等式 $\psi_1(y)\leqslant x\leqslant\psi_2(y)$，$c\leqslant y\leqslant d$ 来表示(图 7-5)，其中 $\phi_1(y)$，$\phi_2(y)$ 在区间$[c, d]$上连续，这样的区域称为 Y-型区域，其特点是：穿过 D 内部且平行于 x 轴的直线与 D 的边界相交不多于两点，则有，

$$\iint_D f(x, y)\,d\sigma = \int_c^d\left[\int_{\psi_1(y)}^{\psi_2(y)} f(x, y)\,dx\right]dy = \int_c^d dy\int_{\psi_1(y)}^{\psi_2(y)} f(x, y)\,dx. \quad (2)$$

公式(2)是把二重积分化为先对 x、后对 y 的二次积分来计算.

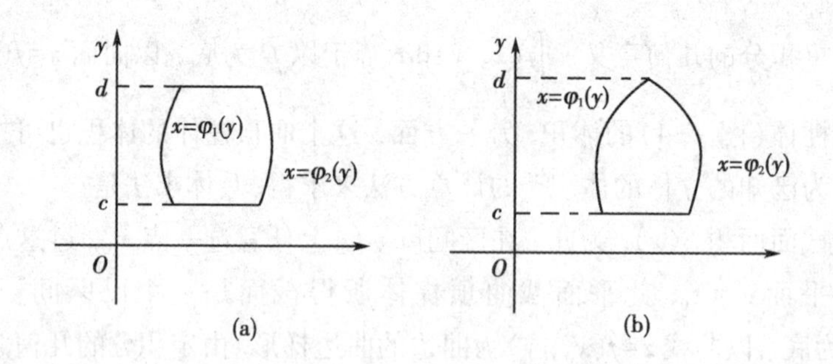

图 7-5

如果所给积分区域 D 既是 X-型的，可用不等式 $\phi_1(x)\leqslant y\leqslant\phi_2(x)$，$a\leqslant x\leqslant b$ 表示，又是 Y-型的，可用不等式 $\psi_1(y)\leqslant x\leqslant\psi_2(y)$，$c\leqslant x\leqslant d$ 表示(图 7-6)，则公式(1)和(2)就有

$$\int_a^b dx\int_{\phi_1(x)}^{\phi_2(x)} f(x, y)\,dy = \int_c^d dy\int_{\psi_1(y)}^{\psi_2(y)} f(x, y)\,dx. \quad (3)$$

公式(3)常用来交换二重积分的积分次序. 因为在使用中，有的二重积分的计算与积分次序的选择密切相关.

二重积分化为二次积分时，采用不同的积分次序，往往对计算过程带来不同的影响，应注意根据具体情况，选择恰当的积分次序，在计算时确定二次积分的积分限是一个关键. 为此，应先画出积分区域图. 如果区域是 X-型区域(见图 7-7)，在区间$[a, b]$上任意取定一点 x，并过此点作一条平行于 y 轴的直线，顺着 y 轴正向看去，点 A 是这条直线穿入区域 D 的点，这点的纵坐标 $\phi_1(x)$ 就

是积分的下限；点 B 是穿出区域的点，它的纵坐标 $\phi_2(x)$ 是积分的上限，把计算的结果(是 x 的函数)再对 x 在其变化区间 $[a, b]$ 上作定积分. 同理可得 Y-型区域的定限方法.

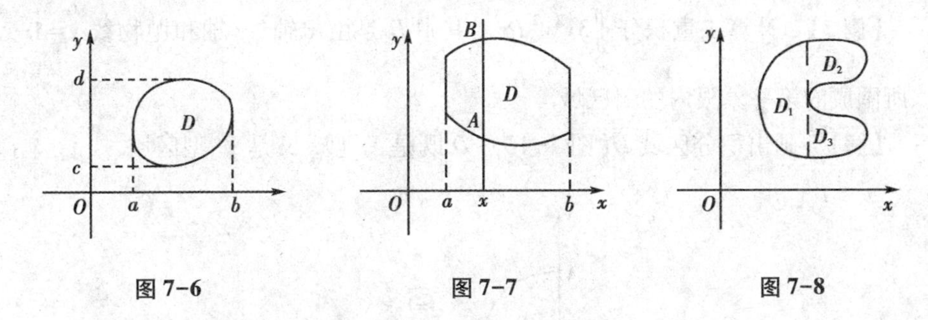

图 7-6　　图 7-7　　图 7-8

注意　以上说的 X-型(Y-型)区域都要求平行于 y 轴(x 轴)的直线与区域 D 的边界曲线相交不多于两个点. 如果不满足这个条件时(图 7-8)，可先把 D 分成若干个部分区域，使每个部分区域成为 X-型(Y-型)区域. 由性质 3 知，在 D 上的重积分等于在各个部分区域上的积分之和.

【例 1】　计算 $\iint\limits_D xy\mathrm{d}x\mathrm{d}y$，其中 D 是由直线 $x=0$，$x=1$，$y=1$ 和 $y=2$ 所围成的闭区域.

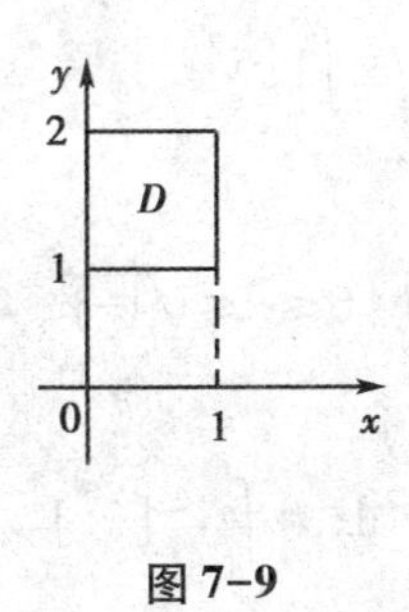

图 7-9

【解】　方法一　首先画出积分区域 D(图 7-9). D 是矩形区域，化成二次积分时，积分的上下限均为常数. 若先对 y 积分，把 x 暂定为常数，变化范围由 1 到 2，然后再对 x 从 0 到 1 积分，于是得

$$\iint\limits_D xy\mathrm{d}x\mathrm{d}y = \int_0^1 \mathrm{d}x\int_1^2 xy\mathrm{d}y = \int_0^1 x\left[\frac{y^2}{2}\right]_1^2 \mathrm{d}x = \frac{3}{2}\int_0^1 x\mathrm{d}x = \frac{3}{4}.$$

方法二　如图 7-9，若先对 x 积分，后对 y 积分，则得

$$\iint\limits_D xy\mathrm{d}x\mathrm{d}y = \int_1^2 \mathrm{d}x\int_0^1 xy\mathrm{d}x = \int_1^2 y\left[\frac{x^2}{2}\right]_0^1 \mathrm{d}y = \frac{1}{2}\int_1^2 y\mathrm{d}y = \frac{1}{2}\left[\frac{y^2}{2}\right]_1^2 = \frac{3}{4}.$$

把一个二重积分化为二次积分时，可以先对 y 积分，后对 x 积分，也可以先对 x 积分，再对 y 积分. 对于积分区域为矩形域而言，二者难易程度是一样的，但当积分区域不是矩形域时，有些情况则不同，它与选择的积分次序有关.

【例 2】 计算二重积分 $\iint\limits_D 3x^2y^2 d\sigma$，其中 D 是由 x 轴、y 轴和抛物线 $y=1-x^2$ 所围成的第一象限内的闭区域.

【解】 画出积分区域 D(图 7-10). D 既是 X-型，又是 Y-型区域.

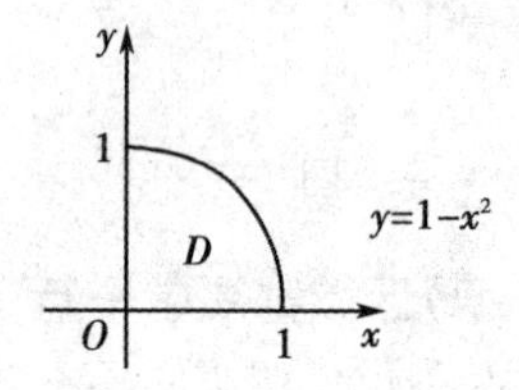

图 7-10

若用公式(1)，即

$$D=\{(x,\ y)\mid 0\leqslant y\leqslant 1-x^2,\ 0\leqslant x\leqslant 1\},$$

则有

$$\iint\limits_D 3x^2y^2\mathrm{d}\sigma=\int_0^1\mathrm{d}x\int_0^{1-x^2}3x^2y^2\mathrm{d}y=\int_0^1\left[x^2y^3\right]_0^{1-x^2}\mathrm{d}x=\int_0^1 x^2(1-x^2)x^3\mathrm{d}x=\frac{16}{315}.$$

若用公式(2)，即

$$D=\{(x,\ y)\mid 0\leqslant x\leqslant\sqrt{1-y},\ 0\leqslant y\leqslant 1\},$$

则有

$$\iint\limits_D 3x^2y^2\mathrm{d}\sigma=\int_0^1\mathrm{d}y\int_0^{\sqrt{1-y}}3x^2y^2\mathrm{d}x=\int_0^1 y^2\left[x^3\right]_0^{\sqrt{1-y}}\mathrm{d}y=\int_0^1(1-y)^{\frac{3}{2}}y^2\mathrm{d}y.$$

这个积分计算比较麻烦，说明此例用公式(1)比用公式(2)计算较为方便. 因此在二重积分计算时，要注意正确地选择积分次序.

【例 3】 计算二重积分 $\iint\limits_D 2xd\sigma$，其中 D 是由抛物线 $y^2=x$ 及直线 $y=x-2$ 所围成的闭区域.

【解】 画出区域 D(图 7-11). 先求交点，解方程组

$$\begin{cases}y^2=x,\\ y=x-2\end{cases}$$

得交点坐标为(1，-1)及(4，2). D 既是 X-型，又是 Y-型区域.

若按 Y-型区域计算，用公式(2)，即

$$D=\{(x,\ y)\mid y^2\leqslant x\leqslant y+2,\ -1\leqslant y\leqslant 2\},$$

则有

$$\iint_D 2x\mathrm{d}\sigma=\int_{-1}^{2}\mathrm{d}y\int_{y^2}^{y+2}2x\mathrm{d}x=\int_{-1}^{2}[x^2]_{y^2}^{y+2}\mathrm{d}y=\int_{-1}^{2}[(y+2)^2-y^4]\mathrm{d}y$$

$$=\left[\frac{1}{3}(y+2)^3-\frac{y^5}{5}\right]_{-1}^{2}=14\frac{2}{5}.$$

若按 X-型区域计算，用公式(1)，则由于下方边界曲线 $y=\phi_1(x)$ 在区间 $[0,1]$ 及 $[1,4]$ 上的表达式不一致，所以要用经过交点 $(1,-1)$ 且平行于 y 轴的直线 $x=1$ 把区域 D 分成 D_1 和 D_2 两部分(图 7-12).

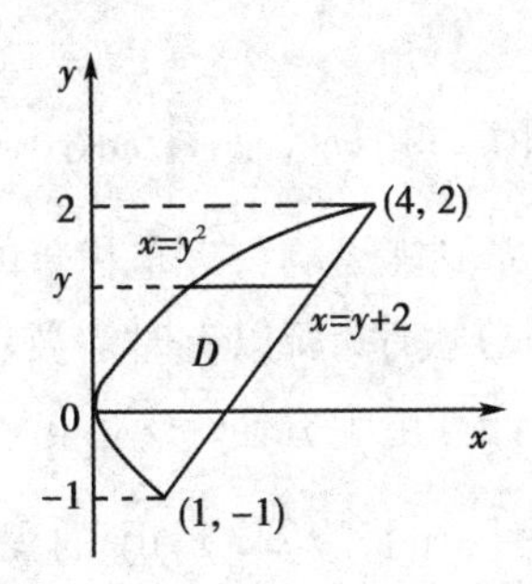

图 7-11

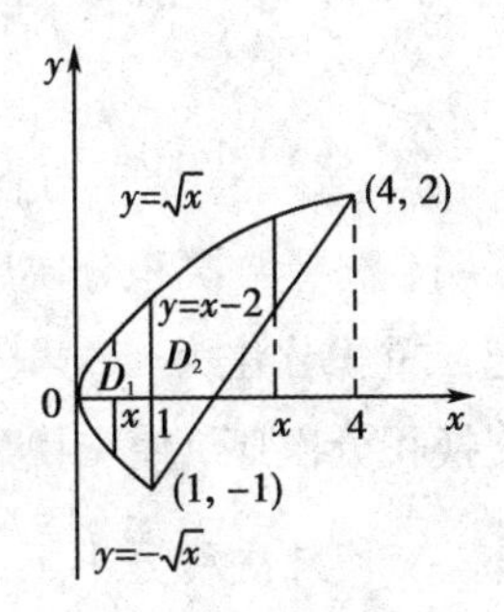

图 7-12

其中

$$D_1=\{(x,\ y)\mid -\sqrt{x}\leqslant y\leqslant\sqrt{x},\ 0\leqslant x\leqslant 1\},$$

$$D_2=\{(x,\ y)\mid x-2\leqslant y\leqslant\sqrt{x},\ 1\leqslant x\leqslant 4\}.$$

利用二重积分的性质 3，就有

$$\iint_D 2x\mathrm{d}\sigma=\iint_{D_1}2x\mathrm{d}\sigma+\iint_{D_2}2x\mathrm{d}\sigma=\int_0^1\left[\int_{-\sqrt{x}}^{\sqrt{x}}2x\mathrm{d}y\right]\mathrm{d}x+\int_1^4\left[\int_{x-2}^{\sqrt{x}}2x\mathrm{d}y\right]\mathrm{d}x=\cdots=14\frac{2}{5}.$$

由此可见，这里用公式(1)来计算比较麻烦.

从例 2、例 3 可见，积分次序选择不同，二重积分计算的难易程度也不同，如何选择积分次序呢，这与积分区域形状和被积函数的特性有关，请看下面的例 4、例 6.

【例 4】 计算二重积分 $\iint_D\frac{\sin y}{y}\mathrm{d}x\mathrm{d}y$，其中 D 由 $y=x$，$x=y^2$ 所围成.

【解】 画出积分区域 D(图 7-13).

若按 X-型区域，用公式(1)，则

$$D=\{(x, y)\mid x\leqslant y\leqslant\sqrt{x}, 0\leqslant x\leqslant 1\},$$

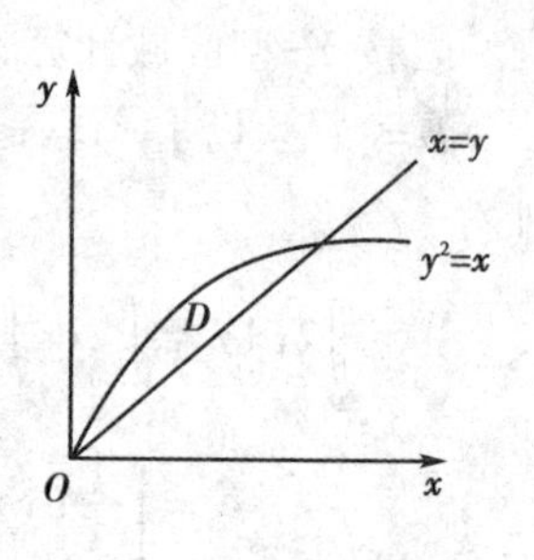

图 7-13

就要先计算定积分 $\int_x^{\sqrt{x}}\frac{\sin y}{y}\mathrm{d}y$，由于$\frac{\sin y}{y}$的原函数不是初等函数，因而积分 $\int_x^{\sqrt{x}}\frac{\sin y}{y}\mathrm{d}y$ 无法用牛顿-莱布尼茨公式算出.

若按 Y-型区域，用公式(2)，即

$$D=\{(x, y)\mid y^2\leqslant x\leqslant y, 0\leqslant y\leqslant 1\},$$

则有

$$\iint_D\frac{\sin y}{y}\mathrm{d}x\mathrm{d}y=\int_0^1\mathrm{d}y\int_{y^2}^{y}\frac{\sin y}{y}\mathrm{d}x=\int_0^1\frac{\sin y}{y}(y-y^2)\mathrm{d}y$$

$$=\int_0^1(1-y)\sin y\mathrm{d}y=\int_0^1(y-1)\mathrm{d}\cos y=[(y-1)\cos y]_0^1-\int_0^1\cos y\mathrm{d}y=1-\sin 1.$$

此例表明，选择二次积分次序有时直接关系到能否算得二重积分的结果.

由于把二重积分化为二次积分，有两种积分次序. 所以有时需要将已给的二次积分交换积分次序，使交换后的二次积分计算更为方便.

【例 5】 交换二次积分 $\int_0^1\mathrm{d}x\int_0^x f(x, y)\mathrm{d}y+\int_1^2\mathrm{d}x\int_0^{2-x}f(x, y)\mathrm{d}y$ 的积分次序.

【解】 设积分区域 $D=D_1+D_2$，其中 D_1 由直线 $y=0$，$y=x$，$x=1$ 所围成，D_2 由直线 $y=0$，$y=2-x$，$x=1$ 所围成(如图 7-14).

现将先对 y 积分后对 x 积分交换为先对 x 积分后对 y 积分的次序，此时

$$D=\{(x, y)\mid 0\leqslant y\leqslant 1, y\leqslant x\leqslant 2-y\},$$

于是有

$$\int_0^1\mathrm{d}x\int_0^x f(x, y)\mathrm{d}y+\int_1^2\mathrm{d}x\int_0^{2-x}f(x, y)\mathrm{d}y$$

$$=\int_0^1\mathrm{d}y\int_y^{2-y}f(x, y)\mathrm{d}x.$$

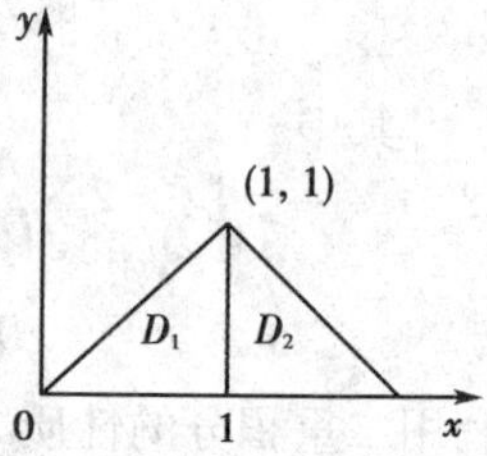

图 7-14

【例 6】 通过交换积分次序计算二次积分 $\int_0^1\mathrm{d}x\int_x^1 \mathrm{e}^{-y^2}\mathrm{d}y$.

【解】 此时积分区域 D 表示为 $0\leqslant x\leqslant 1$，$x\leqslant y\leqslant 1$(见图 7-15).

现换为先对 x 积分，后对 y 积分时，D 表示为：$0\leqslant y\leqslant 1$，$0\leqslant x\leqslant y$. 于是

$$\int_0^1\mathrm{d}x\int_x^1 \mathrm{e}^{-y^2}\mathrm{d}y=\int_0^1\mathrm{d}y\int_0^y \mathrm{e}^{-y^2}\mathrm{d}x$$

$$=-\frac{1}{2}\left[e^{y^2}\right]_0^1$$

$$=\frac{1}{2}\left(1-\frac{1}{e}\right)$$

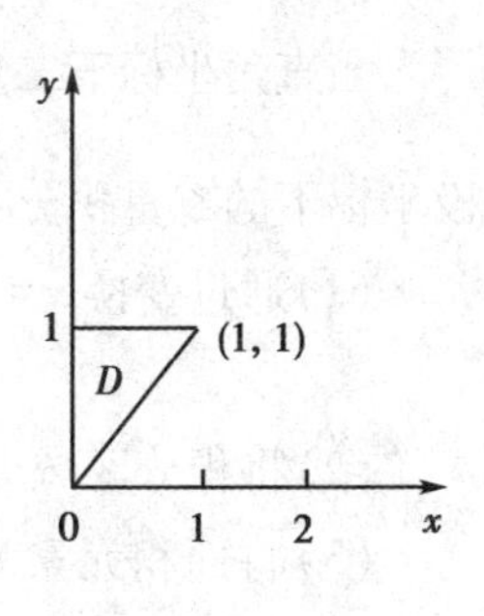

图 7-15

由例 6 可见，若不交换积分次序，由于 e^{-y^2} 原函数不是初等函数，就无法算得二次积分的结果.

二、在极坐标系下计算二重积分

以上所介绍的在直角坐标系下化二重积分为二次积分的方法，当积分区域 D 的边界曲线为圆或圆的一部分，或者被积函数为 $f(x^2+y^2)$、$f\left(\dfrac{y}{x}\right)$ 等形式时，计算是相当麻烦的. 这时，我们可以利用极坐标来计算二重积分.

在极坐标下，假设从极点 O 出发且穿过积分区域 D 内部的射线与 D 的边界曲线相交不多于两点. 我们用极坐标系中的曲线网[r=常数(是以极点为中心的一族同心圆)和 θ=常数(是自极点出发的一族射线)]，将区域 D 分为 n 个小闭区域(图 7-16). 这些小闭区域的面积 $\Delta\sigma_i(i=1, 2, \cdots, n)$当作是两个圆扇形的面积之差，除了包含边界点的一些小闭区域外(当取极限时，这些小闭区域对应项的和的极限趋于零，因此这些小区域可以忽略不计).

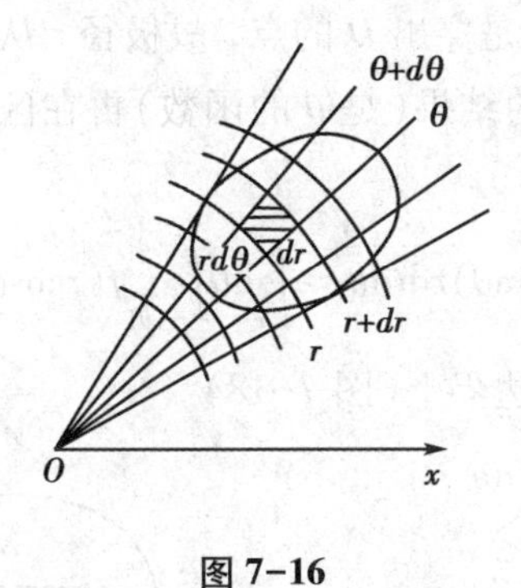

图 7-16

于是得

$$\Delta\sigma_i=\frac{1}{2}(r_i+\Delta r_i)^2\Delta\theta_i-\frac{1}{2}r_i^2\Delta\theta_i$$

$$=r_i\Delta r_i\Delta\theta_i+\frac{1}{2}(\Delta r_i)^2\Delta\theta_i\approx r_i\Delta r_i\Delta\theta_i.\text{（略去高阶无穷小}\frac{1}{2}(\Delta r_i)^2\Delta\theta_i\text{）}$$

于是 $\Delta\sigma_i=r_i\Delta r_i\Delta\theta_i$，就得到极坐标下的面积元素 $d\sigma=rdrd\theta$.

当直角坐标下二重积分 $\iint\limits_D f(x, y)\mathrm{d}\sigma$ 已知时，可用下面的方法将它变换成极坐标下的二重积分：

(1)通过变换 $x=r\cos\theta$，$y=r\sin\theta$，将被积函数 $f(x, y)$ 化为 r，θ 的函数，即

$$f(x, y)=f(r\cos\theta, r\sin\theta)=F(r, \theta);$$

(2)将积分区域 D 的边界曲线用极坐标方程 $r=f(\theta)$ 来表示；

(3)将面积元素 $\mathrm{d}\theta$ 表示成极坐标下的面积元素 $r\mathrm{d}r\mathrm{d}\theta$. 于是就得到二重积分的极坐标表示式

$$\iint\limits_D f(x, y)\mathrm{d}\sigma = \iint\limits_D f(r\cos\theta, r\sin\theta)r\mathrm{d}r\mathrm{d}\theta. \tag{4}$$

利用极坐标计算二重积分，同样是把二重积分化为二次积分，这里我们只介绍先 r 后 θ 的积分次序. 如何确定两次积分的上下限，要根据极点与区域 D 的位置而定，现分三种情形加以讨论：

(1)极点在区域 D 的外面(图 7-17).

这时区域 D 在两条射线 $\theta=\alpha$，$\theta=\beta$ 之间，这两条射线和 D 的边界的交点把区域边界分为两部分：$r=r_1(\theta)$，$r=r_2(\theta)$. 此时积分区域 D 可以用不等式

$$r_1(\theta)\leqslant r\leqslant r_2(\theta), \ \alpha\leqslant\theta\leqslant\beta$$

来表示. 在区间$[\alpha, \beta]$上任意取定一个 θ 值作射线 OAB. A 是穿入 D 的点，B 是穿出 D 的点，故极径 r 从 $r_1(\theta)$变到 $r_2(\theta)$. 将计算的结果(是 θ 的函数)再在区间$[\alpha, \beta]$上积分，即

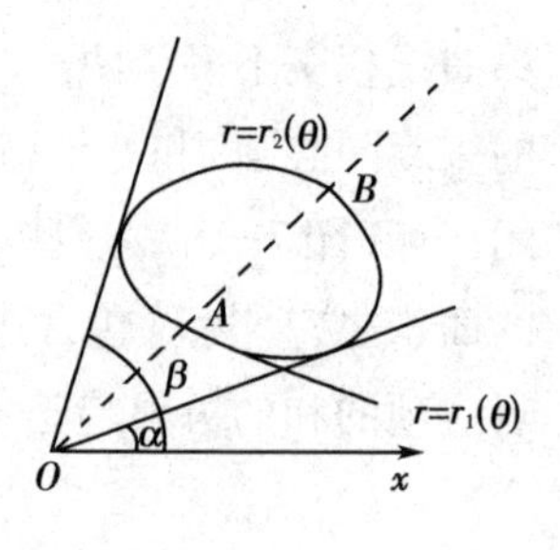

图 7-17

$$\iint\limits_D f(r\cos\theta, r\sin\theta)r\mathrm{d}r\mathrm{d}\theta = \int_\alpha^\beta \mathrm{d}\theta\int_{r_1(\theta)}^{r_2(\theta)} f(r\cos\theta, r\sin\theta)r\mathrm{d}r. \tag{5}$$

(2)极点在区域 D 的边界上(图 7-18).

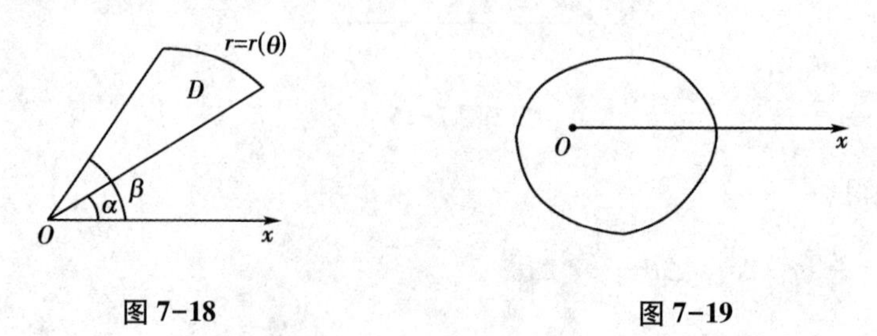

图 7-18　　图 7-19

设积分区域 D 可以用不等式

$$0\leqslant r\leqslant r(\theta), \ \alpha\leqslant\theta\leqslant\beta$$

来表示. 这可看成情况(1)当 $r_1(\theta)=0$, $r_2(\theta)=r(\theta)$ 的特例, 故有

$$\iint_D f(r\cos\theta,\ r\sin\theta)r\mathrm{d}r\mathrm{d}\theta=\int_\alpha^\beta \mathrm{d}\theta\int_0^{r(\theta)} f(r\cos\theta,\ r\sin\theta)r\mathrm{d}r. \tag{6}$$

(3)极点在区域 D 的内部(见图 7-19).

设积分区域 D 可以用不等式

$$0\leqslant r\leqslant r(\theta),\ 0\leqslant\theta\leqslant 2\pi$$

来表示. 这可看成情况(2)当 $\alpha=0$, $\beta=2\pi$ 的特例, 故有

$$\iint_D f(r\cos\theta,\ r\sin\theta)r\mathrm{d}r\mathrm{d}\theta)=\int_0^{2\pi} \mathrm{d}\theta\int_0^{r(\theta)} f(r\cos\theta,\ r\sin\theta)r\mathrm{d}r. \tag{7}$$

特别地, 当 $f(r\cos\theta,\ r\sin\theta)=1$ 时, 二重积分的值等于区域 D 的面积 σ, 即

$$\sigma=\iint_D r\mathrm{d}r\mathrm{d}\theta=\int_\alpha^\beta \mathrm{d}\theta\int_{r_1(\theta)}^{r_2(\theta)} r\mathrm{d}r=\frac{1}{2}\int_\alpha^\beta[r_2^2(\theta)-r_1^2(\theta)]\mathrm{d}\theta.$$

当 $r_1(\theta)=0$, $r_2(\theta)=r(\theta)$ 时, $\sigma=\dfrac{1}{2}\displaystyle\int_\alpha^\beta r^2(\theta)\mathrm{d}\theta$, 这就是在定积分应用中的曲边扇形的面积公式.

通常当积分区域的边界由圆弧、射线组成且被积函数含有 x^2+y^2, $\dfrac{y}{x}$ 等形式时, 用极坐标计算较为简单.

【例 7】 求 $I=\iint\limits_D(x^2+y^2)d\sigma$, 其中 D 为圆环: $a^2\leqslant x^2+y^2\leqslant b^2$.

【解】 区域 D 为圆环: $a^2\leqslant x^2+y^2\leqslant b^2$(见图 7-20).

小圆方程为 $r=a$, $0\leqslant\theta\leqslant 2\pi$; 大圆方程为 $r=b$, $0\leqslant\theta\leqslant 2\pi$.

$$I=\iint_D(x^2+y^2)\mathrm{d}\sigma=\int_0^{2\pi}\mathrm{d}\theta\int_a^b r^2\cdot r\mathrm{d}r=2\pi\int_a^b r^3\mathrm{d}r=\frac{\pi}{2}(b^4-a^4).$$

【例 8】 求 $I=\iint\limits_D\sqrt{16-x^2-y^2}\,\mathrm{d}\sigma$, 其中 D 是圆域 $x^2+y^2\leqslant 4x$.

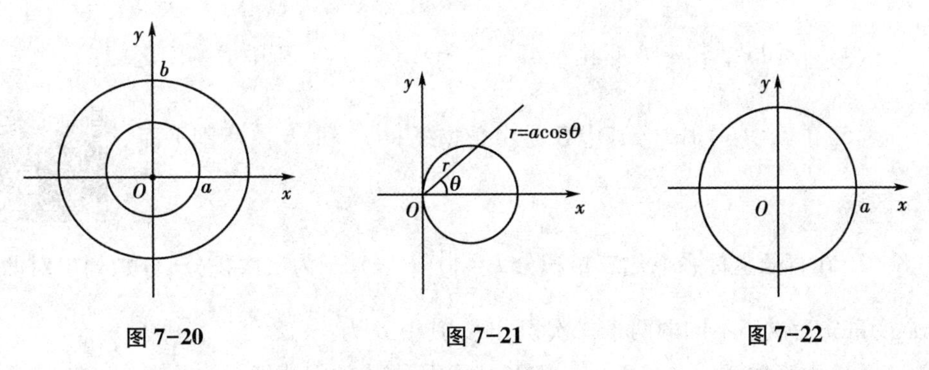

图 7-20　　图 7-21　　图 7-22

【解】 因积分区域D是圆域$x^2+y^2\leqslant 4x$(图7-21).

它的边界曲线的极坐标方程是$r=4\cos\theta$. 当θ固定时，r从0到$4\cos\theta$，而θ的变化范围是区间$\left[-\frac{\pi}{2},\ \frac{\pi}{2}\right]$，于是得

$$I=\iint_D\sqrt{16-r^2}\,r\mathrm{d}r\mathrm{d}\theta=\int_{-\frac{\pi}{2}}^{\frac{\pi}{2}}\mathrm{d}\theta\int_0^{4\cos\theta}\sqrt{16-r^2}\,r\mathrm{d}r=\int_{-\frac{\pi}{2}}^{\frac{\pi}{2}}\left[-\frac{1}{3}(16-r^2)^{\frac{3}{2}}\right]_0^{4\cos\theta}\mathrm{d}\theta$$

$$=\frac{128}{3}\int_0^{\frac{\pi}{2}}(1-\sin^3\theta)\mathrm{d}\theta=\frac{64}{9}(3\pi-4).$$

【例9】 计算$\iint_D \mathrm{e}^{-x^2-y^2}\mathrm{d}x\mathrm{d}y$，其中$D$是由圆$x^2+y^2=a^2$所围成的闭区域.

【解】 因积分区域是圆域(图7-22)，它的边界曲线的极坐标方程为$r=a$. 由变换公式(4)及计算公式(7)得

$$\iint_D \mathrm{e}^{-x^2-y^2}\mathrm{d}x\mathrm{d}y=\iint_D \mathrm{e}^{-r^2}r\mathrm{d}r\mathrm{d}\theta=\int_0^{2\pi}\mathrm{d}\theta\int_0^a \mathrm{e}^{-r^2}r\mathrm{d}r=\int_0^{2\pi}\left[-\frac{1}{2}\mathrm{e}^{-r^2}\right]_0^a\mathrm{d}\theta=\frac{1}{2}(1-\mathrm{e}^{-a^2})\int_0^{2\pi}\mathrm{d}\theta=\pi(1-\mathrm{e}^{-a^2}).$$

习题 7-2

1. 利用直角坐标系计算下列二重积分:

(1) $\iint_D \frac{x^2}{y^2}\mathrm{d}x\mathrm{d}y$，其中$D$是由$xy=1$，$y=x$及$x=2$所围成的闭区域;

(2) $\iint_D (3x+2y)\mathrm{d}x\mathrm{d}y$，其中$D$是由$x=0$，$y=0$及$x+y=2$所围成的闭区域;

(3) $\iint_D \sin(x+y)\mathrm{d}\sigma$，其中$D$是由$x=0$，$y=\pi$及$y=x$所围成的闭区域;

(4) $\iint_D xy\mathrm{d}\sigma$，其中$D$是由$y=x^2+1$，$y=2x$及$x=0$所围成的闭区域;

(5) $\iint_D (x^2+y)\mathrm{d}x\mathrm{d}y$，其中$D$是由抛物线$y=x^2$和$x=y^2$所围平面闭区域.

2. 在直角坐标系下化二重积分$I=\iint_D f(x,\ y)\mathrm{d}\sigma$为二次积分(分别列出对两个变量先后次序不同的两个二次积分)，其中D为:

(1)由直线$y=x$，$y=3x$，$x=1$及$x=3$所围成的闭区域;

(2) 由直线 $x+y=1$，$x-y=1$ 及 $x=0$ 所围成的闭区域；

(3) 由 $y=2x$，$y=\dfrac{x}{2}$，$xy=2$ 所围成的在第一象限内的闭区域.

3. 交换下列二次积分的积分次序：

(1) $\int_0^2 \mathrm{d}y \int_{y^2}^{2y} f(x,\ y)\mathrm{d}x$；

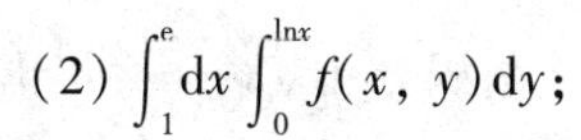

(2) $\int_1^{\mathrm{e}} \mathrm{d}x \int_0^{\ln x} f(x,\ y)\mathrm{d}y$；

(3) $\int_0^2 \mathrm{d}y \int_1^{y} f(x,\ y)\mathrm{d}x + \int_2^4 \mathrm{d}y \int_{\frac{y}{2}}^{2} f(x,\ y)\mathrm{d}x$；

(4) $\int_0^1 \mathrm{d}x \int_0^{\sqrt{2x-x^2}} f(x,\ y)\mathrm{d}y + \int_1^2 \mathrm{d}x \int_0^{2-x} f(x,\ y)\mathrm{d}y$.

4. 利用极坐标系计算下列各题：

(1) $\iint\limits_D \ln(1+x^2+y^2)\mathrm{d}\sigma$，其中 D 是由圆周 $x^2+y^2=1$ 及坐标轴所围成的在第一象限内的闭区域；

(2) $\iint\limits_D \mathrm{e}^{-x^2-y^2}\mathrm{d}\sigma$，其中 D 是由圆周 $x^2+y^2=1$ 所围成的闭区域.

总习题七

一、选择题

1. 设 $I=\iint\limits_D \ln(x^2+y^2)\mathrm{d}x\mathrm{d}y$，其中 D 是圆环：$1\leqslant x^2+y^2\leqslant 2$ 所确定的闭区域，则必有(　　)；

A. $I>0$　　B. $I<0$

C. $I=0$　　D. $I\neq 0$，但符号不能确定

2. 如果 $\iint\limits_D \mathrm{d}x\mathrm{d}y=4$，其中区域 D 是由(　　)所围成的闭区域；

A. $y=x+1$，$x=0$，$x=1$ 及 x 轴　　B. $|x+y|=1$，$|y|=1$

C. $|x+y|=1$，$|x-y|=1$　　D. $2x+y=2$ 及 x 轴，y 轴

3. 设 D 是由 $|x|=1$，$|y|=1$ 所围成的闭区域，则 $\iint\limits_D xy^4\mathrm{d}x\mathrm{d}y=$(　　)；

A. $\frac{4}{5}$　　B. $\frac{8}{5}$　　C. $\frac{16}{5}$　　D. 0

4. 设D是由$0\leqslant x\leqslant 1$，$0\leqslant y\leqslant \pi$所确定的闭区域，则$\iint\limits_{D} y\cos(xy)\,\mathrm{d}x\mathrm{d}y=$( )；

A. 2　　B. 2π　　C. $\pi+1$　　D. 0

5. 设积分区域D：是圆环：$1\leqslant x^2+y^2\leqslant 4$，则二重积分$\iint\limits_{D}\sqrt{x^2+y^2}\,\mathrm{d}x\mathrm{d}y=$( ).

A. $\int_0^{2\pi}\mathrm{d}\theta\int_0^1 r^2\mathrm{d}r$　　B. $\int_0^{2\pi}\mathrm{d}\theta\int_1^2 r^2\mathrm{d}r$　　C. $\int_0^{2\pi}\mathrm{d}\theta\int_r^4\mathrm{d}r$　　D. $\int_0^{2\pi}\mathrm{d}\theta\int_1^2 r\mathrm{d}r$

二、填空题

1. 设D是由$|x+y|=1$，$|x-y|=1$所围成的闭区域，则$\iint\limits_{D}\mathrm{d}x\mathrm{d}y=$________；

2. 交换积分次序，则$\int_0^1\mathrm{d}x\int_0^x f(x,y)\mathrm{d}y+\int_1^2\mathrm{d}x\int_0^{2-x}f(x,y)\mathrm{d}y=$________；

3. 设D是由直线$x+y=1$，$x-y=1$及$x=0$所围成的闭区域，则$\iint\limits_{D}\mathrm{d}x\mathrm{d}y=$________；

4. 设D为$x^2+y^2\leqslant a^2(a>0)$，$y\geqslant 0$围成闭区域，则$\iint\limits_{D}x^2\mathrm{d}x\mathrm{d}y$化为极坐标下的二次积分的表达式为________；

5. $\int_0^{\frac{\pi}{6}}\mathrm{d}y\int_y^{\frac{\pi}{6}}\frac{\cos x}{x}\mathrm{d}x=$________.

三、计算题

1. 交换下列二次积分的次序：

(1) $\int_0^1\mathrm{d}x\int_{x^3}^{x^2}\mathrm{d}y$；(2) $\int_1^2\mathrm{d}y\int_y^{y^2}f(x,y)\mathrm{d}x$；(3) $\int_1^{\mathrm{e}}\mathrm{d}x\int_0^{\ln x}f(x,y)\mathrm{d}y$.

2. 化下列积分为极坐标形式的二次积分：

(1) $\iint\limits_{D}f(x,y)\mathrm{d}x\mathrm{d}y$；其中$D$由$x^2+y^2\leqslant ay$围成；

（2）$\int_0^2 dx \int_{\sqrt{2x-x^2}}^{\sqrt{4x-x^2}} f(x, y)dy + \int_2^4 dx \int_0^{\sqrt{4x-x^2}} f(x, y)dy$；

（3）$\int_0^{2a} dx \int_0^{\sqrt{2ax-x^2}} f(x, y)dy$.

3. 计算下列积分：

（1）$\int_0^1 dy \int_y^1 e^{x^2}dx$；

（2）$\iint\limits_D \frac{\cos y}{y}dxdy$，其中 D 是由曲线 $y=\sqrt{x}$ 及直线 $y=x$ 所围成的闭区域；

（3）计算 $\iint\limits_D xyd\sigma$，其中区域 D 是由抛物线 $y=x^2-1$ 及直线 $y=1-x$ 所围成的区域；

（4）交换积分次序计算 $I=\int_{\frac{1}{4}}^{\frac{1}{2}} dy \int_{\frac{1}{2}}^{\sqrt{y}} e^{\frac{y}{x}}dx + \int_{\frac{1}{2}}^{1} dy \int_y^{\sqrt{y}} e^{\frac{y}{x}}dx$.

四、证明题

1. 求由曲面 $z=x^2+2y^2$ 及 $z=3-2x^2-y^2$ 所围成的立体体积.

2. 求由四个平面 $x=0$，$y=0$，$x=1$ 及 $y=1$ 所围成的柱体被平面 $z=0$ 与 $z=6-2x-3y$ 截得的立体的体积.

习题答案

第一章

习题 1-1

1. (1) $\{x|x>5, x\in R\}$; (2) $\{1, 2, 3, 4\}$;
   (3) $\{(x, y)|x^2+y^2<1, x, y\in R\}$.
2. (1) $[-5, 5]$; (2) $(a-\varepsilon, a+\varepsilon)$;
   (3) $(-\infty, -5)\cup(5, +\infty)$; (4) $(-\infty, -5)\cup(1, +\infty)$.
3. (1)不同; (2)不同; (3)相同.
4. (1) $(-\infty, -3]\cup[3, +\infty)$; (2) $[-3, -1)\cup(1, 3]$;
   (3) $[-2, -1)\cup(-1, 1)\cup(1, 2]$; (4) $[1, 4]$;
   (5) $(-\infty, +\infty)$; (6) $[-7, 3]$.
5. (1) t^4+1; t^4+2t^2+1; (2) $\dfrac{e^x(e^h-1)}{h}$.
6. (1) $[-1, 5]$; (2) $f(-1)=-1$, $f(0)=-1$, $f(1)=\dfrac{1}{2}$, $f\left(\dfrac{5}{6}\right)=3$.
7. (1)偶; (2)奇; (3)非奇非偶; (4)奇;
   (5)偶; (6)奇.
8. $\ln^2(1+t)+2\ln(1+t)$.
9. (1) $y=\sqrt{u}$, $u=x^2-1$; (2) $y=u^3$, $u=\arcsin v$, $v=\sqrt{t}$, $t=3-x^2$;
   (3) $y=e^u$, $u=v^3$, $v=\cos x$; (4) $y=\log_a u$, $u=\sin v$, $v=e^t$, $t=x-1$;
   (5) $y=\sqrt[3]{u}$, $u=\ln v$, $v=\sqrt{x}$; (6) $y=u^3$, $u=\ln v$, $v=\arccos t$, $t=x^2$.
10. $x=\dfrac{1}{8}f$, x 表示伸长距离, f 表示拉力.
11. $s=2\left(\pi r^2+\dfrac{v_0}{r}\right)$, $(0, +\infty)$.

12. $v=\pi h\left(r^2-\frac{h^2}{4}\right)$，$(0, 2r)$.

13. $y=\begin{cases}0, & 0\leqslant x\leqslant 20;\\ a(x-20), & 20<x\leqslant 50;\\ \frac{3}{2}a(x-50)+30a, & x>50.\end{cases}$

习题 1-2

1. (1)0；　(2)不存在；　(3)3；　(4)1；
(5)0；　(6)不存在；　(7)0；　(8)不存在；
(9)0.

习题 1-3

1. (1)5；　(2)9；　(3)0；　(4)1；
(5)$\frac{1}{2}$；　(6)0；　(7)-4；　(8)$\frac{1}{2}$.

2. $\lim\limits_{x\to 1^-}f(x)=2$；$\lim\limits_{x\to 1^+}f(x)=-1$；$\lim\limits_{x\to 1}f(x)$不存在.

3. $\lim\limits_{x\to +\infty}\arctan x=\frac{\pi}{2}$；$\lim\limits_{x\to -\infty}\arctan x=-\frac{\pi}{2}$；$\lim\limits_{x\to \infty}\arctan x$ 不存在.

4. 0.

5. 3.

习题 1-4

1. 略.

2. 略.

3. (1)无穷大；　(2)无穷小；　(3)无穷大；
(4)$x\to 0^-$时 $e^{\frac{1}{x}}$是无穷小，$x\to 0^+$时 $e^{\frac{1}{x}}$是无穷大；
(5)$\tan x$ 当 $x\to\frac{\pi}{2}$是无穷大；　(6)$y=\frac{1}{2x-3}$当 $x\to\frac{3}{2}$时是无穷大.

4. 当 $x\to\infty$ 时$\frac{1}{(x+1)^2}$是无穷小，当 $x\to -1$ 时$\frac{1}{(x+1)^2}$是无穷大.

5. (1)0；　(2)0.

习题 1-5

1. -2.

2. $-\frac{1}{4}$.

3. 0.

4. $\frac{1}{20}$.

5. $-\frac{19}{24}$.

6. ∞.

7. $\frac{1}{6}$.

8. 8.

9. $2x$.

10. 3.

11. 1.

12. $\frac{2}{7}$.

13. 0.

14. 2.

15. $\frac{1}{2}$.

16. 2.

17. -3.

18. 1.

19. $\frac{1}{2}$.

20. 2

习题 1-6

1. (1) 0;　(2) 1;　(3) 0;　(4) $\frac{3}{2}$;

(5) -1.

2. (1) $\frac{3}{7}$;　(2) $\frac{1}{2}$;　(3) 0;　(4) k;

(5) 16;　(6) $\sqrt{2}$;　(7) $\frac{1}{2}$;　(8) $-\frac{1}{3}$;

(9)$\frac{2}{3}$.

3. (1)e^3; (2)e^{-1}; (3)$e^{-\frac{1}{2}}$; (4)e^3;
(5)e^4; (6)1; (7)e^{-6}; (8)e;
(9)−2; (10)1; (11)e^3 (12)1.

习题 1-7

1. 略
2. 略
3. (1)同阶，不等价； (2)等价无穷小.
4. $K=1$.
5. (1)$\frac{3}{2}$; (2)1; (3)$\frac{1}{2}$; (4)2;
(5)5; (6)$\frac{1}{4\sqrt{2}}$.

习题 1-8

1. 略
2. 第一类间断点(跳跃间断点)，定义域$[0, +\infty)$.
3. (1)连续区间$D=(-\infty, 1)\cup(1, 2)\cup(2, +\infty)$，$x=2$为无穷间断点，$x=1$为可去间断点；
(2)$D=(-\infty, 0)\cup(0, +\infty)$，$x=0$为第二类间断点；
(3)$D=\{x|x\in R, x\neq k\pi\}$，$x=0$为可去间断点，$x=k\pi(k\neq 0)$是无穷间断点；
(4)$D=(-\infty, 0)\cup(0, +\infty)$，$x=0$为第二类间断点.
4. $a=2$.
5. $a=1$.
6. 不连续，$x=1$是可去间断点.
7. $k=1$.

习题 1-9

1. (1)0; (2)5; (3)a; (4)e;
(5)x; (6)e^a; (7)2; (8)$\frac{1}{2\sqrt{x}}$;
(9)$-\frac{1}{5}\left(\frac{1}{e^5}+1\right)$; (10)1.

2. $(-\infty, -3)\cup(-3, -2)\cup(-2, +\infty)$.

$\lim\limits_{x\to 0}f(x)=-\dfrac{1}{2}$；$\lim\limits_{x\to 3}f(x)=-6$；$\lim\limits_{x\to 2}f(x)$不存在.

总习题一

一、1. D；2. C；3. C；4. D；5. B；6. C；7. D；8. C；9. C.

二、1. $2\sin^2\dfrac{x}{2}$；2. $-1<x\leqslant 1$；3. $b=-6$；4. $a=1$；5. $a=1$；6. 0；7. $a\neq b$；8. $x=0$.

$x=1$；9. $x=-2$，一.

三、1. (1) $1\leqslant x<4$, $x\neq 2$；(2) $[-3, -2]\cup[3, 4]$.

2. (1) $\cos a$；(2) $\dfrac{1}{a}$；(3) $\dfrac{1}{2}$；(4) $\dfrac{2}{\pi}$；(5) e^5；(6) -1. 3. $a=2$, $b=1$.

第二章

习题 2-1

1. (1) $10+12\Delta t+4(\Delta t)^2$；　(2) 10；

(3) $12t^2+12t\cdot\Delta t+4(\Delta t)^2-2$；　(4) $12t^2-2$.

2. $\left.\dfrac{dT}{dt}\right|_{t=\tau_0}$.

3. $\left.\dfrac{dm}{dx}\right|_{x=x_0}$.

4. $\left.\dfrac{dQ}{dt}\right|_{t=t_0}$.

5. (1) $f'(x_0)$；　(2) $-f'(x_0)$；　(3) $2f'(x_0)$.

6. (1) 4；　(2) $-\dfrac{5}{x^2}$；　(3) $\dfrac{1}{2\sqrt{x}}$；　(4) $5x^4$；

(5) $-2x^{-3}$.

7. (1) $\dfrac{\sqrt{3}}{2}$；　(2) $\dfrac{1}{5}$；　(3) e；　(4) $\dfrac{2}{3}$.

8. 切线方程 $y=\dfrac{1}{2}x+\dfrac{\sqrt{3}}{2}-\dfrac{\pi}{6}$，法线方程 $y=-2x+\dfrac{\sqrt{3}}{2}+\dfrac{2}{3}\pi$.

9. $y'|_{x=\frac{1}{2}}=-4$，切线方程 $4x+y-4=0$，法线方程 $2x-8y+15=0$.

习题 2-2

1. (1) $6x+\frac{4}{x^3}+\frac{1}{x}$;

(2) $\frac{3}{2}\sqrt{x}-\frac{3}{2\sqrt{x}}-\frac{1}{x\sqrt{x}}$;

(3) $3a^x\ln a+\frac{2}{x^2}$;

(4) $\sec x\tan x\ln x+\frac{\sec x}{x}$;

(5) $2e^x(\cos x-\sin x)$;

(6) $\frac{2}{(x+1)^2}$.

2. (1) $y'|_{x=\frac{\pi}{6}}=\frac{1}{2}$, $y'|_{x=\frac{\pi}{4}}=0$;

(2) $\left.\frac{dx}{dt}\right|_{t=4}=-\frac{1}{18}$;

(3) $f'(0)=\frac{3}{25}$, $f'(2)=\frac{17}{15}$.

3. (1) $10(2x+1)^4$;

(2) $3k\cos(kx+b)\sin^2(kx+b)$;

(3) $2^x\ln 2\sec 2^x\cdot\tan 2^x$;

(4) $3x^2e^{x^3}$;

(5) $-\frac{x}{\sqrt{(x^2+1)^3}}$;

(6) $-4\cot 2x\cdot\csc^2 2x$;

(7) $\frac{1}{t^2}\tan\frac{1}{t}$;

(8) $a^x[\cos(3x-2)\ln a-3\sin(3x-2)]$;

(9) $2xe^{\sin x^2}\cdot\cos x^2$;

(10) $\frac{x}{\sqrt{1+x^2}}\cot\sqrt{1+x^2}$;

(11) $\frac{1}{x\ln x\ln\ln x}$;

(12) $\frac{e^{\arctan\sqrt{x}}}{2\sqrt{x}(1+x)}$;

(13) $-\frac{1}{x\sqrt{1-\ln^2 x}}$;

(14) $\frac{1}{\sqrt{1-2x-x^2}}$;

(15) $\sqrt{x^2+a^2}$;

(16) $\frac{4}{(e^x+e^{-x})^2}$;

(17) $e^{x\ln x}(\ln x+1)$;

(18) $ae^{ax}\sin bx+be^{ax}\cos bx$;

(19) $\arcsin\frac{x}{2}$.

4. $-k(T_0-T_1)e^{-kt}$.

5. $\frac{dm}{dt}=-km_0e^{-kt}$.

6. $2x-y-1=0$, $2x+2y-1=0$.

7. $\cot x$.

习题 2-3

1. (1) $y''=-\frac{a^2}{\sqrt{(a^2-x^2)^3}}$;　　(2) $y''=4-\frac{1}{x^2}$;

(3) $y''=2\sin 3x+12x\cos 3x-9x^2\sin 3x$;　(4) $y''=\frac{2}{(x-2)^3}-\frac{2}{(x-1)^3}$;

(5) $y''=-\frac{2(1+x^2)}{(1-x^2)^2}$;　　(6) $y''=\frac{(x^2-4x+6)e^x}{x^4}$;

(7) $y''=(6x+4x^3)e^{x^2}$.

2. 略.

3. (1) $y^{(n)}=(-1)^{n-1}\frac{(n-1)!}{(1+x)^n}$;　　(2) $y^{(n)}=(n+x)e^x$;

(3) $y^{(n)}=2^{n-1}\sin\left[2x+(n-1)\frac{\pi}{2}\right]$;　(4) $y^{(n)}=\frac{(-1)^n n!}{2a}\left[\frac{1}{(x-a)^{n+1}}-\frac{1}{(x+a)^{n+1}}\right]$;

(5) $y^{(n)}=a^n e^{ax}$.

4. $-ake^{-kt}$, ak^2e^{-kt}; $-ak$, ak^2.

习题 2-4

1. $y'|_{(0,1)}=\frac{1}{4}$.

2. $\frac{dy}{dx}=-\tan t$.

3. (1) $y'=\frac{y-2x}{2y-x}$;　　(2) $y'=-\frac{e^y}{1+xe^y}$;

(3) $y'=\frac{y\sin(xy)-e^{x+y}}{e^{x+y}-x\sin(xy)}$;　　(4) $y'=\frac{x+y}{x-y}$.

4. $x+2y-2=0$.

5. (1) $y''=-2y^{-3}(1+y^{-2})$;　　(2) $y''=\frac{y^2-x^2}{y^3}$.

6. $y''(0)=\frac{1}{e^2}$.

7. (1) $y'=\frac{\sqrt{x+2}(3-x)^4}{(x+1)^5}\left(\frac{1}{2x+4}+\frac{4}{x-3}-\frac{5}{x+1}\right)$;

(2) $y'=x^x(\ln x+1)$;

(3) $y'=\left(\frac{x}{1+x}\right)^{x}\left[\ln\frac{x}{1+x}+\frac{x}{x(1+x)}\right]$;

(4) $y'=(x-1)\cdot\sqrt[3]{(3x+1)^{2}(x-2)}\left(\frac{1}{x-1}+\frac{2}{3x+1}+\frac{1}{3(x-2)}\right)$.

8. $y'=\frac{xy\ln y-y^{2}}{xy\ln x-x^{2}}$.

9. (1) $\frac{d^{2}y}{dx^{2}}=\frac{6t^{2}+11t+5}{t}$; (2) $\frac{d^{2}y}{dx^{2}}=\frac{1}{t^{3}}$.

习题 2-5

1. (1) $\left(3x^{2}+\frac{1}{x^{2}}\right)dx$; (2) $(\sin x+x\cos x)dx$;

(3) $-\frac{2x^{2}+2}{(x^{2}-1)^{2}}dx$; (4) $\frac{2\ln(1-x)}{x-1}dx$;

(5) $-\frac{1}{\sqrt{x-x^{2}}}dx$; (6) $e^{x}(\cos^{2}x-\sin 2x)dx$;

(7) $4\sin(8x+4)dx$; (8) $\frac{x}{1+x^{2}}dx$;

(9) $e^{-ax}(b\cos bx-a\sin bx)dx$.

2. (1) $2\sqrt{x}+C$; (2) $\sin x+C$; (3) $\frac{x^{3}}{3}+C$;

(4) $\ln|1+x|+C$; (5) $\frac{1}{\omega}\sin\omega t+C$; (6) $4x^{\frac{3}{2}}\cos x^{2}$.

3. 17.28s.

总习题二

一、1. D; 2. A; 3. C; 4. B; 5. D.

二、1. ln2; 2. 0; 3. $-\frac{1}{(x-1)^{2}}$; 4. $\frac{2}{x}dx$; 5. $2^{n}e^{2x}$.

三、1. (1) $-\frac{\tan\sqrt{x}}{2\sqrt{x}}$; (2) $e^{-x}[2x\sin(3-x^{2})-\cos(3-x^{2})]$;

(3) $\frac{3x^{2}}{1+x^{3}}$; (4) $\frac{1}{\sqrt{1+x^{2}}}$;

(5) $e^{x}\cot e^{x}$; (6) $e^{\sin^{2}x}\sin 2x$.

2. (1) $(\cos 2x-2x\sin 2x)\mathrm{d}x$； (2) $\dfrac{1}{1+\cos x}\mathrm{d}x$；

(3) $(2x-2x^3)\mathrm{e}^{-x^2}\mathrm{d}x$； (4) $\dfrac{\mathrm{e}^{\sin x}\cos x}{1+\mathrm{e}^{\sin x}}\mathrm{d}x$.

3. (1) $\dfrac{\mathrm{e}^{x+y}-y}{x-\mathrm{e}^{x+y}}$； (2) $\dfrac{\cos 3x-x^2}{y^2+2}$； (3) $\cot^2 y$； (4) $\dfrac{y-xy}{2xy^2-x}$.

4. (1) $\dfrac{\mathrm{d}y}{\mathrm{d}x}=\dfrac{\sin t+t\cos t}{3t^2}$； (2) $\dfrac{\mathrm{d}y}{\mathrm{d}x}=-\cot t$，$\left.\dfrac{\mathrm{d}y}{\mathrm{d}x}\right|_{t=\frac{\pi}{4}}=-1$；

(3) $\dfrac{\mathrm{d}y}{\mathrm{d}x}=3t^2+5t+2$，$\left.\dfrac{\mathrm{d}^2y}{\mathrm{d}x^2}\right|_{t=1}=22$； (4) $\dfrac{\mathrm{d}y}{\mathrm{d}x}=\dfrac{t^2+2t}{\mathrm{e}^t}$，$\dfrac{\mathrm{d}^2y}{\mathrm{d}x^2}=\dfrac{2-t^2}{\mathrm{e}^{2t}}$.

第三章

习题 3-1

1. (1) 存在 $\xi=\dfrac{1}{2}\in(0,1)$，使 $y'(\xi)=\dfrac{y(1)-y(0)}{1-0}$；

(2) 存在 $\xi=\mathrm{e}-1\in(1,\mathrm{e})$，使 $y'(\xi)=\dfrac{y(\mathrm{e})-y(1)}{\mathrm{e}-1}$.

2. 略.

3. 略.

4. 有分别位于区间(1, 2)、(2, 3)、(3, 4)内的三个根.

习题 3-2

1. (1) $-\dfrac{3}{5}$； (2) 1； (3) $-\sin a$； (4) $-\dfrac{1}{8}$；

(5) -1； (6) $\dfrac{1}{2}$； (7) 1； (8) ∞；

(9) 3； (10) 0； (11) $\dfrac{1}{2}$； (12) $\dfrac{1}{6}$；

(13) 0； (14) ∞； (15) 1； (16) e^{-1}；

(17) 1.

2. 极限为 1.

习题 3-3

1. (1) 单调增区间 $\left(-\infty,\dfrac{1}{2}\right)$，单调减区间 $\left(\dfrac{1}{2},+\infty\right)$；

(2)单调增区间$(-\infty, 1)$，$(2, +\infty)$，单调减区间$(1, 2)$；

(3)单调增区间$\left(\frac{1}{2}, +\infty\right)$，单调减区间$\left(0, \frac{1}{2}\right)$；

(4)单调增区间$(2, +\infty)$，单调减区间$(0, 2)$.

2. (1)在$(-\infty, +\infty)$上单调减少；

(2)在$(-\infty, +\infty)$上单调增加；

(3)在$(0, 1)$上单调增加，在$(1, 2)$上单调减少；

(4)在$(-\infty, 0)$上单调减少；在$(0, +\infty)$上单调增加.

3. 略.

4. (1)凸区间$\left(-\infty, \frac{5}{3}\right)$，凹区间$\left(\frac{5}{3}, +\infty\right)$，拐点$\left(\frac{5}{3}, \frac{-250}{27}\right)$；

(2)凸区间$(-\infty, -1)$，$(1, +\infty)$，凹区间$(-1, 1)$，拐点$(-1, \ln 2)$，$(1, \ln 2)$；

(3)凸区间$(-\infty, -2)$，凹区间$(-2, +\infty)$，拐点$(-2, -2e^{-2})$；

(4)凸区间$(-\infty, 0)$，凹区间$(0, +\infty)$，无拐点.

5. $a=-\frac{3}{2}$，$b=\frac{9}{2}$.

习题 3-4

1. (1)极大值$y(0)=0$，极小值$y(1)=-1$；

(2)无极值；

(3)极大值$y\left(\frac{1}{2}\right)=\frac{3}{2}$，无极小值；

(4)极小值$y(0)=0$，极大值$y(2)=4e^{-2}$；

(5)极小值$y(3)=\frac{27}{4}$，无极大值；

(6)极大值$y(-2)=0$，极小值$y\left(-\frac{4}{5}\right)=-\frac{2^2 3^8}{5^5}$.

2. (1)最大值$y(10)=66$，最小值$y(2)=2$；

(2)最大值$y(-3)=20$，最小值$y(1)=y(2)=0$；

(3)最大值$y(2)=\ln 5$，最小值$y(0)=0$；

(4)最大值$y(0)=10$，最小值$y(8)=6$.

3. 长 10m，宽 5m.

4. 底宽为$\sqrt{\dfrac{40}{4+\pi}}\approx 2.366$m.

5. $x=\dfrac{a}{2}$.

6. $r=\sqrt[3]{\dfrac{v}{2\pi}}$, $h=2\sqrt[3]{\dfrac{v}{2\pi}}$.

7. 变压器距乙村输电干线上的垂足1.8km处.

8. 最大值$V=\dfrac{4}{3\sqrt{3}}\pi R^3$.

9. $a=2\pi\left(1-\sqrt{\dfrac{2}{3}}\right)$.

10. 杆长为5m.

习题3-5

1. (1)$\dfrac{e^{\frac{x}{a}}+e^{-\frac{x}{a}}}{2}dx$；　(2)$2a\left|\sin\dfrac{t}{2}\right|dt$.

2. (1)$K=36$, $R=\dfrac{1}{36}$；　(2)$K=\dfrac{1}{3\sqrt{2}}$, $R=3\sqrt{2}$；

(3)$K=\left|\dfrac{2}{3a\sin 2t_0}\right|$, $R=\dfrac{|3a\sin 2t_0|}{2}$.

3. $\left(\dfrac{\sqrt{2}}{2}, -\dfrac{\ln 2}{2}\right)$，最小值$\dfrac{3\sqrt{3}}{2}$.

总习题三

一、1. A；2. B；3. D；4. A.

二、1. $\dfrac{4}{9}$；2. 1；3. 增；4. $(-2, e^{-2})$.

三、1. (1)$-\dfrac{1}{6}$；(2)2；(3)0；(4)1；(5)0；(6)e^{-2}.

2. (1)单调增加区间$(-\infty, +\infty)$；

(2)单调增加区间$(-\infty, 1)$, $(2, +\infty)$，单调减少区间$(1, 2)$；

(3)单调增加区间$(-\infty, 0)$，单调减少区间$(0, +\infty)$；

(4)单调减少区间$(-\infty, 1)$，单调增加区间$(1, +\infty)$.

3. (1)$x=0$是极大值点，极大值为5；$x=2$是极小值点，极小值为1.

(2) $x=2$ 是极大值点，极大值为 $4e^{-2}$；$x=0$ 是极小值点，极小值为 0.

4. $\frac{2}{\pi}$.

四、略.

第四章

习题 4-1

1. (1) $\frac{1}{a}$；　(2) $-\frac{1}{3}$；　(3) $\frac{1}{4}$；　(4) $-\frac{1}{x}+C$；

(5) -1；　(6) $\frac{1}{2}x^2+C$，$\frac{1}{2}$；　(7) $-\frac{1}{2}$；　(8) 2；

(9) $\ln x+C$；　(10) $\ln x+C$，$\frac{1}{2}\ln^2 x+C$；

(11) $2\sqrt{x}+C$；　(12) $-\frac{2}{3}$；　(13) $-\frac{1}{3}$；

(14) 1；　(15) $\frac{1}{2}$；　(16) $\tan x+C$.

2. $f(x)=x^4-x+3$.

3. (1) $\frac{2}{7}x^{\frac{7}{2}}+C$；　(2) $\frac{1}{3}x^3-x+\arctan x+C$；

(3) $3e^x+\frac{2^x}{\ln 2}+\sin x+C$；　(4) $\frac{e^{3x}}{3}-2\cos x+\frac{1}{4}x^4+C$；

(5) $\frac{x^2}{2}+2x+\ln|x|+\frac{2^x}{\ln 2}+C$；　(6) $x-\arctan x+C$；

(7) $\frac{2}{3}x^{\frac{3}{2}}+\sin x+C$；　(8) $x+\frac{1}{2}e^{2x}+2e^x+C$；

(9) $\frac{x^3}{3}-\frac{1}{x}+2x+C$；　(10) $e^x+\frac{x^5}{5}+\tan x+C$；

(11) $2\sin x+\ln|x|-\frac{1}{2}x+C$；　(12) $\frac{2\sqrt{2}}{3}x^{\frac{3}{2}}+x^2+C$；

(13) $-\ln|\cos x|+\frac{2^x}{\ln 2}+C$；　(14) $\frac{1}{2}e^{2x}-\arctan x+2e^x+C$；

(15) $\tan x-x+C$；　(16) $\sin x+\cos x+C$；

(17) $\frac{1}{2}\tan x+C$;　(18) $-\frac{\cos x}{2}-\cot x+C$;

(19) $\ln|x|+\arctan x+C$;　(20) $\tan x-\sec x+C$;

(21) $x-\cos x+C$;　(22) $-\cot x-\csc x+C$;

(23) $\frac{(2e)^x}{1+\ln 2}+C$;　(24) $-\cos x-\sin x+C$.

习题 4-2

1. (1) $-\frac{1}{5}\cos 5x+C$;　(2) $\frac{1}{3}(1+2x)^{\frac{3}{2}}+C$;

(3) $=-\ln|1-x|+C$;　(4) $\frac{1}{5}(2+3x)^{\frac{5}{3}}+C$;

(5) $-\frac{1}{16}(2x+3)^{-8}+C$;　(6) $\frac{1}{2}e^{x^2}+C$;

(7) $\frac{1}{1-x}+C$;　(8) $\arctan x+\frac{1}{2}\ln(1+x^2)+C$;

(9) $-\frac{1}{4}(4-3\sin x)^{\frac{4}{3}}+C$;　(10) $\frac{1}{2}\arcsin\frac{2}{3}x+C$;

(11) $\frac{1}{6}(1+2x^2)^{\frac{3}{2}}+C$;　(12) $-\sqrt{1-x^2}+C$;

(13) $\frac{1}{3}\ln|1+x^3|+C$;　(14) $\frac{1}{6}e^{3x^2}+C$;

(15) $\frac{1}{2}\arctan x^2+C$;　(16) $\frac{3^{2x}}{2\ln 3}+C$;

(17) $\frac{2}{3}(2+3\ln x)^{\frac{1}{2}}+C$;　(18) $\arcsin\ln x+C$;

(19) $\frac{1}{2}\ln(1+e^{2x})+C$;　(20) $\arctan e^x+C$;

(21) $\sin e^x+C$;　(22) $\frac{2}{3}(e^x+1)^{\frac{3}{2}}+C$;

(23) $2\ln(1+\sqrt{x})+C$;　(24) $2\arctan\sqrt{x}+C$;

(25) $2e^{\sqrt{x}}+C$;　(26) $-\sin\frac{1}{x}+C$;

(27) $-e^{\frac{1}{x}}+C$;　(28) $\frac{1}{3}\cos^3 x-\cos x+C$;

(29) $\tan x-\sec x+C$;　(30) $\ln|1+\sin x|+C$;

(31) $2\sqrt{3-\cos^2 x}+C$;　(32) $\frac{1}{2\cos^2 x}+C$;

(33) $\frac{1}{3}(\arctan x)^3+C$;　(34) $-\frac{1}{2}(\arccos x)^2+C$;

(35) $\frac{10^{\arctan x}}{\ln 10}+C$;　(36) $\ln|\arcsin x|+C$;

(37) $\frac{2}{\sqrt{7}}\arctan\frac{2x+3}{\sqrt{7}}+C$;

(38) $\frac{1}{2}\ln(|x^2+3x+4|+\frac{1}{\sqrt{7}}\arctan\frac{2x+3}{\sqrt{7}}+C$;

(39) $\arcsin\frac{x+1}{\sqrt{2}}+C$.

2. (1) $\frac{2}{5}(x+2)\sqrt{(x-3)^3}+C$;　(2) $2(\sqrt{x-1}-\arctan\sqrt{x-1})+C$;

(3) $(\arctan\sqrt{x})^2+C$;　(4) $2\sqrt{x+2}-2\ln|\sqrt{x+2}+1|+C$;

(5) $\arcsin x+\sqrt{1-x^2}+C$;　(6) $\frac{1}{2}\arcsin x+\frac{1}{2}x\sqrt{1-x^2}+C$;

(7) $\frac{x}{\sqrt{1+x^2}}+C$;　(8) $\frac{25}{16}\arcsin\frac{2x}{5}-\frac{x}{8}\sqrt{25-4x^2}+C$;

(9) $-\frac{\sqrt{x^2+1}}{x}+C$;　(10) $\frac{x}{4\sqrt{x^2+4}}+C$;

(11) $\ln|x+\sqrt{x^2-1}|+C$;　(12) $2\left(\frac{\sqrt{x^2-4}}{2}-\arccos\frac{2}{x}\right)+C$;

(13) $\frac{1+x}{2}\sqrt{1-2x-x^2}+\arcsin\frac{1+x}{\sqrt{2}}+C$;　(14) $\arccos\frac{3}{x}+C$;

(15) $\frac{1}{25\times16\times17}(5x-1)^{16}(8x+1)+C$;　(16) $\frac{2x-1}{10(3-x)^6}+C$;

(17) $\frac{1}{2}\arctan x+\frac{x}{2(x^2+1)}+\ln\sqrt{1+x^2}-\frac{1}{2(x^2+1)}+C$.

习题 4-3

1. $x^2\sin x+2x\cos x-2\sin x+C$.

2. $x\tan x+\ln|\cos x|+C$.

3. $-\frac{1}{2}x^2\cos x+\frac{1}{2}x\sin 2x+\frac{7}{4}\cos 2x+x\cos 2x-\frac{1}{2}\sin 2x+C$.

4. $-x\cos x+\sin x+C$.

5. $-e^{-x}(x+1)+C$.

6. $\frac{1}{2}e^{2x}x-\frac{1}{4}e^{2x}+C$.

7. $\frac{5^x}{\ln 5}\left(x-1-\frac{1}{\ln 5}\right)+C$.

8. $(-x^2-2x-2)e^{-x}+C$.

9. $\frac{x^2+1}{2}\arctan x-\frac{x}{2}+C$.

10. $x\arcsin x+\sqrt{1-x^2}+C$.

11. $(x+1)\arctan\sqrt{x}-\sqrt{x}+C$.

12. $x\arcsin^2 x+2\sqrt{1-x^2}\cdot\arcsin x-2x+C$.

13. $-\frac{1}{x}\ln x+C$.

14. $\frac{x^2}{2}\text{arccot}\,x+\frac{1}{2}x-\frac{1}{2}\arctan x+C$.

15. $x\tan x+\ln|\cos x|-\frac{1}{2}x^2+C$.

16. $x\ln(x+\sqrt{1+x^2})-\sqrt{1+x^2}+C$.

17. $\frac{1}{2}e^x(\sin x-\cos x)+C$.

18. $-e^{-x}\arctan e^x-x+\frac{1}{2}\ln(1+e^{2x})+C$.

19. $\frac{x}{2}[(\ln x)-\cos(\ln x)]+C$.

20. $-\cot x\ln\sin x-\cot x-x+C$.

习题 4-4

1. (1) $\frac{1}{3}(\ln|x-3|-\ln|x|)+C$； (2) $\frac{1}{2a}(\ln|x-a|-\ln|x+a|)+C$；

(3) $\ln|x^2+2x-15|+\frac{1}{8}\ln\left|\frac{x+5}{x-3}\right|+C$； (4) $\frac{1}{6}\arctan\frac{2x+1}{3}+C$；

(5) $\frac{1}{2}\ln|x^2+2x+3|-\frac{3}{\sqrt{2}}\tan\frac{x+1}{\sqrt{2}}+C$；(6) $\ln|x|-\frac{1}{2}\ln(x^2+1)+C$；

(7) $\frac{1}{3}\ln\frac{|x-1|}{\sqrt{x^2+x+1}}+\frac{1}{\sqrt{3}}\arctan\frac{2x+1}{\sqrt{3}}+C$；

(8) $\frac{1}{4}\ln\left|\frac{x-1}{x+1}\right|-\frac{1}{2}\arctan x+C$；　(9) $\ln\left|\frac{x-1}{x+2}\right|+\frac{1}{x-1}+C$；

(10) $\frac{x^2}{2}+x+\frac{1}{3}\arctan\frac{x+1}{3}+C$；　(11) $x+3\ln|x-2|-\frac{2}{x-2}+C$；

(12) $x-\frac{3}{2}\arctan x+\frac{x}{2(1+x^2)}+C$；　(13) $\frac{1}{4}\left(\ln\left|2+\tan\frac{x}{2}\right|-\ln\left|2-\tan\frac{x}{2}\right|\right)+C$；

(14) $\sin x-\frac{2}{3}\sin^3x+\frac{1}{5}\sin^5x+C$；　(15) $\frac{1}{3}\sin^3x-\frac{1}{5}\sin^5x+C$.

2. (1) $\frac{x}{2}\sqrt{2x^2+9}+\frac{9\sqrt{2}}{4}\ln|\sqrt{2}x+\sqrt{2x^2+9}|+C$；

(2) $\frac{1}{4}x(x^2-1)\sqrt{x^2-2}-\frac{1}{2}\ln|x+\sqrt{x^2-2}|+C$；

(3) $\frac{1}{2}x\sqrt{4x^2+9}-\frac{9}{4}\ln|2x+\sqrt{4x^2+9}|+C$；

(4) $\ln|x-2+\sqrt{x^2-4x+5}|+C$；

(5) $-\sqrt{1+x+x^2}+\frac{1}{2}\arcsin\frac{2x-1}{\sqrt{5}}+C$；

(6) $\frac{x}{18(x^2+9)}+\frac{1}{54}\arctan\frac{x}{3}+C$；

(7) $-\frac{1}{34}e^{-x^2}(\sin 4x^2+4\cos 4x^2)+C$；

(8) $\frac{x}{8(x+2)^2}+\frac{3x}{32(x^2+2)}+\frac{3\sqrt{2}}{64}\arctan\frac{x}{\sqrt{2}}+C$；

(9) $\frac{1}{8}\cos^3 2x\cdot\sin 2x+\frac{3}{16}\cos 2x\cdot\sin 2x+\frac{3}{16}x+C$.

总习题四

一、1. A；2. C；3. B；4. B；5. B；6. D；7. D.

二、1. $\tan x+C$；　2. $2e^{\sqrt{x}}+C$；

3. $\frac{1}{2}[(1+x^2)\ln(1+x^2)-x^2]+C$；　4. $\frac{1}{x}+C$；

5. $\frac{1}{3}f^3(x)+C$; 6. $F(\ln x)+C$;

7. $\arcsin\ln x+C$; 8. $\frac{1}{4}f^2(x^2)+C$;

9. $\frac{2}{\sqrt{1-4x^2}}$; 10. $\ln|x+\cos x|+C$;

11. $2x(1+x)e^{2x}$; 12. $(x+1)e^{-x}+C$;

13. $-\frac{1}{3}\sqrt{1-x^3}+C$; 14. $\frac{1}{2}\ln x+C$;

15. $\frac{1}{2x^2}\cos^2 x+C$.

三、1. (1) $\frac{2}{3}x\sqrt{x}+\frac{6}{5}\sqrt[6]{x^5}+C$; (2) $-\frac{1}{5\sin^{-5}x}+C$;

(3) $-\frac{1}{4(1+x^2)^2}+C$; (4) e^x+x+C;

(5) $\frac{1}{3}\arcsin^3 x+C$; (6) $\ln|x+\sin x|+C$;

(7) $\frac{1}{2}\arctan e^x+C$; (8) $\frac{1}{2}\sec x\tan x-\frac{1}{2}\ln|\sec x+\tan x|+C$;

(9) $\ln|1+\tan x|+C$; (10) $\ln|x+2\sqrt{x}+5|-\arctan\frac{\sqrt{x}+1}{2}+C$;

(11) $2\arctan\sqrt{1+x}+C$; (12) $-2\cos\sqrt{x}+C$;

(13) $-\frac{1}{4}\sin(1-2x^2)+C$; (14) $e^x\arctan e^x-\frac{1}{2}\ln|1+e^{2x}|+C$;

(15) $\frac{1}{4}x^2+\frac{1}{4}x\sin 2x+\frac{1}{8}\cos 2x+C$; (16) $\frac{1}{5}e^x(\cos 2x+2\sin 2x)+C$;

(17) $\frac{1}{4}(\arcsin x)^2+\frac{1}{2}x\sqrt{1-x^2}\arcsin x+\frac{1}{8}(1-2x^2)+C$;

(18) $\frac{1}{12}\ln\left|\frac{x+1}{x-2}\right|+C$; (19) $2\ln|x-1|+\frac{1}{x-1}+C$;

(20) $\ln x-\ln(\sqrt{1+x^2}+1)+C$; (21) $\frac{1}{8}\left[\ln(x^8+1)+\frac{1}{x^8+1}\right]+C$;

(22) $\frac{1}{4}\ln\left|\frac{2-\cos x}{2+\cos x}\right|+C$; (23) $\frac{\sqrt{3}}{3}\arctan\left(\frac{\sqrt{3}}{3}\tan x\right)+C$;

(24) $\ln|2+\sin 2x|+C$.

四、1. x^3-2x+2.

第五章

习题 5-1

1. (1) 4; (2) $\frac{9}{2}\pi$; (3) 0.

2. (1) $-\frac{1}{3}$; (2) $x^2-\frac{2}{3}$.

3. (1) $\int_0^1 (x^2+1)\,dx$; (2) $\int_1^e \ln x\,dx$;

(3) $\int_0^2 x\,dx-\int_0^1 (x-x^2)\,dx$; (4) $\int_0^1 2\sqrt{x}\,dx+\int_1^4 (\sqrt{x}-x+2)\,dx$.

4. (1) >; (2) <; (3) >; (4) >.

5. (1) $\frac{1}{2}<\int_0^1 \frac{1}{1+x^2}dx\leqslant 1$; (2) $\frac{\pi}{2}<\int_0^{\frac{\pi}{2}} (1+\cos^4 x)\,dx\leqslant \pi$.

6. 略

7. $A=\int_c^d \phi(y)\,dy$.

习题 5-2

1. (1) $f'(x)=e^{-x^2}$; (2) $\tan x^2$; (3) $(\arctan x)^2$; (4) xe^{x^2}.

2. $g(3)=-\frac{1}{4}$.

3. $f(e)=1$.

4. $f'(0)=\frac{\pi}{2}$.

5. $\frac{dy}{dx}=\frac{-\cos x^2}{e^{-y^2}}$.

6. (1) 1; (2) $\frac{1}{3}$; (3) 0; (4) 1;

(5) 1; (6) $\frac{2}{3}$; (7) 1.

7. (1) $\frac{\pi}{3}$; (2) $4\sqrt{2}+\frac{37}{4}$; (3) $\frac{1}{\ln 2}+\frac{1}{3}$; (4) $\frac{29}{6}$;

(5) 1; (6) $\frac{\pi}{8}+\frac{1}{2}$; (7) $\frac{\pi}{4}$; (8) $\frac{4}{5}(4\sqrt{2}-1)$.

8. (1) $1+\frac{3}{8}\pi^2$; (2) $e+\frac{1}{3}$; (3) $\frac{8}{3}$; (4) 5;

(5) $4-e^{-2}$.

9. $c=-\frac{a+b}{2}$.

习题 5-3

1. (1) $\frac{38}{15}$; (2) $2\arctan 2-\frac{\pi}{2}$; (3) $\frac{3}{2}$; (4) $\frac{1}{4}$;

(5) $4-2\ln 3$; (6) $\frac{7}{3}$; (7) $\frac{\pi}{4}$; (8) $\frac{\pi}{2}$;

(9) $\ln 2$; (10) $\frac{\pi}{16}$; (11) $\frac{\pi}{6}-2+\sqrt{3}$; (12) $\frac{1}{10}\left(3+\frac{1}{3^6}\right)$.

2. (1) $8\ln 2-4$; (2) 1; (3) $\frac{1}{4}e^2+\frac{1}{4}$; (4) $-\frac{1}{2}$;

(5) $\frac{\pi}{4}-\frac{1}{2}\ln 2$; (6) $\frac{\pi^2}{4}-2$; (7) $\frac{\sqrt{3}}{3}\pi-\ln 2$; (8) $\frac{e}{2}-1$.

3. 略

4. (1) $1-\frac{1}{2}\sin 2$; (2) 2; (3) $\frac{3}{2}\ln 3-\ln 2-1$; (4) $\frac{5\pi}{32}$;

(5) $\frac{\pi}{8}$; (6) $\frac{8}{105}$; (7) $\frac{\pi^3}{96}$; (8) 2.

习题 5-4

1. (1) $\frac{3}{2}-\ln 2$; (2) e^2-1; (3) $\frac{1}{3}$; (4) $\frac{4}{3}$;

(5) 1; (6) $\frac{40}{3}$.

2. $\frac{4}{3}$.

3. $\frac{2\sqrt{2}}{3}$.

总习题五

一、1. C; 2. B; 3. D; 4. A; 5. D; 6. D; 7. A.

二、1. $1-\frac{\pi}{4}$；　2. $\frac{1}{200}$；　3. e；　4. 0；

5. 2；　6. $\frac{\pi}{8}$；　7. $\tan x$；　8. 0；

9. 0；　10. $\frac{1}{2}\pi$.

三、1.（1）$1-\ln(2e+1)+\ln 3$；　（2）$1-\ln(4-e)+\ln 3$；

（3）$\frac{1}{2}\ln 2$；　（4）$\frac{3}{8}$；

（5）$2(2-\ln 3)$；　（6）$\ln\frac{1}{3}(2+\sqrt{2})$；

（7）$\frac{\pi}{3\sqrt{3}}$；　（8）$\frac{17}{72}\pi^2-\frac{\sqrt{3}}{6}\pi-1$；

（9）$\frac{3}{2}+\ln 13-2\ln 2$；　（10）$-\frac{\pi}{12}$；

（11）$\frac{\pi^2}{6}-\frac{\pi}{4}$；　（12）$\frac{3}{5}(e^{\pi}-1)$；　（13）$2(\sqrt{2}-1)$；　（14）$2\left(1-\frac{1}{e}\right)$；

（15）2；　（16）$-\frac{2}{5}$；　（17）$\frac{3}{8}\pi$；　（18）2；

（19）ln3　（20）$\frac{4}{3}\pi-\sqrt{3}$.

三、1. 驻点 $x_0=0$，$x_{1,2}=\pm 1$.

2. 略.

3. 略.

4. e.

5. 略.

6. $6x\sin x^2+4x^3\cos x^2$.

7. 略.

8. $\frac{\pi^2}{4}$.

9. $-4t^4$.

10. 略.

11. $\frac{16}{3}$.

第六章

习题 6-1

1. $h=\dfrac{3V}{\pi r^2}(V>0,\ r>0)$.

2. (1) $\dfrac{5}{2}$、-2；　　(2) $(2x-y+\Delta x)\Delta x$；$(2y-x+\Delta y)\Delta y$.

3. 略.

4. (1) $\{(x,\ y)|4x^2-y^2\geqslant 1\}$；　　(2) $\{(x,\ y)|4x-y^2<8\}$；

(3) $\{(x,\ y)|-|a|\leqslant x\leqslant |a|,\ x>y\}$；

(4) $\{(x,\ y)|y>x,\ x\geqslant 0,\ x^2+y^2<1\}$；

(5) $\{(x,\ y)|y-x>1,\ x>0$ 或 $0<y-x<1,\ x<0\}$；

(6) $\{(x,\ y)|1\leqslant x^2+y^2<4\}$.

5. (1) 1；　(2) 0；　(3) $\dfrac{1}{2}$；　(4) 2；　(5) 0.

习题 6-2

1. (1) $f'_x(1,\ \mathrm{e})=\dfrac{1}{2}$；$f'_y(1,\ \mathrm{e})=\dfrac{1}{2\mathrm{e}}$；

(2) $\left.\dfrac{\partial z}{\partial x}\right|_{(0,\ \frac{\pi}{4})}=-1$，$\left.\dfrac{\partial z}{\partial x}\right|_{(0,\ \frac{\pi}{4})}=0$，$\left.\dfrac{\partial^2 z}{\partial x^2}\right|_{(0,\ \frac{\pi}{4})}=0$，$\left.\dfrac{\partial^2 z}{\partial x\partial y}\right|_{(0,\ \frac{\pi}{4})}=-2$，$\left.\dfrac{\partial^2 z}{\partial x^2}\right|_{(0,\ \frac{\pi}{4})}=-4$；

(3) $f''_{xx}(0,\ 0,\ 1)=2$；$f''_{xz}(1,\ 0,\ 2)=2$；$f''_{yz}(0,\ -1,\ 0)=0$；$f''_{zzx}(2,\ 0,\ 1)=0$；

(4) $z_x|_{(1,\ 2)}=4$；$z_y|_{(1,\ 2)}=-23$；　　(5) 1.

2. (1) $\dfrac{\partial z}{\partial x}=3x^2\sin y-y^2$，$\dfrac{\partial z}{\partial y}=x^3\cos y-2xy$；

(2) $\dfrac{\partial z}{\partial x}=\dfrac{\mathrm{e}^y}{y^2}$，$\dfrac{\partial z}{\partial y}=\dfrac{x(y-2)\mathrm{e}^y}{y^3}$；

(3) $\dfrac{\partial z}{\partial x}=(a^2+y)x\ln(a^2+y)$，$\dfrac{\partial z}{\partial y}=x(a^2+y)x-1$；

(4) $\dfrac{\partial z}{\partial x}=\dfrac{y^2}{|y|(x^2+y^2)}$，$\dfrac{\partial z}{\partial y}=\dfrac{-xy}{|y|(x^2+y^2)}$；

(5) $\dfrac{\partial u}{\partial x}=\dfrac{1}{1+x+y^2+z^3}$，$\dfrac{\partial u}{\partial y}=\dfrac{2y}{1+x+y^2+z^3}$，$\dfrac{\partial u}{\partial z}=\dfrac{3z^2}{1+x+y^2+z^3}$；

(6) $\frac{\partial u}{\partial x}=\frac{z(x-y)^{z-1}}{1+(x-y)^{2z}}$, $\frac{\partial u}{\partial y}=-\frac{z(x-y)^{z-1}}{1+(x-y)^{2z}}$, $\frac{\partial u}{\partial z}=\frac{(x-y)^{z}\ln(x-y)}{1+(x-y)^{2z}}$.

3. (1) $\frac{\partial^2 z}{\partial x^2}=12x^2+2y$, $\frac{\partial^2 z}{\partial y^2}=-12y$, $\frac{\partial^2 z}{\partial x\partial y}=\frac{\partial^2 z}{\partial y\partial x}=2x$;

(2) $\frac{\partial^2 z}{\partial x^2}=y^x(\ln y)^2$, $\frac{\partial^2 z}{\partial y^2}=x(x-1)y^{x-2}$, $\frac{\partial^2 z}{\partial x\partial y}=\frac{\partial^2 z}{\partial y\partial x}=y^{x-1}(1+x\ln y)$;

(3) $\frac{\partial^2 z}{\partial x^2}=\frac{4y}{(x-y)^3}$, $\frac{\partial^2 z}{\partial y^2}=\frac{4x}{(x-y)^3}$, $\frac{\partial^2 z}{\partial x\partial y}=\frac{\partial^2 z}{\partial y\partial x}=\frac{-2(x+y)}{(x-y)^3}$;

(4) $\frac{\partial^2 z}{\partial x^2}=\frac{\partial^2 z}{\partial y^2}=-\sin(x-y)-\cos(x+y)$, $\frac{\partial^2 z}{\partial x\partial y}=\frac{\partial^2 z}{\partial y\partial x}=\sin(x-y)-\cos(x+y)$.

4. $\alpha=\frac{\pi}{4}$.

5—8. 略.

习题 6-3

1. $\Delta z\approx 0.1624$, $dz=0.16$.

2. $\Delta p\approx 0.17588k$, $dp=0.175k$.

3. $dz=\frac{1}{3}(dx+2dy)$.

4. $dz=-0.6dx+2.1dy$.

5. $dz=0.25e$.

6. (1) $dz=\left(y+\frac{1}{y}\right)dx+\left(x-\frac{x}{y^2}\right)dy$;

(2) $dz=\left(2xy-ye^{xy}+\frac{1}{x+y}\right)dx+\left(x^2-xe^{xy}+\frac{1}{x+y}\right)dy$;

(3) $dz=\frac{-xy\,dx+x^2dy}{(x^2+y^2)^{\frac{3}{2}}}$;

(4) $dz=\frac{y\,dx-x\,dy}{y\sqrt{y^2-x^2}}$;

(5) $dz=\frac{2}{x^2+y^2+z^2}(x\,dx+y\,dy+z\,dz)$;

(6) $dz=\frac{z}{x}\left(\frac{x}{y}\right)^z dx-\frac{z}{y}\left(\frac{x}{y}\right)^z dy+\left(\frac{x}{y}\right)^z\ln\frac{x}{y}dz$;

(7) $dz=2xye^{2+x^2y}dx+x^2e^{2+x^2y}dy$.

习题 6-4

1. $\frac{dz}{dx}=\frac{1}{(1+2x^2)\sqrt{x^2+1}}$.

2. $\frac{dz}{dx}=e^x(x+\sin x+\cos x+1)$.

3. (1) $\frac{dz}{dt}=\frac{3(1-4t^2)}{\sqrt{1-(3t-4t^3)^2}}$;　　(2) $\frac{dz}{dt}=e^t(\cos t-\sin t)+\cos t$.

4. $\frac{\partial z}{\partial x}=\frac{2x}{y^2}\ln(3x-2y)+\frac{3x^2}{(3x-2y)y^2}$, $\frac{\partial z}{\partial y}=-\frac{2x^2}{y^3}\ln(3x-2y)-\frac{2x^2}{(3x-2y)y^2}$.

5. $\frac{\partial z}{\partial x}=(x^2+y^2)^{xy}\left[\frac{2x^2y}{x^2+y^2}+y\ln(x^2+y^2)\right]$,

$\frac{\partial z}{\partial y}=(x^2+y^2)^{xy}\left[\frac{2xy^2}{x^2+y^2}+x\ln(x^2+y^2)\right]$.

6. $\frac{\partial z}{\partial x}=e^{xy}[y\sin(x+y)+\cos(x+y)]$, $\frac{\partial z}{\partial y}=e^{xy}[x\sin(x+y)+\cos(x+y)]$.

7. $\frac{\partial u}{\partial x}=2x(1+2x^2\sin^2 y)e^{x^2+y^2+z^2}$, $\frac{\partial u}{\partial y}=(2y+x^4\sin 2y)e^{x^2+y^2+z^2}$.

8. $\frac{\partial z}{\partial x}=2\frac{\partial f}{\partial u}+\frac{1}{y}\frac{\partial f}{\partial v}$, $\frac{\partial z}{\partial y}=-\frac{x}{y^2}\frac{\partial f}{\partial v}$, 其中 $u=2x$, $v=\frac{x}{y}$.

9. $\frac{\partial z}{\partial x}=\frac{\partial f}{\partial x}+\cos y\frac{\partial f}{\partial u}$, $\frac{\partial z}{\partial y}=-x\sin y\frac{\partial f}{\partial u}$, 其中 $u=x\cos y$.

10-12. 略

13. $\frac{dz}{dt}=e^{\sin t-2t^3}(\cos t-6t^2)$.

14. (1) $\frac{dy}{dx}=\frac{e^{x+y}}{1-e^{x+y}}$;　　(2) $\frac{dy}{dx}=\frac{x+y}{x-y}$;

(3) $\frac{\partial z}{\partial x}=\frac{2-x}{z+1}$, $\frac{\partial z}{\partial y}=\frac{2y}{z+1}$;　　(4) $\frac{\partial z}{\partial x}=\frac{\sqrt{xyz}-yz}{xy-\sqrt{xyz}}$, $\frac{\partial z}{\partial y}=\frac{2\sqrt{xyz}-xz}{xy-\sqrt{xyz}}$;

(5) x;　　(6) x;　　(7) $\frac{dy}{dx}=\frac{y^2-e^x}{\cos y-2xy}$.

15. 略.

习题 6-5

1. $\frac{x-\frac{1}{2}}{1}=\frac{y+\ln 2}{2}=\frac{z-\frac{1}{4}}{1}$, $\left(x-\frac{1}{2}\right)+2(y+\ln 2)+z-\frac{1}{4}=0$.

2. $\frac{\sqrt{2}x-a}{-a}=\frac{\sqrt{2}y-a}{a}=\frac{4z-\pi b}{4b}$，$2\sqrt{2}a(x-y)-b(4z-\pi b)=0$.

3. $\frac{x-1}{2}=\frac{y}{-1}=\frac{z-3}{6}$，$2x-y+6z-20=0$.

4. $x+2y+3z-14=0$，$\frac{x-1}{1}=\frac{y-2}{2}=\frac{z-3}{3}$.

5. $3x+2y-3z+16=0$，$\frac{x+1}{-3}=\frac{y+2}{-2}=\frac{z-3}{3}$.

6. $2x+4y-z=5$，$\frac{x-1}{2}=\frac{y-2}{4}=\frac{z-5}{-1}$.

7. $x+y-z=\pm 9$.

8. $v=\frac{9}{2}a^3$.

习题 6-6

1. $-\frac{\sqrt{2}}{2}$.

2. -3.

3. $-\frac{2}{3}$.

4. $7\boldsymbol{i}+11\boldsymbol{j}$.

5. $-5\boldsymbol{j}+2\boldsymbol{k}$.

习题 6-7

1. (1)极小值-1；(2)极大值 30；　(3)极大值$\frac{15}{2}$.

2. 极大值 $z\left(\frac{1}{2},\frac{1}{2}\right)=\frac{1}{4}$.

3. 长$\sqrt[3]{2}$ m、宽$\sqrt[3]{2}$ m，高$\sqrt[3]{2}$ m.

4. $v=\frac{\sqrt{6}}{36}a^3$.

5. 长 $\sqrt[3]{2k}$，宽 $\sqrt[3]{2k}$，高$\frac{1}{2}\sqrt[3]{2k}$.

6. 长 $2\sqrt{10}$ m，宽 $3\sqrt{10}$ m.

7. 半径为 r，正方形边长为 x，三角形边长为 y，

$$r=\frac{l}{2(\pi+4+3\sqrt{3})},\ x=\frac{l}{\pi+4+3\sqrt{3}},\ y=\frac{\sqrt{3}l}{\pi+4+3\sqrt{3}}.$$

8. $\sqrt{3}$.

总习题六

一、1. C；2. D；3. C；4. C；5. C；6. B.

二、1. $\frac{x+y-1}{y-x}$.　　2. $\frac{2x\mathrm{d}x}{x^2+y^2+z^2}+\frac{2y\mathrm{d}y}{x^2+y^2+z^2}+\frac{2z\mathrm{d}z}{x^2+y^2+z^2}$.

3. $\frac{\partial f}{\partial u}\frac{\partial u}{\partial y}+\frac{\partial f}{\partial v}\frac{\partial v}{\partial y}+\frac{\partial f}{\partial y}$.　　4. $(1, -2)$.

三、1. (1) $\frac{\partial z}{\partial x}=\frac{1}{1+(xy)^2}y$；$\frac{\partial z}{\partial x}=\frac{1}{1+(xy)^2}x$；

(2) $\frac{\partial z}{\partial x}=yx^{y-1}\sin xy+x^y y\cos xy$；$\frac{\partial z}{\partial y}=x^y\ln x\sin xy+x^{y+1}\cos xy$；

(3) $\frac{\partial z}{\partial x}=y\ (a^2+x)^{y-1}$；$\frac{\partial z}{\partial y}=(a^2+x)^y\ln(a^2+x)$；

(4) $\frac{\partial z}{\partial x}=\cos(x-y)+\sec^2(x-y)$；$\frac{\partial z}{\partial y}=-\cos(x-y)-\sec^2(x-y)$；

(5) $\frac{\partial z}{\partial x}=y\mathrm{e}^{xy}\sin(x+y)+\mathrm{e}^{xy}\cos(x+y)$；$\frac{\partial z}{\partial y}=x\mathrm{e}^{xy}\sin(x+y)+\mathrm{e}^{xy}\cos(x+y)$；

(6) $\frac{\partial z}{\partial x}=\frac{1-yz\mathrm{e}^{xyz}}{xy\mathrm{e}^{xyz}-1}$；$\frac{\partial z}{\partial y}=\frac{1-xz\mathrm{e}^{xyz}}{xy\mathrm{e}^{xyz}-1}$.

2. (1) $(0, 0)$是极大值点，极大值为4；

(2) $(2, -2)$是极大值点，极大值为8；

(3) $(1, 0)$是极小值点，极小值为-5，$(-3, 2)$是极大值点，极大值为31.

3. 切平面方程：$x+2y=4$；法线方程：$\begin{cases}\frac{x-2}{1}=\frac{y-1}{2}\\ z=0\end{cases}$.

4. 极大值$f(1, 2)=5$，极小值$f(-1, -2)=-5$.

5. 长、宽、高分别为$\frac{2a}{\sqrt{3}}$、$\frac{2b}{\sqrt{3}}$、$\frac{2c}{\sqrt{3}}$时体积最大，$V=\frac{8\sqrt{3}}{9}abc$.

四、略.

第七章

习题 7-1

1. (1) C; (2) A; (3) D.

2. $V=\iint\limits_D \sqrt{a^2-x^2-y^2}\,\mathrm{d}\sigma$, $D=\{(x,y)\mid x^2+y^2\leqslant a^2\}$.

3. (1) ≤ (2) ≤.

4. $14\leqslant I\leqslant 28$.

习题 7-2

1. (1) $\frac{9}{4}$; (2) $\frac{20}{3}$; (3) 0; (4) $\frac{1}{12}$; (5) $\frac{33}{140}$.

2. (1)
$$\int_1^3 \mathrm{d}x\int_x^{3x} f(x,y)\,\mathrm{d}y$$
或
$$\int_1^3 \mathrm{d}y\int_1^{y} f(x,y)\,\mathrm{d}x+\int_3^9 \mathrm{d}y\int_{\frac{y}{3}}^{3} f(x,y)\,\mathrm{d}x;$$
(2)
$$\int_0^1 \mathrm{d}x\int_{x-1}^{1-x} f(x,y)\,\mathrm{d}y$$
或
$$\int_{-1}^0 \mathrm{d}y\int_0^{1+y} f(x,y)\,\mathrm{d}x+\int_0^1 \mathrm{d}y\int_0^{1-y} f(x,y)\,\mathrm{d}x;$$
(3)
$$\int_0^1 \mathrm{d}x\int_{\frac{x}{2}}^{2x} f(x,y)\,\mathrm{d}y+\int_1^2 \mathrm{d}x\int_{\frac{x}{2}}^{\frac{2}{x}} f(x,y)\,\mathrm{d}y$$
或
$$\int_0^1 \mathrm{d}y\int_{\frac{y}{2}}^{2y} f(x,y)\,\mathrm{d}x+\int_1^2 \mathrm{d}y\int_{\frac{y}{2}}^{\frac{2}{y}} f(x,y)\,\mathrm{d}x.$$

3. (1) $\int_0^4 \mathrm{d}x\int_{\frac{x}{2}}^{\sqrt{x}} f(x,y)\,\mathrm{d}y$; (2) $\int_0^1 \mathrm{d}y\int_{\mathrm{e}^y}^{\mathrm{e}} f(x,y)\,\mathrm{d}x$;

(3) $\int_1^2 \mathrm{d}x\int_x^{2x} f(x,y)\,\mathrm{d}y$ (4) $\int_0^1 \mathrm{d}y\int_{1-\sqrt{1-y^2}}^{2-y} f(x,y)\,\mathrm{d}x$.

4. (1) $\frac{\pi}{4}(2\ln 2-1)$ (2) $\pi(1-\mathrm{e}^{-1})$.

总习题七

一、1. A; 2. B; 3. D; 4. A; 5. B.

二、1. 2; 2. $\int_0^1 \mathrm{d}y\int_y^{2-y} f(x,y)\,\mathrm{d}x$;

3. 1; 4. $\int_0^{\pi} \mathrm{d}\theta\int_0^{a} r^3\cos^2\theta\,\mathrm{d}r$;

5. $\frac{1}{2}$.

三、1. (1) $\int_0^1 dy \int_{\sqrt{y}}^{\sqrt[3]{y}} f(x, y) dx$;

(2) $\int_1^2 dx \int_{\sqrt{x}}^{x} f(x, y) dy + \int_2^4 dx \int_{\sqrt{x}}^{2} f(x, y) dy$;

(3) $\int_0^1 dy \int_{e^y}^{e} f(x, y) dx$.

2. (1) $\int_0^{\pi} d\theta \int_0^{a\sin\theta} f(r\cos\theta, r\sin\theta) r dr$;

(2) $\int_0^{\frac{\pi}{2}} d\theta \int_{2\cos\theta}^{4\cos\theta} f(r\cos\theta, r\sin\theta) r dr$;

(3) $\int_0^{\frac{\pi}{2}} d\theta \int_0^{2a\cos\theta} f(r\cos\theta, r\sin\theta) r dr$.

3. (1) $\frac{1}{2}(e-1)$; (2) $1-\cos 1$; (3) $-\frac{27}{8}$; (4) $\frac{3}{8}e-\frac{1}{2}e^{\frac{1}{2}}$.

四、1. $\frac{3\pi}{2}$.

2. $\frac{7}{2}$.

附录　积分表

(一) 含有 $ax+b$ 的积分

1. $\int \frac{\mathrm{d}x}{ax+b} = \frac{1}{a}\ln|ax+b| + C$；

2. $\int (ax+b)\mu \mathrm{d}x = \frac{1}{a(\mu+1)}(ax+b)^{\mu+1} + C \quad (\mu \neq -1)$；

3. $\int \frac{x}{ax+b}\mathrm{d}x = \frac{1}{a^2}(ax+b-b\ln|ax+b|) + C$；

4. $\int \frac{x^2}{ax+b}\mathrm{d}x = \frac{1}{a^3}\left[\frac{1}{2}(ax+b)^2 - 2b(ax+b) + b^2\ln|ax+b|\right] + C$；

5. $\int \frac{\mathrm{d}x}{x(ax+b)} = -\frac{1}{b}\ln\left|\frac{ax+b}{x}\right| + C$；

6. $\int \frac{\mathrm{d}x}{x^2(ax+b)} = -\frac{1}{b}x + \frac{a}{b^2}\ln\left|\frac{ax+b}{x}\right| + C$；

7. $\int \frac{x}{(ax+b)^2}\mathrm{d}x = \frac{1}{a^2}\left(\ln|ax+b| + \frac{b}{ax+b}\right) + C$；

8. $\int \frac{x^2\mathrm{d}x}{(ax+b)^2} = \frac{1}{a^3}\left(ax+b-2b\ln|ax+b| - \frac{b^2}{ax+b}\right) + C$；

9. $\int \frac{\mathrm{d}x}{x(ax+b)^2} = \frac{1}{b(ax+b)} - \frac{1}{b^2}\ln\left|\frac{ax+b}{x}\right| + C$.

(二) 含有 $\sqrt{ax+b}$ 的积分

10. $\int \sqrt{ax+b}\,\mathrm{d}x = \frac{2}{3a}\sqrt{(ax+b)^3} + C$；

11. $\int x\sqrt{ax+b}\,\mathrm{d}x = \frac{2}{15a^2}(3ax-2b)\sqrt{(ax+b)^3} + C$；

12. $\int x^2\sqrt{ax+b}\,dx=\frac{2}{105a^3}(15a^2x^2-12abx+8b^2)\sqrt{(ax+b)^3}+C$；

13. $\int\frac{x}{\sqrt{ax+b}}dx=\frac{2}{3a^2}(ax-2b)\sqrt{ax+b}+C$；

14. $\int\frac{x^2}{\sqrt{ax+b}}dx=\frac{2}{15a^3}(3a^2x^2-4abx+8b^2)\sqrt{ax+b}+C$；

15. $\int\frac{dx}{x\sqrt{ax+b}}=\begin{cases}\frac{1}{\sqrt{b}}\ln\left|\frac{\sqrt{ax+b}-\sqrt{b}}{\sqrt{ax+b}+\sqrt{b}}\right|+C & (b>0)\\ \frac{2}{\sqrt{-b}}\arctan\sqrt{\frac{ax+b}{-b}}+C & (b<0)\end{cases}$；

16. $\int\frac{dx}{x^2\sqrt{ax+b}}=-\frac{\sqrt{ax+b}}{bx}-\frac{a}{2b}\int\frac{dx}{x\sqrt{ax+b}}$；

17. $\int\frac{\sqrt{ax+b}}{x}dx=2\sqrt{ax+b}+b\int\frac{dx}{x\sqrt{ax+b}}$；

18. $\int\frac{\sqrt{ax+b}}{x^2}dx=-\frac{\sqrt{ax+b}}{x}+\frac{a}{2}\int\frac{dx}{x\sqrt{ax+b}}$.

(三)含有 $x^2\pm a^2$ 的积分

19. $\int\frac{dx}{x^2+a^2}=\frac{1}{a}\arctan\frac{x}{a}+C$；

20. $\int\frac{dx}{(x^2+a^2)^n}=\frac{x}{2(n-1)a^2(x^2+a^2)^{n-1}}+\frac{2n-3}{2(n-1)a^2}\int\frac{dx}{(x^2+a^2)^{n-1}}$；

21. $\int\frac{dx}{x^2-a^2}=\frac{1}{2a}\ln\left|\frac{x-a}{x+a}\right|+C$.

(四)含有 $ax^2+b(a>0)$ 的积分

22. $\int\frac{dx}{ax^2+b}=\begin{cases}\frac{1}{\sqrt{ab}}\arctan\sqrt{\frac{a}{b}}x+C & (b>0)\\ \frac{1}{2\sqrt{-ab}}\ln\left|\frac{\sqrt{a}x-\sqrt{-b}}{\sqrt{a}x+\sqrt{-b}}\right|+C & (b<0)\end{cases}$；

23. $\int\frac{x}{ax^2+b}dx=\frac{1}{2a}\ln|ax^2+b|+C$；

24. $\int \frac{x^2}{ax^2+b}\mathrm{d}x = \frac{x}{a} - \frac{b}{a}\int \frac{\mathrm{d}x}{ax^2+b}$；

25. $\int \frac{\mathrm{d}x}{x(ax^2+b)} = \frac{1}{2b}\ln \frac{x^2}{|ax^2+b|} + C$；

26. $\int \frac{\mathrm{d}x}{x^2(ax^2+b)} = -\frac{1}{bx} - \frac{a}{b}\int \frac{\mathrm{d}x}{ax^2+b}$；

27. $\int \frac{\mathrm{d}x}{(ax^2+b)^2} = \frac{x}{2b(ax^2+b)} + \frac{1}{2b}\int \frac{\mathrm{d}x}{ax^2+b}$.

(五)含有 $ax^2+bx+c(a>0)$ 的积分

28. $\int \frac{x}{ax^2+bx+c}\mathrm{d}x = \frac{1}{2a}\ln|ax^2+bx+c| - \frac{b}{2a}\int \frac{\mathrm{d}x}{ax^2+bx+c}$；

29. $\int \frac{\mathrm{d}x}{ax^2+bx+c} = \begin{cases} \frac{2}{\sqrt{4ac-b^2}}\arctan \frac{2ax+b}{\sqrt{4ac-b^2}} + C & (b^2<4ac) \\ \frac{1}{\sqrt{b^2-4ac}}\ln \frac{2ax+b-\sqrt{b^2-4ac}}{2ax+b+\sqrt{b^2-4ac}} + C & (b^2>4ac) \end{cases}$.

(六)含有 $\sqrt{x^2+a^2}\ (a>0)$ 的积分

30. $\int \frac{\mathrm{d}x}{\sqrt{x^2+a^2}} = \ln(x+\sqrt{x^2+a^2}) + C$；

31. $\int \frac{\mathrm{d}x}{\sqrt{(x^2+a^2)^3}} = \frac{x}{a^2\sqrt{x^2+a^2}} + C$；

32. $\int \frac{x}{\sqrt{x^2+a^2}}\mathrm{d}x = \sqrt{x^2+a^2} + C$；

33. $\int \frac{x}{\sqrt{(x^2+a^2)^3}}\mathrm{d}x = -\frac{1}{\sqrt{x^2+a^2}} + C$；

34. $\int \frac{x^2}{\sqrt{x^2+a^2}}\mathrm{d}x = \frac{x}{2}\sqrt{x^2+a^2} - \frac{a^2}{2}\ln(x+\sqrt{x^2+a^2}) + C$；

35. $\int \frac{x^2}{\sqrt{(x^2+a^2)^3}}\mathrm{d}x = -\frac{x}{\sqrt{x^2+a^2}} + \ln(x+\sqrt{x^2+a^2}) + C$；

36. $\int \frac{\mathrm{d}x}{x\sqrt{x^2+a^2}} = \frac{1}{a}\ln \frac{\sqrt{x^2+a^2}-a}{|x|} + C$；

37. $\int \frac{dx}{x^2\sqrt{x^2+a^2}} = -\frac{\sqrt{x^2+a^2}}{a^2x} + C$；

38. $\int \sqrt{x^2+a^2}\,dx = \frac{x}{2}\sqrt{x^2+a^2} + \frac{a^2}{2}\ln(x+\sqrt{x^2+a^2}) + C$；

39. $\int \sqrt{(x^2+a^2)^3}\,dx = \frac{x}{8}(2x^2+5a^2)\sqrt{x^2+a^2} + \frac{3a^4}{8}\ln(x+\sqrt{x^2+a^2}) + C$；

40. $\int x\sqrt{x^2+a^2}\,dx = \frac{1}{3}\sqrt{(x^2+a^2)^3} + C$；

41. $\int x^2\sqrt{(x^2+a^2)}\,dx = \frac{x}{8}(2x^2+a^2)\sqrt{x^2+a^2} - \frac{a^4}{8}\ln(x+\sqrt{x^2+a^2}) + C$；

42. $\int \frac{\sqrt{x^2+a^2}}{x}dx = \sqrt{x^2+a^2} + a\ln\frac{\sqrt{x^2+a^2}}{|x|} - a + C$；

43. $\int \frac{\sqrt{x^2+a^2}}{x^2}dx = -\frac{\sqrt{x^2+a^2}}{x} + \ln(x+\sqrt{x^2+a^2}) + C$.

(七)含有 $\sqrt{x^2-a^2}$ $(a>0)$ 的积分

44. $\int \frac{dx}{\sqrt{x^2-a^2}} = \ln\left|x+\sqrt{x^2-a^2}\right| + C$；

45. $\int \frac{dx}{\sqrt{(x^2-a^2)^3}} = -\frac{x}{a^2\sqrt{x^2-a^2}} + C$；

46. $\int \frac{x}{\sqrt{x^2-a^2}}dx = \sqrt{x^2-a^2} + C$

47. $\int \frac{x}{\sqrt{(x^2-a^2)^3}}dx = -\frac{1}{\sqrt{x^2-a^2}} + C$；

48. $\int \frac{x^2}{\sqrt{x^2-a^2}}dx = \frac{x}{2}\sqrt{x^2-a^2} + \frac{a^2}{2}\ln\left|x+\sqrt{x^2-a^2}\right| + C$；

49. $\int \frac{x^2}{\sqrt{(x^2-a^2)^3}}dx = -\frac{x}{\sqrt{x^2-a^2}} + \ln\left|x+\sqrt{x^2-a^2}\right| + C$；

50. $\int \frac{dx}{x\sqrt{x^2-a^2}} = \frac{1}{a}\arccos\frac{a}{|x|} + C$；

51. $\int \frac{dx}{x^2\sqrt{x^2-a^2}} = \frac{\sqrt{x^2-a^2}}{a^2x} + C$；

52. $\int\sqrt{x^2-a^2}\,dx=\frac{x}{2}\sqrt{x^2-a^2}-\frac{a^2}{2}\ln\left|x+\sqrt{x^2-a^2}\right|+C$;

53. $\int\sqrt{(x^2-a^2)^3}\,dx=\frac{x}{8}(2x^2-5a^2)\sqrt{x^2-a^2}+\frac{3}{8}a^4\ln\left|x+\sqrt{x^2-a^2}\right|+C$;

54. $\int x\sqrt{x^2-a^2}\,dx=\frac{1}{3}\sqrt{(x^2-a^2)^3}+C$;

55. $\int x^2\sqrt{x^2-a^2}\,dx=\frac{x}{8}(2x^2-a^2)\sqrt{x^2-a^2}-\frac{a^4}{8}\ln\left|x+\sqrt{x^2-a^2}\right|+C$;

56. $\int\frac{\sqrt{x^2-a^2}}{x}dx=\sqrt{x^2-a^2}-a\arccos\frac{a}{|x|}+C$;

57. $\int\frac{\sqrt{x^2-a^2}}{x^2}dx=\frac{\sqrt{x^2-a^2}}{x}+\ln\left|x+\sqrt{x^2-a^2}\right|+C$.

(八)含有 $\sqrt{a^2-x^2}$ $(a>0)$ 的积分

58. $\int\frac{dx}{\sqrt{a^2-x^2}}=\arcsin\frac{x}{a}+C$;

59. $\int\frac{dx}{\sqrt{(a^2-x^2)^3}}=\frac{x}{a^2\sqrt{a^2-x^2}}+C$;

60. $\int\frac{x}{\sqrt{a^2-x^2}}dx=-\sqrt{a^2-x^2}+C$

61. $\int\frac{x}{\sqrt{(a^2-x^2)^3}}dx=\frac{1}{\sqrt{a^2-x^2}}+C$;

62. $\int\frac{x^2}{\sqrt{a^2-x^2}}dx=-\frac{x}{2}\sqrt{a^2-x^2}+\frac{a^2}{2}\arcsin\frac{x}{a}+C$;

63. $\int\frac{x^2}{\sqrt{(a^2-x^2)^3}}dx=\frac{x}{\sqrt{a^2-x^2}}-\arcsin\frac{x}{a}+C$;

64. $\int\frac{dx}{x\sqrt{a^2-x^2}}=\frac{1}{a}\ln\frac{a-\sqrt{a^2-x^2}}{|x|}+C$;

65. $\int\frac{dx}{x^2\sqrt{a^2-x^2}}=-\frac{\sqrt{a^2-x^2}}{a^2x}+C$;

66. $\int\sqrt{a^2-x^2}\,dx=\frac{x}{2}\sqrt{a^2-x^2}+\frac{a^2}{2}\arcsin\frac{x}{a}+C$;

67. $\int\sqrt{(a^2-x^2)^3}\,dx=\frac{x}{8}(5a^2-2x^2)\sqrt{a^2-x^2}+\frac{3}{8}a^4\arcsin\frac{x}{a}+C$；

68. $\int x\sqrt{a^2-x^2}\,dx=-\frac{1}{3}\sqrt{(a^2-x^2)^3}+C$；

69. $\int x^2\sqrt{a^2-x^2}\,dx=\frac{x}{8}(2x^2-a^2)\sqrt{a^2-x^2}+\frac{a^4}{8}\arcsin\frac{x}{a}+C$；

70. $\int\frac{\sqrt{a^2-x^2}}{x}dx=\sqrt{a^2-x^2}+a\ln\frac{a-\sqrt{a^2-x^2}}{|x|}+C$；

71. $\int\frac{\sqrt{a^2-x^2}}{x^2}dx=-\frac{\sqrt{a^2-x^2}}{x}-\arcsin\frac{x}{a}+C$.

(九)含有 $\sqrt{\pm ax^2+bx+c}$ $(a>0)$ 的积分

72. $\int\frac{dx}{\sqrt{ax^2+bx+c}}=\frac{1}{\sqrt{a}}\ln\left|2ax+b+2\sqrt{a}\sqrt{ax^2+bx+c}\right|+C$；

73. $\int\sqrt{ax^2+bx+c}\,dx=\frac{2ax+b}{4a}\sqrt{ax^2+bx+c}+\frac{4ac-b^2}{8\sqrt{a^3}}\cdot\ln\left|2ax+b+\sqrt{a}\sqrt{ax^2+bx+c}\right|+C$；

74. $\int\frac{x}{\sqrt{ax^2+bx+c}}dx=\frac{1}{a}\sqrt{ax^2+bx+c}-\frac{b}{2\sqrt{a^3}}\cdot\ln\left|2ax+b+2\sqrt{a}\sqrt{ax^2+bx+c}\right|+C$；

75. $\int\frac{dx}{\sqrt{c+bx-ax^2}}=\frac{1}{\sqrt{a}}\arcsin\frac{2ax-b}{\sqrt{b^2+4ac}}+C$；

76. $\int\sqrt{c+bx-ax^2}\,dx=\frac{2ax-b}{4a}\sqrt{c+bx-ax^2}+\frac{b^2+4ac}{8\sqrt{a^3}}\arcsin\frac{2ax-b}{\sqrt{b^2+4ac}}+C$；

77. $\int\frac{x}{\sqrt{c+bx-ax^2}}dx=-\frac{1}{a}\sqrt{c+bx-ax^2}+\frac{b}{2\sqrt{a^3}}\arcsin\frac{2ax-b}{\sqrt{b^2+4ac}}+C$.

(十)含有 $\sqrt{\frac{a\pm x}{b\pm x}}$ 或 $\sqrt{(x-a)(b-x)}$ 的积分

78. $\int\sqrt{\frac{x+a}{x+b}}dx=\sqrt{(x+a)(x+b)}+(a-b)\ln(\sqrt{x+a}+\sqrt{x+b})+C$；

79. $\int\sqrt{\frac{a-x}{b-x}}dx=-\sqrt{(a-x)(b-x)}+(b-a)\ln(\sqrt{a-x}+\sqrt{b-x})+C$;

80. $\int\sqrt{\frac{b-x}{x-a}}\mathrm{d}x = \sqrt{(x-a)(b-x)} + (b-a)\arcsin\sqrt{\frac{x-a}{b-a}} + C \quad (a < b)$;

81. $\int\sqrt{\frac{x-a}{b-x}}\mathrm{d}x = -\sqrt{(x-a)(b-x)} + (b-a)\arcsin\sqrt{\frac{x-a}{b-a}} + C \quad (a < b)$;

82. $\int\frac{\mathrm{d}x}{\sqrt{(x-a)(b-x)}} = 2\arcsin x\sqrt{\frac{x-a}{b-a}} + C \quad (a < b)$.

(十一)含有三角函数的积分

83. $\int\sin x\mathrm{d}x = -\cos x + C$;

84. $\int\cos x\mathrm{d}x = \sin x + C$;

85. $\int\tan x\mathrm{d}x = -\ln|\cos x| + C$;

86. $\int\cot x\mathrm{d}x = \ln|\sin x| + C$;

87. $\int\sec x\mathrm{d}x = \ln|\sec x + \tan x| + C = \ln\left|\tan\left(\frac{\pi}{4} + \frac{x}{2}\right)\right| + C$;

88. $\int\csc x\mathrm{d}x = \ln|\csc x - \cot x| + C = \ln\left|\tan\frac{x}{2}\right| + C$;

89. $\int\sec^2 x\mathrm{d}x = \tan x + C$;

90. $\int\csc^2 x\mathrm{d}x = -\cot x + C$;

91. $\int\sec x\tan x\mathrm{d}x = \sec x + C$;

92. $\int\csc x\cot x\mathrm{d}x = -\csc x + C$;

93. $\int\sin^2 x\mathrm{d}x = \frac{x}{2} - \frac{1}{4}\sin 2x + C$;

94. $\int\cos^2 x\mathrm{d}x = \frac{x}{2} + \frac{1}{4}\sin 2x + C$;

95. $\int\sin^n x\mathrm{d}x = -\frac{1}{n}\sin^{n-1}x\cos x + \frac{n-1}{n}\int\sin^{n-2}x\mathrm{d}x$;

96. $\int\cos^n x\mathrm{d}x = \frac{1}{n}\cos^{n-1}x\sin x + \frac{n-1}{n}\int\cos^{n-2}x\mathrm{d}x$;

97. $\int \frac{dx}{\sin^n x} = -\frac{1}{n-1} \frac{\cos x}{\sin^{n-1} x} + \frac{n-2}{n-1} \int \frac{dx}{\sin^{n-2} x}$；

98. $\int \frac{dx}{\cos^n x} = \frac{1}{n-1} \frac{\sin x}{\cos^{n-1} x} + \frac{n-2}{n-1} \int \frac{dx}{\cos^{n-2} x}$；

99. $\int \cos^m x \sin^n x dx = \frac{1}{m+n} \cos^{m-1} x \sin^{n+1} x + \frac{m-1}{m+n} \int \cos^{m-2} x \sin^n x dx = -\frac{1}{m+n} \cos^{m+1} x \sin^{n-1} x + \frac{n-1}{m+n} \int \cos^m x \sin^{n-2} x dx$；

100. $\int \sin ax \cos bx dx = -\frac{1}{2(a+b)} \cos(a+b)x - \frac{1}{2(a-b)} \cos(a-b)x + C \quad (a^2 \neq b^2)$；

101. $\int \sin ax \sin bx dx = -\frac{1}{2(a+b)} \sin(a+b)x - \frac{1}{2(a-b)} \sin(a-b)x + C \quad (a^2 \neq b^2)$；

102. $\int \cos ax \cos bx dx = \frac{1}{2(a+b)} \sin(a+b)x + \frac{1}{2(a-b)} \sin(a-b)x + C \quad (a^2 \neq b^2)$；

103. $\int \frac{dx}{a + b\sin x} = \frac{2}{\sqrt{a^2 - b^2}} \arctan \frac{a\tan \frac{x}{2} + b}{\sqrt{a^2 - b^2}} + C \quad (a^2 > b^2)$；

104. $\int \frac{dx}{a + b\sin x} = \frac{1}{\sqrt{b^2 - a^2}} \ln \left| \frac{a\tan \frac{x}{2} + b - \sqrt{b^2 - a^2}}{a\tan \frac{x}{2} + b + \sqrt{b^2 - a^2}} \right| + C \quad (a^2 < b^2)$；

105. $\int \frac{dx}{a + b\cos x} = \frac{2}{a+b} \sqrt{\frac{a+b}{a-b}} \arctan\left(\sqrt{\frac{a-b}{a+b}} \tan \frac{x}{2} \right) + C \quad (a^2 > b^2)$；

106. $\int \frac{dx}{a + b\cos x} = \frac{1}{a+b} \sqrt{\frac{a+b}{a-b}} \ln \left| \frac{\tan \frac{x}{2} + \sqrt{\frac{a+b}{b-a}}}{\tan \frac{x}{2} - \sqrt{\frac{a+b}{b-a}}} \right| + C \quad (a^2 < b^2)$；

107. $\int \frac{dx}{a^2 \cos^2 x + b^2 \sin^2 x} = \frac{1}{ab} \arctan\left(\frac{b}{a} \tan x \right) + C$；

108. $\int \frac{dx}{a^2 \cos^2 x - b^2 \sin^2 x} = \frac{1}{2ab} \left| \frac{b\tan x + a}{b\tan x - a} \right| + C$；

109. $\int x\sin ax\mathrm{d}x = \frac{1}{a^2}\sin ax - \frac{1}{a}x\cos ax + C$；

110. $\int x^2\sin ax\mathrm{d}x = -\frac{1}{a}x^2\cos ax + \frac{2}{a^2}x\sin ax + \frac{2}{a^3}\cos ax + C$；

111. $\int x\cos ax\mathrm{d}x = \frac{1}{a^2}\cos ax + \frac{1}{a}x\sin ax + C$；

112. $\int x^2\cos ax\mathrm{d}x = \frac{1}{a}x^2\sin ax + \frac{2}{a^2}x\cos ax - \frac{2}{a^3}\sin ax + C$.

(十二)含有反三角函数的积分 (其中 $a > 0$)

113. $\int \arcsin\frac{x}{a}\mathrm{d}x = x\arcsin\frac{x}{a} + \sqrt{a^2 - x^2} + C$；

114. $\int x\arcsin\frac{x}{a}\mathrm{d}x = \left(\frac{x^2}{2} - \frac{a^2}{4}\right)\arcsin\frac{x}{a} + \frac{x}{4}\sqrt{a^2 - x^2} + C$；

115. $\int x^2\arcsin\frac{x}{a}\mathrm{d}x = \frac{x^3}{3}\arcsin\frac{x}{a} + \frac{1}{9}(x^2 + 2a^2)\sqrt{a^2 - x^2} + C$；

116. $\int \arccos\frac{x}{a}\mathrm{d}x = x\arccos\frac{x}{a} - \sqrt{a^2 - x^2} + C$；

117. $\int x\arccos\frac{x}{a}\mathrm{d}x = \left(\frac{x^2}{2} - \frac{a^2}{4}\right)\arccos\frac{x}{a} - \frac{x}{4}\sqrt{a^2 - x^2} + C$；

118. $\int x^2\arccos\frac{x}{a}\mathrm{d}x = \frac{x^3}{3}\arccos\frac{x}{a} - \frac{1}{9}(x^2 + 2a^2)\sqrt{a^2 - x^2} + C$；

119. $\int \arctan\frac{x}{a}\mathrm{d}x = x\arctan\frac{x}{a} - \frac{a}{2}\ln(a^2 + x^2) + C$；

120. $\int x\arctan\frac{x}{a}\mathrm{d}x = \frac{1}{2}(a^2 + x^2)\arctan\frac{x}{a} - \frac{ax}{2} + C$；

121. $\int x^2\arctan\frac{x}{a}\mathrm{d}x = \frac{x^3}{3}\arctan\frac{x}{a} - \frac{a}{6}x^2 + \frac{a^3}{6}\ln(a^2 + x^2) + C$.

(十三)含有指数函数的积分

122. $\int a^x\mathrm{d}x = \frac{1}{\ln a}a^x + C$；

123. $\int \mathrm{e}^{ax}\mathrm{d}x = \frac{1}{a}\mathrm{e}^{ax} + C$；

124. $\int x e^{ax} dx = \frac{1}{a^2}(ax - 1) e^{ax} + C$;

125. $\int x^n e^{ax} dx = \frac{1}{a} x^n e^{ax} - \frac{n}{a} \int x^{n-1} e^{ax} dx$;

126. $\int x a^x dx = \frac{x}{\ln a} a^x - \frac{x}{(\ln a)^2} a^x + C$;

127. $\int x^n a^x dx = \frac{x}{\ln a} x^n a^x - \frac{n}{\ln a} \int x^{n-1} a^x dx$;

128. $\int e^{ax} \sin bx dx = \frac{1}{a^2 + b^2} e^{ax}(a\sin bx - b\cos bx) + C$;

129. $\int e^{ax} \cos bx dx = \frac{1}{a^2 + b^2} e^{ax}(b\sin bx + a\cos bx) + C$;

130. $\int e^{ax} \sin^n bx dx = \frac{1}{a^2 + b^2 n^2} e^{ax} \sin^{n-1} bx(a\sin bx - nb\cos bx) + \frac{n(n-1)b^2}{a^2 + b^2 n^2} \int e^{ax}$ $\sin^{n-2} bx dx$;

131. $\int e^{ax} \cos^n bx dx = \frac{1}{a^2 + b^2 n^2} e^{ax} \cos^{n-1} bx(a\cos bx + nb\sin bx) + \frac{n(n-1)b^2}{a^2 + b^2 n^2} \int e^{ax}$ $\cos^{n-2} bx dx$.

(十四)含有对数函数的积分

132. $\int \ln x dx = x\ln x - x + C$; 133. $\int \frac{dx}{x\ln x} = \ln |\ln x| + C$;

134. $\int x^n \ln x dx = \frac{x^{n+1}}{n+1}\left(\ln x - \frac{1}{n+1}\right) + C$;

135. $\int (\ln x)^n dx = x(\ln x)^n - n\int (\ln x)^{n-1} dx$;

136. $\int x^m (\ln x)^n dx = \frac{x^{m+1}}{m+1} (\ln x)^n - \frac{n}{m+1} \int x^m (x\ln x)^{n-1} dx$.